AF294851

Berechnung
elektrischer Verbundnetze

Berechnung elektrischer Verbundnetze

Mathematische Grundlagen
und technische Anwendungen

Von

Dr.-Ing. Hans Edelmann

Privatdozent an der Technischen Hochschule in Darmstadt
und Mitarbeiter der Siemens-Schuckert-Werke AG,
Erlangen

Mit 79 Abbildungen

Springer-Verlag
Berlin / Göttingen / Heidelberg
1963

ISBN 978-3-642-47403-3   ISBN 978-3-642-47401-9 (eBook)
DOI 10.1007/978-3-642-47401-9

Dem Andenken meiner Mutter gewidmet

Vorwort

Während in den letzten Jahren auf dem Gebiet der *elektrischen Nachrichtentechnik* zahlreiche Bücher über *Netzwerktheorie* (insbesondere auch über Netzwerksynthese) erschienen sind, ist es meines Wissens bisher noch nicht unternommen worden, eine moderne Darstellung des gegenwärtigen Standes der *Netzwerktheorie der Energieübertragungstechnik* zu geben. Das vorliegende Buch soll diesem Mangel abhelfen. Durch das Aufkommen und die fortschreitende *Verbesserung der Netzmodelle* wie auch durch das *Aufkommen der elektronischen Rechenautomaten* ist die Theorie der Verbundnetze erheblich gefördert worden. Zwar ist vieles auf diesem Gebiet noch im Fluß, insbesondere in den Anwendungen. Seit Jahren sind die USA auf diesem Gebiet führend. Fast jedes Heft der Trans. A. I. E. E. part III (jetzt I. E. E. E.), Power Apparatus and Systems, enthält mehrere Arbeiten, doch sind in den letzten Jahren auch aus europäischen Ländern wertvolle Beiträge geliefert worden.

In früheren Jahren galt die Beschäftigung mit der „*Berechnung elektrischer Verbundnetze*" als eine Angelegenheit für wenige Spezialisten, zumal die Berechnung auf Tischrechenmaschinen im allgemeinen hoffnungslos langwierig und somit auch kostspielig war. Dies wurde schlagartig mit dem Aufkommen der elektronischen programmgesteuerten Rechenmaschinen anders. Eine entsprechende Unterweisung für Ingenieure und Mathematiker war dringend notwendig. Bereits 1955 im kleinen Kreise und 1956 im größeren Kreise hielt der Verfasser im Hinblick auf die kommende Entwicklung *Vortragsreihen* vor *Ingenieuren der Siemens-Schuckertwerke*, um hauptsächlich die Anwendungen der *Matrizenrechnung in der Netzwerktheorie* bekannt zu machen. Damals lag allerdings das Schwergewicht noch mehr auf der *analogen Behandlung* der *Netzfragen* auf einem *Netzmodell*. Insbesondere wurde in dieser Zeit der Behandlung von Unsymmetrieproblemen durch die Methode der *symmetrischen* und $\alpha\beta0$-*Komponenten* noch ein breiterer Raum gewidmet. Die Theorie der symmetrischen und $\alpha\beta0$-Komponenten habe ich übrigens auch damals schon in normierter Darstellung wiedergegeben, und zwar aus zweierlei Gründen: Einmal fügen sich die normierten Komponenten zwangloser in die Transformations- und Eigenwerttheorie ein und zum anderen hat man mit den normierten Komponenten wegen der Leistungsinvarianz einen leichteren Zugang zur Theorie der Übertragungsmatrizen. Inzwischen darf man wohl annehmen, daß diese Theorie den Ingenieuren der Energieübertragungstechnik Allgemeingut geworden sind. Seit Sommersemester 1961 halte ich über das Gesamtgebiet der *Theorie elektrischer Netze* auch eine zweisemestrige *Vorlesung* an der *Technischen Hochschule Darmstadt.*

Da das Buch nicht zu umfangreich werden sollte, mußte ich mich auf das Notwendigste beschränken. Aus diesem Grund wird dem Leser dringend ans Herz gelegt, alle Rechnungen im Text nachzurechnen und die wenigen Übungsaufgaben zu lösen. Auch sollte man nicht sparen sich selbst Figuren aufzuzeichnen. Für weitere Detailfragen möchte ich auf die im Anhang gegebene Literatur hinweisen. Insbesondere hat der Verfasser in mehreren Veröffentlichungen manche dieser Fragen eingehender behandelt. Auf viele Grundtatsachen, die im Grundlagenunterricht behandelt werden und in zahlreichen anderen Büchern ausführlich dargestellt sind, konnte ich nicht näher eingehen. Im Buch selbst mußte auch vieles ausgeklammert werden. Grundsätzlich wurde nur die *Theorie der stationären Wechselströme* (Gleichströme sind als Sonderfall hierin enthalten) in linearen Netzen behandelt. Solange die Frequenzabhängigkeit formelmäßig mitgeführt wird, leistet die *Fouriertransformation* den Übergang auf *nichtsinusförmige Vorgänge* (z. B. Schaltvorgänge). Das ist formal recht einfach gesagt, doch gibt es in der Praxis mancherlei zu bedenken, insbesondere, wenn auch Nichtlinearitäten (wie Lichtbogen-, Ableiterkennlinien) eine Rolle spielen. Es wird daher angebracht sein, diesem Thema eine eigene Darstellung zu widmen. Ein anderer Problemkreis, der im Anwendungsteil ausgeklammert werden mußte, ist die *digitale Berechnung von Kurzschlußströmen.* Die Berechnung von Kurzschlußströmen bietet, da es ein lineares Problem ist, keine besondere Problematik. Alle theoretischen Mittel sind im Buch bereitgestellt. Man wird allerdings hier keine $\alpha\beta0$-Komponenten anwenden, denn erstens hätte man dann gegenüber den symmetrischen Komponenten doppelt soviel treibende Spannungen in Rechnung zu stellen, 2. wären die Kopplungsbedingungen im allgemeinen komplizierter. Andererseits bieten die komplexen Übersetzungsverhältnisse der Kopplungen bei Simultanverfahren rechnerisch keine Schwierigkeiten. Die Aufstellung eines Programms zur Berechnung von Kurzschlußströmen infolge unsymmetrischer Fehler ist vor allem ein organisatorisches Problem. Über die praktischen Bedürfnisse bringen die Bücher von R. ROEPER und G. FUNK alles Wissenswerte. Im Teil C: *Anwendungen* wurde keine Vollständigkeit angestrebt. Hier wurden nur einige wichtige Beispiele dargestellt. So wurden dort nur die nichttrivialen Probleme behandelt, und zwar solche, die zugleich auch *nicht-linear* sind. In einer späteren Auflage wird man der fortschreitenden Entwicklung Rechnung tragend die *Anwendungen* in einem *gesonderten Band* ausführlicher darstellen können.

Eine wichtige Grundlage jeder Netzwerkstheorie ist die *Theorie der Graphen* (Streckenkomplexe). Da Verbundnetze normalerweise recht kompliziert sind und sehr verschiedenartige Strukturen aufweisen, ist es wichtig, die Grundlagen der Graphentheorie zu kennen. Das *Aufstellen von Gleichungen* und *Eliminationsprozesse* können erheblich *vereinfacht* und übersichtlicher betrachtet werden, wenn die Grundlagen dieser Theorie bekannt sind. Seit Erscheinen des klassischen Werkes von DÉNES KÖNIG im Jahre 1936 sind in den letzten Jahren einige Bücher veröffentlicht worden, die der neuesten Entwicklung Rechnung tragen. Hier sind vor allem neben den Büchern von BERGE und ORE die Bücher von SESHU und REED und von KIM und CHIEN zu nennen, die den Bedürfnissen der elektrischen Netzwerktheorie Rechnung tragen. Viele Arbeiten erscheinen auch laufend in den Transactions of the IRE (jetzt IEEE) on Circuit Theory und im Journal of the Franklin Institute.

In mehreren Problemen der Energieübertragungstechnik werden Fragen studiert, in denen Energieein- und -ausgänge betrachtet werden. Diese Energieeingänge (-ausgänge) können zwei- oder mehrpolig sein. Im Fall mit mehreren Polen wird man zweckmäßigerweise von einer Gruppe von Porten sprechen.[1] Jedem Port sei ein Strom und eine Spannung zugeordnet. So wird also aus der klassischen „Vierpoltheorie" eine Zweiporttheorie. Die Bezeichnung Vierpol ist im allgemeinen nicht einmal gerechtfertigt, da die betrachteten Netzsysteme oft nur Dreipole sind. Andererseits wäre es zur vollständigen Beschreibung eines Vierpols richtiger ihn als 3-Port zu beschreiben, da 4 Pole sowohl drei unabhängige Spannungen als auch drei unabhängige Ströme zulassen.

Zum besseren Verständnis wurden im Anhang die Grundtatsachen über Matrizen und Determinanten zusammengestellt. Dieses Kapitel ist nicht als Lehrbuch, sondern nur als Nachschlagwerk gedacht. Tabellarisch zusammengestellte Ersatzschaltungen der Matrizen für einige einfache 2-Porte, ferner auch Ersatzschaltungen für Kurzschlüsse, Unterbrechungen und Lasten in symmetrischen und $\alpha\beta 0$-Komponenten sollen die Lösungen von Netzaufgaben erleichtern.

Zum Schluß habe ich die angenehme Pflicht allen jenen zu danken, die mich bei der Abfassung des Buches unterstützten.

---

[1] Port (engl.) = Hafen, Pforte; dieser englische Ausdruck ist in der Netzwerktheorie als Ausdruck für Energieeingänge (-ausgänge) seit längerer Zeit gebräuchlich. W. KLEIN benutzt hierfür „Tor".

Wohlwollende Förderung fand ich vor allem durch Herrn Direktor Dr.-Ing. E. h. H. WILHELMS, der sich dafür einsetzte, daß dieses Buch beim Springer-Verlag erscheinen konnte. Ferner habe ich den Herren Direktoren der Technischen Stammabteilung Stromverteilung der Siemens-Schuckertwerke AG., Erlangen, Herrn Dipl.-Ing. KURT REISKE und Herrn Dipl.-Ing. MAX SCHMID zu danken, die dieses Buch wohlwollend gefördert haben.

Beim Lesen der Korrekturen unterstützten mich die Herren Dr.-Ing. H. BAUER (SSW), Prof. rer. nat. W. ENGL (T. H. Aachen), Dr.-Ing. K. THEILSIEFJE (SSW) und nicht zuletzt auch meine Frau. Ihnen allen danke ich an dieser Stelle aufrichtig für die Bereitwilligkeit und für die wertvollen Ratschläge, die sie mir gaben. Auch Frau G. GEISLER, welche die Reinschrift des Manuskriptes besorgte, und vielen Kolleginnen und Kollegen sei für die Diskussionen und Hilfeleistungen herzlich gedankt.

Mein besonderer Dank gilt schließlich dem Springer-Verlag für die schnelle und sorgfältige Drucklegung und für die hervorragende Ausstattung dieses Buches.

Erlangen, im Juli 1963   **Hans Edelmann**

Inhaltsverzeichnis

                                                                    Seite
A. Grundlagen der Netzwerktheorie für stationäre Wechselströme . . .   1

  1. Vorzeichenregeln   1

    1.1 Die Vorzeichenregeln für die Ladung, für den Strom und für die Klemmen einer Gleichspannungsquelle.   1

    1.2 Das Verbraucherzählpfeilsystem für Gleich- und Wechselstrom   .   1

  2. Zweipole   3

    2.1. Das komplexe Ohmsche Gesetz für ideale Zweipole   3

    Der Ohmsche Widerstand   3

    Die Induktivität   5

    Die Kapazität   6

    2.2 Die komplexe Drehzeigermethode für Wechselstrom   6

    2.3 Die Leistungsbegriffe der Wechselstromtechnik. . . . . :   8

    Aufgaben.   9

B. Theorie der Netze   10

  3. Topologie der Zweipolnetze.   10

    3.1 Graphen, Bäume, Verbindungszweige, Maschen   10

    3.2 Der Eulersche Polyedersatz   15

    3.3 Dualität ebener Graphen   16

    3.4 Graphen elektrischer Zweipolnetze. Orientierte Graphen   21

    3.5 Separable Graphen   23

    3.6 Schnittmengen   25

    3.7 Duale Netzwerke   26

    3.8 Ermittlung von Transformatorersatzschaltbildern durch duale Zuordnung   27

    Das magnetische Ohmsche Gesetz.   27

    Die Kirchhoffschen Gesetze im magnetischen Kreis   27

    Die Dualitätsgesetze.   28

    Der Zweiwicklungstransformator   30

    Aufgaben.   33

  4. Berechnung linearer elektrischer Zweipolnetze bei gegebenen Spannungen und Strömen   33

    4.1 Die Knotenpunktsmethode   34

    4.2 Ermittlung eines vollständigen Baumes aus der Liste der Zweige bzw. aus einer gegebenen K-Matrix   39

Seite

4.3 Die Maschenmethode 50
Behandlung der WHEATSTONEschen Brücke mit Hilfe der Maschenmethode 55

4.4 Die Schnittmengenmethode 58
Behandlung der WHEATSTONEschen Brücke mit Hilfe der Schnittmengenmethode 62

Aufgaben 65

5. Berücksichtigung von Transformatoren in Netzen 66

   5.1 Darstellung von Transformatoren in einem Netz durch eine Zweipolersatzschaltung 67

   5.2 Berücksichtigung der Übersetzungsverhältnisse der Transformatoren
in verallgemeinerten Inzidenzmatrizen (Quasiinzidenzmatrizen) . 69
     5.2.1 Quasiinzidenzmatrizen in der Knotenpunktsmethode. . . . 70
     5.2.2 Quasiinzidenzmatrizen in der Maschenmethode 76
     5.2.3 Quasiinzidenzmatrizen in der Schnittmengenmethode . . . 80

6. Berechnung der Matrizen für besondere Klemmenpaare
eines Netzes (Systemmatrizen) 82

   6.1 Teilelimination und Variablentausch in einem linearen System . . 82
     6.1.1 Die Grundaufgabe 82
     6.1.2 Verallgemeinerungen des Variablentausches 84
     6.1.3 Schrittweise Vertauschung der Variablen 85

   6.2 Erzeugung von Systemimpedanzmatrizen 86
     6.2.1 Reduktion einer Systemimpedanzmatrix 86
     6.2.2 Erzeugung einer Systemimpedanzmatrix durch Reduktion
der Maschenimpedanzmatrix 88

   6.3 Erzeugung von Systemadmittanzmatrizen 90
     6.3.1 Reduktion einer Systemadmittanzmatrix 90
     6.3.2 Erzeugung einer Systemadmittanzmatrix durch Reduktion
der Schnittmengenadmittanzmatrix 91

   6.4 Die Elimination von Knotenpunkten als Reduktion der Knotenpunktsadmittanzmatrix 92

   6.5 Die Erzeugung gemischter Matrizen aus Systemimpedanz- bzw.
Systemadmittanzmatrizen 95
     6.5.1 Die Erzeugung von Kettenmatrizen aus Systemimpedanz-
bzw. -Admittanzmatrizen 96

7. Die Berücksichtigung nachträglicher Änderungen in den
System- bzw. Admittanzmatrizen eines Netzes 98

   7.1 Änderungen in den Impedanz- oder Admittanzgrößen 99
     7.1.1 Auswirkungen auf die Maschenimpedanzmatrix (Knoten-
punkts- oder Schnittmengenadmittanzmatrix). 99
     7.1.2 Auswirkungen auf die Systemimpedanz- (bzw. -admittanz-
matrix) 101

   7.2 Änderungen in den Übersetzungsverhältnissen 104
     7.2.1 Auswirkungen auf die Maschenimpedanzmatrix (bzw. Knoten-
punkts- oder Schnittmengenadmittanzmatrix). 104
     7.2.2 Auswirkungen auf die Systemimpedanz- (bzw. -admittanz-
matrix) 105

7.3 Änderungen in der Struktur des Netzes 106
  7.3.1 Auswirkungen auf die Maschenimpedanzmatrix (Knoten-
        punkts- oder Schnittmengenadmittanzmatrix) bei Hinzu-
        nahme eines Zweiges 106
        Rangerhöhende Änderungen 107
        Rangerhaltende Änderungen 108
        Besonderheiten bei der Knotenpunktsmethode 109
  7.3.2 Auswirkungen auf die Systemimpedanzmatrix (bzw. -Admit-
        tanzmatrix) 111
        Rangerhöhende Änderungen 111
        Hinzunahme eines äußeren Klemmenpaares 111
        Hinzunahme eines Zweiges im Netz 112
        Rangerhaltende Änderungen 112
        Besonderheiten bei der Knotenpunktsmethode 112
  7.3.3 Auswirkungen bei der Herausnahme eines Zweiges 113

8. Bedingungen für besondere Klassen von Netzmatrizen . . 114

  8.1 Einschränkende Bedingungen für die Matrizen eines $2n$-Portes bei
      Passivität des zugrundeliegenden Netzes 114
      Bedingungen für die Impedanz- und Admittanzmatrix 115
      Determinantenkriterien für die Definitheit 116
      Bedingungen für die Kettenmatrix 117
  8.2 Bedingungen der Symmetrie in Netzen 119
    8.2.1 Die Bedingungen der Reziprozität für die Matrizen eines $2n$-
          Portes 119
          Das Reziprozitätsgesetz für Impedanz- und Admittanz-
          matrizen 120
          Das Reziprozitätsgesetz für Kettenmatrizen 120
    8.2.2 Auswirkungen der Längssymmetrie eines $2n$-Portes in den
          Matrizen 122
          Auswirkungen in den Impedanz- und Admittanzmatrizen . 122
          Auswirkungen in den Kettenmatrizen 122
          Die Kettendeterminantenmatrizen eines längssymmetrischen
          $2n$-Portes 123

9. Kombinatorische Verknüpfung von $2n$-Port-Matrizen . . 124

  9.1 Additive Verknüpfung von Impedanzmatrizen 124
  9.2 Additive Verknüpfung von Admittanzmatrizen 125
  9.3 Multiplikative Verknüpfung von Kettenmatrizen 126
  9.4 Gleichungen für die wechselseitige Umwandlung von Impedanz-,
      Admittanz- und Kettenmatrizen von $2n$-Porten 127

10. Theorie der homogenen Leitungen 128

  10.1 Die einphasige homogene Leitung 128
    10.1.1 Die Wellenimpedanz 128
    10.1.2 Die Kettenmatrix für die homogene Leitung 130
    10.1.3 Die natürliche Leistung bei Freileitungen 133
    10.1.4 Phasengeschwindigkeit, Wellenwiderstand, Reaktanz und
           Suszeptanz von Freileitungen 134
  10.2 Die mehrphasige homogene Leitung 136
    10.2.1 Bemerkungen zur numerischen Berechnung der Ketten-
           matrix 140

10.2.2 Die Wellenimpedanzmatrix der mehrphasigen homogenen
       Leitung 141
       Die Matrixgleichung für die Wellenimpedanzmatrix . . . 141
       Die vier Ausdrücke für die Wellenimpedanzmatrix 143
10.2.3 Zahlenbeispiel zu den für die Theorie der mehrphasigen
       Leitung charakteristischen Matrizen 144
Aufgaben 147

11. Theorie der Komponentensysteme 147
    11.1 Drehstrom-Mehrphasensysteme 149
    11.2 Die Komponentensysteme 150
        11.2.1 Symmetrische Komponenten 150
        11.2.2 $\alpha\beta0$-Komponenten 154
        11.2.3 Verallgemeinerung auf andere Mehrphasensysteme 155
        11.2.4 Beweis dafür, daß auch die verallgemeinerten Transforma-
               tionen der symmetrischen und $\alpha\beta0$-Komponenten für
               mehrere Variablen bei zyklischer Symmetrie des Netzes
               eine Entkopplung erzeugen 157
    11.3 Nachbildbarkeit der Netze 160
    11.4 Nichtnormierte Komponentensysteme 162
    11.5 Die Ersatzschaltungen für Kurzschlüsse und Unterbrechungen 166
    11.6 Übertragermatrizen 169
        11.6.1 Die allgemeine 2n-Port-Übertragermatrix 169
        11.6.2 Übertragermatrizen für normierte symmetrische und $\alpha\beta0$-
               Komponenten 170
    11.7 Die KIMBARKsche Dreifachdarstellung 176
    Aufgaben 177

C. Anwendungen 179
    12. Lastflußrechnung bei Vorgabe von Leistungswerten . . 179
        12.1 Die Lastflußrechnung mit gemischter Matrix 179
        12.2 Berücksichtigung von Abweichungen der Nennübersetzungs-
             verhältnisse von Transformatoren in der Lastflußrechnung durch
             Zusatzströme 184
        Aufgaben 185

    13. Stabilität in Drehstromverbundsystemen 186
        13.1 Dynamische Stabilität 186
            13.1.1 Allgemeine Bemerkungen 186
            13.1.2 Die Bewegungsgleichungen der transienten Polradwinkel 187
            13.1.3 Die von jedem Synchrongenerator in das Verbundnetz ab-
                   gegebene Wirkleistung 189
            13.1.4 Das Differenzenverfahren 190
            13.1.5 Die richtige Berücksichtigung der Schaltzeiten 193
        13.2 Statische Stabilität 194
            13.2.1 Das Eigenwertproblem für kleine Schwingungen 195
            13.2.2 Die Funktionalmatrix $\dfrac{\partial P_e}{\partial \vartheta}$ 197
        Aufgaben 198

    14. Der wirtschaftlich günstigste Verbundbetrieb 199
        14.1 Der rein thermische Verbundbetrieb 199
        Das Kostenintegral 199

14.2 Der hydrothermische Verbundbetrieb 203
   14.2.1 Der hydrothermische Verbundbetrieb mit Laufwasserkraftwerken 203
   14.2.2 Der hydrothermische Verbundbetrieb mit Speicherwasserkraftwerken 205
14.3 Die Berechnung der Verlustkoeffizienten B_{ik} nach G. KRON 207
Aufgaben 213

Anhang 214

  1: Determinanten und Matrizen 214

  1. Grundlegende Definitionen 214
  2. Addition und Subtraktion zweier Matrizen 215
  3. Multiplikation einer Matrix mit einer Zahl (Skalar) 215
  4. Multiplikation zweier Matrizen 215
  5. Das Rechnen mit Untermatrizen 217
  6. Determinanten 218
    6.1 Zeilen- (Spalten-) Entwicklungssatz 219
    6.2 LAPLACEscher Entwicklungssatz 220
    6.3 Determinanten-Multiplikationssätze 221
  7. Die Inverse einer Matrix 221
  8. Auflösung eines linearen Gleichungssystems 222
    8.1 Das inhomogene Gleichungssystem 222
    8.2 Das homogene Gleichungssystem 223
  9. Besondere Matrizen 225
    9.11 Diagonalmatrix 225
    9.12 Obere Dreiecksmatrix 225
    9.13 Untere Dreiecksmatrix 225
    9.21 Symmetrische Matrix 225
    9.22 Schiefsymmetrische Matrix 225
    9.23 Orthogonale Matrix 225
    9.31 Hermitesche Matrix 225
    9.32 Schiefhermitesche Matrix 225
    9.33 Unitäre Matrix 226
    9.4   Hermitesche und schiefhermitesche Komponenten einer Matrix . . . 226
10. Quadratische und hermitesche Formen 226
11. Eigenwerttheorie der Matrizen 227
    11.1 Unitäre Ähnlichkeitstransformation einer hermiteschen Matrix auf
    Diagonalgestalt 229
12. Potenzen von Matrizen und der Satz von CAYLEY-HAMILTON 230

  2: Die Formel von M. Woodbury für die Inverse einer ge-
    änderten Matrix 232

  3.1. Tabelle einiger häufig vorkommenden 2-Port-Matrizen 233
   2. Tabelle der C-Admittanzmatrizen von einigen Dreiphasen-6-Port-Netz-
    werken 233

  4: Ersatzschaltungen zur Darstellung von Kurzschlüssen, Erd-
    schlüssen, Unterbrechungen und Lasten in Zwei- und Drei-
    phasensystemen in normierten symmetrischen und $\alpha\beta0$-
    Komponenten 238

Literaturverzeichnis 255

Namenverzeichnis 276

Sachverzeichnis 276

A. Grundlagen der Netzwerktheorie für stationäre Wechselströme

1. Vorzeichenregeln

1.1 Die Vorzeichenregeln für die Ladung, für den Strom und für die Klemmen einer Gleichspannungsquelle

Will man sich mit der Theorie elektrischer Netze beschäftigen, so muß man sich vorher über gewisse *Vorzeichenregeln* einigen, damit keine Mißverständnisse entstehen. Hierbei wollen wir von solchen Vorzeichenregeln ausgehen, die in den verschiedenen Systemen auch bisher immer einheitlich gehandhabt wurden. Da die Ladung des Elektrons immer mit einem negativen Vorzeichen belegt wird, muß man die *positive Stromrichtung entgegen* der Flußrichtung der *Elektronen* oder *negativen Ionen* bzw. *in* Flußrichtung der *positiven Ionen* festlegen. Weiterhin besteht auch eine einheitliche Meinung darüber, welche Seite einer *Spannungsquelle* mit einem *Pluszeichen* zu belegen und als *Anode* zu bezeichnen ist, nämlich diejenige Seite der Spannungsquelle, an welcher bei *Anschluß* eines OHMschen *Widerstandes* der (positive) *Strom heraustritt*. Die entgegengesetzte Seite, die *Kathode*, ist mit einem Minuszeichen zu belegen. Über diese Vorzeichenfestsetzungen besteht also in allen Lehrbüchern (sofern nicht über diese sehr wichtige Frage einfach hinweggegangen wird) eine einheitliche Meinung.

1.2 Das Verbraucherzählpfeilsystem für Gleich- und Wechselstrom

Wir wollen nun darüber hinaus die *positive Spannungsrichtung* in Richtung des *Spannungsgefälles* legen. Das ist *gleichbedeutend* damit, daß die *positive Spannungsrichtung* an einem (positiven) *Ohmschen Widerstand* mit der *positiven Stromrichtung* übereinstimmt. Betrachten wir hierzu eine *Gleichspannungsquelle* mit einem OHMschen Widerstand (Abb. 1.1). In diesem Stromkreis gibt es wegen der Quellenfreiheit elektrischer Strömung nur *eine* Stromgröße I und im Stromkreis eine einheitliche Richtung. Gemäß Definition tritt der positive Strom an der Anode der Spannungsquelle aus und fließt über den OHMschen Widerstand der Größe R zurück zur Kathode der Spannungsquelle. Die *tatsächlichen Strom-* und *Leistungsflüsse* wie auch die tatsächlichen Richtungen der *Spannungen* sind mit *nichtausgefüllten Pfeilen* dargestellt. Um diese Größen rechnerisch darstellen zu können, muß an den zu betrachtenden Schaltelementen (Spannungsquellen, Impedanzen) jeweils ein *Definitions-*

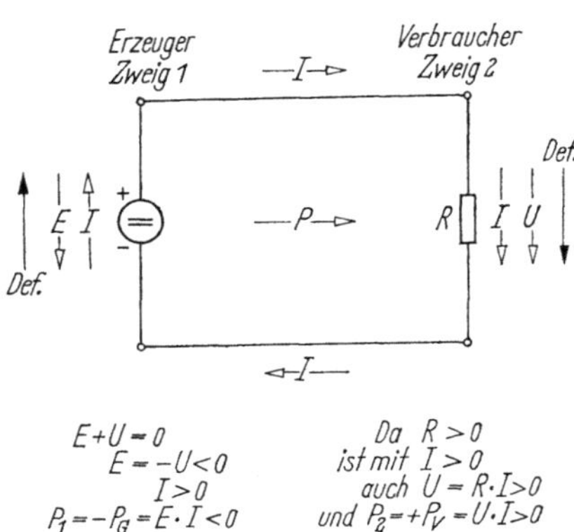

Abb. 1.1. *Zur Definition der Vorzeichenregeln. Die Vorzeichenregeln bei Gleichstrom;* Vorzeichen der Gleichströme und -spannungen bezogen auf die Definitionspfeile in den Zweigen. Nicht ausgefüllte Pfeile zeigen die tatsächlichen Flußrichtungen für Ströme und Leistungen bzw. die Potentialgefällerichtungen für die Spannungen (Verbraucherzählpfeilsystem) an

pfeil angebracht werden. Der Definitionspfeil erscheint im Bild als ausgefüllter Pfeil mit übergesetztem Def. Hat der Definitionspfeil die gleiche Richtung wie der dem zu betrachtenden Strom oder der der zu betrachtenden Spannung zugeordnete Pfeil, so sind diese Größen positiv, im umgekehrten Fall negativ. Da man im Fall eines Wechselstroms weder dem Strom noch der Spannung eine Pfeilrichtung zuordnen kann (es sei denn, man betrachtet Augenblickswerte), ist es demnach zur Definition der Pfeilrichtungen besser, vom Gleichstrom auszugehen. Was man auch bei Wechselstrom und ebenso auch bei nicht sinusförmigen Strömen und Spannungen immer festlegen kann — und zwar willkürlich —,

ist die Richtung des Definitionspfeils. Es ist also klar, daß der Definitionspfeil an sich keine Aussage über eine Stromrichtung oder ein Spannungsgefälle macht, sondern nur in Verbindung mit der Stromgröße I bzw. Spannungsgröße U. Zur Aussage, in welcher Richtung und mit welcher Größe ein Strom durch einen Leiter oder Widerstand fließt, benötigt man somit neben der Größe I noch den Definitionspfeil in der Figur. Zeichnet man nun neben den OHMschen Widerstand der tatsächlichen Stromflußrichtung entsprechend einen I-Pfeil und der tatsächlichen Spannungsgefällerichtung entsprechend, einen U-Pfeil, so stellen wir fest, daß beide die gleiche Richtung haben. Führt man nun noch einen *Definitionspfeil* in gleicher Richtung ein, so gilt

$$I > 0 \tag{1}$$

und

$$U > 0. \tag{2}$$

Das OHMsche Gesetz kann damit vorzeichenrichtig eingeführt werden

$$U = RI \quad \text{wegen} \quad R > 0, \tag{3}$$

und die im OHMschen Verbraucher (Zweig 2) erzeugte Leistung erscheint mit positivem Vorzeichen

$$P_2 = + P_V = U I > 0. \tag{4}$$

Wir haben damit ein Verbraucherzählpfeilsystem gewählt, weil die im Verbraucher errechnete Leistung positiv gezählt wird. Dies ist auch bei umgekehrter Wahl des *Definitionspfeils* der Fall, denn dann kehrt sich das Vorzeichen der Spannung und auch dasjenige des Stromes um, und es erscheint wieder die Leistung mit *positivem* Vorzeichen. Um hingegen ein Erzeugerzählpfeilsystem zu bekommen, muß man also den Spannungspfeil entgegen der Richtung des Spannungsgefälles wählen. Da unsere Untersuchungen sich hauptsächlich auf den passiven Teil elektrischer Netze konzentrieren, wird dem *Verbraucherzählpfeilsystem* der Vorzug gegeben. Da in unseren künftigen Untersuchungen in den Abbildungen die tatsächliche Strom- und Spannungsrichtung nicht interessiert, weil sie in unbestimmter Form angesetzt wird (und man dem stationären Wechselstrom auch keine Richtung zuordnen kann), sollen künftig Strom- und Spannungspfeile nicht mehr eingezeichnet werden, sondern nur noch Definitionspfeile. Die Bezeichnung Def. über dem Pfeil soll später auch wegfallen. Betrachten wir nun noch die Erzeugerseite. Dort ist

$$I > 0, \tag{5}$$

$$-U = E < 0 \tag{6}$$

und somit

$$P_1 = -P_G = E I < 0. \tag{7}$$

Die Summe beider Leistungen muß verschwinden, da von außen keine Leistung zugeführt wird, d. h., es ist

$$P_1 + P_2 = E I + U I = (E + U) I = 0. \tag{8}$$

2. Zweipole

2.1 Das komplexe Ohmsche Gesetz für ideale Zweipole

Die in einem Netz auftretenden 2poligen Schaltelemente haben 3 Idealtypen

1. den OHMschen Widerstand,
2. die reine Induktivität,
3. die reine Kapazität.

Der Ohmsche Widerstand. An einem *Ohmschen Widerstand* gilt das Gesetz der strengen Proportionalität zwischen Strom und Spannung in jedem Augenblick. Es ist also (Abb. 2.1)

$$u(t) = R\, i(t) \qquad (1\,\text{a}) \qquad \text{und auch} \qquad i(t) = \frac{1}{R}\, u(t) = G\, u(t) \qquad (1\,\text{b})$$

$$R = \text{Ohmscher Widerstand} \qquad\qquad G = \text{Ohmscher Leitwert}$$

Ein cosinusförmiger Strom kann durch die Darstellung mittels komplexer Drehzeiger folgendermaßen dargestellt werden (Re … heißt Realteil von …)

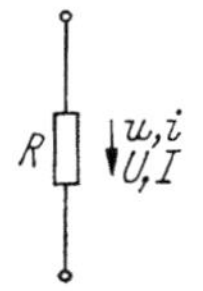

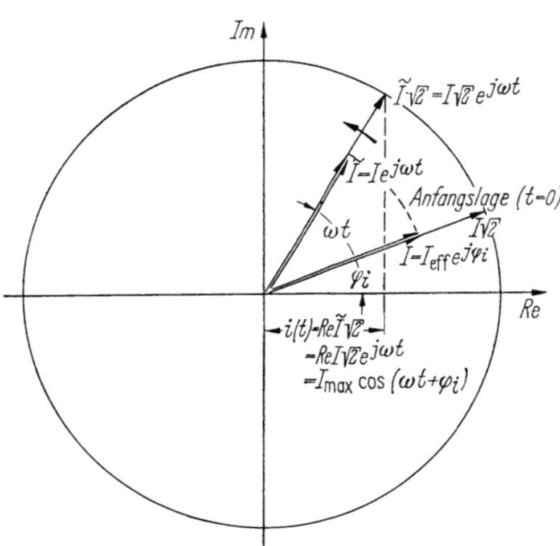

Abb. 2.1. OHM-scher Widerstand

$$i = i(t) = I_{\max} \cos(\omega t + \varphi_i) \qquad (2)$$
$$= I_{\text{eff}}\,\sqrt{2} \cos(\omega t + \varphi_i)$$
$$= I_{\text{eff}}\,\sqrt{2}\,\operatorname{Re} e^{j\omega t}\,e^{j\varphi_i}$$
$$= \operatorname{Re} I_{\text{eff}}\,\sqrt{2}\,e^{j\varphi_i}\,e^{j\omega t}. \qquad (3)$$

$I_{\max}$ = reeller Maximalwert des Stromes I_{eff} = reeller Effektivwert des Stromes. Die reelle Größe i ist also der Realteil des folgenden mit der Frequenz ω rotierenden Zeigers

$$\tilde{I}_{\max} = I_{\text{eff}}\,\sqrt{2}\,e^{j\varphi_i}\,e^{j\omega t}. \qquad (4)$$

Die komplexe Zahl $I = I_{\text{eff}}\,e^{j\varphi_i}$ wird hiermit als der komplexe Effektivwertzeiger des Wechselstroms zur Zeit $t = 0$ definiert. Besondere Kennzeichnungen als komplexe Größe und als Effektivwertgröße sollen entfallen, da wir im folgenden ausschließlich mit diesen Größen rechnen werden und ein Mitschleppen mehrerer Indizes unpraktisch wäre. Aus dem gleichen Grund werden wir auch I kurz den komplexen Effektivwert nennen oder auch einfach von einem Strom I sprechen, ohne dabei jedesmal zu betonen, daß es sich um einen Drehzeiger von der Länge des Effektivwerts handelt. Der rotierende Effektivwertzeiger wird durch eine übergesetzte Tilde dargestellt, so daß gilt

$$i = \operatorname{Re} I\,\sqrt{2}e^{j\omega t}, \qquad (5)$$
$$= \operatorname{Re} \tilde{I}\,\sqrt{2}. \qquad (6)$$

Sämtliche Stromzeiger und die Projektion des rotierenden Maximalwertzeigers zeigt Abb. 2.2. Nun ist die Span-

Abb. 2.2. *Zur komplexen Drehzeigermethode.* Eine phasenverschobene cos- (sin-) Schwingung läßt sich immer als Projektion eines rotierenden Zeigers auf die reelle (imaginäre) Achse darstellen

nung u an einem OHMschen Widerstand R nach Gl. (1a)

$$u = u(t) = R \operatorname{Re} I \sqrt{2}\, e^{j\omega t}, \tag{7}$$

$$= \operatorname{Re} R\, I \sqrt{2}\, e^{i\omega t}. \tag{8}$$

Führen wir nun analog zu den Gln. (4) und (5) einen Effektivwertszeiger für die Wechselspannung zur Zeit $t = 0$ ein gemäß der Gleichung

$$U = U_{\mathrm{eff}}\, e^{j\varphi_u}, \tag{9}$$

so können wir Gl. (8) schreiben

$$u = \operatorname{Re} U \sqrt{2} e^{j\omega t} = \operatorname{Re} R\, I \sqrt{2} e^{j\omega t}. \tag{10}$$

Damit diese Gleichung für *alle* t bestehen kann, muß offenbar

$$U = R\, I \tag{11}$$

sein. Dies ist das *Ohmsche Gesetz für Ohmsche Widerstände* in Wechselstromkreisen. Es stimmt formal mit demjenigen für Gleichstrom überein, denn dort gilt das gleiche Gesetz ebenfalls für die Effektivwerte, die dort aber reelle Zahlen sind und mit den konstanten Werten für den Strom bzw. die Spannung übereinstimmen.

Die Induktivität. Wir betrachten nun die *reine Induktivität* (z. B. in Form einer Luftspule mit einem verlustfreien Leiter). Für den Augenblickswert der Spannung gilt dort (Abb. 2.3)

$$u(t) = L\, \frac{di(t)}{dt}. \tag{12}$$

Wir setzen wieder

$$i(t) = \operatorname{Re} I \sqrt{2} e^{j\omega t} \tag{13}$$

und erhalten

$$u(t) = L\, \frac{d}{dt}\left(\operatorname{Re} I \sqrt{2} e^{j\omega t}\right). \tag{14}$$

Wir dürfen nicht nur den reellen Faktor L, sondern auch den Differentialoperator nach der reellen Veränderlichen t hinter den Re-Operator setzen (d. h., der Faktor bzw. die Operatoren sind vertauschbar). Es ist demnach

$$u(t) = \operatorname{Re} L\, \frac{d}{dt}\left(I \sqrt{2} e^{j\omega t}\right), \tag{15}$$

$$= \operatorname{Re} j\, \omega L I \sqrt{2} e^{j\omega t} = \operatorname{Re} U \sqrt{2} e^{j\omega t}. \tag{16}$$

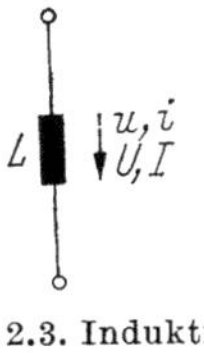

Abb. 2.3. Induktivität

Diese Gleichung muß wieder für alle Werte von t gelten. Es ist also

$$U = j\, \omega L I. \tag{17}$$

Diese Gleichung, die die gleiche Form wie Gl. (11) hat, ist das *Ohmsche Gesetz für Induktivitäten* in Wechselstromkreisen. Wir merken uns, daß eine reine Induktivität eine *rein imaginäre Impedanz* von der Größe $j\omega L$ hat.

Die Kapazität. Für den Augenblickswert des Ladestroms eines verlustlosen Kondensators in Abhängigkeit der angelegten Spannung gilt die Beziehung (Abb. 2.4)

$$i(t) = C \frac{d\,u(t)}{d\,t}. \tag{18}$$

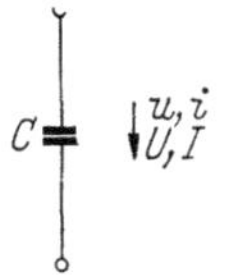

Ein Vergleich mit Gl. (12) zeigt, daß mit den folgenden Entsprechungen

$$u \triangleq i$$
$$i \triangleq u$$
$$L \triangleq C \tag{19}$$
$$\text{Gl. (12)} \triangleq \text{Gl. (18)}$$

Abb. 2.4
Kapazität

die beiden Gleichungen ineinander übergehen.[1] Um das entsprechende OHMsche Gesetz herzuleiten, können wir also den gleichen Weg beschreiten. Mit

$$u(t) = \mathrm{Re}\, U\, \sqrt{2}\, e^{j\omega t} \tag{20}$$

erhält man analog zu Gl. (14)

$$i(t) = C \frac{d}{d\,t} \left(\mathrm{Re}\, U\, \sqrt{2}\, e^{j\omega t} \right), \tag{21}$$

$$= \mathrm{Re}\, j\, \omega\, C\, U\, \sqrt{2}\, e^{j\omega t} = \mathrm{Re}\, I\, \sqrt{2}\, e^{j\omega t}. \tag{22}$$

Es ist also

$$j\,\omega\, C\, U = I \tag{23}$$

oder

$$U = \frac{1}{j\,\omega\, C}\, I. \tag{24}$$

Wir erhalten also auch für die *reine Kapazität* in Wechselstromkreisen eine Beziehung in Form des *Ohmschen Gesetzes*, und wir merken uns, daß eine reine Kapazität eine *rein imaginäre Impedanz* von der Größe $\frac{1}{j\,\omega\,C}$ hat.

2.2 Die komplexe Drehzeigermethode für Wechselstrom

In den vorausgegangenen Abschnitten konnten wir bereits das Wesentliche der *komplexen Drehzeigermethode* erkennen. Sie besteht darin, daß man statt mit Sinus- oder, wie hier, mit Cosinusfunktionen in Abhängigkeit von der Zeit mit in der komplexen Ebene rotierenden sog. Drehzeigern rechnet, die aus konstanten i. allg. komplexen Faktoren mit Funktionen $e^{j\omega t}$ multipliziert erzeugt werden. Nimmt man davon den Realteil (oder auch den Imaginärteil), so entstehen die gewünschten Sinus- oder Cosinusschwingungen. Es wäre zunächst nicht richtig,

---

[1] Eine solche Äquivalenzbeziehung nennt man Dualität (s. Kap. 3.7).

würde man ohne eine mathematische Rechtfertigung einfach den Operator Re (= Realteil von ...) weglassen, denn tatsächlich haben wir es in den Stromkreisen mit Strömen und Spannungen, die mit reellen sinusförmig sich verändernden Größen beschrieben werden, zu tun. Erst die Tatsache, daß man *reelle Faktoren* und *Differentialoperatoren* nach der *reellen Veränderlichen t* mit dem *Re-Operator vertauschen* darf, und daß beide Seiten der Gleichung für *alle t* erfüllt sein müssen, rechtfertigt das Weglassen des Re-Operators. Eine weitere Abkürzung besteht darin, daß man den Faktor $\sqrt{2}\,e^{j\omega t}$ wegläßt, d. h., daß man mit den komplexen Anfangszeigern dividiert durch $\sqrt{2}$ (um den Effektivwert zu erhalten) rechnet und somit mit ruhenden Zeigern (Momentaufnahme) arbeitet. Dies ist dadurch gerechtfertigt, daß die Identität für alle t bestehen muß. Was dann verbleibt, sind Gleichungen in Form des OHMschen Gesetzes (11), (17) und (24). Betrachtet man diese OHMschen Gesetze für die 3 Grundtypen der 2poligen Schaltelemente, so kommt man zu dem Ergebnis, daß das OHMsche Gesetz für den OHMschen Widerstand für Wechselstrom genauso gilt wie für Gleichstrom, und daß es auch entsprechende OHMsche Gesetze für die Induktivität und für die Kapazität gibt. Diese Gesetze lassen sich dann auch auf Kombinationen dieser Grundtypen ausdehnen. Die anzuwendenden Widerstandswerte sind für die „Blindwiderstände" rein imaginär, d. h., gehen wir auf die Bedeutung von U und I als komplexe Effektivwertszeiger zur Zeit $t = 0$ zurück, so kann man aus diesen Gesetzen auch noch entnehmen, daß an der Induktivität U um 90° gegenüber I voreilt und an der Kapazität U um 90° gegenüber I nacheilt.

Nachdem das OHMsche Gesetz für die 3 Grundtypen von 2poligen Schaltelementen hinreichend geklärt ist, erhebt sich weiter die Frage: „Können auch sämtliche übrigen Gesetzmäßigkeiten für Gleichstrom mit Hilfe der komplexen Drehzeigermethode einfach dadurch auf Wechselstrom erweitert werden, daß man anstelle der reellen die i. allg. komplexen Wechselstromimpedanzen einsetzt und nun mit i. allg. komplexen Drehzeigern als Repräsentanten der Ströme und Spannungen rechnet?" Diese Frage kann nun tatsächlich bejaht werden, denn auch die KIRCHHOFFschen Knotenpunkts- und Maschengleichungen können auf die Drehzeiger übertragen werden. Insbesondere ergibt die Addition von zwei oder mehreren Augenblickswerten von Spannungen oder Strömen eine entsprechende Addition von den entsprechenden Drehzeigern, z. B. folgt aus

$$u = u_1 + u_2 = \operatorname{Re} U_1 \sqrt{2}\,e^{j\omega t} + \operatorname{Re} U_2 \sqrt{2}\,e^{j\omega t}, \tag{25}$$

wie sich aus der Identität $\operatorname{Re} z = \dfrac{z + z^*}{2}$ sofort ergibt,

$$u = u_1 + u_2 = \operatorname{Re}(U_1 + U_2)\sqrt{2}\,e^{j\omega t} = \operatorname{Re} U \sqrt{2}\,e^{j\omega t} \tag{26}$$

und für alle t auch

$$U = \dot{U}_1 + \dot{U}_2. \tag{27}$$

Das gleiche gilt natürlich auch für die Ströme.

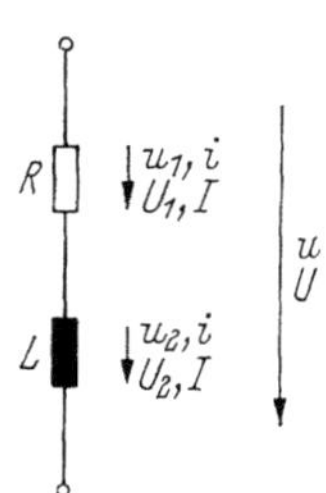

Abb. 2.5. Oнмscher Widerstand und Induktivität

Beispielsweise erhält man für die Serienschaltung von Oнмschem Widerstand und Induktivität (Abb. 2.5) die Beziehungen

$$U_1 = R\,I \tag{28}$$

$$U_2 = j\,\omega\,L\,I \tag{29}$$

$$U = U_1 + U_2 = (R + j\,\omega\,L)\,I \tag{30}$$

mit dem für die Serienschaltung gültigen Oнмschen Gesetz der Form

$$U = Z\,I \tag{31}$$

erhält man als Gesamtimpedanz

$$Z = R + j\,\omega\,L. \tag{32}$$

Damit ist die komplexe Drehzeigermethode als ein einwandfrei mathematisch fundierter Kalkül dargestellt, zumindest in dem Bereich, in welchem nur Ströme, Spannungen, Impedanzen und Admittanzen (= reziproke Impedanzen) vorkommen. Die Darstellung der Leistung soll dem nächsten Kapitel vorbehalten bleiben.

2.3 Die Leistungsbegriffe der Wechselstromtechnik

Der Augenblickswert der Leistung (in unserem Verbraucherzählpfeilsystem bei Verbrauch positiv, bei Erzeugung negativ zu zählen) ist definiert durch die Gleichung

$$p(t) = u(t)\,i(t) \tag{33}$$

mit sinusförmigen Spannungen und Strömen gemäß

$$u(t) = \operatorname{Re} U\,\sqrt{2}\,e^{j\omega t} = \operatorname{Re} \tilde{U}\,\sqrt{2} \tag{34}$$

$$i(t) = \operatorname{Re} I\,\sqrt{2}\,e^{j\omega t} = \operatorname{Re} \tilde{I}\,\sqrt{2} \tag{35}$$

unter Benutzung der Identität $\operatorname{Re} z = \dfrac{z + z^*}{2}$

$$p(t) = \frac{\tilde{U} + \tilde{U}^*}{2}\,\sqrt{2}\,\frac{\tilde{I} + \tilde{I}^*}{2}\,\sqrt{2} \tag{36}$$

$$= \frac{\tilde{U}\,\tilde{I} + (\tilde{U}\,\tilde{I})^*}{2} + \frac{\tilde{U}\,\tilde{I}^* + (\tilde{U}\,\tilde{I}^*)^*}{2} \tag{37}$$

$$= \operatorname{Re}(\tilde{U}\,\tilde{I}) + \operatorname{Re}(\tilde{U}\,\tilde{I}^*) \tag{38}$$

$$= \operatorname{Re}(U\,I\,e^{j2\omega t}) + \operatorname{Re}(U\,I^*) \tag{39}$$

$$= \operatorname{Re}\tilde{S} + \operatorname{Re}S. \tag{40}$$

Damit ist $p(t)$ darstellbar als Realteil zweier Drehzeiger. Wir nennen $\tilde{S}$ die (mit der Frequenz 2ω) *schwingende komplexe Leistung*. Es ist

$$\tilde{S} = \tilde{S}_0\, e^{j2\omega t} = U I\, e^{j2\omega t}. \tag{41}$$

Wir nennen S die (konstante) *komplexe Leistung*. Für sie gilt die Beziehung

$$S = U I^* = U_{\text{eff}} I_{\text{eff}}\, e^{j(\varphi_u - \varphi_i)} \tag{42}$$

$$= U_{\text{eff}} I_{\text{eff}}\, e^{j\varphi}$$

$$= U_{\text{eff}} I_{\text{eff}} \cos\varphi + j\, U_{\text{eff}} I_{\text{eff}} \sin\varphi \tag{43}$$

$$= \qquad P \qquad + j\, Q \tag{44}$$

$$\varphi = \varphi_u - \varphi_i. \tag{45}$$

Abb. 2.6 zeigt die Darstellung dieser festen und rotierenden Zeiger in einem Diagramm. Wir können also S zerlegen in einen Real- und einen Imaginärteil, und es ist

$$\operatorname{Re} S = P = U_{\text{eff}} I_{\text{eff}} \cos\varphi \qquad \text{die } \textit{Wirkleistung} \tag{46}$$

und

$$\operatorname{Im} S = Q = U_{\text{eff}} I_{\text{eff}} \sin\varphi \qquad \text{die } \textit{Blindleistung}. \tag{47}$$

P ist nach Gl. (40) gleichzeitig auch der zeitliche Mittelwert der Augenblickswerte der Leistung. Ein Wattmeter zeigt infolge der Trägheit des Zeigers gerade diesen Wert an, falls die Frequenz nicht zu niedrig ist.

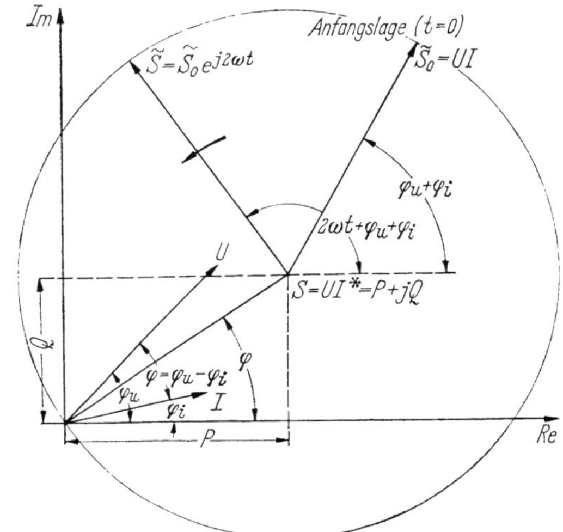

Abb. 2.6. *Leistungsbegriffe der Wechselstromtechnik.* Der Augenblickswert $p(t)$ in einem Wechselstromkreis läßt sich als Realteil der Summe eines festen Drehzeigers $S = P + j Q = U I^*$ und eines mit der Kreisfrequenz 2ω rotierenden Drehzeigers $\tilde{S}$ gleicher Länge darstellen. Die Anfangslage von $\tilde{S}$ ist $\tilde{S}_0 = U I$

Aufgaben

Es sei $z = x + j y = r\, e^{j\varphi}$, dann ist der konjugiert-komplexe Wert von z dadurch definiert, daß das Vorzeichen des Imaginärteils y oder (was die gleiche Wirkung hat) das Vorzeichen der Phase φ umgekehrt wird, d. h. es ist dann $z^* = x - j y = r\, e^{-j\varphi}$.

Man beweise:

1. $(z^*)^* = z$
2. $(z_1 \pm z_2)^* = z_1^* \pm z_2^*$
3. $(z_1 z_2)^* = z_1^* z_2^*$; $(z_1/z_2)^* = z_1^*/z_2^*$
4a) $x = \mathrm{Re}\, z = \dfrac{z + z^*}{2}$ 4b) $y = \mathrm{Im}\, z = \dfrac{z - z^*}{2j}$
5. $\genfrac{}{}{0pt}{}{\mathrm{Re}}{\mathrm{Im}}(az) = a \genfrac{}{}{0pt}{}{\mathrm{Re}}{\mathrm{Im}}\, z$, dann und nur dann, wenn a = reell
6. $\genfrac{}{}{0pt}{}{\mathrm{Re}}{\mathrm{Im}}\left(\dfrac{dz}{dt}\right) = \dfrac{d}{dt}\genfrac{}{}{0pt}{}{\mathrm{Re}}{\mathrm{Im}}(z)$, dann und nur dann, wenn t = reell
7.   Für reelle analytische Funktionen, d. h. $f(z)$ = reell, wenn z = reell, gilt $f(z^*) = (f(z))^*$.

B. Theorie der Netze

3. Topologie der Zweipolnetze

3.1 Graphen, Bäume, Verbindungszweige, Maschen

Bevor wir uns der Berechnung elektrischer Netze zuwenden, müssen einige *Strukturfragen* dieser Netze geklärt werden. Zu diesem Zwecke betrachten wir zunächst nur Netze, die aus *Zweipolen* zusammengesetzt sind. Die spätere Einbeziehung von Vierpolen und komplizierteren Gebilden als Ganzes macht dann keine nennenswerten Schwierigkeiten mehr. Um die erwähnten Strukturfragen zu klären, lassen wir zunächst alle Maßbeziehungen (Größe der Ohmschen Widerstände, Ströme, Spannungen wie auch der geometrischen Größen Länge, Winkel usw.) außer acht. Ein Teilgebiet der Geometrie, in welchem Maßgrößen keine Rolle spielen, und in welchem also nur strukturelle Fragen geklärt werden, ist die *Topologie*. Wir wollen uns hier nur mit der Topologie der *Streckenkomplexe* oder — wie man auch sagt — der *Graphen* beschäftigen. Die Theorie der Graphen spielt auch außerhalb der Elektrotechnik eine wichtige Rolle, z. B. bei Fragen der Verkehrsverbindungen, der chemischen Verbindungen, der Stabtragwerte, des hierarchischen Aufbaus von Organisationen, bei der Darstellung von Ahnenreihen, bei Flußdiagrammen usw. Man könnte die im Rahmen der Netzwerktheorie auftretenden topologischen Fragen natürlich auch rein algebraisch abwickeln, verlöre aber dabei jede Anschaulichkeit. Viele der später benötigten algebraischen Sätze lassen sich topologisch einfacher beweisen und leichter einsehen. Zunächst benötigen wir einige Grundbegriffe, die in Definitionen zusammengefaßt sind.

Def. 1: Ein *Graph* ist ein *zusammenhängendes* Gebilde, das aus *Zweigen* und *Knotenpunkten* besteht. Von jedem Knotenpunkt zu jedem anderen Knotenpunkt eines Graphen existiert wenigstens ein Weg, der nur Zweige des Graphen enthält (Abb. 3.1).

Def. 2: Ein *Baum* ist ein *Graph*, der dadurch entsteht, daß man, ausgehend von einem Knotenpunkt, je einen offenen Zweig[1] und einen *neuen* Knotenpunkt hinzunimmt derart, daß der Zusammenhang gewahrt bleibt (Abb. 3.2).

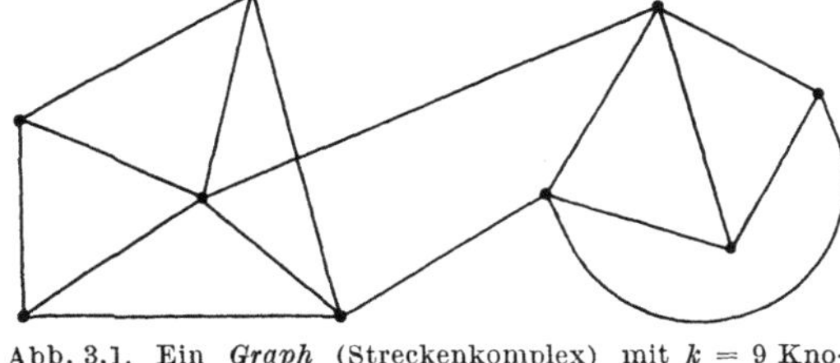

Abb. 3.1. Ein *Graph* (Streckenkomplex) mit $k = 9$ Knotenpunkten, $z = 16$ Zweigen

Def. 3: Innerhalb eines gegebenen Graphen existiert wenigstens ein *vollständiger* Baum. Ein vollständiger Baum ist ein Baum, der eine (nicht notwendig echte) Untermenge

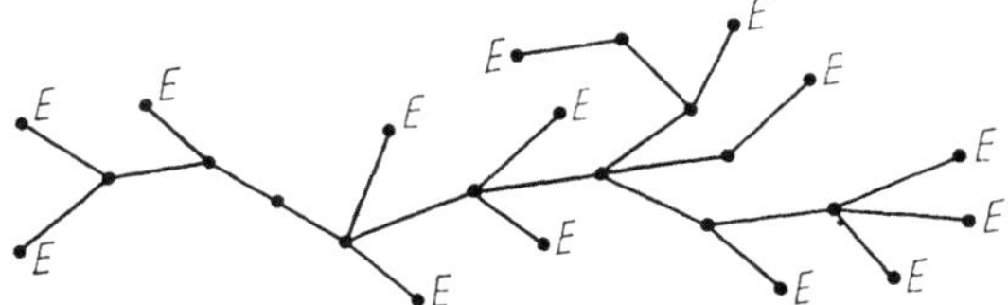

Abb. 3.2. Ein *Baum* mit $k = 25$ Knotenpunkten, $z = 24$ Zweigen, $e = 14$ Endpunkten, $v = 12$ Verzweigungen

von offenen Zweigen[1] enthält, jedoch *sämtliche* Knotenpunkte des Graphen. Innerhalb eines Graphen können im allgemeinen auf *mehrere* Weise vollständige Bäume ausgewählt werden (Abb. 3.3).

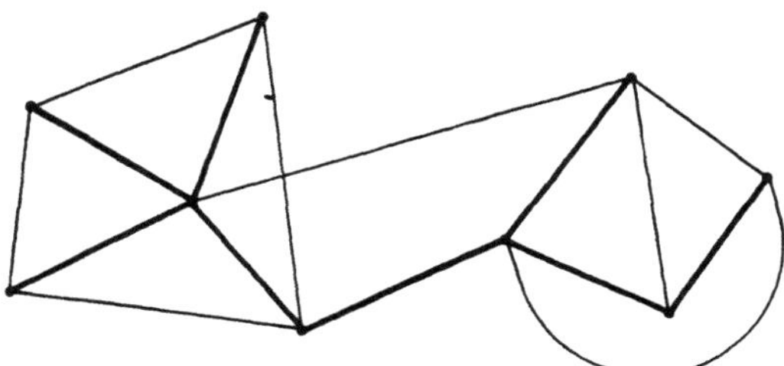

Abb. 3.3. Ein *vollständiger Baum* (dick ausgezogen) des Graphen nach Abb. 3.1 mit $k = 9$ Knotenpunkten, $z = 16$ Zweigen, $m = z - k + 1 = 8$ Verbindungszweigen und ebenso vielen Maschen

Def. 4: Ein (*Anfangs-* oder) *Endpunkt*[2] eines Graphen ist ein Knotenpunkt, von dem nur ein Zweig ausgeht. Die übrigen Punkte heißen *innere* Punkte.

---

[1] S. Fußnote auf S. 13.

[2] Eine Unterscheidung zwischen Anfangs- und Endpunkt ist nur im Hinblick auf die zeitliche Reihenfolge bei der Konstruktion sinnvoll. Ist eine zeitliche Reihenfolge nicht gegeben, so soll nur von Endpunkten gesprochen werden.

Def. 5: Ein *unverzweigter Baum* ist ein Baum, von dessen Knotenpunkten, mit Ausnahme des Anfangs- und Endpunktes, nur je 2 Zweige ausgehen (Abb. 3.4).[1]

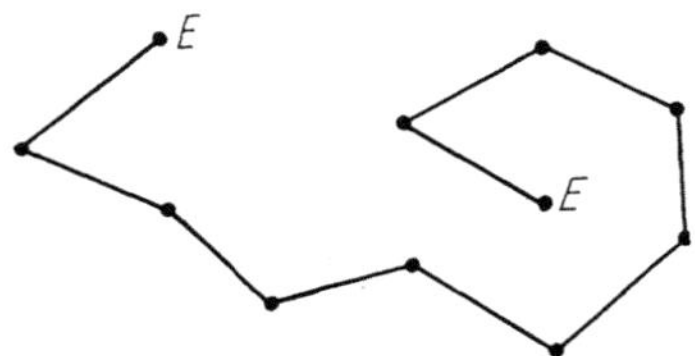

Abb. 3.4. Ein *unverzweigter* (gestreckter) *Baum* mit $k = 11$ Knotenpunkten und $z = k - 1 = 10$ Zweigen

Def. 6: Ein *Weg* in einem Graphen ist ein Untergraph, der zugleich unverzweigter Baum ist (Abb. 3.5).

Def. 7: Ein *Kreis* ist ein Graph, von dessen sämtlichen Knotenpunkten je 2 Zweige ausgehen (Abb 3.6).

Def. 8: Ein *geschlossener Weg*, auch *Masche* genannt, innerhalb des Graphen ist ein aus einer Untermenge der Zweige und Knotenpunkte des Graphen gebildeter Kreis (Abb. 3.7).

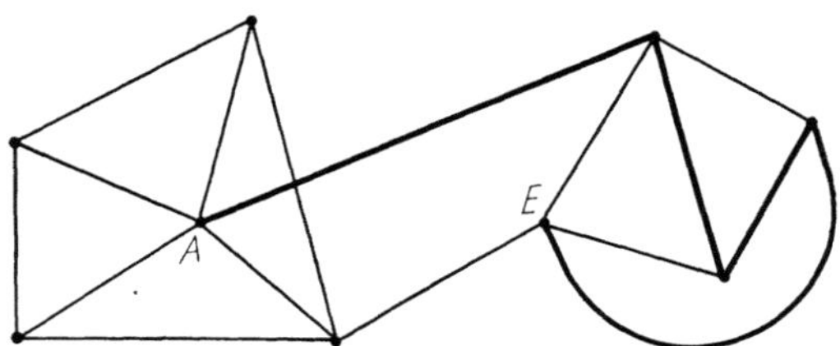

Abb. 3.5. Ein *Weg* $(A - E)$ in einem Graph. In einem (zusammenhängenden) Graph existiert zwischen zwei beliebigen Punkten mindestens ein Weg

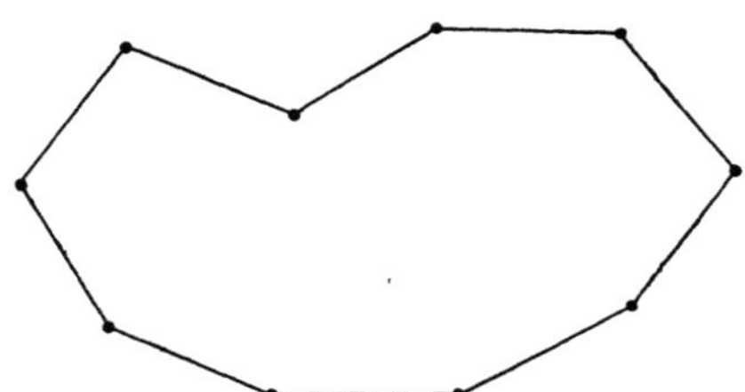

Abb. 3.6. Eine *Masche* mit $k = 10$ Knotenpunkten und $z = 10$ Zweigen

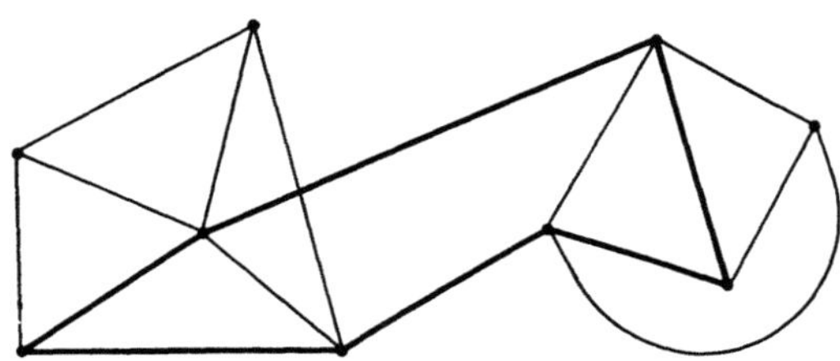

Abb. 3.7. Ein *geschlossener Weg* in einem Graph

---

[1] S. Fußnote [2] auf S. 11.

Es gelten folgende Sätze

Satz 1: Ein *Baum* enthält auf Grund seiner Konstruktionsregel Def. 2 gegenüber der Anzahl der Zweige *einen Knotenpunkt mehr*; es gilt also

$$k = z_B + 1 \qquad (1)$$

$k =$ Anzahl der Knotenpunkte

und

$$z_B = k - 1. \qquad (2)$$

$z_B =$ Anzahl der Baumzweige

Die gleiche Regel gilt natürlich auch für den unverzweigten Baum bzw. den Weg.

Def. 7 zufolge entsteht eine *Masche*, wenn 2 Endpunkte eines Wegs in einen Punkt zusammenfallen. Dann gehen von diesem einen Punkt ebenfalls 2 Zweige aus. Für eine Masche gilt also der

Satz 2: Die *Anzahl* der Knotenpunkte und die Anzahl der Zweige einer *Masche* sind einander *gleich*, d. h., es ist in einer Masche

$$k = z_M. \qquad (3)$$

$z_M =$ Anzahl der Zweige einer Masche

In einem Graphen kann ein *geschlossener Weg* nur dann auftreten, wenn man entgegen Def. 2 bei Hinzunahme eines Zweiges auf einen bereits vorhandenen Knotenpunkt stößt oder, was auf das gleiche hinausläuft, wenn man den bereits vorhandenen Knotenpunkt mit dem Endpunkt des hinzugenommenen Zweiges zusammenfallen läßt. Es gilt also der

Satz 3: In einem *Baum* gibt es *keine geschlossenen Wege* (Maschen).

Da in einem Graphen das Vorhandensein von mehrfachen Wegen von einem Punkt zu einem anderen Punkt an das gleichzeitige Vorhandensein wenigstens einer Masche gebunden ist (der nicht gemein-

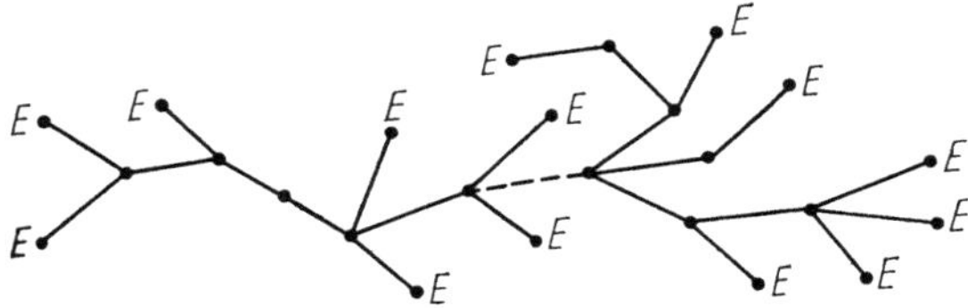

Abb. 3.8. *Zerfall* des *Baumes* nach Abb. 3.2 durch Entfernung eines Zweiges (gestrichelt)

same Teil zweier Wege bildet wenigstens eine Masche) gilt der folgende

Satz 4: In einem *Baum* führt von einem Punkt zu einem anderen Punkt genau *ein Weg*.

Entfernt man in einem *Baum* einen offenen *Zweig*[1] (Abb. 3.8), so zerfällt dieser Baum in 2 Bäume (in diesem Fall ist ein einzelner Punkt

---

[1] Ein Zweig heißt offen, wenn die Endpunkte des Zweiges nicht mit hinzugerechnet werden.

auch als Baum zu betrachten). Würde der Baum nicht zerfallen, so müßte zwischen den Endpunkten des herausgenommenen Zweiges noch ein zweiter Weg bestanden haben, im Widerspruch zu Satz 4. Jede Verminderung von Zweigen ohne gleichzeitige Verminderung der Knotenpunkte führt zu einem Zerfall des Baumes. Das Ergebnis dieser Überlegungen können wir in den folgenden Sätzen zusammenfassen:

Satz 5: *Entfernt* man einen beliebigen offenen *Zweig* (d. h. ohne seine Endpunkte) aus einem *Baum*, so *zerfällt* der Baum in 2 Bäume. (Hier ist auch ein Knotenpunkt als Baum zugelassen.)

Satz 6: Ein *Baum* ist *einfach zusammenhängend.*

Satz 7: Der *Baum* hat bei gegebener Anzahl von Knotenpunkten die *geringste Anzahl von Zweigen* und umgekehrt bei gegebener Anzahl von Zweigen eine *Maximalzahl von Knotenpunkten.*

Eine insbesondere mit der später noch zu behandelnden Frage der *Dualität von Graphen* nicht uninteressante Frage ist folgende: Wann ist ein Graph eben[1], genauer gesagt: Unter welchen Bedingungen kann er in der Ebene (ebenso auch auf Kugel) ohne Überkreuzungen ausgebreitet werden? Damit ein Graph nicht in der Ebene ausgebreitet werden kann, ist es notwendig, daß dieser Maschen besitzt (und zwar, wie hier nicht bewiesen werden soll, mindestens 4), denn ein aus der Ebene heraustretender Weg bildet mit dem in der Ebene vorhandenen Teilgraphen wenigstens eine Masche. Da ein Baum keine Maschen besitzt, gilt der

Satz 8: Ein *Baum* ist ein *ebener Graph.*

Zwischen der Anzahl der Endpunkte e und der Anzahl der Verzweigungen v in einem Baum besteht eine feste Beziehung, denn der unverzweigte Baum hat 2 Endpunkte, und mit jeder Verzweigung kommt ein Endpunkt hinzu, und es gilt offenbar der

Satz 9: Die *Anzahl der Endpunkte* e in einem *Baum* ist um 2 *größer* als die *Anzahl der Verzweigungen* v, d. h., es ist $e = v + 2$.

In diesem Sinn ist die Anzahl der Verzweigungen in einem *Punkt* gleich der um 2 verminderten Anzahl der von ihm ausgehenden Zweige (und demnach ggf. mehrfach zu zählen).

Von einem Baum ausgehend (der ja keine Maschen besitzt) erhält man dadurch Maschen, daß man sog. *Verbindungszweige* einfügt. Diese Verbindungszweige verbinden jeweils zwei bereits vorhandene Knotenpunkte miteinander. Hierdurch vermehrt sich also die Anzahl der Knotenpunkte nicht. Die zugehörige *Masche*, die hierdurch entsteht ist *eindeutig*, denn sie besteht aus dem Verbindungszweig und dem nach Satz 4 eindeutig verlaufenden Weg über den Baum zwischen den beiden Knotenpunkten, zwischen denen der Verbindungszweig gezogen wurde. Auf diese Weise kann in jedem Graphen, in welchem einmal ein *vollständiger Baum* (d. h. ein Baum, der sämtliche Knoten-

---

[1] Zur Definition ebener Graphen vgl. Def. 10 auf Seite 16.

punkte enthält) ausgewählt wurde, durch schrittweise Ergänzung dieses Baumes zum Graphen durch Hinzufügung von Verbindungszweigen ein System von Maschen ermittelt werden. Dieses System von Maschen hängt nur davon ab, wie der vollständige Baum innerhalb des Graphen ausgewählt wurde (nicht von der Reihenfolge der dann ergänzten Verbindungszweige). Wir ergänzen noch die

Def. 9: Die komplementären Zweige zu einem vollständigen Baum innerhalb eines Graphen heißen *Verbindungszweige*.

Durch die Hinzufügung der Verbindungszweige wird der Graph mehrfach zusammenhängend; die Anzahl der Verbindungszweige gibt also nicht nur die Anzahl der entstehenden Maschen an, sondern auch die um 1 verkleinerte Zahl der Zusammenhänge. Wir nennen einen Baum einfach zusammenhängend, einen Graphen mit 1 Verbindungszweig, d. h. mit 1 Masche zweifach zusammenhängend ... allgemein einen Graphen mit m Verbindungszweigen, d. h. mit m Maschen $(m + 1)$-fach zusammenhängend. In Übereinstimmung mit in den meisten Lehrbüchern geübten Gepflogenheiten führen wir allerdings als Zusammenhangszahl die Zahl m der Maschen und Verbindungszweige ein (ein vierfach zusammenhängender Graph hat also die Zusammenhangszahl 3). Die Zusammenhangszahl = Anzahl der Verbindungszweige = Anzahl der unabhängigen Maschen = m ist unabhängig von der Art des zugrunde gelegten Baumes und nur von der Anzahl der Zweige z und der Anzahl der Knotenpunkte k abhängig. Die Anzahl der Zweige setzt sich nämlich zusammen aus der Anzahl der Baumzweige z_B und der Anzahl der Verbindungszweige $z_V = m$. Da nach Satz 1 $z_B = k - 1$ ist, können wir schreiben

$$z = z_B + z_V \tag{4}$$
$$= k - 1 + m, \tag{5}$$

woraus man erhält

$$m = z - k + 1. \tag{6}$$

Es gilt der

Satz 10: Durch die Auswahl eines vollständigen Baumes innerhalb eines Graphen sind die $m = z - k + 1$ unabhängigen Maschen eindeutig bestimmt. Jedem Verbindungszweig ist eine unabhängige Masche eindeutig zugeordnet.

3.2 Der Eulersche Polyedersatz

Körper, die allseitig durch *ebene Flächen* begrenzt sind, nennt man *Polyeder*, die Schnittgeraden der ebenen Flächen sind die *Kanten*, die Schnittpunkte der Kanten sind die *Ecken*. Topologisch gesehen, bildet ein solches System von Kanten und Ecken einen Graph, und zwar einen *ebenen* Graph, denn unabhängig davon, welche Fläche man als Grundfläche wählt, läßt sich diese Grundfläche mit ihren Kanten und Knotenpunkten in eine Ebene zeichnen und in diese Grundfläche die übrigen Kanten und Knotenpunkte hineinprojizieren. Ebenso läßt sich auch jedes Polyeder (im topologischen Sinn) auf eine Kugel aufzeichnen, nur nimmt dann die Grundfläche auf der Kugel keine Sonderstellung ein. Entsprechend der Knotenpunkt-Zweig-Maschenanzahl-Beziehung gibt es für den ebenen Graphen auch eine Ecken-Seiten-Polygon-Beziehung und, wenn man die Grundfläche des Polyeders hinzunimmt, auch eine Ecken-Kanten-Flächen-Beziehung. Die Anzahl der Ecken und Kanten (bzw. Seiten) ist identisch mit der Anzahl der Knotenpunkte und Zweige des zugeordneten ebenen Graphen. Die Anzahl der Polygone im ebenen Graph ist gleich der Anzahl der Maschen[1], während die Anzahl der Flächen im Polyeder um 1 größer ist als die Anzahl der Maschen des Graphen (wegen der hinzugekommenen Grundfläche), d. h., es ist

$$\left.\begin{array}{l} E = k \qquad\quad = \text{Anzahl der Ecken} \\ K = z \qquad\quad = \text{Anzahl der Kanten} \\ F = m + 1 = \text{Anzahl der Flächen} \end{array}\right\} \text{des Polyeders,} \qquad (7)$$

und für ein Polyeder gilt somit die Beziehung

$$F = K - E + 2. \qquad (8)$$

3.3 Dualität ebener Graphen

Im folgenden betrachten wir zunächst nur *ebene Graphen*. Es läßt sich zwar unter Zuhilfenahme von Überkreuzungen jeder Graph in der Ebene aufzeichnen. Wir wollen aber einen ebenen Graph wie folgt definieren:

Def. 10: Ein *ebener Graph* ist ein Graph, der ohne Überkreuzungen in der Ebene (bzw. auf der Kugel) ausgebreitet werden kann.

Die Tatsache, daß ein vorliegender Graph Überkreuzungen enthält, ist noch kein Beweis dafür, daß er nicht eben ist. Nur dann, wenn man beweisen kann, daß die Überkreuzungen nicht beseitigt werden können, kann der betreffende Graph als nicht eben bezeichnet werden. Nimmt man räumliche mehrfach zusammenhängende Gebilde zu Hilfe, so gibt es immer ein Gebilde genügend hoher Zusammenhangszahl, auf dessen *Oberfläche* der Graph ohne Überkreuzung aufgezeichnet werden kann. Die Zusammenhangszahl eines räumlichen Gebildes kann man ähnlich der Zusammenhangszahl von Graphen definieren durch die Anzahl der Schnitte, die erforderlich sind, um das Gebilde zu einem einfach zusammenhängenden Gebilde zu reduzieren. Für jeden Graphen

---

[1] Die Gleichheit der Anzahl der Polygone und der Maschen kann nicht daraus gefolgert werden, daß jedes Polygon immer eine Masche darstellt. Es gibt Graphen, in denen diese Identifizierung nicht möglich ist. Es kann aber gezeigt werden, daß beim konstruktiven Aufbau des Graphen mit jeder hinzukommenden Masche auch ein Polygon (Fenster) hinzukommt.

existiert ein solches räumliches Gebilde minimaler Zusammenhangszahl, auf das sich der Graph ohne Überkreuzungen aufzeichnen läßt, entsprechend der folgenden

Def. 11: Das *Geschlecht* g eines Graphen ist die kleinste Zusammenhangszahl des räumlichen Gebildes, auf dessen (orientierbare)[1] Oberfläche sich der Graph ohne Überkreuzungen aufzeichnen läßt[2] (vgl. die Abb. 3.9, 3.13 und 3.14).

In diesem Sinn kann man die ebenen Graphen auch als Graphen vom Geschlecht 0 bezeichnen.

In jedes Elementarpolygon, auch Fenster genannt, eines ebenen Graphen A läßt sich ein Knotenpunkt eines zweiten Graphen B einzeichnen. Fügt man diesen Knotenpunkten noch einen Knotenpunkt außerhalb des Graphen hinzu, so kann man die Knotenpunkte von B durch ebenso viele Zweige, wie der Graph A Zweige besitzt, derart verbinden, daß jeder Zweig des Graphen B einen entsprechenden Zweig des Graphen A kreuzt. Die Polygone (Fenster) des Graphen B umschließen jeweils einen Knotenpunkt des Graphen A mit Ausnahme eines außerhalb des Graphen B liegenden Knotenpunkts des Graphen A. Wir sagen dann: Der Graph B ist dual zum Graph A. Wir können die Ausnahmestellung des außerhalb liegenden Knotenpunkts beseitigen, wenn wir den Graph auf eine Kugel aufzeichnen. In diesem Fall liegt der in der Ebene außerhalb liegende Punkt ebenfalls in einem Polygon. Um die Gl. (6) auf den dualen Graph anwenden zu können, müssen wir für die Anzahlen der Knotenpunkte, Maschen und Zweige der Graphen A und B folgende Beziehungen berücksichtigen

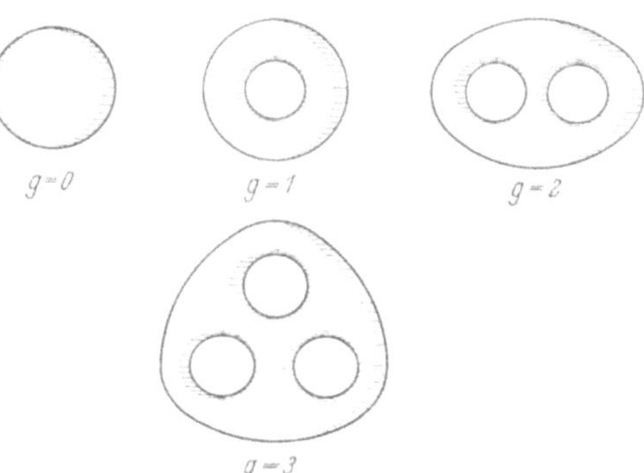

Abb. 3.9. *Räumliche Gebilde mit orientierbaren Oberflächen* verschiedener Zusammenhangszahlen. Geschlecht der Oberfläche $g = 0$ für die Kugel, $g = 1$ für den Torus, $g = 2$ für die Brezel (Kugel mit 2 Henkeln), $g = 3$ für die 3fach gelochte Kugel

$$k_B = m_A + 1,$$
$$m_B = k_A - 1,$$
$$z_B = z_A.$$

---

[1] Orientierbare Oberflächen haben eine Innen- und Außenseite, im Gegensatz dazu haben nicht orientierbare Oberflächen diese Eigenschaft nicht; Beispiel: MÖBIUS-Band, Kleinsche(r) Flasche (Schlauch) (vgl. W. LIETZMANN [78]).

[2] Man spricht auch von dem Geschlecht g der betreffenden orientierbaren Oberfläche. Auf dieser Oberfläche können maximal $2\,g$ Rückkehrschnitte ausgeführt werden, ohne daß diese zerfällt.

Aus
$$m_A = z_A - k_A + 1$$

folgt also
$$m_B = z_B - k_B + 1, \tag{9}$$

womit gezeigt ist, daß sich für die Knotenpunkt-Zweig-Maschenbeziehung für den dualen Graphen, für den ja die gleiche Beziehung gelten muß, kein Widerspruch ergibt. Für die Anzahlgrößen der Polyeder gelten entsprechende Beziehungen. Es ist

$$\begin{aligned} E_B &= F_A \\ F_B &= E_A \\ K_B &= K_A\,. \end{aligned} \tag{10}$$

Hieraus folgt auch, daß zu jedem Polyeder ein duales Polyeder existiert.

Die *Dualität von Polyedern* können wir folgendermaßen definieren:

Def. 12: Ein *Polyeder B* heißt *dual* zu einem Polyeder A, wenn jeder Fläche von A eine Ecke von B, jeder Ecke von A eine Fläche von B und jeder Kante von A eine Kante von B entspricht. Zur Dualität von Tetraedern zueinander vgl. Abb. 3.10.

Da zur Konstruktion eines dualen Graphen dieser in Polygone (Fenster) zerlegbar sein muß, diese Zerlegung aber voraussetzt, daß der Graph in der Ebene bzw. auf der Kugel ausbreitbar ist, und der zu diesen ebenen Graphen duale Graph wieder eben ist, kann sich die Dualität von Graphen nur auf ebene Graphen beziehen. Wir können also für *ebene Graphen* analog zu Def. 12 festlegen:

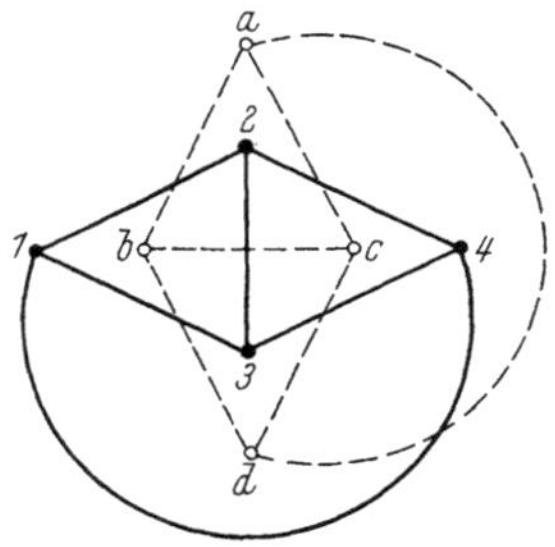

Abb. 3.10. Der zu einem Tetraeder (dick ausgezogen) duale Graph ist wieder ein Tetraeder (gestrichelt)

Def. 13: Ein *ebener Graph A* heißt *dual* zu einem Graph B, wenn *auf der Kugel* jedem Polygon von A ein Knotenpunkt B, jedem Zweig von A ein Zweig von B und jedem Knotenpunkt von A ein Polygon von B entspricht.

Es gelten

Satz 11: Ein zu einem ebenen Graph dualer Graph ist ebenfalls eben.

Satz 12: Ist ein Graph B dual zu einem Graph A, so ist auch A dual zu B.

Satz 13: Ein Graph besitzt dann und nur dann einen dualen Graph, wenn er eben ist.

Die Eigenschaften eines Graphen, einen dualen Graph zu besitzen einerseits und in der Ebene bzw. auf der Kugel ausbreitbar zu sein, andererseits bedingen einander.

Aus Gl. (8) folgt in Verbindung mit der Tatsache, daß die Anzahl der Flächen des dualen Graphen gleich der Anzahl der Ecken des gegebenen Graphen ist, der

Satz 14: Die Summe der Knotenpunkte (Ecken) zweier zueinander dualer Graphen (Polyeder) ist um 2 größer als die für beide Graphen (Polyeder) gleiche Anzahl der Zweige (Kanten).

Für zwei zueinander duale Graphen A und B bedeutet das in Gleichungen ausgedrückt

$$k_A + k_B = z_A + 2 = z_B + 2, \tag{11}$$

und für zwei zueinander duale Polyeder A und B

$$E_A + E_B = K_A + 2 = K_B + 2. \tag{12}$$

Zum Beispiel hat ein ebener Graph mit 11 Knotenpunkten und 18 Zweigen immer neun duale Knotenpunkte, unabhängig davon, wie er aufgebaut ist. Trotz dieser eindeutigen zahlenmäßigen Zuordnung der Knotenpunkte, Polygone und Zweige zweier dualer Graphen kann die topologische Gestalt eines zu einem gegebenen Graphen dualen Graphen davon abhängen, wie er aufgezeichnet wurde.

Es gibt schon recht einfache Graphen, die keinen dualen Graphen besitzen [und sich damit auch nicht in eine Ebene (Kugel) ausbreiten lassen]. Hierzu gehört das *vollständige Fünfeck*[1] (Abb. 3.11) und das *Sechseck* mit den *3 Hauptdiagonalen*[2] (Abb. 3.12). Beide Graphen sind,

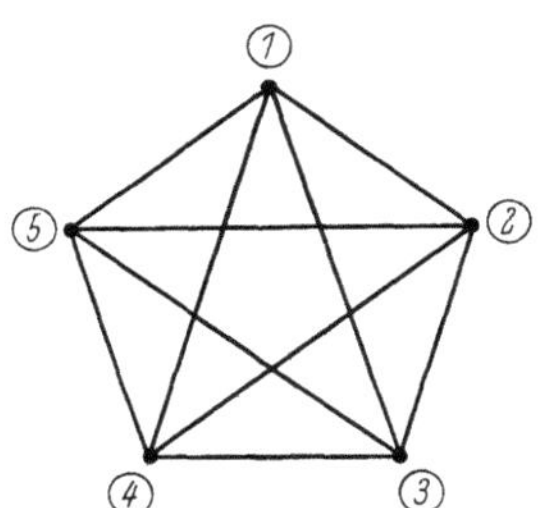

Abb. 3.11. Das *vollständige Fünfeck* ist ein nicht ebener Graph. Ein Aufzeichnen in der Ebene (Kugel) ist ohne Überkreuzungen nicht möglich

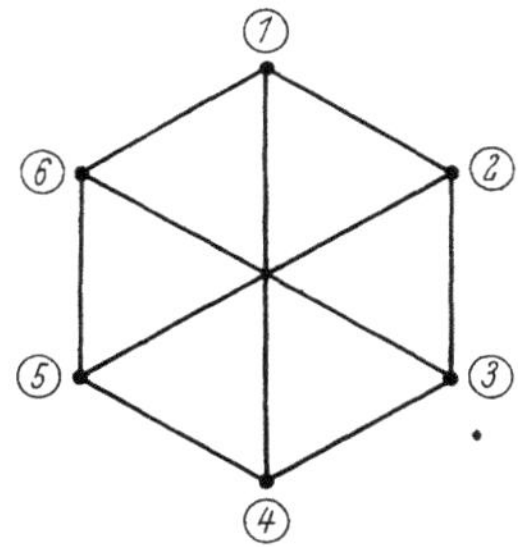

Abb. 3.12. Das *Sechseck mit den 3 Hauptdiagonalen* ist ein nicht ebener Graph. Ein Aufzeichnen in der Ebene (Kugel) ist ohne Überkreuzungen nicht möglich

wie man leicht zeigen kann, vom Geschlecht $g = 1$. Daß die beiden Graphen nicht vom Geschlecht $g = 0$ sind, ergibt sich aus dem EULERschen Polyedersatz in Verbindung mit der Tatsache, daß das vollstän-

---

[1] Ein *Polygon* soll *vollständig* heißen, wenn es außer den Seiten auch sämtliche Diagonalen enthält.

[2] Wir wollen im Sechseck die Diagonalen, die je 2 Ecken in laufender Numerierung gleicher Restklasse modulo 3 miteinander verbinden, kurz *Hauptdiagonalen* nennen.

dige Fünfeck als Teilpolygon niedrigster Eckenzahl Dreiecke enthält;
das Sechseck mit den Hauptdiagonalen hingegen enthält auch keine
Dreiecke, sondern als Teilpolygon niedrigster Eckenzahl nur Vierecke.
Aus diesen Tatsachen kann man nämlich Abschätzungen über das Verhältnis der Kanten und Flächen aufstellen. Betrachten wir z. B. ein
Tetraeder, das ausschließlich aus Dreiecken besteht. Dieses hat 4 Flächen
und 6 Kanten. Das Verhältnis F/K ist hier gleich $\frac{2}{3}$. Dieses Verhältnis
bleibt so lange bestehen, solange das Polyeder ausschließlich Dreiecke
als Begrenzungsflächen hat; denn es hat jedes Dreieck 3 Kanten, die
aber bei dieser Zählung in doppelter Zahl auftreten, so daß man sagen
kann, daß auf je 2 Dreiecke 3 Kanten kommen. Läßt man nun auch
Vierecke, Fünfecke und Polygone höherer Eckenzahl zu, so wächst
hierdurch die Anzahl der Kanten stärker als die Anzahl der Flächen.
Für das *vollständige Fünfeck*, das als Teilpolygone niedrigster Eckenzahl
nur Dreiecke enthält, gilt also die Ungleichung

$$\frac{F}{K} \leqq \frac{2}{3} \tag{13}$$

oder

$$F \leqq \frac{2}{3} K; \tag{13a}$$

das vollständige Fünfeck soll aber eben und somit als Polyeder darstellbar sein, dann folgt aus Gl. (8) mit $K = 10$ und $E = 5$

$$F = K - E + 2 = 10 - 5 + 2 = 7. \tag{8}$$

Da die beiden Forderungen unverträglich sind, ist es nicht möglich,
das vollständige Fünfeck in der Ebene aufzuzeichnen.

In ähnlicher Weise kann man auch zeigen, daß es unmöglich ist,
ein *Sechseck* mit *Hauptdiagonalen* in der Ebene ohne Überkreuzung
aufzuzeichnen. Hier kommen als Teilpolygone niedrigster Eckenzahl
nur Vierecke vor. Für solche Graphen (Polyeder) gilt die Abschätzung

$$\frac{F}{K} \leqq \frac{1}{2} \tag{14}$$

bzw.

$$F \leqq \frac{1}{2} K. \tag{14a}$$

Mit $K = 9$ und $E = 6$ müßte einmal gelten

$$F = K - E + 2 = 9 - 6 + 2 = 5 \tag{8}$$

und außerdem

$$F \leqq \frac{1}{2} K = \frac{9}{2}. \tag{14a}$$

Auch diese Forderungen sind unverträglich, womit die Behauptung
bewiesen ist. Über das Geschlecht g der beiden KURATOWSKIschen
Graphen geben die Abb. 3.13 und 3.14 Auskunft.

Sehr interessant ist nun aber ein von C. KURATOWSKI gefundener
Satz, der besagt, daß es völlig ausreicht nachzuweisen, daß wenigstens

daß aber wenigstens einer dieser beiden erwähnten Graphen als Teilgraph auch vorkommen *muß*, ist keineswegs selbstverständlich, und
einer der beiden obenerwähnten nichtebenen Graphen als Teilgraph
auftritt. Daß in diesem Fall der Graph nicht eben ist, ist bereits bewiesen,

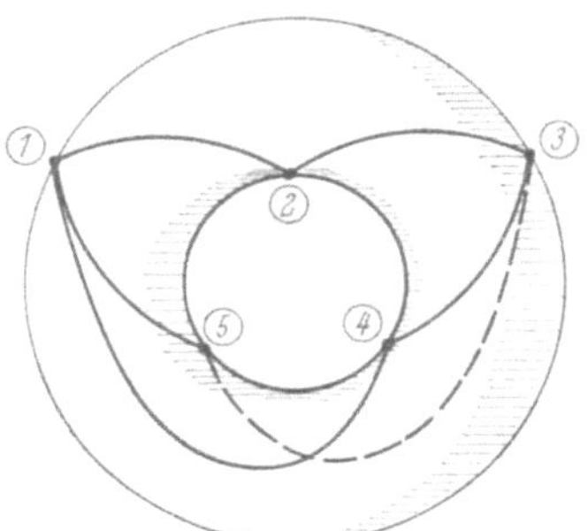

Abb. 3.13. Das *vollständige Fünfeck* (Abb. 3.11)
läßt sich auf einen Torus (Zusammenhangszahl = 1) zeichnen, damit ist sein Geschlecht
$g = 1$

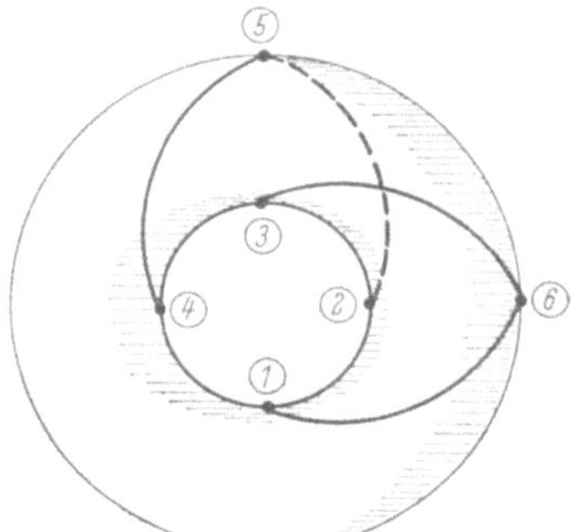

Abb. 3.14. Das *Sechseck mit den 3 Hauptdiagonalen* (Abb. 3.12) läßt sich ohne Überkreuzungen auf einen Torus (Zusammenhangszahl = 1) zeichnen, damit ist sein Geschlecht
$g = 1$

daß auch keine komplizierteren Teilgraphen erforderlich sind, um zu
erkennen, daß ein gegebener Graph nicht eben ist, ist doch recht nütz-
lich. Umgekehrt ist ein Graph eben, wenn er weder den einen noch den
anderen der beiden erwähnten nichtebenen Graphen als Teilgraph enthält. In dieser Formulierung lautet der

Satz 15 (von C. KURATOWSKI): Ein Graph ist dann und nur dann
eben, wenn er als Teilgraph[1] weder ein vollständiges Fünfeck noch ein
Sechseck mit Hauptdiagonalen besitzt.

3.4 Graphen elektrischer Zweipolnetze. Orientierte Graphen

In der Elektrotechnik kann einem elektrischen Netz auf verschiedene
Weise ein Graph zugeordnet werden. Sofern ein Netz ausschließlich
aus Zweipolen aufgebaut ist, existiert der sog. *Stromspannungsgraph.*
In diesem Fall ist

a) jedem Knotenpunkt (jeder Sammelschiene) des Netzes ein Knotenpunkt des Graphen zugeordnet,

b) jedem Zweipol des Netzes ein Zweig des Graphen zugeordnet.

Falls das Zweipolnetz sich in der Ebene ohne Überkreuzung aufzeichnen läßt, existiert außerdem auch der *duale Stromspannungsgraph.*
Da diese Zuordnung nur bei ebenen Netzen möglich ist, wird sie seltener
angewandt.

---

[1] Hierbei ist zugelassen, daß einzelne Zweige dieser KURATOWSKI-Teilgraphen
durch mehrere in Serie liegende Zweige ersetzt werden.

In der Energieübertragungstechnik wendet man in Netzplänen eines Energieversorgungsunternehmens häufig eine einfachere und damit auch übersichtlichere Darstellung an, die *Energiegraph* genannt wird. In einem Drehstromnetz z. B. ist es zweckmäßig

a) jedem *Kraftwerk* und ebenso auch jedem Verbraucher des Netzes einen *Endpunkt* des Graphen zuzuordnen,

b) jeder *Sammelschiene* des Netzes einen *inneren Knotenpunkt* des Graphen zuzuordnen und

c) jeder *Leitung* oder jedem *Transformator*[1] des Netzes einen *Zweig* des Graphen zuzuordnen.

Bei Darstellung eines Netzplanes durch einen Energiegraph wird der Netzplan einfacher und übersichtlicher, ohne an Informationsgehalt einzubüßen[2]. Allerdings müssen in solchen Fällen, um hieraus auf den Stromspannungsgraphen eindeutig übergehen zu können, gewisse zusätzliche Symbole z. B. über die Schaltgruppen der Transformatoren,

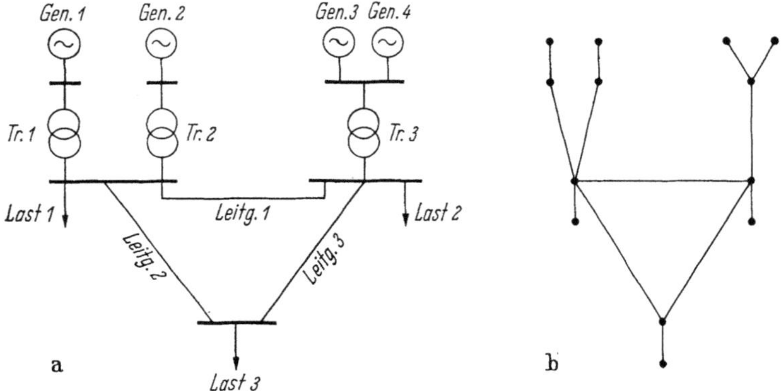

Abb. 3.15 a u. b. a) *Drehstromverbundnetz* in einpoliger Darstellung mit Hilfe von Schaltungskurzzeichen. Hierdurch ist ein *Energiegraph* b) definiert

Erdungen, unsymmetrische Belastungen angebracht werden (Abb. 3.15). Für die ausschließliche Darstellung des Leistungsflusses hingegen sind diese zusätzlichen Symbole nicht notwendig.

Zur Definition der Vorzeichen der Ströme und Spannungen im Stromspannungsgraph und der Leistungen im Energiegraph ist es notwendig,

---

[1] Im Falle eines Mehrwicklungstransformators (mit mehr als 2 Wicklungen) muß man noch einen inneren Knotenpunkt einführen, von dem so viel Zweige ausgehen, wie der Transformator Wicklungen hat.

[2] Eine Leitung, die im Energiegraph durch einen einzigen Zweig dargestellt wird, besteht in der einfachen Π-Ersatzschaltung aus 12 Kapazitäten und außerdem aus 3 Selbst- und 6 Gegenimpedanzen. Ein in dieser Ausführlichkeit gezeichneter Netzplan wäre nicht nur sehr mühsam zu zeichnen, sondern auch unübersichtlich.

den Zweigen dieser Graphen eine *Orientierung* zuzuordnen. Diese Orientierung wird gewöhnlich durch eine im Zweig angebrachte Pfeilspitze dargestellt. Ein Graph mit orientierten Zweigen wird *orientierter Graph* genannt. Es gilt der

Satz 16: Zu einem aufgezeichneten *ebenen orientierten* Graph A existiert eindeutig ein ebener orientierter *dualer* Graph B.

Dadurch, daß eine eindeutige Zuordnung zwischen der Pfeilrichtung jedes Zweiges a_i des Graphen A und der Pfeilrichtung des zugeordneten Zweiges b_i des dualen Graphen B gegeben werden kann, ist die Gültigkeit dieses Satzes bewiesen, z. B. kann man einheitlich die den Zweigen zugeordneten Winkel φ_{a_i} und φ_{b_i} festlegen durch $0 < \varphi_{a_i} - \varphi_{b_i} < \pi$. Eine andere Möglichkeit ist dadurch gegeben, daß man die Kleinerzeichen durch Größerzeichen ersetzt (Gleichheitszeichen sind ausgeschlossen,

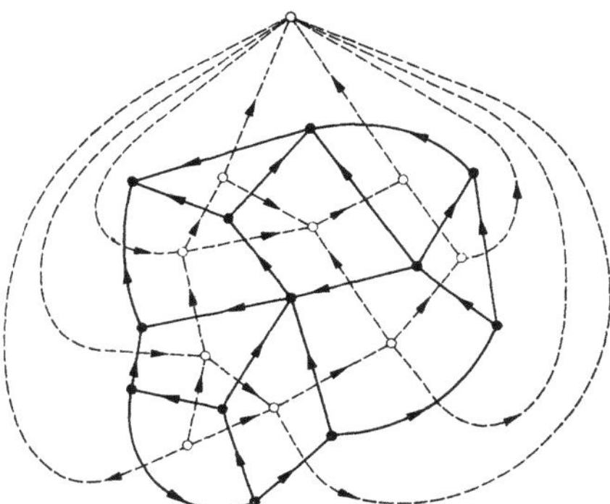

Abb. 3.16. *Ebener Graph A* (——●——) und sein *dualer Graph B* (– –○– –) mit Orientierungen. Die Zuordnung wurde so festgelegt, daß für zwei sich schneidende Zweige a_i und b_i die Winkelbeziehung $0 < \varphi_{a_i} - \varphi_{b_i} < \pi$ gilt

da sonst kein Schnitt erfolgen würde). In Worten ausgedrückt bedeutet die erste Möglichkeit, daß die Pfeile der Zweige des Graphen B gegenüber denjenigen der Zweige des Graphen A (um einen Winkel kleiner als π) nach rechts gedreht erscheinen (vgl. Abb. 3.16).

3.5 Separable Graphen

Für die praktische Behandlung elektrischer Netze ist es wichtig zu erkennen, ob Netze *entkoppelt* sind oder nicht. Ist dies der Fall, so zerfällt das Gleichungssystem in Gleichungssysteme geringerer Unbekanntenzahl. Die Gesamtzahl der Unbekannten der einzelnen Gleichungssysteme ist gleich der Anzahl der Unbekannten des ursprünglichen Systems. Da die Anzahl der wesentlichen Operationen (Multiplikationen) mit der 3. Potenz der Anzahl der Unbekannten steigt, spart man durch das Auflösen der einzelnen Systeme erheblich an Rechenzeit. Eine algebraische *Zerfällung* tritt aber nur dann ein, wenn der zugrunde liegende *Graph* in einzelne Graphen *zerfällt*, wenn er *separabel* ist oder beides eintritt. Während visuell beides leicht erkannt werden kann, ist dies algebraisch nicht so leicht entscheidbar. Relativ einfach ist es noch, das Zerfallen in Einzelgraphen bereits bei der Baumsuche zu erkennen. Um algebraisch entscheiden zu können, ob ein (zusammen-hängender) Graph separabel ist, benötigt man einen besonderen Algorithmus.

Damit ein Graph separabel ist, muß er Trennpunkte enthalten. Es gilt folgende

Def. 14: Ein *Trennpunkt* ist die einzige Verbindung zweier komplementärer Teilgraphen (eines zusammenhängenden Graphen). Durch das „Aufschneiden" eines solchen Trennpunktes zerfällt der Graph in wenigstens 2 Teilgraphen.

Das *Aufschneiden* eines *Knotenpunktes* ist so zu verstehen, daß die ursprünglich in einen Knotenpunkt mündenden Zweige hierdurch jetzt in zwei oder mehrere Knotenpunkte münden, so daß der Graph zerfällt. Da in einem elektrischen Netz Ströme nur in Maschen fließen können, kann über eine solche Trennstelle hinweg kein Strom fließen, deshalb die Entkopplung. Gegenüber dem an dieser Trennstelle aufgetrennten Graphen besteht nur der eine Unterschied, daß in dem zusammen-hängenden, jedoch separablen Netz die *Potentiale* der trennbaren Teile *nicht* unabhängig sind.

Ein separables Netz kann also folgendermaßen definiert werden:

Def. 15: Ein Graph heißt separabel, wenn er wenigstens einen Trennpunkt enthält.

Beispiele separabler Graphen zeigt Abb. 3.17. Folgende Sätze lassen sich beweisen:

Satz 17: Sämtliche *inneren* Knotenpunkte eines Baumes sind Trennpunkte. Durch Aufschneiden dieser Trennpunkte zerfällt der Baum in genau $z = k - 1$ Teile, die alle je einen Zweig enthalten.

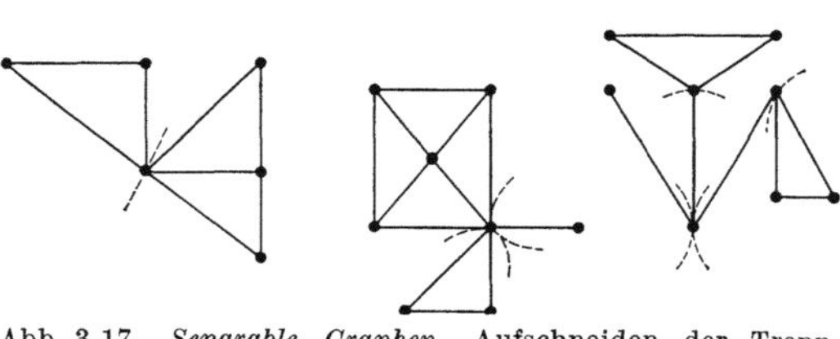

Abb. 3.17. *Separable Graphen.* Aufschneiden der Trennpunkte durch gestrichelte Schnittlinien angedeutet

Satz 18: Jedem *separablen* Graph läßt sich auf folgende Weise eindeutig ein *Baum* zuordnen: Jedem durch Aufschneiden der Trennpunkte entstandenen Teilgraph mit r Trennpunkten wird ein r-Stern zugeordnet (im Falle eines einzigen Trennpunktes ist dies ein einziger Zweig). Durch Zusammenfügen der Sterne über die Trennpunkte entsteht dieser Baum.[1]

Satz 19: Eine notwendige und hinreichende Bedingung dafür, daß ein Knotenpunkt *Trennpunkt* ist, ist die Tatsache, daß immer zwei

---

[1] Auf eine andere Weise kann ein Baum dadurch, wenn auch nicht mehr ein-deutig, erzeugt werden, daß jeder Teilgraph mit r Trennpunkten selbst durch einen Baum mit r Knotenpunkten (und damit mit $r - 1$ Zweigen) ersetzt wird.

weitere Knotenpunkte des Graphen gefunden werden können derart, daß jeder Verbindungsweg über diesen Trennpunkt führt.

Der Beweis dieser Sätze wird dem Leser überlassen.

3.6 Schnittmengen

Durch Wegnahme von Zweigen kann der Fall eintreten, daß ein Graph in einen oder mehrere Graphen zerfällt. Wir definieren hierzu den folgenden Begriff

Def. 16: Eine *Schnittmenge* eines Graphen ist eine Menge von Zweigen derart, daß beim Zerschneiden jedes dieser Zweige der Graph in 2 Graphen zerfällt; zerschneidet man aber einen dieser Zweige nicht, so tritt kein Zerfall ein.

Der Zusatz „zerschneidet man aber einen dieser Zweige nicht, so tritt kein Zerfall ein" ist insofern wichtig, als hierdurch nur die unbedingt notwendigen Zweige zur Schnittmenge gezählt werden dürfen. Wählt man in einem Graphen einen vollständigen Baum aus, so muß jede Schnittmenge wenigstens einen Baumzweig enthalten (Beweis!). Umgekehrt *definiert jeder Baumzweig* eines vollständigen Baumes bereits eine *Schnittmenge*. Diese Schnittmenge besteht aus diesem Baumzweig und sonst ausschließlich aus Verbindungszweigen. Nach Satz 5 tritt nämlich durch Herausnahme eines Baumzweigs ein Zerfall des Baumes in 2 Unterbäume A und B ein. Die Verbindungszweige können nun in 3 Klassen eingeteilt werden: 1. Verbindungszweige, die nur Punkte von A untereinander verbinden, und 2. Verbindungszweige, die nur Punkte von B untereinander verbinden, und 3. Verbindungszweige, die je einen Punkt von A und B miteinander verbinden. Die letzteren bilden zusammen mit dem ausgewählten Baumzweig eine *Schnittmenge*. Die beiden Graphen, in die der Graph durch den Schnitt zerfällt, bestehen aus dem Unterbaum A und den Verbindungszweigen, die nur Punkte von A untereinander verbinden einerseits und andererseits aus dem Unterbaum B und den Verbindungszweigen, die nur Punkte von B untereinander verbinden. Ein solcher Teilgraph kann auch nur aus einem einzigen Knotenpunkt bestehen. Es gilt somit der

Satz 20: Durch einen *Zweig eines vollständigen Baumes* ist eine *Schnittmenge*, die den Graphen in 2 Teilgraphen zerlegt, *eindeutig bestimmt* (vgl. Abb. 3.18).

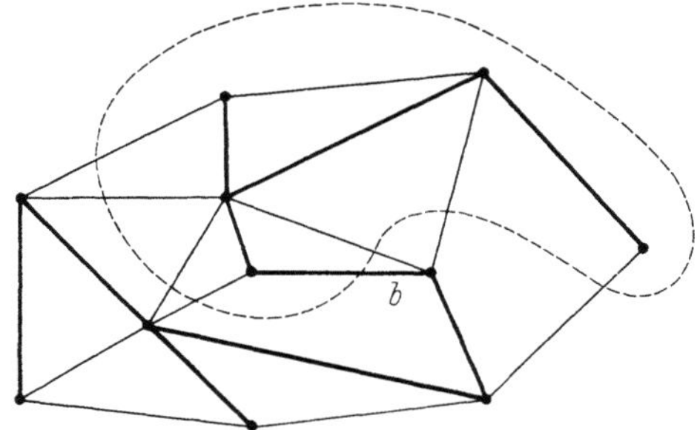

Abb. 3.18. Die durch einen Baumzweig b eindeutig definierte *Schnittmenge*. Sämtliche von der Schnittlinie geschnittenen Zweige gehören zur Schnittmenge

3.7 Duale Netzwerke

Zu jedem Zweipolnetzwerk mit ebenem Graph kann ein duales Netzwerk konstruiert werden durch Einführung folgender Zuordnungen

$$U \triangleq I$$
$$I \triangleq U$$
$$R \triangleq \frac{1}{R} = G$$
$$G \triangleq \frac{1}{G} = R$$
$$C \triangleq L$$
$$L \triangleq C$$

und für die Energiequellen

$$\text{Spannungsquelle} \triangleq \text{Stromquelle}$$
$$\text{Stromquelle} \triangleq \text{Spannungsquelle}.$$

Hierbei ist es gleichgültig, ob U und I Wechselspannungen bzw. -ströme sind oder Augenblickswerte von Spannungen bzw. Strömen. Bei Wechselstrom können wir die Liste noch durch

$$Z \triangleq Y$$

und

$$Y \triangleq Z$$

ergänzen. Auf Grund topologischer Gegebenheiten gelten außerdem die folgenden Zuordnungen

$$\text{Knotenpunkt} \triangleq \text{Polygon (Fenster)}$$
$$\text{Polygon (Fenster)} \triangleq \text{Knotenpunkt}$$
$$\text{Serienschaltung} \triangleq \text{Parallelschaltung}$$
$$\text{Parallelschaltung} \triangleq \text{Serienschaltung}$$

Abb. 3.19 zeigt ein elektrisches und das zugeordnete duale Netz, das dadurch gewonnen wurde, daß in jede Masche oder genauer, da es sich um einen ebenen Graphen handelt, in jedes Polygon ein dualer Knotenpunkt eingezeichnet wurde, ferner auch außerhalb ein dualer Knotenpunkt. Den Zweigen und den darin enthaltenen Zweipolen (Impedanzen, Spannungsquellen) werden duale Zweige, die die ersteren kreuzen, zugeordnet. Auf diese Weise ergeben sich zu jedem Knotenpunkt duale Polygone, für einen Knotenpunkt, der die Rolle des äußeren Knotenpunkts übernimmt, das duale Randpolygon.

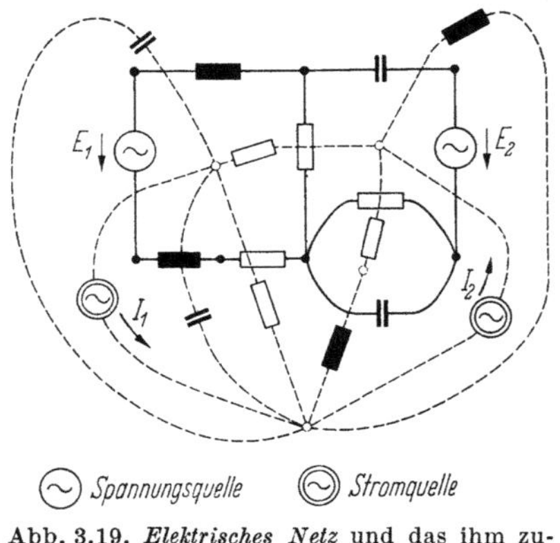

Abb. 3.19. *Elektrisches Netz* und das ihm zugeordnete *duale elektrische Netz*

Die Pfeilzuordnung der Spannungs- und Stromquellen der beiden Netze ist durch die gleiche Regel wie in Abb. 3.16 gegeben.

3.8 Ermittlung von Transformatorersatzschaltbildern durch duale Zuordnung

Das magnetische Ohmsche Gesetz. Wir können den magnetischen Fluß Φ (wie das Wort auch schon sagt) als einen Strom auffassen und die Durchflutung Θ als magnetische EMK. Die beiden Größen sind in einem linearen magnetischen Kreis konstanten Querschnitts q und konstanter Länge l einander proportional. Es ist nämlich

$$\Phi = \mu H q = \frac{\mu q}{l} \Theta = \Lambda \Theta. \tag{15}$$

(magnetisches OHMsches Gesetz)

Der Proportionalitätsfaktor Λ ist der magnetische Leitwert, für den eine gegenüber dem elektrischen Leitwert G analoge Beziehung gilt. Es ist nämlich

$$\Lambda = \frac{\mu q}{l} \tag{16}$$

einerseits und andererseits

$$G = \frac{\varkappa q}{l}. \tag{17}$$

Hierbei ist μ die absolute Permeabilität und zugleich magnetische Leitfähigkeit und $\varkappa$ die elektrische Leitfähigkeit.

Die Kirchhoffschen Gesetze im magnetischen Kreis. Im elektrischen Netz werden die KIRCHHOFFschen Gesetze aus der Quellenfreiheit und der Wirbelfreiheit der elektrischen Strömung hergeleitet. Für den magnetischen Fluß und die Durchflutung gelten analoge Gesetzmäßigkeiten. Wegen der Quellenfreiheit der magnetischen Induktionslinien gilt

$$\operatorname{div} \mathfrak{B} = 0 \quad \text{oder} \quad \oint \mathfrak{B}\, d\mathfrak{f} = 0. \tag{18}$$

Hieraus folgt für einen Knotenpunkt mit n magnetischen Leitern

$$\sum_{\nu=1}^{n} \Phi_\nu = 0. \tag{19}$$

(magnetische Knotenpunktsregel)

Aus der Wirbelfreiheit und Existenz eines magnetischen Potentials außerhalb stromdurchflossener Leiter und der Gültigkeit der Gleichungen

$$\operatorname{rot} \mathfrak{H} - \mathfrak{i} = 0; \quad \oint \mathfrak{H}\, d\mathfrak{s} - \sum_{\varrho=1}^{r} \Theta_\varrho = 0 \tag{20}$$

in einem magnetischen Kreis mit r verketteten Leitern bzw. Wicklungen mit den Durchflutungen Θ_ϱ folgt

$$\sum_{\mu'=1}^{m'} V_{\mu'} - \sum_{\varrho=1}^{r} \Theta_\varrho = 0 \qquad (21)$$

oder durch Zusammenfassung, wenn man dem Linienintegral der magnetischen Feldstärke magnetische Spannungen zuordnet

$$\sum_{\mu=1}^{m} V_\mu = 0. \qquad (22)$$

(magnetische Maschenregel)

Hierbei ist m' die Anzahl der im magnetischen Kreis enthaltenen passiven magnetischen Spannungen $V_{\mu'}$ und $m = m' + r$ die Gesamtzahl aller im magnetischen Kreis enthaltenen magnetischen Spannungen, wobei im Falle einer magnetomotorischen Kraft $V_\mu = -\Theta$ gesetzt wurde.

Die Dualitätsgesetze. Zunächst soll noch vorausgesetzt werden, daß alle Wicklungen gleiche Windungszahl w besitzen. Später kann man sich von dieser Einschränkung durch Einführung idealer Übertrager wieder frei machen.

Wir betrachten eine Drosselspule (Abb. 3.20). Dem einfachen magnetischen Netzwerk kann ein duales elektrisches Netzwerk zugeordnet werden, in welchem dem magnetischen Leitwert Λ in dem dualen elektrischen Netzwerk die Selbstinduktion L der Drosselspule entspricht. Es ist nämlich

$$u = e = w \frac{d\Phi}{dt}. \qquad (23)$$

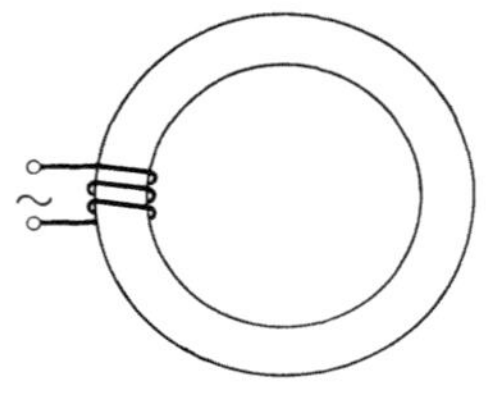

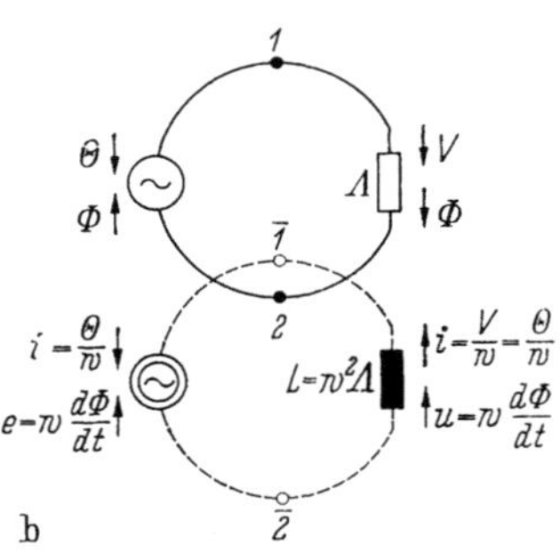

Abb. 3.20 a u. b. a) *Drosselspule*, b) magnetische Ersatzschaltung und ihr duales elektrisches Bild (gestrichelt)

Mit

$$\Phi = \Lambda \Theta \qquad (15)$$

und

$$\Theta = w\,i \qquad (24)$$

ergibt sich hieraus die Beziehung

$$u = w\Lambda \frac{d\Theta}{dt} = w^2 \Lambda \frac{di}{dt} = L \frac{di}{dt}. \qquad (25)$$

Hierbei ist

$$L = w^2 \Lambda \qquad (26)$$

die Selbstinduktivität der Drossel. Die Gl. (25) stellt das duale elektrische Äquivalent des OHMschen Gesetzes (15) für den magnetischen Kreis dar.

Aus der Gültigkeit der *magnetischen Knotenpunktsregel*

$$\sum_{\nu=1}^{n} \Phi_\nu = 0 \qquad (27)$$

folgt, wenn man auf jeden Zweig des betreffenden magnetischen Knotenpunktes die Gl. (23) anwendet, die folgende Gleichung

$$\sum_{\nu=1}^{n} w \frac{d\Phi_\nu}{dt} = \sum_{\nu=1}^{n} u_\nu = 0, \qquad (28)$$

die dual einer *elektrischen Maschenregel* entspricht.

Weiter folgt aus der Gültigkeit der *magnetischen Maschenregel*

$$\sum_{\mu=1}^{m} V_\mu = 0, \qquad (29)$$

wenn man nicht nur den magnetomotorischen Kräften Θ_μ, sondern auch den passiven magnetischen Spannungen V_μ des magnetischen Netzes die Beziehung

$$V_\mu = w_\mu\, i_\mu \qquad (24\,\text{a})$$

zuordnet, eine duale *elektrische Knotenpunktsregel*. Hierbei machen wir Gebrauch von der Gleichheit der Windungszahlen in jeder Wicklung

$$\sum_{\mu=1}^{m} \frac{1}{w}\, V_\mu = \sum_{\mu=1}^{m} i_\mu = 0. \qquad (30)$$

Zusammenfassend können wir sagen, daß sich folgende Regeln entsprechen:

magnetisches OHMsches Gesetz $\triangleq$ elektrischem OHMschen Gesetz,
magnetische Knotenpunktsregel $\triangleq$ elektrischer Maschenregel,
magnetische Maschenregel $\triangleq$ elektrischer Knotenpunktsregel.

Ferner entsprechen sich folgende magnetische Größen einerseits und elektrische Größen andererseits, sofern man mit *Augenblickswerten* rechnet

$$\Phi \triangleq u$$
$$\Theta,\, V \triangleq i$$
$$\Lambda \triangleq L \frac{d}{dt},$$

und sofern man mit *komplexen Zeigern* in *Wechselstromkreisen* rechnet

$$\tilde{\Phi} \triangleq U$$
$$\tilde{\Theta},\, \tilde{V} \triangleq I$$
$$\tilde{\Lambda} \triangleq j\,\omega\, L.$$

Damit kann, sofern der Graph des magnetischen Netzwerks eben ist, ein duales Netzwerk konstruiert werden, in das man die entsprechenden dualen Größen einträgt. Dieses duale elektrische Netzwerk ist dann die elektrische Ersatzschaltung für das magnetische Netzwerk, da in ihm dieselben Gleichungen gelten. Wir wollen diese duale Äquivalenz *magnetisch-elektrische Dualität* nennen.

Für die Umrechnung der magnetischen Größen in elektrische und umgekehrt gelten die Gln. (23), (24) und (26). Die Zuordnung der Orientierungen kann analog Abb. 3.16 geschehen, so daß für die Winkel φ_{m_i} der magnetischen Zweige und für die Winkel φ_{e_i} der dualen elektrischen Zweige die Ungleichung

$$0 < \varphi_{m_i} - \varphi_{e_i} < \pi$$

erfüllt ist.

Kehren wir zu unserem Beispiel der Drosselspule zurück. Mit den in Abb. 3.20 b eingezeichneten Definitionspfeilen gilt sowohl für den Knotenpunkt *1* als auch für den Knotenpunkt *2* die magnetische *Knotenpunktsregel* (27)

$$\sum_\nu \Phi_\nu = -\Phi + \Phi = 0 \tag{31}$$

und die magnetische *Maschenregel* (29) in der einzigen vorhandenen Masche

$$\sum_\mu V_\mu = V - \Theta = 0. \tag{32}$$

Diesen Gleichungen entsprechen in der dualen elektrischen Ersatzschaltung (gestrichelt) eine *Maschenregel*

$$\sum_\nu u_\nu = w \frac{d\Phi}{dt} - w \frac{d\Phi}{dt} = 0 \tag{$\overline{31}$}$$

und eine *Knotenpunktsregel*

$$\sum_\mu i_\mu = -\frac{V}{w} + \frac{\Theta}{w} = 0 \tag{$\overline{32}$}$$

für den Knotenpunkt $\overline{1}$ und Knotenpunkt $\overline{2}$. Das erhaltene Ersatzschaltbild ist allerdings insofern unvollständig, als wir noch einen Serienwiderstand hinzufügen müssen, um die hauptsächlich stromabhängigen Kupferverluste darstellen zu können, und außerdem einen Parallelwiderstand zur Darstellung der hauptsächlich spannungsabhängigen Eisenverluste (wenn man die eingezeichnete Induktivität selbst als verlustlos annimmt).

Der Zweiwicklungstransformator. Wie wirkungsvoll und einfach die Methode ist, insbesondere wenn man die duale elektrische Ersatzschaltung sofort in die magnetische Ersatzschaltung der magnetischen Leitwerte für die Haupt- und Streuflüsse einzeichnet (zweckmäßigerweise in verschiedenen Farben), wollen wir nun an dem Beispiel des Zweiwicklungstransformators studieren. Abb. 3.21 a zeigt Wicklungen, Kern und Verlauf der Streukraftlinien beim Zweiwicklungstransformator. Die homogen verteilten Streukraftlinien fassen wir in der magnetischen Ersatzschaltung Abb. 3.21 b sowohl für die Primär- als auch für die Sekundärseite durch je einen Streukraftlinienwert ($\varLambda_{\sigma1}$ und $\varLambda_{\sigma2}$) zusammen. Der magnetische Leitwert des Eisens sei konzentriert in $\varLambda_h$ gedacht. Diese Art der Zusammenfassung ist analog der Darstellung einer homogenen Leitung durch ein $\varPi$-Glied. Auch hier entsteht ein $\varPi$-Glied, dessen duale elektrische Ersatzschaltung ein T-Glied ist, wie man es in jedem Lehrbuch, das Transformatoren behandelt, finden kann. Freilich geschieht dort die Herleitung über das Anschreiben der gültigen Gleichungen und das Rückübersetzen in eine Schaltung. Wie wir sehen, können wir auf Grund unserer topologischen Überlegungen die Gleichungen überspringen und das Ersatzschaltbild prinzipiell sofort hinzeichnen. Ungleiche Windungszahlen w_1 und w_2 berücksichtigen wir durch einen nachgeschalteten idealen Übertrager mit dem Windungszahlverhältnis $w_1 : w_2$. Der ideale Übertrager

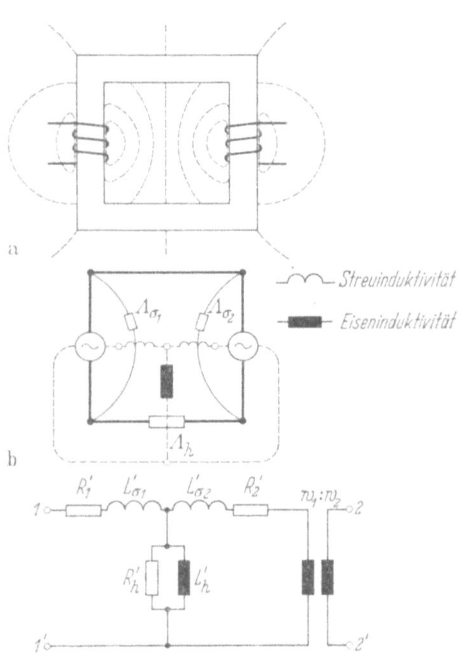

Abb. 3.21 a—c. a) *Transformator* mit Streukraftlinien· b) Magnetische Ersatzschaltung und dazu duale elektrische Ersatzschaltung. c) Vollständige Ersatzschaltung und Berücksichtigung der Kupfer- und Eisenverluste und des Übersetzungsverhältnisses

übernimmt gleichzeitig auch die Potentialtrennung. Die Kupferverluste, werden dadurch berücksichtigt, daß man, da gemäß der konstruierten Ersatzschaltungen in Abb. 3.21 c alles auf die Primärseite bezogen ist (dort fließt der Primärstrom durch die primäre Streureaktanz und der mit w_2/w_1 übersetzte Sekundärstrom durch die auf die Primärseite bezogene sekundäre Streureaktanz), zu den auf die Primärseite bezogenen Streureaktanzen die Widerstände R_1' und $R_2' = (w_1/w_2)^2\, R_2''$ hinzufügt. Die Eisenverluste werden durch einen Parallelwiderstand R_h' zur Hauptinduktivität, der auch auf die Primärseite bezogen ist, berücksichtigt. R'_h und L'_h lassen sich aus der komplexen Permeabilität nach R. FELDT-KELLER [60] bestimmen. Dort findet man auch die Theorie der Kettenleiterapproximation zur Darstellung der Wirbelstromverluste. Für höhere Frequenzen müssen im übrigen noch Windungs- und Wicklungs-kapazitäten in die Ersatzschaltung eingeführt werden.

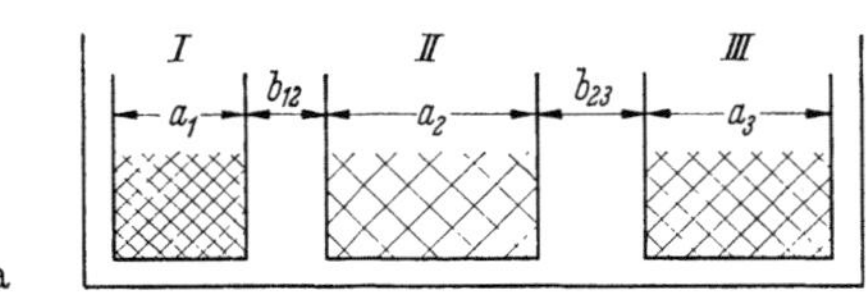

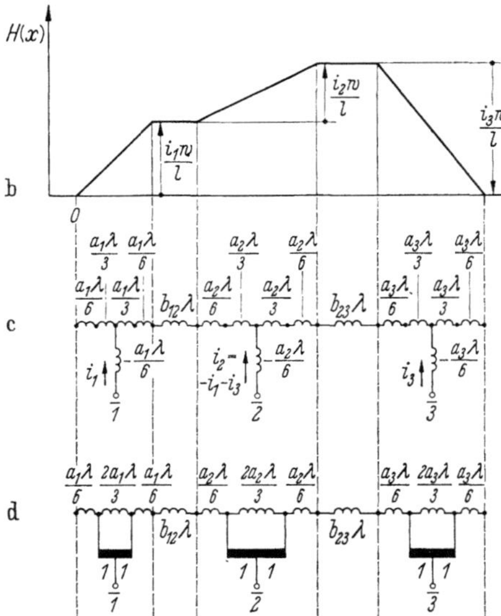

Abb. 3.22 a—d. *Genaue Ersatzschaltung für die Streu-induktivitäten* durch Berücksichtigung der endlichen Breite der Spulen. a) Anordnung der Wicklungen, b) Feldstärke in Abhängigkeit der Abszisse x, c) Sternersatzschaltung der Wicklungen, d) äquivalente Ersatzschaltungen mit idealen mittelangezapften Spartransformatoren

Die entwickelte Theorie ist allerdings insofern noch unvollkommen, als sich mit ihr nicht die Erscheinung erklären läßt, daß bei Dreiwicklungstransformatoren in der Ersatzschaltung der Streuimpedanzen eine negative Induktivität für die mittlere Wicklung auftritt. Der Grund dafür liegt darin, daß die Wicklungen konzentriert eingeführt wurden. Führt man die Wicklungen homogen verteilt ein (am einfachsten ist es hier wohl, die magnetische Energie zu betrachten), so erhält man eine Ersatzschaltung für die auf die Wicklung entfallende Streuung, die dadurch charakterisiert ist, daß jeweils $^1/_6$ der durch den Wicklungsraum bedingten Streuinduktivität mit negativem Vorzeichen in der Sternersatzschaltung eingeführt werden muß. In Abb. 3.22 sehen wir in a) 3 Wicklungen eines Transformators, die Feldstärke in Abhängigkeit der Abszisse x ist in b) dargestellt. Integriert man die magnetische Energie, so folgt hieraus eine Sternersatzschaltung, die in c) dargestellt ist. Eine Ersatzschaltung, in welcher negative Induktivitäten vermieden werden, die dafür aber ideale Übertrager enthält, ist in d) wiedergegeben. Eine ausführliche Darstellung der Theorie, in der auch auf die dualen elektrischen Ersatzschaltungen nicht ebener magnetischer Graphen eingegangen wird, ist in einer besonderen Arbeit über dieses Kapitel zu finden [3.6.5].

Die Tragfähigkeit dieser anschaulichen Methode sei noch an dem Beispiel „Ersatzschaltung eines Dreiphasen-Fünfschenkeltransformators mit 2 Wicklungen pro Phase" demonstriert (Abb. 3.23).

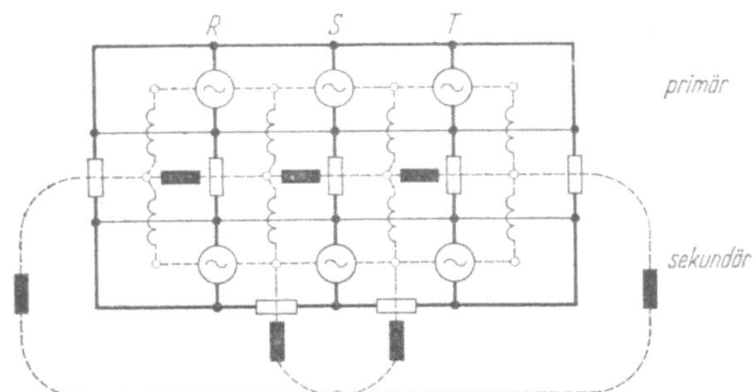

Abb. 3.23. Anschauliche Ermittlung der Ersatzschaltung eines *Dreiphasen-Fünfschenkeltransformators* mit je 2 Wicklungen pro Phase

Aufgaben

1. Man zeige, daß jeder Zweig eines Graphen Bestandteil eines vollständigen Baumes sein kann.

2. Kann jeder Zweig

    a) eines separablen Graphen

    b) eines nichtseparablen Graphen

Verbindungszweig zu einem vollständigen Baum sein?

3. Man beweise, daß aus dem Komplement eines vollständigen Baumes keine Schnittmenge des Graphen gebildet werden kann.

4. Man beweise, daß aus dem Komplement einer Schnittmenge eines Graphen niemals ein vollständiger Baum gebildet werden kann.

5. Man beweise, daß aus einem Graph, der nicht zugleich Baum ist, immer auf mehrfache Weise ein vollständiger Baum ausgewählt werden kann.

6. Über den vollständigen Baum eines Graphen werden, ausgehend von zwei orientierten Verbindungszweigen, in gleicher Orientierung mit den Verbindungszweigen nach Satz 10 eindeutig Maschen geschlossen. Man beweise,

    a) daß der beiden Maschen gemeinsame Teilgraph (falls dieser existiert) ein unverzweigter Baum ist,

    b) daß dann über diesen unverzweigten Baum eine eindeutige Zuordnung der gegenseitigen Orientierung der Maschen gegeben ist.

7. Man beweise, daß die orientierten Zweige eines Baumes über diesen eine eindeutige gegenseitige Orientierung besitzen.

4. Berechnung linearer elektrischer Zweipolnetze bei gegebenen Spannungen und Strömen

Wir wollen zunächst solche Methoden betrachten, die es gestatten, Ströme und Spannungen in einem elektrischen Netz zu berechnen, wenn sich in diesem Netz *Konstantspannungsquellen* oder *Konstantstromquellen* (oder auch beide) befinden. Die Aufgabe ist *linear* und führt rechnerisch auf das Auflösen linearer Gleichungssysteme (mit komplexen Koeffizienten, sofern wir es mit Wechselstrom zu tun haben)[1]. Auf das richtige Aufstellen dieser linearen Gleichungssysteme wollen wir das Hauptaugenmerk richten. Hierbei müssen wir hauptsächlich darauf achten, daß die erforderliche Anzahl linear unabhängiger und sich nicht widersprechender Gleichungen aufgestellt wird. Dazu gehört eine gewisse Systematik, die auf Grund der topologischen Vorbereitungen wesentlich erleichtert wird. An die zu berechnenden Netze sollen bezüglich der Struktur keine einschränkenden Voraussetzungen gemacht werden. Wir wollen uns, um singuläre Sonderfälle auszuschließen, auf Netze mit eindeutiger Stromverteilung beschränken. Das Netz soll insbesondere resonanzfrei sein. Gewisse leicht zu verwirklichende Voraussetzungen, welche die Auflösbarkeit der Gleichungen durch hinreichende Bedingungen sichern, sind in [4.14] und [4.15] angegeben. Diese Bemerkung ist insofern berechtigt, als in den Fällen, in welchen Verluste nicht angegeben sind, diese oft unberücksichtigt bleiben und in der *Rechnung* zu Resonanzen führen können, d. h. zu Schwierigkeiten im Auflösungsalgorithmus (Divisions- und Charakteristiküberlauf im Digitalrechner). In Wirklichkeit sind aber Verluste vorhanden; eine echte Resonanz tritt in der Natur somit nicht auf. Dies ist auch der Grund dafür, warum der Praktiker es niemals bezweifelt, daß die Gleichungen in einem linearen elektrischen Netz eindeutig auflösbar sind. In allen *praktischen* Versuchen entsteht deshalb wegen der immer vorhandenen Verluste eine eindeutige Stromverteilung.

4.1 Die Knotenpunktsmethode

Die einfachste Methode, um zu einem Gleichungssystem für die Spannungen und Ströme in einem elektrischen Netz zu kommen, ist die Knotenpunktsmethode. Sie besteht darin, ein Gleichungssystem für die unbekannten Potentiale in einem Zweipolnetz aufzustellen. Eine Baumanalyse ist bei dieser Methode nicht erforderlich. Natürlich wird man fragen, warum diese Methode nicht ausschließlich angewandt wird. Gründe für die Wahl anderer Methoden liegen darin, daß die gesuchten Ergebnisse bei Anwendung der anderen — im folgenden ebenfalls erläuterten — Methoden (*Maschen-* und *Schnittmengenmethode*) auf einem kürzeren Weg erreicht werden können. Auch kann es sein, daß die Anzahl der Unbekannten bei Anwendung anderer Methoden geringer ist, ein Umstand, der, da der zeitliche Aufwand bei der Auflösung von

---

[1] Ein Beispiel für eine lineare Aufgabe in einem Verbundnetz ist die Berechnung der Kurzschlußströme. Die Berechnung des Lastflusses. d. h. bei Vorgabe von Leistungen an Klemmenpaaren, ist eine nichtlineare Aufgabe. Sie kann nur iterativ gelöst werden und wird in Kap. 12 behandelt.

Gleichungssystemen mit der 3. Potenz der Anzahl der Unbekannten wächst, für die Auswahl der Methode entscheidend sein kann.

An einem besonders einfachen Beispiel (WHEATSTONEsche Brücke, Abb. 4.1) wollen wir das Aufstellen der *Knotenpunktsgleichungen* studieren. Da hier ein narrensicherer Weg beschrieben werden soll, der unabhängig vom Einfühlungsvermögen und von speziellen Tricks das Aufstellen der *erforderlichen Gleichungen* gestattet, darf es uns nicht wundern, wenn der Vorgang etwas abstrakt abläuft. Ein hervorragendes Mittel für die Beschreibung linearer Zusammenhänge von mehreren Veränderlichen ist die *Matrizenrechnung*. Sie soll in ihren Grundzügen

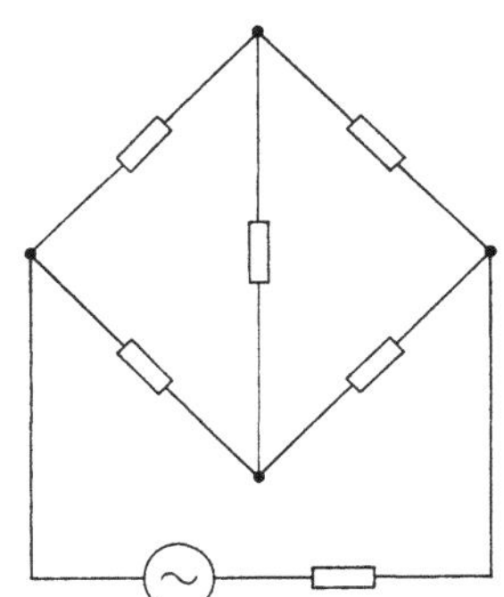

Abb. 4.1. WHEATSTONEsche Brücke

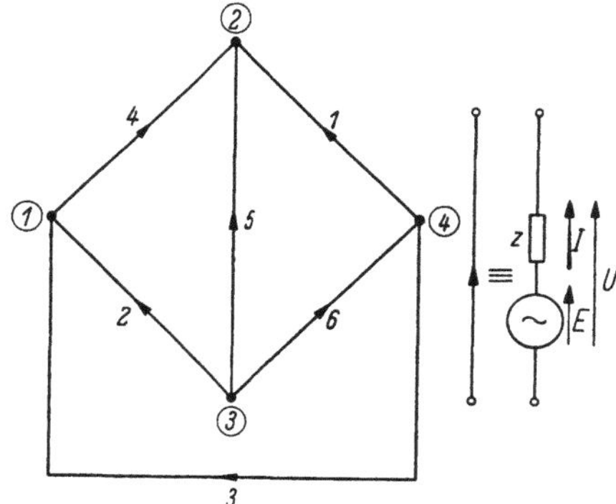

Abb. 4.2. Graph einer WHEATSTONEschen Brücke

als bekannt vorausgesetzt werden[1]. In dem zu untersuchenden Netz (Abb. 4.1) numerieren wir sämtliche vorkommenden Zweige ($\zeta = 1 \ldots z$) und Knotenpunkte ($\varkappa = 1 \ldots k$). Ferner soll jedem Zweig eine Pfeilrichtung zugeordnet werden. Der hierdurch entstandene orientierte Graph ist in Abb. 4.2 wiedergegeben. Wir können dann in ein rechteckiges Schema, das wir *Knotenpunkt-Zweig-Inzidenzmatrix* oder kürzer *Knotenpunktinzidenzmatrix* nennen,

in der $\varkappa$-ten Zeile und der ζ-ten Spalte Zahlen $+1$, -1 oder 0 eintragen, je nachdem, ob der Orientierungspfeil des ζ-ten Zweiges auf den $\varkappa$-ten Knotenpunkt hinweist, wegweist oder nicht mit ihm verbunden ist.

Ausdrücklich sei hier betont, daß der zugeordnete Graph keine Schlingen haben darf (was elektrisch auch sinnlos wäre), d. h., Anfangs- und Endpunkt des Zweiges dürfen nicht zusammenfallen. Schlingen

---

[1] Als deutschsprachige Einführungen in die Matrizenrechnung seien folgende Bücher empfohlen: F. R. GANTMACHER [*23*], W. GRÖBNER [*24*], F. NEISS [*25*], W. SCHMEIDLER [*26*], R. ZURMÜHL [*29*]. Im Hinblick auf technische Anwendungen sind besonders die beiden letztgenannten Bücher zum einführenden Studium geeignet. Eine kurze Zusammenstellung der wichtigsten Regeln der Matrizenrechnung findet der Leser außerdem im Anhang 1.

können in einer Knotenpunkt-Zweig-Inzidenzmatrix nicht zum Ausdruck gebracht werden. In unserem Beispiel der WHEATSTONEschen Brücke lautet die den *orientierten Graph umkehrbar eindeutig beschreibende Matrix*

$$\boldsymbol{K} = \begin{array}{c|cccccc} \diagdown & \zeta=1 & 2 & 3 & 4 & 5 & 6 \\ \hline \varkappa=1 & 0 & +1 & +1 & -1 & 0 & 0 \\ 2 & +1 & 0 & 0 & +1 & +1 & 0 \\ 3 & 0 & -1 & 0 & 0 & -1 & -1 \\ 4 & -1 & 0 & -1 & 0 & 0 & +1 \end{array} \qquad (1)$$

Über den Charakter dieser Matrix kann folgendes gesagt werden: Da jeder Zweig einen Anfang und einen Endpunkt hat, kommt in jeder Spalte einmal $+1$ und einmal -1 vor, alle übrigen Elemente einer Spalte sind Nullen. Damit ist auch die Summe aller Elemente einer Spalte gleich Null. Jedes Element einer Spalte ist also gleich der negativen Summe aller übrigen. Eine beliebige Zeile ist somit auch eine Folge der übrigen und kann bei der Aufstellung der erforderlichen Gleichungen unberücksichtigt bleiben. Diejenige Matrix, die nach Streichen einer z. B. der letzten Zeile übrigbleibt, soll im folgenden mit $\tilde{\boldsymbol{K}}$ bezeichnet werden. Stellt man sämtliche Gleichungen über die Summen der Zweigströme in den Knotenpunkt zusammen, so ergibt sich das folgende Gleichungssystem

$$\begin{aligned} I_1^+ &= &+I_2 &+I_3 &-I_4 \\ I_2^+ &= +I_1 & & &+I_4 &+I_5 \\ I_3^+ &= &-I_2 & & &-I_5 &-I_6 \\ I_4^+ &= -I_1 & &-I_3 & & &+I_6. \end{aligned} \qquad (2)$$

$I_1^+ \ldots I_4^+$ sind die Knotenpunktsummensströme der Knotenpunkte $1 \ldots 4$; $I_1 \ldots I_6$ sind die Ströme in den Zweigen $1 \ldots 6$.

Auf Grund der Definition der *Knotenpunkt-Zweig-Inzidenzmatrix* ist es unschwer, dieses Gleichungssystem durch eine *einzige Matrizengleichung* darzustellen. Es ist nämlich

$$\begin{pmatrix} I_1^+ \\ I_2^+ \\ I_3^+ \\ I_4^+ \end{pmatrix} = \begin{pmatrix} 0 & +1 & +1 & -1 & 0 & 0 \\ +1 & 0 & 0 & +1 & +1 & 0 \\ 0 & -1 & 0 & 0 & -1 & -1 \\ -1 & 0 & -1 & 0 & 0 & +1 \end{pmatrix} \begin{bmatrix} I_1 \\ I_2 \\ I_3 \\ I_4 \\ I_5 \\ I_6 \end{bmatrix} \qquad (2^*)$$

und kürzer

$$\boldsymbol{i}^+ = \boldsymbol{K}\,\boldsymbol{i}. \qquad (\bar{2})$$

Die *Kirchhoffsche Knotenpunktsregel* besagt, daß jeder Knotenpunktssummenstrom $I_1^+ \dots I_4^+$ für sich gleich Null ist. Das bedeutet, daß i^+ gleich einem Nullvektor o ist

$$i^+ = o. \tag{3}$$

Sämtliche Zweigspannungen sind darstellbar als Differenzen von Knotenpunktspotentialen

$$
\begin{aligned}
U_1 &= && +U_2^+ && && -U_4^+ \\
U_2 &= +U_1^+ && && -U_3^+ \\
U_3 &= +U_1^+ && && && -U_4^+ \\
U_4 &= -U_1^+ && +U_2^+ \\
U_5 &= && +U_2^+ && -U_3^+ \\
U_6 &= && && -U_3^+ && +U_4^+
\end{aligned}
\tag{4}
$$

Auch dieses Gleichungssystem läßt sich unter Verwendung der *Knotenpunkt-Zweig-Inzidenzmatrix* als *Matrizengleichung* schreiben, und zwar unter Verwendung der Transponierten K_t

$$u = K_t\, u^+. \tag{$\bar{4}$}$$

Dieses Gleichungssystem enthält die *Kirchhoffschen Maschengleichungen* in impliziter Form. Die bisher aufgestellten Gleichungen beschreiben im wesentlichen die topologischen Eigenschaften des Netzes. Es müssen zur vollständigen Beschreibung nun noch Gleichungen hinzutreten, in welchen Ströme und Spannungen durch Widerstandsgrößen verknüpft sind. In jedem Zweig gilt das *Ohmsche Gesetz*. Nehmen wir zunächst noch an, daß gemäß Abb. 4.2 in jedem Zweig auch eine *Konstantspannungsquelle E_i* vorhanden ist, so gilt folgendes System von Gleichungen

$$
\begin{aligned}
I_1 &= y_{11}(U_1 - E_1) \\
I_2 &= \qquad\quad y_{22}(U_2 - E_2) \\
I_3 &= \qquad\qquad\quad y_{33}(U_3 - E_3) \\
I_4 &= \qquad\qquad\qquad\quad y_{44}(U_4 - E_4) \\
I_5 &= \qquad\qquad\qquad\qquad\quad y_{55}(U_5 - E_5) \\
I_6 &= \qquad\qquad\qquad\qquad\qquad\quad y_{66}(U_6 - E_6).
\end{aligned}
\tag{5}
$$

Bilden wir aus den *Zweigadmittanzen* $y_{11} = \dfrac{1}{z_{11}} \dots y_{66} = \dfrac{1}{z_{66}}$ eine *Diagonalmatrix*

$$
Y = \begin{bmatrix}
y_{11} & 0 & 0 & \cdots & 0 \\
0 & y_{22} & 0 & \cdots & 0 \\
0 & 0 & y_{33} & \cdots & 0 \\
\vdots & \vdots & \vdots & \ddots & \vdots \\
0 & 0 & 0 & \cdots & y_{66}
\end{bmatrix}
\tag{6}
$$

so können wir mit Hilfe dieser sog. *Zweigadmittanzmatrix* das Gleichungs-System (5) in Matrizen schreiben

$$i = Y(u - e).$$ (5)

Setzen wir diese Matrizengleichung in Gl. (2) ein und beachten wir außerdem noch die Gln. (3) und (4), so erhalten wir bereits die gesuchte *Matrizengleichung* für die *Knotenpunktspotentiale*

$$i^+ = K Y K_t u^+ - K Y e = o$$ (6)

oder

$$K Y K_t u^+ = K Y e.$$ (7)

Dieses Gleichungssystem enthält eine überflüssige Gleichung, da wegen der bereits erwähnten Eigenschaft von K jede Zeile die negative Summe der übrigen ist. Lassen wir also z. B. die letzte Gleichung weg, und setzen wir, da jedes Knotenpunktspotential nur bis auf eine willkürliche Konstante bestimmt ist, das letzte Knotenpunktspotential gleich Null (dann geben die übrigen Knotenpunktspotentiale die Spannungsdifferenz zu diesem letzten Knotenpunkt an), so verbleibt ein Gleichungssystem mit $k - 1$ Gleichungen und $k - 1$ Unbekannten, das folgendermaßen lautet

$$\tilde{K} Y \tilde{K}_t \tilde{u}^+ = \tilde{K} Y e.$$ (8)

Mit

$$\tilde{K} Y \tilde{K}_t = \tilde{Y}^{+\,1}$$ (9)

kann das Gleichungssystem kurz zusammengefaßt werden durch

$$\tilde{Y}^+ \tilde{u}^+ = \tilde{K} Y e.$$ (10)

Die mit übergesetzter Tilde bezeichneten Matrizen ($\tilde{K}$, $\tilde{Y}^+$, $\tilde{u}^+$) sind die Symbole für die entsprechenden auf $k - 1$ Knotenpunkte bezogenen Matrizen bzw. Vektoren. Die Matrix $Y^+ = K Y K_t$ wird *volle Knotenpunktsadmittanzmatrix* genannt, während $\tilde{Y}^+ = \tilde{K} Y \tilde{K}_t$ *verkürzte Knotenpunktsadmittanzmatrix* heißen soll oder auch *Knotenpunktsadmittanzmatrix* schlechthin. Die volle Knotenpunktsadmittanzmatrix für unser Beispiel lautet nach Ausmultiplikation

$$Y^+ = K Y K_t =$$
$$\left(\begin{array}{ccc|c}
y_{22} + y_{33} + y_{44} & -y_{44} & -y_{22} & -y_{33} \\
-y_{44} & y_{11} + y_{44} + y_{55} & -y_{55} & -y_{11} \\
-y_{22} & -y_{55} & y_{22} + y_{55} + y_{66} & -y_{66} \\
\hline
-y_{33} & -y_{11} & -y_{66} & y_{11} + y_{33} + y_{66}
\end{array}\right)$$
     (11)

Es fällt uns auf, daß diese Matrix *symmetrisch* ist. Dies ist auch sofort klar, denn das Element in der i-ten Zeile und k-ten Spalte der

---

[1] Diese rangvermindernde Kongruenztransformation einer Admittanzmatrix ist durch die Leistungsinvarianz bezüglich der Spannungsvektoren u und u^+ begründet. Hierauf zuerst hingewiesen zu haben, ist das Verdienst G. Krons [72], [73]. Vgl. auch die Fußnoten S. 55 u. 152.

Knotenpunktsadmittanzmatrix lautet

$$y_{ik}^{+} = \sum_{r=1}^{z} k_{ir}\, y_{rr}\, k_{kr}, \qquad (12)$$

woraus man direkt ablesen kann $y_{ik}^{+} = y_{ki}^{+}$. Aus derselben Gleichung folgt auch die folgende *Regel* für das Element y_{ik}^{+}:

1. *In der Hauptdiagonale* ist das Element y_{ii}^{+} gleich der Summe aller Admittanzen, welche mit dem i-ten Knotenpunkt verbunden sind (Eigenadmittanzen).

2. Das *außerhalb der Hauptdiagonale* stehende Element $y_{ik}^{+} = y_{ki}^{+}$ ist und gleich der negativen Summe aller Admittanzen, welche den i-ten k-ten Knotenpunkt miteinander verbinden (Kopplungsadmittanzen).

Durch Streichen einer Zeile und der korrespondierenden Spalte von Y^{+} entsteht die verkürzte Matrix $\tilde{Y}^{+}$. Der dieser Zeile und Spalte zugeordnete Knotenpunkt ist dann als Bezugsknotenpunkt gewählt worden (die Knotenpunktspotentiale sind in diesem Fall die Differenzspannungen zu diesem Knotenpunkt). Nimmt man in unserem Beispiel den Knotenpunkt 4 als Bezugspunkt, so entsteht die in Gl. (11) durch Strichelung abgetrennte Matrix. Die Matrix (11) beschreibt das zugrunde gelegte Netz eindeutig, d. h., man kann aus einer zahlenmäßig gegebenen Matrix ein Netz konstruieren, das diese Matrix besitzt. Wenn man Strom- bzw. Spannungsquellen außer acht läßt und Parallelzweige ausschließt, gibt es nur ein einziges Netz mit dieser Knotenpunktsadmittanzmatrix. Allerdings ist in ihr die in der Inzidenzmatrix verankerte Information über die Zweigorientierungen verlorengegangen.

4.2 Ermittlung eines vollständigen Baumes aus der Liste der Zweige bzw. aus einer gegebenen K-Matrix

Die im vorigen Abschnitt konstruierte K-Matrix gibt ein *eineindeutiges algebraisches Abbild* für einen beliebigen orientierten *schlingenfreien* Graphen. Nehmen wir an, eine K-Matrix sei in irgendeiner Form in einem Digitalrechner gespeichert, so muß es möglich sein, anhand dieser K-Matrix einen vollständigen Baum des Graphen auszuwählen. Gewöhnlich konstruiert man die K-Matrix aus einer Liste von Zweigen des gegebenen Netzes bzw. des Graphen. Es ist dann meist zweckmäßiger, nicht erst die K-Matrix zu konstruieren, sondern eine *Baumauswahl* direkt aus der Liste der Zweige zu ermitteln, und die K-Matrix, falls sie benötigt wird, anschließend zu konstruieren. Dies ist besonders im Hinblick auf Umordnungen und Numerierungen vielfach günstiger. Es ist überhaupt im Falle einer ungeordneten Eingabe der Liste der Zweige angebracht, zunächst mit einer vorläufigen Numerierung der Zweige und Knotenpunkte zu arbeiten und dann eine Orientierung einheitlich in Richtung wachsender Knotenpunktsnummern nach erfolgter Knotenpunktsnumerierung einzuführen.

In der gegebenen Liste der Zweige sei eine lexikographische Ordnung nach folgendem Schema eingeführt: Jeder Zweig ist gekennzeichnet durch die Angabe eines Paares von Knotenpunkten (zwischen welchen der Zweig liegt), und zwar in folgender Weise: Beschränken wir uns z. B. auf 1000 Knotenpunkte, so können wir nach Durchnumerierung sämtlicher Knotenpunkte und Zweige jedem Zweig *eindeutig* eine *6stellige Dezimalzahl* (Festkommazahl) zuordnen, und zwar durch die folgende Gleichung

$$\mathfrak{A}_\zeta = \text{(kleinere Knotenpunktsnummer)} \times 1000 + {}$$
$$+ \text{ größere Knotenpunktsnummer} \qquad\qquad \zeta = 1 \ldots z$$

und ferner auch in umgekehrter Anordnung mit entsprechenden 6stelligen Dezimalzahlen gemäß der Gleichung

$$\mathfrak{A}'_\zeta = \text{(größere Knotenpunktsnummer)} \times 1000 + {}$$
$$+ \text{ kleinere Knotenpunktsnummer} \qquad\qquad \zeta = 1 \ldots z$$

Eine *Ordnung* dieser *6stelligen Zahlen* der Größe nach (Unterprogramme hierfür stehen bei jedem Digitalrechner zur Verfügung) ergibt die *lexikographische Ordnung* der doppelten Liste der Zweige. Die hierbei entstehende Reihenfolge ist bis auf Parallelzweige eindeutig und nur abhängig von der Numerierung der Knotenpunkte.

Um auch bei *Vorhandensein* von *Parallelzweigen* eine eindeutige Ordnung herstellen zu können, ist es zweckmäßig, auch die *Zweignummern* in eine solche Zahl *mit einzubeziehen*. Außerdem ist hiermit auch die ursprüngliche Zweignumerierung aus dieser Zahl auch nach der Umordnung noch ersichtlich. Beschränken wir uns wieder auf maximal 1000 Zweige, so können wir jedem Zweig die folgende 9stellige Zahl zuordnen

$$\mathfrak{B}_\zeta = \text{(kleinere Knotenpunktsnummer)} \times 10^6 + {}$$
$$+ \text{(größere Knotenpunktsnummer)} \times 10^3 + {}$$
$$+ \text{(Zweignummer } \zeta) \qquad\qquad \zeta = 1 \ldots z$$

und ferner auch in umgekehrter Anordnung der Knotenpunktsnummern eine 9stellige Zahl

$$\mathfrak{B}'_\zeta = \text{(größere Knotenpunktsnummer)} \times 10^6 + {}$$
$$+ \text{(kleinere Knotenpunktsnummer)} \times 10^3 + {}$$
$$+ \text{(Zweignummer } \zeta) \qquad\qquad \zeta = 1 \ldots z$$

Eine Ordnung dieser 9stelligen Zahlen der Größe nach ergibt dann bei Vorhandensein von Parallelzweigen eine eindeutige lexikographische Ordnung der doppelten Liste der Zweige. Diese Ordnung ist abhängig von der Knotenpunkts- und der Zweignumerierung.

Die auf diese Weise festgehaltene Liste der Zweige des zugrunde gelegten Graphen muß ausreichen, um hieraus ein *System* von *Baumzweigen auszuwählen* und damit die Zweige des Graphen aufzuteilen in Baumzweige und Verbindungszweige. Hierzu wird parallel eine *Liste* der belegten *Knotenpunkte* angelegt, die die Knotenpunkte (im allgemeinen abweichend von der ursprünglichen Numerierung) in der Reihenfolge der Belegung bei der Baumauswahl festhält. Auch die Zweige erhalten eine neue Numerierung, und zwar können z. B. die neuen Nummern so festgelegt werden, daß

1. Die ersten m Nummern für die *Verbindungszweige* reserviert bleiben (von $\zeta = 1 \ldots m$).
2. Die letzten $k - 1$ Nummern, also von $\zeta = m + 1 \ldots z$, für die *Baumzweige* reserviert bleiben, und zwar in der Reihenfolge der Auswahl.

Damit ist anhand der neuen Zweignummern auch gleichzeitig eine Unterscheidung zwischen Baum- und Verbindungszweigen möglich. Eine besondere Kennzeichnung ist damit überflüssig.

Die *Belegung der Knotenpunkte* in Verbindung mit der *Baumauswahl* geschieht anhand der vollständigen doppelten Liste der Zweige folgendermaßen:

1. Wir *beginnen* in der Liste der Knotenpunkte mit einem beliebigen Punkt, z. B. mit Punkt 1, und bezeichnen diese Knotenpunktsnummer $\varkappa_{1,1} = 1$. Die doppelte Indizierung von $\varkappa$ ist so zu verstehen, daß der erste Index eine Gruppennummer, der zweite eine fortlaufende Numerierung in der Gruppe angibt. (Die erste Gruppe mit der Nummer 1 besteht nur aus einem Knotenpunkt.)
2. Eine *zweite Gruppe* von Knotenpunkten wird gebildet durch alle Knotenpunkte, die a) mit dem *1. Knotenpunkt* der Liste (also mit der Nummer $\varkappa_{1,1} = 1$) verbunden sind und b) zu *neuen*, noch nicht in der Liste befindlichen Knotenpunkten führen. Da Schlingen ausgenommen sind, kann die zweite Bedingung b) *hier* weggelassen werden. Die Knotenpunkte seien mit $\varkappa_{2,1\ldots v_2}$ bezeichnet und fortlaufend in die Liste aufgenommen.
3. Eine *dritte Gruppe* von Knotenpunkten wird gebildet durch alle Knotenpunkte, die a) mit dem *2. Knotenpunkt* der Liste verbunden sind, und b) zu *neuen*, noch nicht in der Liste befindlichen Knotenpunkten führen. Diese Knotenpunkte seien mit $\varkappa_{3,1\ldots v_3}$ bezeichnet und fortlaufend in die Liste aufgenommen...
n. Eine *n-te Gruppe* von Knotenpunkten wird gebildet durch alle Knotenpunkte, die a) mit dem $(n - 1)$-ten Knotenpunkt der Liste verbunden sind und b) zu neuen, noch nicht in der Liste befindlichen Knotenpunkten führen. Diese Knotenpunkte werden mit $\varkappa_{n,1\ldots v_n}$ bezeichnet und fortlaufend in die Liste aufgenommen.

Dieser Prozeß wird so lange fortgesetzt, bis *alle* Knotenpunkte belegt und damit in die Liste aufgenommen worden sind. Den *alten Knotenpunktsnummern* werden fortlaufend (in der Reihenfolge der Belegung) *neue Knotenpunktsnummern zugeordnet.* Die parallel zur Liste der neuen Knotenpunktsnummern angelegte *Liste* der *Verbindungs-* und *Baumzweige* wird man zweckmäßigerweise folgendermaßen einrichten: Es werden zunächst in der Reihenfolge, in der die Zweige angesteuert werden, wieder 12 stellige Dezimalzahlen abgespeichert, die nach der folgenden Gleichung aufgebaut sind:

$$\mathfrak{E} = (\text{neue Zweignummer } \bar{\zeta}) \times 10^9 +$$
$$+ (\text{kleinere neue Knotenpunktsnummer}) \times 10^6 +$$
$$+ (\text{größere neue Knotenpunktsnummer}) \times 10^3 +$$
$$+ (\text{alte Zweignummer } \zeta).$$

Mit einem Unterprogramm zur Ordnung von Festkommazahlen wird die richtige Reihenfolge, d. h. in der Reihenfolge der neuen Zweignummern (die von links nach rechts an 1. Stelle stehen) durchgeführt. Mit dieser Liste ist es dann übrigens auch leicht möglich, neue in alte Zweignummern zu übersetzen (die umgekehrte Übersetzung ist damit nicht so elegant möglich. Gelegentlich kann es sinnvoll sein, für die umgekehrte Übersetzung eine besondere Liste anzulegen). Es ist nun zweckmäßig, die erwähnten 12 stelligen Dezimalzahlen nach den neuen Zweignummern $\bar{\zeta}$ durchzunumerieren.

$$\mathfrak{E}_{\bar{\zeta}} \quad \text{mit} \quad \bar{\zeta} = 1 \dots z.$$

Es ist dann auch nicht mehr schwer, eine $\boldsymbol{K}_{\text{ord}}$-Matrix[1] unter Zugrundelegung der *neuen Knotenpunkts-* und *Zweignumerierung* aufzustellen und dabei gleichzeitig eine *Orientierung* in Richtung *wachsender Knotenpunktsnummern* zu berücksichtigen. Da die Baumzweignummern die *letzten* $k - 1$ Zweige belegen, kann diese $\boldsymbol{K}_{\text{ord}}$-Matrix partitioniert werden gemäß

$$\boldsymbol{K}_{\text{ord}} = (\boldsymbol{A}, \boldsymbol{B}) \tag{13}$$

und auch eine *zeilenreguläre*[2] $\widetilde{\boldsymbol{K}}_{\text{ord}}$-Matrix, die durch Streichung der ersten

---

[1] Eine Zweigknotenpunktsinzidenzmatrix $\boldsymbol{K}$, deren Spaltenvektoren so partitioniert sind, daß die ersten $z - k + 1$ Spalten Verbindungszweigen entsprechen und die letzten $k - 1$ Spalten Baumzweigen, wird mit $\boldsymbol{K}_{\text{fund}}$ (fundamentale Zweigknotenpunktsinzidenzmatrix) bezeichnet. Die hierdurch entstehenden Untermatrizen werden mit $\boldsymbol{A}$ und $\boldsymbol{B}$ bezeichnet, und es ist $\boldsymbol{K}_{\text{fund}} = (\boldsymbol{A}, \boldsymbol{B})$. Sind außerdem die Knotenpunkte und die Baumzweige (von $z - k + 2$ bis z) in der Reihenfolge ihrer Belegung im Verlaufe einer Baumauswahl numeriert, und weisen darüber hinaus sämtliche Orientierungspfeile auf den jeweils neu belegten Knotenpunkt hin (so daß in $\boldsymbol{B}$ nach Streichen der 1. Zeile, also in $\boldsymbol{B}$ eine obere Dreiecksmatrix mit Elementen $+1$ in der Hauptdiagonale entsteht), so wird eine solche Zweigknotenpunktsinzidenzmatrix mit $\boldsymbol{K}_{\text{ord}}$ bezeichnet.

[2] Eine Matrix heißt zeilen- (spalten-) regulär, wenn ihr Rang gleich der Anzahl der Zeilen (Spalten) ist.

Zeile aus der obigen Matrix hervorgeht und entsprechend partitioniert ist gemäß

$$\tilde{K}_{\text{ord}} = \left(\tilde{A}, \tilde{B}\right). \tag{14}$$

Infolge der Kopplung von Knotenpunktsbelegung und Baumzweigbelegung und der in der Belegungsfolge gewählten neuen Numerierung der Knotenpunkte und Baumzweige und der Orientierung der Zweige in Richtung wachsender Knotenpunktsnummern entsteht in $\tilde{B}$ eine obere Dreiecksmatrix mit positiven Einsen in der Hauptdiagonale. Oberhalb der Hauptdiagonale befinden sich Nullen oder höchstens einmal in jedem Spaltenvektor -1, sofern diese -1 nicht in der 1. Zeile der B-Matrix gestrichen wurde. Die Determinante dieser Dreiecksmatrix ist

$$\det \tilde{B} = +1. \tag{15}$$

Hätten wir bei der Aufstellung der $\tilde{K}$-Matrix eine andere Numerierung der Knotenpunkte und Zweige und auch andere Orientierungen der Zweige eingeführt, so hätte sich nur das Vorzeichen dieser $(k-1)$-reihigen den Baumzweigen zugeordneten Unterdeterminante ändern können. Bezeichnet man die Anzahl der erforderlichen Umordnungen in den Nummern der Zeilen und damit der Knotenpunkte α, in den Nummern der Spalten und damit der Zweige β und in den Orientierungen der Zweige γ, um auf eine *Normalnumerierung* und *Normalorientierung* zu kommen, so ist im allgemeinen (d. h. im nicht notwendig geordneten) Fall

$$\det \tilde{B} = (-1)^{\alpha + \beta + \gamma}. \tag{16}$$

Wir nennen solche den Baumzweigen zugeordneten Unterdeterminanten aus K_{fund} Baumdeterminanten, und wir wissen, daß diese den Wert ± 1 haben. Ferner wissen wir, daß sämtliche k-reihigen Unterdeterminanten aus K_{fund} verschwinden müssen. Welchen Wert haben nun aber $(k-1)$-reihige Unterdeterminanten aus K_{fund}, die nicht einem Baum entsprechen? Nun wissen wir ferner, daß $k-1$ Zweige, die keinen Baum bilden, mindestens eine Masche enthalten müssen. Bildet man für eine solche Masche die algebraische Summe der m zugehörigen Spaltenvektoren k_{ζ_μ}, so ist

$$\sum_{\mu=1}^{m} (\mp k_{\zeta_\mu}) = o. \tag{17}$$

$$(\zeta_1 \ldots \zeta_m = \text{Zweignummern einer Masche})$$

Hierbei ist für den betreffenden Summanden das Pluszeichen zu wählen, wenn die Pfeilrichtung des betreffenden Zweiges mit dem Maschenumlauf übereinstimmt und im umgekehrten Fall das Minuszeichen. Damit enthält eine solche Unterdeterminante linear abhängige Vektoren, wodurch die Determinante verschwindet. Wir können also folgende Sätze aussprechen:

Satz 1: Der Rang einer Knotenpunktszweiginzidenzmatrix K ist gleich $k - 1$; jede Untermatrix eines vollständigen Baumes ist Rangmatrix mit dem Determinantenwert ± 1. Damit ist jede K-Matrix zeilenregulär.

Für die Unterdeterminanten von niedrigerer Ordnung als $k - 1$ gelten entsprechende Gesetzmäßigkeiten. Für einen Unterbaum mit $k' < k$ Knotenpunkten und $k' - 1$ Zweigen kann man ebenfalls eine zugehörige $(k' - 1)$-reihige Unterdeterminante herausgreifen, deren Wert ebenfalls ± 1 ist. Alle übrigen Unterdeterminanten verschwinden, da sie wegen der vorhandenen Maschen linear abhängige Spaltenvektoren (und damit auch Zeilenvektoren) enthalten. Es gilt somit der

Satz 2: Die Unterdeterminanten der Knotenpunktszweiginzidenzmatrix können nur die Werte 0, $+1$ oder -1 annehmen. Die nicht verschwindenden Unterdeterminanten entsprechen Bäumen.

Matrizen, deren Elemente und Unterdeterminanten nur die Werte 0, $+1$ oder -1 annehmen können, werden E-Matrizen genannt und sind hauptsächlich von O. VEBLEN [4.63] und I. CEDERBAUM [4.8] untersucht worden (vgl. auch S. SESHU u. M. B. REED [81], Seite 101 ff.).

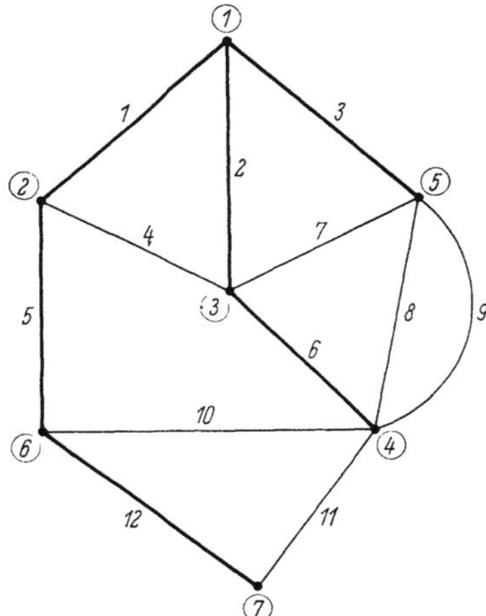

Abb. 4.3. Graph mit numerierten Knotenpunkten und Zweigen

Ein Beispiel. Die hier entwickelte abstrakte konstruktive Methode zur Ermittlung eines vollständigen Baumes in einem Graphen[1] soll nun an einem Beispiel erläutert werden. Hierzu betrachten wir einen Graphen, wie er in Abb. 4.3 wiedergegeben ist. Wir numerieren die Knotenpunkte

---

[1] Es gibt auch noch andere Methoden, einen vollständigen Baum in einem Graphen zu ermitteln: Man entfernt z. B. fortgesetzt Zweige (ohne ihre Endpunkte) aus einem Graphen und achtet darauf, daß der Zusammenhang gewahrt bleibt. Kann kein Zweig mehr entfernt werden, ohne den Zusammenhang zu zerstören, so bleibt ein vollständiger Baum übrig. Diese Methode hat jedoch gegenüber der konstruktiven Methode den Nachteil, daß eine fortgesetzte Prüfung auf Zusammenhang durchgeführt werden muß, was aber wieder eine Baumanalyse bedingt, die man doch gerade durchführen will. Eine weitere Methode fußt auf der Tatsache, daß ein Baum keine Maschen enthält. In diesem Fall werden nur solche Zweige entfernt, die eine Masche öffnen. Beide Methoden eignen sich zwar für eine anschauliche Baumanalyse von Hand, jedoch schlecht für eine Programmierung.

und die Zweige. Damit ist jedem Zweig ein Knotenpunktspaar zugeordnet. In einer Liste $\mathfrak{A}$, $\mathfrak{A}'$ können wir diese Knotenpunktspaare festhalten. Im Falle des Vorhandenseins von Parallelzweigen (Zweig 8 und 9) ist es zweckmäßig (zur Unterscheidung derselben), die Zweignummern mit in die Liste aufzunehmen. Aus diesem Grunde soll also hier nur mit der (doppelten) Liste der Zweige $\mathfrak{B}$, $\mathfrak{B}'$ gearbeitet werden. Sie ist für den Graph nach Abb. 4.3 im folgenden wiedergegeben

<table>
<tr><th colspan="3">$\mathfrak{B}$</th><th colspan="3">$\mathfrak{B}'$</th></tr>
<tr><th>kleinere Knotenpunktsnummer</th><th>größere Knotenpunktsnummer</th><th>alte Zweignummer</th><th>größere Knotenpunktsnummer</th><th>kleinere Knotenpunktsnummer</th><th>alte Zweignummer</th></tr>
<tr><td>0 0 1</td><td>0 0 2</td><td>0 0 1</td><td>0 0 2</td><td>0 0 1</td><td>0 0 1</td></tr>
<tr><td>0 0 1</td><td>0 0 3</td><td>0 0 2</td><td>0 0 3</td><td>0 0 1</td><td>0 0 2</td></tr>
<tr><td>0 0 1</td><td>0 0 5</td><td>0 0 3</td><td>0 0 5</td><td>0 0 1</td><td>0 0 3</td></tr>
<tr><td>0 0 2</td><td>0 0 3</td><td>0 0 4</td><td>0 0 3</td><td>0 0 2</td><td>0 0 4</td></tr>
<tr><td>0 0 2</td><td>0 0 6</td><td>0 0 5</td><td>0 0 6</td><td>0 0 2</td><td>0 0 5</td></tr>
<tr><td>0 0 3</td><td>0 0 4</td><td>0 0 6</td><td>0 0 4</td><td>0 0 3</td><td>0 0 6</td></tr>
<tr><td>0 0 4</td><td>0 0 5</td><td>0 0 7</td><td>0 0 5</td><td>0 0 4</td><td>0 0 7</td></tr>
<tr><td>0 0 4</td><td>0 0 5</td><td>0 0 8</td><td>0 0 5</td><td>0 0 4</td><td>0 0 8</td></tr>
<tr><td>0 0 4</td><td>0 0 5</td><td>0 0 9</td><td>0 0 5</td><td>0 0 4</td><td>0 0 9</td></tr>
<tr><td>0 0 4</td><td>0 0 6</td><td>0 1 0</td><td>0 0 6</td><td>0 0 4</td><td>0 1 0</td></tr>
<tr><td>0 0 4</td><td>0 0 7</td><td>0 1 1</td><td>0 0 7</td><td>0 0 4</td><td>0 1 1</td></tr>
<tr><td>0 0 6</td><td>0 0 7</td><td>0 1 2</td><td>0 0 7</td><td>0 0 6</td><td>0 1 2</td></tr>
</table>

Die 9stelligen Zahlen der Liste $\mathfrak{B}$, $\mathfrak{B}'$ werden nun der Größe nach geordnet, dann entsteht eine neue Liste, aus welcher man leicht entnehmen kann, welcher Zweig mit welchem anderen Zweig verbunden ist und welche Nummer dieser Zweig hat. Durch das Ordnen der Größe nach, wird dieser Suchvorgang erleichtert. Dies ist im Hinblick auf einen schnellen Programmablauf von Vorteil. Zu diesem Zweck wird man die Anfangsadressen der Blöcke mit gleicher 1. Knotenpunktsnummer festhalten, so daß bei einem Suchvorgang, in welchem sämtliche Zweige, die mit dem $\varkappa$-ten Knotenpunkt verbunden sind, nur von der Anfangsadresse des zugeordneten Blocks bis zu der um 1 verminderten Anfangsadresse des nächsten Blocks ($=$ Endadresse) gesucht zu werden braucht.

Parallel zur *Baumsuche* wird eine *Liste* der *Knotenpunkte* angelegt, die die Knotenpunktsnummern in der Reihenfolge ihrer Belegung festhält. Grundsätzlich können wir mit jedem beliebigen Knotenpunkt beginnen. Beginnen wir in unserem Beispiel mit dem Knotenpunkt 1, so führt in dem 1. Block selbstverständlich der 1. Zweig (Zweig-Nr. 1) bereits zu einem noch nicht belegten Knotenpunkt, nämlich Knotenpunkt 2. Dies ist also bereits ein Baumzweig, und die zweite belegte

B. Theorie der Netze

Knotenpunktsnummer ist 2. Auch der 2. Zweig (Zweig-Nr. 2) muß, sofern wie hier kein Parallelzweig vom 1. Knotenpunkt ausgeht, zu einem Baumzweig führen; ebenso auch der 3. Zweig (Zweig-Nr. 3). Damit sind auch die Knotenpunkte 3 und 5 belegt und in die Liste der Knotenpunkte aufgenommen. Jeder der drei bisher belegten Zweige kommt in der Liste der Zweige in umgekehrter Reihenfolge der Knotenpunkte noch einmal vor und ist zu markieren, damit er später nicht noch einmal belegt wird (dieses Markieren oder Abhaken kann beispielsweise dadurch erfolgen, daß die betreffende vorläufig noch 9 stellige Zahl ein negatives Vorzeichen erhält). Gleichzeitig erhalten die direkt belegten Zweige Nummern, und zwar erhalten die Baumzweige Nummern beginnend mit $z - k + 2$ und die Verbindungszweige Nummern beginnend mit 1. Diese Nummern werden in die ersten 3 Stellen eingetragen, wodurch eine insgesamt 12 stellige Zahl entsteht (führende Nullen mitgezählt). — Nun werden die noch nicht belegten Zweige des Blocks mit der nächsten Anfangsknotenpunktsnummer untersucht. Dies

Liste der Knotenpunkts-
nummern

	ℭ			ℭ′		ℜ	
	neue Zweignummer	kleinere Knotenpunktsnummer	größere Knotenpunktsnummer	alte Zweignummer		neue Knotenpunktsnummer	alte Knotenpunktsnummer
+	0 0 7	0 0 1	0 0 2	0 0 1		0 0 1	0 0 1 $= \varkappa_{1,1}$
+	0 0 8	0 0 1	0 0 3	0 0 2		0 0 2	0 0 2 $= \varkappa_{2,1}$
+	0 0 9	0 0 1	0 0 5	0 0 3		0 0 3	0 0 3 $= \varkappa_{2,2}$
−		0 0 2	0 0 1	0 0 1		0 0 4	0 0 5 $= \varkappa_{2,3}$
+	0 0 1	0 0 2	0 0 3	0 0 4		0 0 5	0 0 6 $= \varkappa_{3,1}$
+	0 1 0	0 0 2	0 0 6	0 0 5		0 0 6	0 0 4 $= \varkappa_{4,1}$
−		0 0 3	0 0 1	0 0 2		0 0 7	0 0 7 $= \varkappa_{5,1}$
−		0 0 3	0 0 2	0 0 4			
+	0 1 1	0 0 3	0 0 4	0 0 6			
+	0 0 2	0 0 3	0 0 5	0 0 7			
−		0 0 4	0 0 3	0 0 6			
−		0 0 4	0 0 5	0 0 8			
−		0 0 4	0 0 5	0 0 9			
−		0 0 4	0 0 6	0 1 0			
+	0 0 6	0 0 4	0 0 7	0 1 1			
−		0 0 5	0 0 1	0 0 3			
−		0 0 5	0 0 3	0 0 7			
+	0 0 3	0 0 5	0 0 4	0 0 8			
+	0 0 4	0 0 5	0 0 4	0 0 9			
−		0 0 6	0 0 2	0 0 5			
+	0 0 5	0 0 6	0 0 4	0 1 0			
+	0 1 2	0 0 6	0 0 7	0 1 2			
−		0 0 7	0 0 4	0 1 1			
−		0 0 7	0 0 6	0 1 2			

ist hier also der 2. Block. Der 1. darin vorkommende Zweig (Zweig-Nr. 1) ist bereits erledigt und wird übergangen. Der 2. Zweig dieses Blocks (Zweig-Nr. 4) ist ein Verbindungszweig, da er auf einen bereits in der Liste der Knotenpunkte vorkommenden Knotenpunkt führt. Hingegen ist der 3. Zweig des Blocks (Zweig-Nr. 5) wieder ein Baumzweig, da er auf den noch nicht belegten Knotenpunkt 6 führt. Diese Knotenpunktsnummer wird an 5. Stelle in die Liste der Knotenpunkte aufgenommen. Auch hier werden parallel dazu die bereits belegten Zweige in umgekehrter Numerierung abgehakt. Ferner erhält jeder Zweig einmal, wie angegeben, eine neue Nummer, die in die ersten 3 Stellen der Nummer 12stelligen Zahlen eingetragen wird. Die auf diese Weise entstehende Liste der Zweige $\mathfrak{C}$, $\mathfrak{C}'$, die jetzt auch die neue zwischen Verbindungs- und Baumzweigen unterscheidende Numerierung enthält und parallel dazu die Liste der Knotenpunktsnummern $\mathfrak{K}$, die eine Zuordnung zwischen alten und neuen Nummern herstellt, ist im Beispiel auf Seite 46 wiedergegeben.

Der Ablauf dieses Vorgangs ist nun genügend erläutert, so daß wir zur nächsten Prozedur übergehen können.

Es wird nun eine Liste $\mathfrak{D}$ angelegt, welche die mit neuen Zweignummern versehene einfache Liste der Zweige enthält. Die darin auftretenden 12stelligen Zahlen werden der Größe nach geordnet, und die zugehörige Liste lautet dann

$\mathfrak{D}$

	neue Zweig- nummer			*alte* kleinere Knoten- punkts- nummer			*alte* größere Knoten- punkts- nummer			alte Zweig- nummer			
+	0	0	1	0	0	2	0	0	3	0	0	4	
+	0	0	2	0	0	3	0	0	5	0	0	7	
+	0	0	3	0	0	5	0	0	4	0	0	8	Verbindungszweige
+	0	0	4	0	0	5	0	0	4	0	0	9	
+	0	0	5	0	0	6	0	0	4	0	1	0	
+	0	0	6	0	0	4	0	0	7	0	1	1	
+	0	0	7	0	0	1	0	0	2	0	0	1	
+	0	0	8	0	0	1	0	0	3	0	0	2	
+	0	0	9	0	0	1	0	0	5	0	0	3	Baumzweige
+	0	1	0	0	0	2	0	0	6	0	0	5	
+	0	1	1	0	0	3	0	0	4	0	0	6	
+	0	1	2	0	0	6	0	0	7	0	1	2	

Ersetzt man in dieser Liste auch noch die alten Knotenpunktsnummern durch neue Knotenpunktsnummern und vertauscht man die neuen Nummern, falls die nach der Übersetzung rechts stehende

Knotenpunktsnummer kleiner ist als die linke, so entsteht hierdurch eine weitere Liste

ℭ

	neue Zweignummer			*neue* kleinere Knotenpunktsnummer			*neue* größere Knotenpunktsnummer			alte Zweignummer			
+	0	0	1	0	0	2	0	0	3	0	0	4	⎫
+	0	0	2	0	0	3	0	0	4	0	0	7	⎪
+	0	0	3	0	0	4	0	0	6	0	0	8	⎬ Verbindungszweige
+	0	0	4	0	0	4	0	0	6	0	0	9	⎪
+	0	0	5	0	0	5	0	0	6	0	1	0	⎪
+	0	0	6	0	0	6	0	0	7	0	1	1	⎭
+	0	0	7	0	0	1	0	0	2	0	0	1	⎫
+	0	0	8	0	0	1	0	0	3	0	0	2	⎪
+	0	0	9	0	0	1	0	0	4	0	0	3	⎬ Baumzweige
+	0	1	0	0	0	2	0	0	5	0	0	5	⎪
+	0	1	1	0	0	3	0	0	6	0	0	6	⎪
+	0	1	2	0	0	5	0	0	7	0	1	2	⎭

Aus dieser Liste ℭ kann man unter Zugrundelegung der neuen Numerierung eine geordnete Knotenpunktsinzidenzmatrix K_{ord} aufstellen mit folgenden Eigenschaften:

1. Sind die Spaltenvektoren partitioniert nach Verbindungs- und Baumzweigen.
2. Ist die Reihenfolge der Baumzweige so gewählt, daß die in der Liste rechts stehenden (größeren) Knotenpunktsnummern immer auf neue Knotenpunkte führen und demnach also mit 2 beginnend bis k laufen, die in der Liste links stehenden (kleinere) Knotenpunktsnummern nur durch die vorhergehenden Baumzweige belegte Knotenpunktsnummern enthalten.

Führen wir nun noch eine Orientierung der Zweige in Richtung wachsender Knotenpunktsnummern ein, so gilt weiter, daß

3. in jeder Spalte der K_{ord}-Matrix eine „-1" immer über einer „$+1$" steht und deshalb
4. in der den Baumzweigen zugeordneten Untermatrix $\tilde{B}$ nach Streichen der 1. Zeile eine obere Dreiecksmatrix, deren sämtliche Hauptdiagonalelemente gleich $+1$ sind.

Am Rande sei noch vermerkt, daß infolge der Umnumerierung die Untermatrizen A und B sowohl von oben als auch von unten Treppencharakter (durch Strichelung angedeutet) aufweisen, was damit zusammenhängt, daß in der Liste ℭ in jedem der (den Verbindungs- und Baumzweigen zugeordneten) Teile die neuen sowohl links als auch rechts stehenden Knotenpunktsnummern in aufsteigender Folge angeordnet sind.

Wir können die hier geschilderten Schritte zur Erzeugung einer geordneten Matrix K_{ord} folgendermaßen zusammenfassen:

$$K_{\text{ord}} =$$

	1	2	3	4	5	6	7	8	9	10	11	$12 = \zeta$	$\varkappa =$
	0	0	0	0	0	0	-1	-1	-1	0	0	0	1
	-1	0	0	0	0	0	$+1$	0	0	-1	0	0	2
	$+1$	-1	0	0	0	0	0	$+1$	0	0	-1	0	3
	0	$+1$	-1	-1	0	0	0	0	$+1$	0	0	0	4
	0	0	0	0	-1	0	0	0	0	$+1$	0	-1	5
	0	0	$+1$	$+1$	$+1$	-1	0	0	0	0	$+1$	0	6
	0	0	0	0	0	$+1$	0	0	0	0	0	$+1$	7

$$= (A, B) \tag{18}$$

Gegeben sei eine Liste $\mathfrak{B}$ der Zweige, dargestellt durch Angabe der entsprechenden Knotenpunktspaare und der zugehörigen Zweignummern, dann führen die folgenden Schritte zu der gewünschten Matrix K_{ord}

1. Hinzufügen einer 2. Liste der $\mathfrak{B}'$ mit umgekehrter Reihenfolge der Knotenpunktsnummern,
2. Ordnen der 9stelligen Zahlen $\mathfrak{B}$, $\mathfrak{B}'$ der Größe nach.
3. Zur Erleichterung der Suche Anfertigung einer Liste der Anfangsadressen der Blöcke von Zweigen, in denen die 1. (alten) Knotenpunktsnummern übereinstimmen.
4. Baumsuche mit Anlegen einer Zuordnung „alte und neue Knotenpunktsnummern" und gleichzeitiger Neunumerierung der Zweige. Die Nummern der Baumzweige laufen von $z - k + 2$ bis z, diejenigen der Verbindungszweige von 1 bis $z - k + 1$ in der Reihenfolge der Belegung. Das dem belegten Zweig zugeordnete Maschinenwort mit umgekehrter Reihenfolge der Knotenpunktsnummern wird herausgestrichen bzw. entsprechend gekennzeichnet (z. B. durch negatives Vorzeichen). Das Ergebnis ist die Liste $\mathfrak{C}$, $\mathfrak{C}'$.
5. Ordnung der Liste der Zweige nach neuen Zweignummern (Liste $\mathfrak{D}$).
6. Übersetzen der alten Knotenpunktsnummern in neue Knotenpunktsnummern in dieser Liste der nach neuen Zweignummern geordneten Zweige (12stellige Zahlen der Liste $\mathfrak{C}$).
7. Aufstellung der Zweige Knotenpunktsmatrix K_{ord}.

4.3 Die Maschenmethode

Wenn wir uns die Frage stellen

1. *Wieviel Ströme* erforderlich sind, um sämtliche Zweigströme mit diesen ausdrücken zu können und

2. *welche Kombination* von Strömen hierfür geeignet sind,

so können wir diese Frage durch Betrachtung einer K_{fund}-Matrix und unter Beachtung der Tatsache, daß jeder Knotenpunktssummenstrom verschwindet, also $i^+ = o$ ist, sofort beantworten. Es ist dann nach Gl. ($\bar{2}$)

$$\tilde{i}^+ = \tilde{K}_{\text{fund}}\, i = o, \tag{19}$$

$$= \left(\tilde{A},\, \tilde{B}\right) i = o. \tag{20}$$

Wir wollen den Vektor i entsprechend A und B partitionieren, so daß mit

$$i = \begin{pmatrix} i^0 \\ i^B \end{pmatrix} \tag{21}$$

der Teilvektor i^0 den Maschenströmen und zugleich den Strömen in den Verbindungszweigen und i^B den Strömen in den Baumzweigen vorbehalten bleibt[1]. Nun können wir Gl. (19) ausführlich schreiben

$$\tilde{A}\, i^0 + \tilde{B}\, i^B = o. \tag{22}$$

Hier ist nun eine Auflösung nach den Strömen i^B immer möglich. Wegen $\det \tilde{B} \neq 0$ existiert die Inverse $\tilde{B}^{-1}$, und es ist

$$i^B = -\tilde{B}^{-1}\, \tilde{A}\, i^0. \tag{23}$$

Das bedeutet, daß die Ströme der Baumzweige immer durch diejenigen der Verbindungszweige ausgedrückt werden können. Da nur solche Determinanten aus K der Ordnung $k - 1$, deren Spalten Baumzweigen entsprechen, von Null verschieden sind, kann grundsätzlich auch nur nach den Baumzweigströmen aufgelöst werden; nur diese können durch die übrigen Ströme, das sind die Maschenströme (und gleichzeitig die Ströme in den Verbindungszweigen), ausgedrückt werden. Diese Tatsache können wir festhalten in dem

Satz 3: Die Gesamtheit der *Maschenströme* eines Zweipolnetzes bildet ein *vollständiges Basissystem* für die Gesamtheit der Zweigströme.

---

[1] Die hoch gestellten Symbole 0 bzw. B dienen zur Kennzeichnung von Maschen- bzw. Baumgrößen.

Sämtliche Ströme eines Zweipolnetzes lassen sich aus den Maschenströmen durch folgende Beziehung ausdrücken

$$i = \begin{pmatrix} i^0 \\ i^B \end{pmatrix} = \begin{pmatrix} 1 \\ -\tilde{B}^{-1}\,\tilde{A} \end{pmatrix} i^0 \qquad (24)$$

$$= C\,i^0. \qquad (24\,\text{a})$$

mit

$$C = \begin{pmatrix} 1 \\ -\tilde{B}^{-1}\,\tilde{A} \end{pmatrix} = \begin{pmatrix} 1 \\ C^B \end{pmatrix}. \qquad (25)$$

Diese Matrix C ist eindeutig bei gegebener Baumauswahl, gegebener Numerierung der Zweige derart, daß die $z - k + 1$ letzten Zweige den Baumzweigen vorbehalten bleiben, und bei gegebener Orientierung. Die darin vorkommenden Elemente können ebenso wie in der Matrix K nur die Werte 0, $+1$ oder -1 annehmen. Diese sog. *Zweig-Maschen-(Cyklen-) Inzidenzmatrix* hat also z Zeilen und $m = z - k + 1$ Spalten. Die einzelnen Elemente sind folgendermaßen definiert:

In die ζ-te Zeile und μ-te Spalte sind Zahlen a) $+1$, b) -1 oder c) 0 einzutragen, je nachdem, ob in der μ-ten Masche der ζ-te Zweig a) die gleiche, b) die entgegengesetzte Orientierung gegenüber der Masche hat oder c) nicht in ihr enthalten ist.

Zur Erzeugung der Einheitsmatrix im oberen Teil der Zweigmascheninzidenzmatrix werden die Maschen so gewählt, daß sie jeweils nur einen Verbindungszweig enthalten und daß die Orientierung jeder Masche mit derjenigen dieses Verbindungszweigs übereinstimmt.

Um für ein gegebenes Zweipolnetz eine *Zweigmascheninzidenzmatrix* (auch kürzer: Mascheninzidenzmatrix) für einen zugrunde gelegten vollständigen Baum und eine entsprechende Zweignumerierung und Orientierung zu ermitteln, haben wir 2 Wege:

Einmal kann die Berechnung von C aus einer entsprechenden Matrix $\tilde{K}_{\text{ord}}$ oder $\tilde{K}_{\text{fund}}$ erfolgen, wobei die Berechnung des unteren Teiles von C, nämlich

$$C^B = -\tilde{B}^{-1}\,\tilde{A}, \qquad (26)$$

für eine geordnete Matrix K_{ord} besonders einfach ist, da $\tilde{B}$ eine obere Dreiecksmatrix mit „$+1$"-Elementen in der Hauptdiagonale ist. Aus Gl. (21) erhalten wir ein Gleichungssystem

$$\tilde{B}\,i^B = -\tilde{A}\,i^0, \qquad (27)$$

das beginnend mit der letzten Unbekannten des Vektors i^B von unten nach oben „aufgerollt" werden kann[1]: Denn nach der letzten Un-

---

[1] Hierbei ist der Vektor i^0, dargestellt durch die Veränderlichen I_{z-k+2}, $I_{z-k+3}, \ldots I_z$, in der unbestimmten Form zu belassen, während für A die entsprechenden zahlenmäßigen Werte (mit den Elementen 0, $+1$, -1) einzusetzen sind.

bekannten ist in der letzten Gleichung bereits aufgelöst; in der vorletzten Gleichung kann sofort nach der vorletzten Unbekannten aufgelöst werden, da die einzige sonst vorkommende Unbekannte (falls sie überhaupt vorkommt) die bereits bekannte letzte Unbekannte ist. So fortfahrend kommt in jeder weiter oben stehenden Gleichung nur eine noch nicht ermittelte Unbekannte vor.

Ein zweiter Weg besteht darin, C gemäß obiger Definition direkt aufzustellen. Dieser Weg ist auch der für eine anschauliche Ermittlung einfachere, da C nach einer Baumauswahl und einer entsprechenden Durchnumerierung und Orientierung der Zweige unmittelbar aus dem Netz bzw. dem Graphen abgelesen werden kann. Für die Aufstellung einer Matrix C durch einen Digitalrechner ist hingegen die erste Methode empfehlenswerter.

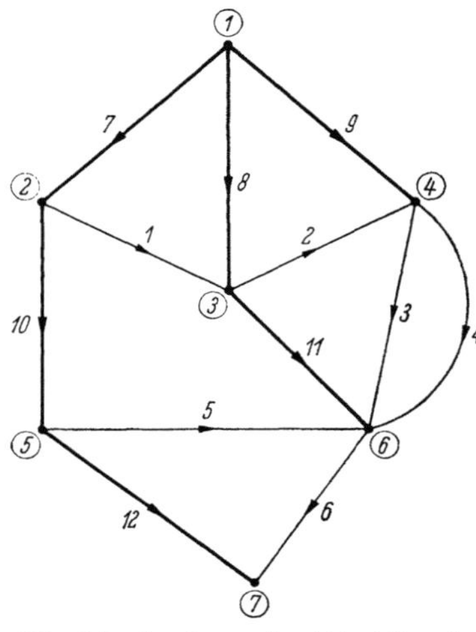

Abb. 4.4. Graph nach Abb. 4.3 mit neuer Numerierung der Knotenpunkte und Zweige nach durchgeführter Baumanalyse. Die Orientierung der Zweige wurde so eingeführt, daß die Pfeile in Richtung wachsender Knotenpunktsnummern weisen

In unserem Beispiel für den Graphen nach Abb. 4.4 ergibt sich unter Zugrundelegung der Matrix nach Gl. (18) folgendes Gleichungssystem

$$
\begin{aligned}
I_7 \quad -I_{10} \qquad\qquad &= +I_1 \\
I_8 \qquad -I_{11} \qquad &= -I_1 + I_2 \\
I_9 \qquad\qquad &= \quad -I_2 + I_3 + I_4 \\
I_{10} \qquad -I_{12} \quad &= \qquad\qquad +I_5 \\
I_{11} \qquad\qquad &= \quad -I_3 - I_4 - I_5 + I_6 \\
I_{12} \qquad\qquad &= \qquad\qquad -I_6
\end{aligned}
\tag{28}
$$

oder in Matrizen

$$
\tilde{B}\, i^B = -\tilde{A}\, i^0 . \tag{28a}
$$

Durch Aufrollen dieses Gleichungssystems von unten her erhält man hieraus

$$
\begin{aligned}
I_7 &= +I_1 \qquad\qquad\qquad +I_5 - I_6 \\
I_8 &= -I_1 + I_2 - I_3 - I_4 - I_5 + I_6 \\
I_9 &= \qquad -I_2 + I_3 + I_4 \\
I_{10} &= \qquad\qquad\qquad\qquad +I_5 - I_6 \\
I_{11} &= \qquad\qquad -I_3 - I_4 - I_5 + I_6 \\
I_{12} &= \qquad\qquad\qquad\qquad -I_6
\end{aligned}
\tag{29}
$$

oder in Matrizen

$$i^B = - \tilde{\boldsymbol{B}}^{-1} \, \tilde{\boldsymbol{A}} \, i^0. \tag{29a}$$

Hieraus können wir die Zweigmascheninzidenzmatrix $\boldsymbol{C}$ bilden gemäß Gl. (25)

$$\boldsymbol{C} = \begin{pmatrix} \mathbf{1} \\ \tilde{\boldsymbol{B}}^{-1} \, \boldsymbol{A} \, i^0 \end{pmatrix} \tag{25}$$

$$= \begin{bmatrix}
+1 & 0 & 0 & 0 & 0 & 0 \\
0 & +1 & 0 & 0 & 0 & 0 \\
0 & 0 & +1 & 0 & 0 & 0 \\
0 & 0 & 0 & +1 & 0 & 0 \\
0 & 0 & 0 & 0 & +1 & 0 \\
0 & 0 & 0 & 0 & 0 & +1 \\
\hline
+1 & 0 & 0 & 0 & +1 & -1 \\
-1 & +1 & -1 & -1 & -1 & +1 \\
0 & -1 & +1 & +1 & 0 & 0 \\
0 & 0 & 0 & 0 & +1 & -1 \\
0 & 0 & -1 & -1 & -1 & +1 \\
0 & 0 & 0 & 0 & 0 & -1
\end{bmatrix} \tag{30}$$

Eine direkte aus der Anschauung gegebene Ermittlung der Zweigmascheninzidenzmatrix $\boldsymbol{C}$ entsprechend ihrer Definition aus Abb. 4.4 ergibt die gleiche Matrix.

Um sämtliche Ströme und Spannungen des gegebenen Netzes bestimmen zu können, benötigen wir noch Gleichungen für den Zusammenhang zwischen den *Maschensummenspannungen* (die nach der KIRCHHOFFschen Maschenregel gleich Null sind) und den *Zweigspannungen* und für die *Ohmschen Beziehungen* in den einzelnen Zweigen.

Es kann unter Benutzung der Gl. (4), welche die Beziehungen der Knotenpunktspotentiale untereinander eindeutig beschreibt, gezeigt werden, daß es genügt, (m = Maschenzahl) unabhängige Maschensummengleichungen einzuführen. Hierzu soll $\boldsymbol{K}_{\text{fund}}$ ebenso partitioniert werden wie bei der Herleitung der Gl. (25) für die Ströme. Es ist nach Gl. (4)

$$\boldsymbol{u} = \tilde{\boldsymbol{K}}_t \, \boldsymbol{u}^+ \tag{31}$$

$$= \begin{pmatrix} \tilde{\boldsymbol{A}}_t \\ \tilde{\boldsymbol{B}}_t \end{pmatrix} \tilde{\boldsymbol{u}}^+. \tag{32}$$

Die Zweigspannungen $\boldsymbol{u}$ sind dann partitioniert nach Spannungen in den Verbindungszweigen $\boldsymbol{u}^{V\,1}$ und nach Spannungen in den Baumzweigen $\boldsymbol{u}^B$.

---

[1] Der hoch gestellte Index V dient zur Kennzeichnung der den Verbindungszweigen zugeordneten Variablen.

Hieraus ergeben sich die beiden Gleichungen

$$u^V = \tilde{A}_t\, u^+ \tag{33}$$

$$u^B = \tilde{B}_t\, u^+, \tag{34}$$

da $\det B_t = \pm 1 \neq 0$ ist, läßt sich u^V durch u^B ausdrücken, und es ist

$$u^V = \tilde{A}_t\, \tilde{B}_t^{-1}\, u^B. \tag{35}$$

Hieraus erhält man die gewünschte Bedingung für die Maschensummenspannungen. Es ist nämlich

$$u^V - \tilde{A}_t\, \tilde{B}_t^{-1}\, u^B = o. \tag{36}$$

Zerlegt man das durch diese Matrizengleichung beschriebene Gleichungssystem in einzelne Gleichungen, so kommt in jeder Gleichung einmal mit dem Koeffizienten $+1$ eine *Zweigspannung eines Verbindungszweigs* vor und sonst mit Koeffizienten 0, $+1$ oder -1 nur *Zweigspannungen der Baumzweige*. Nach den Sätzen 4 und 10, Kapitel 3.1, kann, beginnend mit einem Verbindungszweig, von dessen Endpunkten eine Masche nur auf eine Weise gebildet werden. Die Maschensummenspannungen enthalten also jeweils eine Verbindungszweigspannung und sonst nur Baumzweigspannungen in dieser (nach vorausgegangener Baumauswahl) auf Grund der Topologie des Graphen eindeutig bestimmten Anordnung. Bezeichnet man den Vektor der verschwindenden Maschensummenspannungen mit u^0, so ergibt sich aus Gl. (36)

$$u^0 = u^V - \tilde{A}_t\, \tilde{B}_t^{-1}\, u^B = o \tag{37}$$

$$= (1, -\tilde{A}_t\, \tilde{B}_t^{-1}) \begin{pmatrix} u^V \\ u^B \end{pmatrix} = o \tag{38}$$

und wenn wir den partitionierten Vektor rechts wieder zu u zusammenfassen

$$u^0 = (1, -\tilde{A}_t\, \tilde{B}_t^{-1})\, u = o. \tag{39}$$

Bildet man die Transponierte von C nach Gl. (25), so erhält man

$$C_t = (1, -\tilde{A}_t\, \tilde{B}_t^{-1}), \tag{40}$$

so daß Gl. (39) auch folgendermaßen geschrieben werden kann

$$u^0 = C_t\, u = o. \tag{41}$$

Nehmen wir wieder an, daß in jedem Zweig außer der *Impedanz* z_{ii} auch eine *Spannungsquelle* E_i enthalten ist, die mit der Spannung $z_{ii}\, I_i$ (ebenso auch mit I_i) gleiche Richtung des Definitionspfeils hat, so erhalten wir für die Ohmschen Beziehungen analog zu (5)

$$Z\, i + e = u. \tag{42}$$

Setzt man jetzt noch in Gl. (41) die beiden Gln. (42) und (24) ein, so erhält man das gesuchte *Gleichungssystem* für die *Maschenströme* zunächst

$$u^0 = C_t(Z\, C\, i^0 + e) \tag{43}$$

oder
$$C_t\, Z\, C\, i^0 = -C_t\, e \tag{44}$$

und mit der *Maschenimpedanzmatrix*
$$Z^0 = C_t\, Z\, C^1 \tag{45}$$

schließlich
$$Z^0\, i^0 = -C_t\, e\,. \tag{46}$$

Hierbei besteht der Vektor

$$e = \begin{pmatrix} E_1 \\ \vdots \\ E_z \end{pmatrix} \tag{47}$$

aus z treibenden Spannungen in den Zweigen. Sie liegen in Serie zu den Impedanzen z_{ii} und sind, falls die betreffenden Zweige keine Spannungsquelle enthalten, gleich Null zu setzen. Die *Diagonalmatrix*

$$Z = \begin{pmatrix} z_{11} & 0 & \cdots & 0 \\ 0 & z_{22} & \cdots & 0 \\ \vdots & \vdots & & \vdots \\ 0 & 0 & \cdots & z_{zz} \end{pmatrix} \tag{48}$$

enthält als Diagonalelemente die *Zweigimpedanzen*. Die *Zweigmascheninzidenzmatrix* C wird entweder aus dem Graphen des Zweipolnetzes ermittelt oder rechnerisch aus dem zugehörigen K_{ord} bzw. K_{fund}.

Behandlung der Wheatstoneschen Brücke mit Hilfe der Maschenmethode. Wir betrachten den gleichen Graphen wie in Abb. 4.2 mit der

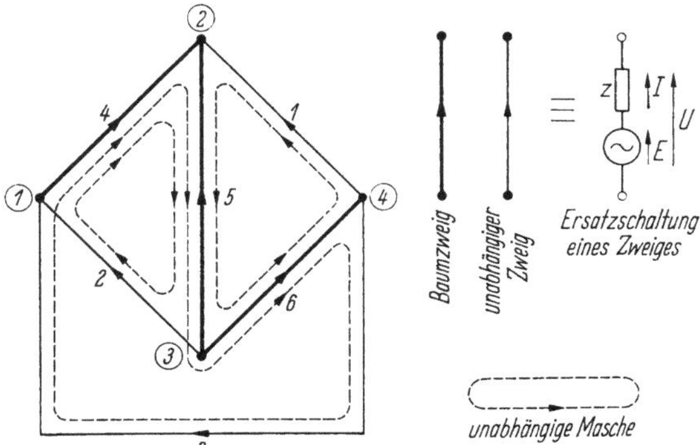

Abb. 4.5. Graph einer WHEATSTONEschen Brücke mit vollständigem Baum und unabhängigen Maschen

gleichen Numerierung der Zweige. In Abb. 4.5 sehen wir dick ausgezogen einen vollständigen Baum dieses Graphen und die sich hierdurch ergebenden unabhängigen Maschen. Die Orientierungen dieser Maschen

---

[1] Diese rangvermindernde Kongruenztransformation einer Impedanzmatrix ist durch die Leistungsinvarianz bezüglich der Stromvektoren i und i^0 begründet. Hierauf zuerst hingewiesen zu haben, ist das Verdienst G. KRONs [72], [73]. Vgl. auch die Fußnoten S. 38 u. 152.

sind auch hier wieder in Übereinstimmung mit denjenigen der zugehörigen Verbindungszweige gewählt. Zusammen mit den bereits aus Abb. 4.2 übernommenen Zweigorientierungen ist eine *Zweigmascheninzidenzmatrix* definiert. Sie lautet

$$
C = \quad
\begin{array}{c|ccc}
 & \mu = 1 & 2 & 3 \\
\hline
\zeta = 1 & 1 & 0 & 0 \\
2 & 0 & 1 & 0 \\
3 & 0 & 0 & 1 \\
4 & 0 & +1 & +1 \\
5 & -1 & -1 & -1 \\
6 & +1 & 0 & +1
\end{array}
\tag{49}
$$

Die gleiche Matrix erhält man, wenn man die mit Gl. (1) definierte Matrix $\tilde{K}$ als $\tilde{K}_{\text{fund}}$ auffaßt und sie demzufolge partitioniert in $3:3$ Spalten. Die aus $\tilde{K}_{\text{fund}} = (\tilde{A}, \tilde{B})$ errechnete Matrix

$$
C = \begin{pmatrix} 1 \\ -\tilde{B}^{-1}\,\tilde{A} \end{pmatrix}
$$

stimmt mit der obigen Matrix (39) überein. Ebenso stellen wir fest, daß das System von Gln. (25), das die Zweigströme durch die Maschenströme ausdrückt und ferner das System von Gln. (41), das die Maschensummenspannungen durch die Zweigspannungen ausdrückt, jeweils das gleiche Gleichungssystem liefert, gleichgültig, ob man die Gleichungen direkt aus Abb. 4.5 abliest oder das Gleichungssystem durch Matrizenmultiplikation ermittelt.

Nimmt man an, daß entsprechend Abb. 4.1 eine Spannungsquelle nur im Zweig 3 vorhanden ist, und $E_1 = E_2 = E_4 = E_5 = E_6 = 0$, so ergibt sich für die WHEATSTONEsche Brücke nach Gl. (46)

$$
Z^0\, i^0 = -C_t\, e, \tag{46}
$$

$$
\begin{pmatrix}
z_{11} + z_{55} + z_{66} & z_{55} & z_{55} + z_{66} \\
z_{55} & z_{22} + z_{44} + z_{55} & z_{44} + z_{55} \\
z_{55} + z_{66} & z_{44} + z_{55} & z_{33} + z_{44} + z_{55} + z_{66}
\end{pmatrix}
\begin{pmatrix} I_1^0 \\ I_2^0 \\ I_3^0 \end{pmatrix}
=
\begin{pmatrix} 0 \\ 0 \\ -E_3 \end{pmatrix}
$$

$$
\tag{50}
$$

Die einzelnen Elemente der Maschenimpedanzmatrix Z^0 berechnen sich nach Gl. (45) aus der Formel

$$
z_{ik}^0 = \sum_{r=1}^{z} c_{ri}\, z_{rr}\, c_{rk}. \tag{45a}
$$

Hieraus entnimmt man leicht die folgenden Regeln für diese Elemente

1. *In der Hauptdiagonale* ist das Element z_{ii}^0 gleich der Summe aller Impedanzen, welche der i-ten Masche angehören (Eigenimpedanz).

2. *Außerhalb der Hauptdiagonale* ist das Element $z_{ik}^0 = z_{ik}^0$ gleich der algebraischen Summe aller Baumimpedanzen, welche gleichzeitig der i-ten und k-ten Masche angehören. Das Vorzeichen der betreffenden Baumimpedanz in dieser Summe ist positiv oder negativ, je nachdem, ob die i-te und k-te Masche beide zueinander gleichsinnig oder gegensinnig über die Baumimpedanz laufen (Kopplungsimpedanz).

Aus *topologischen Betrachtungen* entnimmt man weiter, daß die *Vorzeichen* in jeder algebraischen Summe nur *sämtlich positiv* oder *sämtlich negativ* sein können. Die Baumzweige, die einer Masche angehören, bilden einen unverzweigten Baum. Die Menge der Baumzweige, die gleichzeitig 2 Maschen angehören, bilden ebenfalls, falls diese Menge nicht leer ist, einen unverzweigten Baum (Durchschnitt der beiden Baumzweigmengen), und zwar auch nur *einen* einzigen unverzweigten Baum, da sonst der zugrunde gelegte vollständige Baum Maschen haben müßte. Über diesen unverzweigten Baum ist die gegenseitige Orientierung der Maschen eindeutig.

Auf dieser Tatsache aufbauend, läßt sich eine quadratische *Maschenmascheninzidenzmatrix* **M** aufstellen, deren Elemente folgendermaßen definiert sind:

In der i-ten Zeile und k-ten Spalte sind Zahlen a) $+1$, b) -1 oder c) 0 einzutragen, je nachdem, ob über den dem i-ten und k-ten Maschenumlauf gemeinsamen Teil die beiden Maschenumläufe a) eine gleiche Orientierung, b) eine entgegengesetzte Orientierung haben oder c) keinen gemeinsamen Teil beider Maschenumläufe besitzen.

Das in der i-ten Zeile und k-ten Spalte stehende Element kann auch aus der folgenden Gleichung ermittelt werden

$$m_{ik} = m_{ki} = \operatorname{sign}\left(\sum_{r=1}^{z} c_{ri} c_{rk}\right) \tag{51}$$

$$\text{mit sign } x = \begin{cases} x/|x| & \text{für} \quad x \neq 0, \\ 0 & \text{für} \quad x = 0. \end{cases}$$

Aus der Tatsache der Existenz einer Maschenmascheninzidenzmatrix läßt sich die Regel 2 für die Bildung von z_{ik}^0 folgendermaßen vereinfachen:

2a. Außerhalb der Hauptdiagonale ist das Element $z_{ik}^0 = z_{ki}^0$ gleich der positiven oder negativen Summe aller *gleichzeitig* in der i-ten und k-ten Masche enthaltenen Baumimpedanzen. Das Vorzeichen der Summe ist positiv oder negativ, je nachdem, ob die gegenseitige Orientierung der i-ten zur k-ten Masche gleichsinnig oder gegensinnig ist (entsprechend dem Vorzeichen von m_{ik}).

4.4 Die Schnittmengenmethode

Die *Maschenmethode* ermöglicht es, nach einer Baumauswahl die minimale Anzahl von unabhängigen Zweigströmen aus einem im allgemeinen auflösbaren Gleichungssystem zu ermitteln. Die übrigen Zweigströme erhält man durch einfache Additionen und Subtraktionen aus diesen unabhängigen Zweigströmen. Diese *unabhängigen Zweigströme* sind die Ströme in *Verbindungszweigen*. Sie fließen linear überlagert in den dazugehörigen Maschen und werden daher auch *Maschenströme* genannt. In den Gleichungen, die die Zweigströme durch die Maschenströme ausdrücken, sind implizit die KIRCHHOFFschen Knotenpunktsregeln enthalten. Die KIRCHHOFFschen Maschenregeln werden berücksichtigt, indem man ausgehend von einem Verbindungszweig Maschen in eindeutiger Weise über den vollständigen Baum schließt. Weiter benötigt man in jedem Zweig das OHMsche Gesetz, um zu den erforderlichen Gleichungen zu gelangen. Nachdem man die Maschenströme ermittelt hat, ermittelt man aus Gl. (24) sämtliche Zweigströme und aus Gl. (42) sämtliche Zweigspannungen.

In gewissen Fällen wird es aber wünschenswert sein, *zuerst* die *Zweigspannungen* zu ermitteln, z. B. dann, wenn nach den Strömen nicht gefragt wird. In einigen Fällen ist es auch aus anderen Gründen zweckmäßiger, zuerst die Spannungen zu ermitteln, nämlich dann, wenn die Gleichungen für die Ermittlung der Spannungen eine geringere Anzahl von Unbekannten hat. Das Knotenpunktsverfahren liefert zwar unmittelbar Potentiale. Die Zweigspannungen selbst ergeben sich dann durch Differenzbildung aus den Potentialen. Nur für diejenigen Zweige, die mit dem Bezugsknotenpunkt verbunden sind, ergeben sich die Zweigspannungen direkt.

Will man jedoch direkt Zweigspannungen als Unbekannte eines Gleichungssystems erhalten, ohne daß diese aus Zweigen, die mit einem Bezugsknotenpunkt verbunden sind, stammen, so kann man zu einem geeigneten Gleichungssystem durch die sog. *Schnittmengenmethode* gelangen. Die Schnittmengenmethode ist das duale Gegenstück zur Maschenmethode. Nun könnte man das gegebene Problem einfach dualisieren, d. h., man ermittelt das duale Zweipolnetz und wendet hierauf die Maschenmethode an. Dieser Weg würde aber nur dann zum Ziele führen, wenn das duale Netz existiert, d. h., wenn der zugehörige Graph ein ebener Graph war. Tatsächlich kann man aber die Schnittmengenmethode auch auf nicht ebene Graphen anwenden. Deshalb soll auch nur die *Methode dualisiert* werden und *nicht* das *Netz*.

Was entspricht aber *dual einer Masche?* In gewissen Fällen kann es ein Knotenpunkt sein. Doch dies ist nur ein Sonderfall, auch in dualisierbaren Netzen. Nicht immer ist ein Knotenpunkt das duale Gegenstück zur Masche. Entsprechend muß hier auch die KIRCHHOFFsche Knotenpunktsregel verallgemeinert werden. In jedem Netz gibt es eine Menge von Zweigen, die (ohne ihre Endpunkte) herausgenommen das Netz in 2 Teile zerfallen läßt. Eine Menge solcher Zweige wird nach Def. 16 in Kap. 3.6 *Schnittmenge* genannt. Dabei kann ein Teil des Netzes auch nur ein Knotenpunkt sein. Dies ist der soeben besprochene Sonderfall. Hier handelt es sich um die Schnittmenge eines Knotenpunktes. Wegen der Quellenfreiheit der Ströme gilt in Verallgemeinerung der KIRCHHOFFschen Knotenpunktsregel, daß auch die Summe der Ströme über eine Schnittmenge verschwinden muß. Führt man weiter als duales Gegenstück zu den Baumzweigen die Verbindungszweige ein und umgekehrt, so kann man mit Hilfe der folgenden Liste von wechselseitigen dualen Entsprechungen[1] die Schnittmengenmethode entwickeln:

$$\text{Strom} \;\triangleq\; \text{Spannung}$$

$$\text{Masche} \;\triangleq\; \text{Schnittmenge}$$

$$\text{Baumzweig} \;\triangleq\; \text{Verbindungszweig}$$

Ebenso wie nach vorausgegangener *Auswahl* eines *vollständigen Baumes* einem *Verbindungszweig eindeutig* eine *Masche zugeordnet* werden kann, kann nun auch *dual* hierzu einem *Baumzweig* nach Satz 20 in Kap. 3.6 *eindeutig* eine *Schnittmenge zugeordnet* werden.

Zur leichteren Kontrolle sollen die beiden Grundgesetze, auf denen die *Maschenmethode* und die *Schnittmengenmethode* beruhen, gegenübergestellt werden.

Maschenmethode	*Schnittmengenmethode*
1. Jeder *Zweigstrom* ist durch eine *algebraische Summe* von Strömen der *Verbindungszweige* (diese sind *gleichzeitig* die *Maschenströme*) bestimmt.	1. Jede *Zweigspannung* ist durch eine *algebraische Summe* von Spannungen der *Baumzweige* (diese sind *gleichzeitig* die *Schnittmengenspannungen*) bestimmt.
2. Die *Summe der Spannungen sämtlicher Zweige einer Masche*, bestehend aus einer Verbindungszweigspannung und sonst nur einer algebraischen Summe von Baumzweigspannungen, ist *gleich Null*. (KIRCHHOFFsche *Maschenregel*)	2. Die *Summe der Ströme sämtlicher Zweige einer Schnittmenge*, bestehend aus einem Baumzweigstrom und sonst nur aus einer algebraischen Summe von Verbindungszweigströmen, ist *gleich Null*. (Verallgemeinerte KIRCHHOFFsche *Knotenpunktsregel*)

---

[1] In der Liste der dualen Entsprechungen ist jedes Element nur einmal aufgeführt. Sie gilt auch in umgekehrter Richtung.

Es soll noch auf folgende Besonderheiten in den beiden Methoden hingewiesen werden:

In der *Maschenmethode* sind aus Zweckmäßigkeitsgründen die *Orientierungen* der *Maschenströme* mit denjenigen der Ströme in den zugehörigen *Verbindungszweigen identifiziert*. Dies führt zu der Gleichung

$$i^o = i^V. \qquad (52\,\text{a})$$

Die zugehörigen Spannungen werden nicht identifiziert. Es ist zwar

$$u^o = o, \qquad (53\,\text{a})$$

hingegen u^V im allgemeinen nicht gleich dem Nullvektor.

In der *Schnittmengenmethode* sind aus Zweckmäßigkeitsgründen die *Orientierungen* der *Schnittmengenspannungen* mit denjenigen der Spannungen in den zugehörigen *Baumzweigen identifiziert*. Dies führt zu der Gleichung

$$u^\Phi = u^{B\,1}. \qquad (52\,\text{b})$$

Die zugehörigen Ströme werden nicht identifiziert. Es ist zwar

$$i^\Phi = o, \qquad (53\,\text{b})$$

hingegen i^B im allgemeinen nicht gleich dem Nullvektor.

Zur mathematischen Rechtfertigung der Methode wollen wir wieder von den Gleichungen der Knotenpunktsmethode ausgehen und hieraus die Gleichungen der Schnittmengenmethode direkt herleiten. Nach Gl. (4) für den reduzierten Vektor u^+ und unter Annahme einer Partitionierung in K nach Verbindungs- und Baumzweigvektoren erhält man aus

$$u = \tilde{K}_{\text{fund}_t}\, u^+$$

$$\begin{pmatrix} u^V \\ u^B \end{pmatrix} = \begin{pmatrix} \tilde{A}_t \\ \tilde{B}_t \end{pmatrix} u^+ \qquad (54)$$

durch Aufspaltung des Gleichungssystems entsprechend der Partitionierung

$$u^V = \tilde{A}_t\, u^+ \qquad (55)$$

$$u^B = \tilde{B}_t\, u^+. \qquad (56)$$

Wegen $\det \tilde{B} = \pm 1 \neq 0$ läßt sich u^+ eliminieren und u^V durch u^B ausdrücken, so daß man erhält

$$u^V = \tilde{A}_t\, \tilde{B}_t^{-1}\, u^B. \qquad (57)$$

Aus der Identifizierung $u^B = u^\Phi$ ergibt sich das folgende System von Matrizengleichungen

$$u^V = \tilde{A}_t\, \tilde{B}_t^{-1}\, u^\Phi \qquad (58)$$

$$u^B = u^\Phi, \qquad (59)$$

das man nun wieder zu einer Matrizengleichung zusammenfassen kann

$$u = \begin{pmatrix} u^V \\ u^B \end{pmatrix} = \begin{pmatrix} \tilde{A}_t\, \tilde{B}_t^{-1} \\ 1 \end{pmatrix} u^\Phi. \qquad (60)$$

---

[1] Die Symbole V bzw. Φ sollen hier als leicht merkbare Kennzeichnungen für die Größen der Verbindungszweige bzw. der Schnittmengen eingeführt werden.

Kürzen wir die Transponierte der Matrix auf der rechten Seite folgendermaßen ab

$$(\tilde{\boldsymbol{B}}^{-1}\,\tilde{\boldsymbol{A}},\,\boldsymbol{1}) = \boldsymbol{H},\tag{61}$$

so läßt sich die Matrizengleichung schreiben

$$\boldsymbol{u} = \boldsymbol{H}_t\,\boldsymbol{u}^{\varPhi}.\tag{62}$$

In diesem Gleichungssystem wird jede Zweigspannung durch eine algebraische Summe von Baumzweigspannungen, die gleichzeitig auch die Schnittmengenspannungen $U_i^{\varPhi}$ sind, ausgedrückt. Die Matrix $\boldsymbol{H}$ ist eindeutig bei gegebener Baumauswahl, gegebener Numerierung der Zweige derart, daß die $k-1$ Zweignummern den $k-1$ ersten Zweignummern vorbehalten bleiben, und bei gegebener Orientierung. Die darin vorkommenden Elemente können ebenso wie in den Matrizen $\boldsymbol{K}$ und $\boldsymbol{C}$ nur die Werte 0, $+1$ oder -1 annehmen. Diese sog. *Zweigschnittmengeninzidenzmatrix* $\boldsymbol{H}$ hat also $k-1$ Zeilen und z Spalten. Die einzelnen Elemente sind folgendermaßen definiert.

In die σ-te Zeile und ζ-te Spalte werden Zahlen a) $+1$, b) -1 oder c) 0 eingetragen, je nachdem, ob in der σ-ten Schnittmenge der ζ-te Zweig a) die gleiche, b) die entgegengesetzte Orientierung gegenüber der Schnittmenge hat oder c) nicht in ihr enthalten ist.

Zur Erzeugung der Einheitsmatrix im rechten Teil der Zweigschnittmengeninzidenzmatrix werden die Schnittmengen so gewählt, daß sie jeweils nur einen Baumzweig enthalten, und daß die Orientierung jeder Schnittmenge mit derjenigen dieses Baumzweigs übereinstimmt.

Damit ist *Punkt 1* der *Dualisierung* ausgeführt, denn in dieser Matrizengleichung werden die Zweigspannungen eindeutig durch eine algebraische Summe von Spannungen der Baumzweige (die mit den Schnittmengenspannungen übereinstimmen) ausgedrückt. Die Baumzweigspannungen werden hier einfach mit Schnittmengenspannungen identifiziert.

Aus der reduzierten Gl. ($\bar{2}$) und Gl. (3) erhält man bei gleicher Partitionierung zunächst

$$\tilde{\boldsymbol{i}}^{+} = \tilde{\boldsymbol{K}}\,\boldsymbol{i}\tag{63}$$

$$= (\tilde{\boldsymbol{A}},\,\tilde{\boldsymbol{B}})\begin{pmatrix}\boldsymbol{i}^{V}\\\boldsymbol{i}^{B}\end{pmatrix} = \boldsymbol{o}\tag{64}$$

$$= \tilde{\boldsymbol{A}}\,\boldsymbol{i}^{V} + \tilde{\boldsymbol{B}}\,\boldsymbol{i}^{B} = \boldsymbol{o}\tag{65}$$

und nach Multiplikation mit $\boldsymbol{B}^{-1}$ von links

$$\tilde{\boldsymbol{B}}^{-1}\,\tilde{\boldsymbol{A}}\,\boldsymbol{i}^{V} + \boldsymbol{i}^{B} = \boldsymbol{o}.\tag{66}$$

In jeder Zeile dieses Gleichungssystems steht nun ein Baumzweigstrom und sonst nur eine algebraische Summe der Ströme von Verbindungszweigen. Die Gesamtsumme ist jeweils gleich Null zu setzen. Unter Benutzung von Gl. (61) können wir also Gl. (66) schreiben

$$(\boldsymbol{B}^{-1}\boldsymbol{A}, \boldsymbol{1})\begin{pmatrix} i^V \\ i^B \end{pmatrix} = i^\Phi = o \tag{67}$$

und mit Gl. (61)

$$\boldsymbol{H}\,i = i^\Phi = o. \tag{68}$$

In diesem Gleichungssystem wird in jeder Zeile eine Summe gebildet, die aus je einem Baumzweigstrom und einer algebraischen Summe von ausschließlich Verbindungszweigströmen besteht. Diese Summierung erfolgt über die Ströme einer *Schnittmenge*. Da bei gegebener Baumauswahl für jeden angenommenen Baumzweig die zugehörige Schnittmenge eindeutig ist, ist das Gleichungssystem (68) eindeutig bestimmt und auch die Matrix $\boldsymbol{H}$. Damit ist auch *Punkt 2* der *Dualisierung* durchgeführt.

Um nun auch mit dieser Methode ein *Gleichungssystem* zunächst für die *Schnittmengenspannungen* (die zugleich die *Baumzweigspannungen* sind) zu erhalten, müssen wir noch in jedem Zweig das *Ohmsche Gesetz* gemäß Gl. (5) berücksichtigen

$$i = \boldsymbol{Y}(u - e). \tag{$\overline{5}$}$$

Setzt man Gl. (62) in diese Gleichung ein und alsdann die erhaltene Gleichung in Gl. (68), so ergibt sich das gewünschte Gleichungssystem

$$\boldsymbol{H}\,\boldsymbol{Y}\,\boldsymbol{H}_t\,u^\Phi = \boldsymbol{H}\,\boldsymbol{Y}\,e \tag{69}$$

und mit der *Schnittmengenadmittanzmatrix*

$$\boldsymbol{Y}^\Phi = \boldsymbol{H}\,\boldsymbol{Y}\,\boldsymbol{H}_t \;{}^1 \tag{70}$$

$$\boldsymbol{Y}^\Phi\,u^\Phi = \boldsymbol{H}\,\boldsymbol{Y}\,e. \tag{71}$$

Hat man die Baumzweigspannungen u^Φ errechnet, so liefert Gl. (62) auch sämtliche übrigen Zweigspannungen und Gl. (5) sämtliche Zweigströme. Damit sind alle wesentlichen Unbekannten in einem elektrischen Netz bestimmt.

Behandlung der Wheatstoneschen Brücke mit Hilfe der Schnittmengenmethode. Unserer Betrachtung legen wir wieder den gleichen Graphen wie in Abb. 4.1 mit der gleichen Numerierung der Zweige zugrunde. In Abb. 4.6 sehen wir dick ausgezogen den gleichen vollständigen Baum dieses Graphen wie in Abb. 4.5 und die sich hierdurch ergebenden unabhängigen Schnitt-

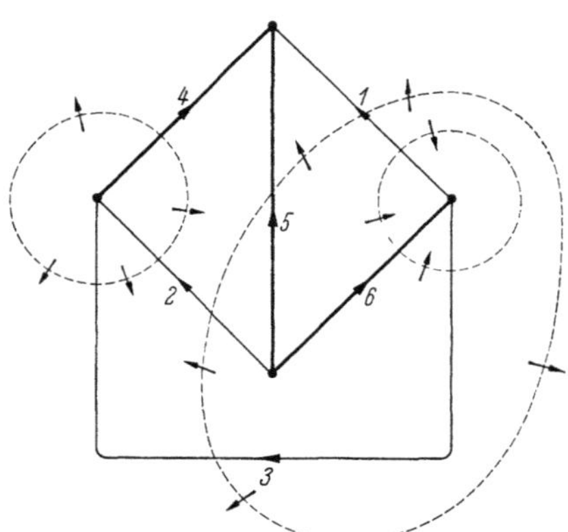

Abb. 4.6. Graph einer WHEATSTONEschen Brücke mit den sich aus dem vollständigen Baum (nach Abb. 4.5) ergebenden Schnittmengen

<hr>

[1] Vgl. die Fußnoten auf S. 38 u. 55.

mengen, erzeugt durch die gestrichelten Schnittlinien. Die 1. Schnittmenge besteht aus Baumzweig *4* und den Verbindungszweigen *2* und *3*, die 2. Schnittmenge besteht aus Baumzweig *5* und den Verbindungszweigen *1, 2* und *3*; die 3. Schnittmenge besteht aus Baumzweig *6* und den Verbindungszweigen *1* und *3*. Wählt man die Schnittmengenorientierung in Übereinstimmung mit derjenigen des zugehörigen Baumzweigs, so kann aus Abb. 4.6 folgende Schnittmengenzweiginzidenzmatrix abgelesen werden.

$$
\boldsymbol{H} =
\begin{array}{c|cccccc}
 & \zeta = 1 & 2 & 3 & 4 & 5 & 6 \\
\hline
\sigma = 1 & 0 & -1 & -1 & +1 & 0 & 0 \\
2 & +1 & +1 & +1 & 0 & +1 & 0 \\
3 & -1 & 0 & -1 & 0 & 0 & +1
\end{array}
\tag{72}
$$

Die gleiche Matrix muß selbstverständlich auch dann entstehen, wenn wir von $\tilde{\boldsymbol{K}}$ [für die WHEATSTONEsche Brücke definiert durch Gl. (1)] ausgehen und entsprechend der Auswahl der Baumzweige partitionieren, so daß die Matrix als $\tilde{\boldsymbol{K}}_{\text{fund}}$ geschrieben werden kann (damit wir zur Erleichterung der Elimination eine Dreiecksmatrix erhalten, ist es in unserem Beispiel zweckmäßig, als *reduzierte* Matrix eine solche Matrix $\tilde{\boldsymbol{K}}_{\text{fund}} = (\tilde{\boldsymbol{A}}, \tilde{\boldsymbol{B}})$ zugrunde zu legen, die durch Streichen der 1. Zeile aus $\boldsymbol{K}_{\text{fund}}$ hervorgeht). Durch Berechnung überzeugt man sich, daß die nach der folgenden Vorschrift aus $\tilde{\boldsymbol{A}}$ und $\tilde{\boldsymbol{B}}$ gebildete Matrix

$$
\boldsymbol{H} = (\tilde{\boldsymbol{B}}^{-1} \tilde{\boldsymbol{A}}, \boldsymbol{1})
\tag{61}
$$

mit der obigen (72) übereinstimmt.

Nimmt man weiter an, daß entsprechend Abb. 4.1 eine Spannungsquelle $E_3 \neq 0$ nur im Zweig 3 vorhanden ist und daher $E_1 = E_2 = E_4 = E_5 = E_6 = 0$, so ergibt sich gemäß Gl. (71) das folgende Gleichungssystem für die Berechnung der *Schnittmengenspannungen* (= Baumzweigspannungen)

$$
\boldsymbol{Y}^{\Phi} \boldsymbol{u}^{\Phi} = \boldsymbol{H} \boldsymbol{Y} \boldsymbol{e}
\tag{71}
$$

$$
\begin{pmatrix}
y_{22} + y_{33} + y_{44} & -y_{22} - y_{33} & +y_{33} \\
-y_{22} - y_{33} & y_{11} + y_{22} + y_{33} + y_{55} & -y_{11} - y_{33} \\
+y_{33} & -y_{11} - y_{33} & y_{11} + y_{33} + y_{66}
\end{pmatrix}
\begin{pmatrix}
U_1^{\Phi} \\
U_2^{\Phi} \\
U_3^{\Phi}
\end{pmatrix}
$$

$$
=
\begin{pmatrix}
-y_{33} E_3 \\
+y_{33} E_3 \\
-y_{33} E_3
\end{pmatrix}
\tag{73}
$$

Die einzelnen Elemente der *Schnittmengenadmittanzmatrix* $\mathbf{Y}^\Phi$ berechnen sich entsprechend Gl. (70) aus der Formel

$$y_{ik}^\Phi = \sum_{r=1}^{z} h_{ir}\, y_{rr}\, h_{kr}. \tag{74}$$

Hieraus entnimmt man analog zu den entsprechenden Regeln der Knotenpunkts- und Maschenmethode die folgenden Regeln für diese Elemente

1. *In der Hauptdiagonale* ist das Element y_{ii}^Φ gleich der Summe aller Admittanzen, welche der i-ten Schnittmenge angehören (Eigenadmittanz).

2. *Außerhalb der Hauptdiagonale* ist das Element $y_{ik}^\Phi = y_{ki}^\Phi$ gleich der algebraischen Summe aller Verbindungszweigadmittanzen, welche gleichzeitig der i-ten und k-ten Schnittmenge angehören. Das Vorzeichen der betreffenden Verbindungszweigadmittanz in dieser Summe ist positiv oder negativ, je nachdem, ob die Orientierungen der i-ten und k-ten Schnittmenge bezüglich der Verbindungszweigadmittanz gleichsinnig oder gegensinnig sind (Kopplungsadmittanz).

Auch hier ergeben *topologische Betrachtungen*, daß die Vorzeichen jeder algebraischen Summe entweder nur sämtlich positiv oder sämtlich negativ sein können. Dieses Vorzeichen ist nämlich nur dadurch bestimmt, ob gleiche oder entgegengesetzte Orientierungen bei der Zusammenführung der Schnittlinien (in Abb. 4.6 gestrichelt gezeichnet) längs derselben aufeinandertreffen. Hiernach kann wieder eine quadratische *Schnittmengen-Schnittmengeninzidenzmatrix* $\mathbf{S}$ eingeführt werden, deren Elemente folgendermaßen definiert sind

In der i-ten Zeile und k-ten Spalte sind Zahlen a) $+1$ oder b) -1 einzutragen, je nachdem, ob die Orientierungen der i-ten und k-ten Schnittmenge längs einem gemeinsamen Teil der Schnittlinien a) gleichsinnig oder b) gegensinnig sind.

Das gegenseitige Vorzeichen zweier Schnittmengen und damit auch zweier Baumzweige ist gleichzeitig auch bestimmt durch die Orientierungen dieser Baumzweige und durch ihre Lage innerhalb des Baumes. Innerhalb eines Baumes kann nicht nur jeder Knotenpunkt mit jedem anderen Knotenpunkt nur auf eine einzige Weise verbunden werden, sondern auch jeder Baumzweig mit jedem anderen Baumzweig. Innerhalb dieses Weges, der beide Baumzweige als Endzweige enthält, können diese Zweige nur entweder die gleiche oder die entgegengesetzte Orientierung haben. Aus diesem Grund kann diese Inzidenzmatrix nur die Elemente $+1$ oder -1 enthalten. Der Wert 0 kommt in $\mathbf{S}$ nicht vor. Dies ist ein entscheidender Unterschied gegenüber der dualen Maschen-

Mascheninzidenzmatrix M. Dies hängt damit zusammen, daß zur Definition eines Elementes in M wenigstens ein beiden Maschen gemeinsamer Baumzweig vorhanden sein muß; während zur Definition eines Elements in S ein Verbindungszweig, der beiden Schnittmengen angehört, nicht vorhanden sein muß (das Element ist bereits über den Baum definiert; dieser ist zusammenhängend, die Verbindungszweige i. allg. nicht). Das in der i-ten Zeile und k-ten Spalte stehende Element kann auch aus der folgenden Gleichung ermittelt werden

$$s_{ik} = s'_{ki} = \mathrm{sign}\left(\sum_{r=1}^{z} h_{ir}\, h_{kr}\right)$$

$$\text{mit } \mathrm{sign}\, x = \begin{cases} x/|x| & \text{für} \quad x \neq 0, \\ 0 & \text{für} \quad x = 0. \end{cases}$$

Die nach dieser Gleichung ermittelten Werte s'_{ik} können im Gegensatz zu den Elementen s_{ik} aus S gelegentlich auch den Wert 0 annehmen, nämlich dann, wenn kein beiden Schnittmengen gemeinsamer Verbindungszweig vorhanden ist. Mit Hilfe der Matrizen M und S ist es möglich, Z^0 und Y^Φ mengentheoretisch zu konstruieren [4.16]. Im letzteren Fall ist es gleichgültig, ob man mit S oder S' arbeitet.

Wir können auch hier wieder unter Benutzung der Tatsache, daß eine Schnittmengen-Schnittmengeninzidenzmatrix existiert, die Regel 2 für die Bildung von y_{ik}^Φ folgendermaßen vereinfachen:

2a. Außerhalb der Hauptdiagonale ist das Element $y_{ik}^\Phi = y_{ki}^\Phi$ gleich der positiven oder negativen Summe aller gleichzeitig in der i-ten und k-ten Schnittmenge enthaltenen Verbindungszweigadmittanzen. Das Vorzeichen der Summe ist positiv oder negativ, je nachdem, ob die gegenseitige Orientierung des den Schnittmengen zugeordneten i-ten Baumzweigs zum k-ten Baumzweig innerhalb des Baumes gleichsinnig oder gegensinnig ist.

Aufgaben

1a) Man konstruiere für ein selbstgewähltes Netz die Matrix Z^0 mengentheoretisch unter Verwendung der Maschen-Mascheninzidenzmatrix M für die WHEATSTONEsche Brücke.

b) Für das gleiche Netz konstruiere man auch die Matrix Y^Φ unter Verwendung der Schnittmengen-Schnittmengeninzidenzmatrix S.

2. Nach dem Satz von CAUCHY und BINET[1] hat die Determinante des Produkts $(\widetilde{K}\,\widetilde{Y}) \cdot \widetilde{K}_t$ zunächst $\binom{z}{k-1}$ Glieder. Nur die nicht verschwindenden Unterdeterminanten von $(\widetilde{K}\,\widetilde{Y})$ liefern zusammen mit den gleichfalls nicht verschwindenden homologen Unterdeterminanten von $\widetilde{K}_t$ Beiträge zur Determinante des Produkts. Jedes nicht verschwindende Glied besteht aus $k-1$ Faktoren von Zweigadmittanzen.

---

[1] s. S. 221, Abschn. 6.3.

Wodurch sind diese $k-1$-Faktoren topologisch charakterisiert?

a) Man gebe eine kombinatorisch-topologische Regel an für die Bildung des Ausdrucks $\det(\widetilde{K}\,\widetilde{Y}\,\widetilde{K}_t) = \det\widetilde{Y}^+$

b) desgl. für $\det(\widetilde{K}\,\widetilde{K}_t)$.

3 a) Man gebe eine kombinatorisch-topologische Regel an für die Bildung des Ausdrucks $\det(H\,Y\,H_t) = \det Y^\Phi$

b) desgl. für $\det(H\,H_t)$

4 a) Man gebe eine kombinatorisch-topologische Regel an für $\det(C_t\,Z\,C) = \det Z^0$

b) desgl. für $\det(C_t\,C)$.

5. Das System von *Maschengleichungen*

$$Z^0\,i^0 = -C_t\,e$$

ist genau dann eindeutig lösbar, wenn $\det Z^o \neq 0$. In diesem Fall hat das homogene System

$$Z^0\,i^0 = o$$

auch keine nicht verschwindenden Lösungen. Eine hinreichende Bedingung dafür, daß keine nicht verschwindenden Lösungen für das homogene Gleichungssystem auftreten, ist beispielsweise dann gegeben, wenn in dem zugrunde liegenden Graphen ein System von Verbindungszweigen gefunden werden kann, in welchem die Realteile sämtlicher Verbindungszweig-Impedanzen positiv sind, die Realteile der übrigen Zweigimpedanzen nicht negativ. Wenn dann auch nur ein Maschenstrom nicht verschwindet, würde dies zu einer dauernden Energieabgabe führen. Dieser Maschenstrom kann also stationär nicht fließen.

Man gebe eine hinreichende Bedingung für die eindeutige Auflösbarkeit des Systems von Maschengleichungen an und beweise diesen Satz mit dem Satz von A. Hirsch. Welche Sicherheitsvorkehrungen lassen sich aus diesem Satz herleiten, damit der Auflösungsalgorithmus in einem Digitalrechner immer durchführbar ist?

6 a) Gebe analog zu dem Satz der Aufgabe 5. einen Satz mit hinreichenden Bedingungen für die eindeutige Auflösbarkeit des Systems von *Knotenpunktsgleichungen* an

b) desgl. für die eindeutige Auflösbarkeit des Systems von *Schnittmengengleichungen*.

5. Die Berücksichtigung von Transformatoren in Netzen

Die bisher erläuterten Verfahren gestatten es, lineare elektrische Netze, welche ausschließlich aus *Zweipolen* bestehen (RLC-Netze), zu berechnen. Hierbei müssen außer den die *Topologie des Netzes kennzeichnenden Daten* die *Impedanzen* und die *treibenden Spannungen* (in dualer Übertragung auch die *treibenden Ströme*) gegeben sein. Berechnet werden die *unbekannten Ströme* und *Spannungen*. Die in der Energieübertragungstechnik vorkommenden Netze enthalten aber i. allg. auch noch *Transformatoren*. Um die bisher erläuterten Verfahren auf Transformatoren ausdehen zu können, gibt es drei zweckmäßige Verfahren:

1. Darstellung des im Netz auftretenden Transformators durch eine *Ersatzschaltung von Zweipolen* (nur möglich für reelle Übersetzungsverhältnisse).

2. Darstellung der Zweiporteigenschaft des im Netz auftretenden Transformators durch Einführung von *gegenseitigen Impedanzen* oder *Admittanzen* (das sind Elemente außerhalb der Hauptdiagonale) in die Impedanz- bzw. Admittanzmatrix.

3. Darstellung der Übersetzungsverhältnisse der Transformatoren durch *Verallgemeinerung* der *Inzidenzmatrizen*.

Die beiden ersten Verfahren erfordern keine einschneidende Erweiterung des Inzidenzmatrizenverfahrens; man muß im 2. Verfahren nur die Einschränkung, daß Y bzw. Z eine Diagonalmatrix ist, fallenlassen. Das dritte Verfahren hingegen erfordert zwar, daß dort die Elemente der Inzidenzmatrizen nun auch andere Werte als 0, +1 oder −1 annehmen; dafür dürfen aber Y und Z weiterhin als Diagonalmatrizen eingeführt werden. Dieser letzte Umstand ist im Hinblick auf ein Arbeiten mit dem Digitalrechner vorteilhaft, da dann die *Diagonalmatrizen* Y und Z auch weiterhin *als Vektoren gespeichert* werden können. Interessant ist weiterhin, daß sich die beiden Verfahren 2. und 3. trotz ihrer Verschiedenheit ineinander überführen lassen. In *Lastflußrechnungen* bietet sich auch eine Möglichkeit, Transformatoren durch *injizierte Ströme* darzustellen.

5.1 Darstellung von Transformatoren in einem Netz durch eine Zweipolersatzschaltung

Den idealen (d. h. zugleich streuungs- und magnetisierungsstromfreien) *Transformator* mit *reellem Übersetzungsverhältnis* kann man tatsächlich durch eine *Kettenschaltung* darstellen, welche ausschließlich *Zweipole* enthält. Wir betrachten allerdings nur die Zweipolersatzschaltung für einen *Spartransformator*. Hier ist also die galvanische Trennung nicht dargestellt, was in den meisten Darstellungen der Energieübertragungstechnik auch nicht erforderlich ist. Eine Zweipolersatzschaltung für einen idealen Transformator mit reellem Über-

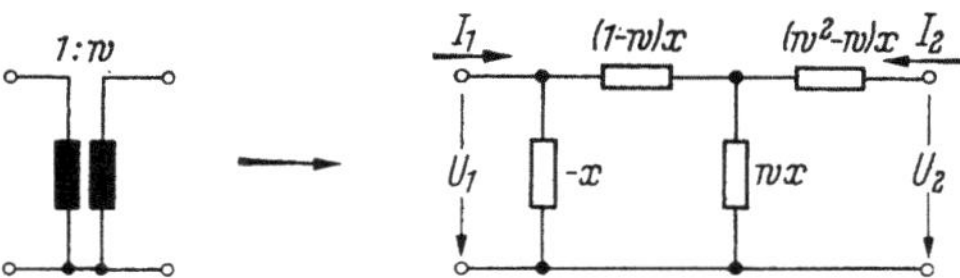

Abb. 5.1. Eine aus *Zweipolen* zusammengesetzte *Ersatzschaltung* für einen *idealen Transformator* 1 : w (untere Klemmen durchgeschaltet)

setzungsverhältnis, die auch die galvanische Trennung wiedergibt, enthält 7 Impedanzen und wurde erstmals von W. KLEIN [62] angegeben. In beiden Fällen kann ein Netz mit Transformatoren ebenso wie jedes andere Zweipolnetz behandelt werden. Allerdings besitzen in der nachfolgend beschriebenen Ersatzschaltung jeweils zwei der vorkommenden Impedanzen negativen Realteil, denn zwei der Impedanzen haben gegenüber zwei anderen entgegengesetztes Vorzeichen.[1] Eine solche Ersatzschaltung ist in Abb. 5.1 wiedergegeben. Wie man leicht durch Rechnung nachprüft, gelten für diese *Ersatzschaltung* die Gleichungen

$$U_1 = \frac{1}{w_{12}}\, U_2$$

$$I_1 = \qquad\qquad -w_{12}\, I_2 \tag{1}$$

in Matrizen

$$\begin{pmatrix} U_1 \\ I_1 \end{pmatrix} = \begin{pmatrix} w_{12}^{-1} & 0 \\ 0 & w_{12} \end{pmatrix} \begin{pmatrix} U_2 \\ -I_2 \end{pmatrix} \tag{2}$$

$$= L \begin{pmatrix} U_2 \\ -I_2 \end{pmatrix}. \tag{3}$$

Die Matrix L, welche Eingangs- mit Ausgangsgrößen in dieser Weise verknüpft, heißt Kettenmatrix. Die Kettenmatrix des idealen Transformators (für reelle Übersetzungsverhältnisse) ist somit gegeben durch

$$L = \begin{pmatrix} w_{12}^{-1} & 0 \\ 0 & w_{12} \end{pmatrix}. \tag{4}$$

Eine *Impedanz-* oder *Admittanzmatrix* existiert für den *idealen Transformator* nicht. Die zunächst willkürliche Größe x wird man dem Anwendungsfall entsprechend zweckmäßig wählen. In einer modellmäßigen Nachbildung ist man gezwungen, da negative OHMsche Widerstände eine Realisierung mit passiven Elementen nicht zulassen, x als Reaktanz anzusetzen. Hierbei ergeben sich durch die nicht ganz vermeidbaren Verluste Fehler, die man hinreichend klein halten muß. In der Rechnung brauchen diese einschränkenden Bedingungen nicht beachtet zu werden.

Bei der Darstellung von *halbidealen Transformatoren*[2] ist es allerdings zweckmäßig, die Größe x so zu wählen, daß eine entsprechende Impedanz der Ersatzschaltung des idealen Transformators mit der darzustellenden Streuimpedanz bzw. Magnetisierungsimpedanz zusammen Null ergibt. Auf diese Weise entsteht für den halbidealen Transformator eine Ersatzschaltung, die nur aus 3 Impedanzen besteht, und zwar bei Darstellung einer von Null verschiedenen Streuimpedanz eine *Π-Schaltung*, hingegen

---

[1] Für die praktische Nachbildung in einem Netzmodell bleibt hiermit nur die eine Möglichkeit, sofern man nicht aktive Elemente zuläßt, positive und negative möglichst verlustarme Reaktanzen (Induktivitäten und Kapazitäten) einzuführen. In der Rechnung hingegen kann die Größe x beliebig gewählt werden.

[2] Verzichtet man bei der Darstellung des Transformators darauf, entweder die Magnetisierungsimpedanz (Hauptimpedanz) oder die Streuimpedanz wiederzugeben, so wird dieser halbideal genannt.

bei der Darstellung einer endlichen Magnetisierungsimpedanz eine
T-Schaltung. In Abb. 5.2 links ist die Ersatzschaltung für einen halbidealen Transformator mit
dem Übersetzungsverhält-
nis $1 : w$ und mit einer nicht
verschwindenden Streu-
impedanz wiedergegeben.
Das Ersatzschaltbild nach
Abb. 5.2 rechts entsteht
dadurch, daß man zunächst

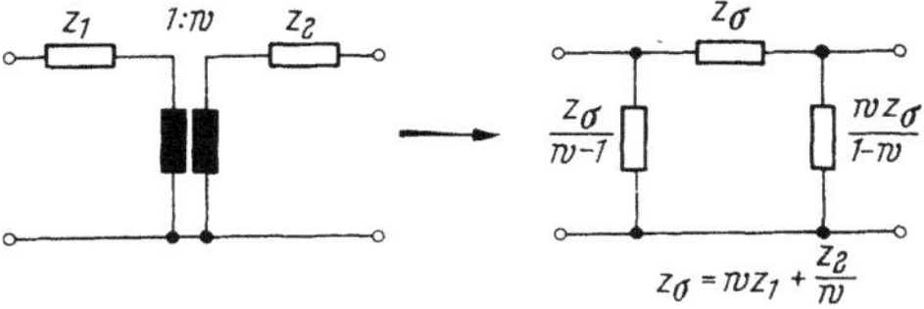

Abb. 5.2. Eine aus *Zweipolen* zusammengesetzte *Ersatz-schaltung* für einen *halbidealen Transformator* $1 : w$ mit Streuung (untere Klemmen durchgeschaltet)

auch die primäre Streuimpedanz z_1 auf die Sekundärseite verlegt.
Hierdurch wird die sekundäre Gesamtstreuimpedanz

$$z_\sigma'' = w^2 z_1 + z_2. \tag{5}$$

Die primäre Gesamtstreuimpedanz wäre

$$z_\sigma' = z_1 + \frac{1}{w^2} z_2. \tag{6}$$

Zur Vereinfachung der Rechnung soll noch die mittlere Streuimpedanz
eingeführt werden

$$z_\sigma = \sqrt{z_\sigma' z_\sigma''} = w z_1 + \frac{1}{w} z_2. \tag{7}$$

Damit in der Ersatzschaltung nach Abb. 5.1 rechts der rechte Längs-
zweig verschwindet, muß x so gewählt werden, daß die Impedanz dieses
rechten Längszweiges zusammen mit der sekundären Gesamtstreuimpedanz nach Gl. (5) Null ergibt. Es muß also sein

$$(w^2 - w)x = -z_\sigma''$$
$$= -w z_\sigma$$

und damit

$$x = \frac{1}{1 - w} z_\sigma. \tag{8}$$

Hiermit lassen sich alle Impedanzen der Ersatzschaltung berechnen. Im
Falle $w = 1$ fallen die Querimpedanzen weg.

Die *T-Ersatzschaltung* für den *halbidealen Transformator*, in welchem
nur die Magnetisierungsimpedanz dargestellt ist, hat geringere praktische
Bedeutung. Die Ermittlung dieser Ersatzschaltung nehme der Leser
als Übung.

5.2 Berücksichtigung der Übersetzungsverhältnisse der Transformatoren in verallgemeinerten Inzidenzmatrizen (Quasiinzidenzmatrizen)

Eine weitere Möglichkeit, die Inzidenzmatrizenmethode unverändert
verwenden zu können, besteht darin, daß man von der Einschränkung,
daß die Zweigimpedanz- bzw. Admittanzmatrizen *Diagonalmatrizen*

sind, *abgeht*, und auch *außerhalb* der Hauptdiagonale von Null *verschiedene Elemente* zuläßt.

In den Gln. (5) von Kap. 4.1 und (42) von Kap. 4.3 wurden die Admittanzen y_{ii} bzw. die Impedanzen z_{ii} als Diagonalelemente der Zweigimpedanz- bzw. Zweigadmittanzmatrizen eingeführt, da die Zweigspannungen, sofern sie keine Strom- oder Spannungsquellen enthalten, nur von den Zweigströmen abhängen und umgekehrt. Liegt nun zwischen 2 Zweigen ein Transformator, so ergeben sich auf Grund der magnetischen Kopplung auch Glieder außerhalb der Hauptdiagonale. Natürlich lassen sich auf diese Weise auch andere Zwei- oder Mehrporte als Ganzes einführen, sofern die entsprechende Admittanz- bzw. Impedanzmatrix bekannt ist, ebenso auch Transformatoren mit *komplexem Übersetzungsverhältnis*, wie sie z. B. in den Mit- bzw. Gegensystemnetzen nach der Methode der symmetrischen Komponenten auftreten (z. B. bei der Nachbildung sog. Querregeltransformatoren). Auf diese Möglichkeit, Transformatoren durch entsprechende Modifikation der Zweigimpedanz- bzw. Zweigadmittanzmatrix zu berücksichtigen, soll aber hier nicht näher eingegangen werden, da sie hinsichtlich der Anwendung bei der digitalen Netzberechnung nicht zu empfehlen ist, denn man müßte dann von der ökonomischen Möglichkeit der Speicherung dieser Matrizen, indem man nur ihre Diagonalelemente der Reihe nach (sozusagen als Vektor) in den Speicher aufnimmt, abgehen.[1] Die gezeigte Methode ist nur in einem anderen Anwendungsbereich interessant, nämlich dann, wenn man Kenngrößen ganzer Zweiporte (Leitungsstücke, Transformatoren) oder anderer Mehrporte in die Rechnung einführen will (vgl. hierzu auch die Arbeiten von U. HAIER [5.3], G. NEES (5.5] und G. HOSEMANN [5.4]).

Will man einerseits die Möglichkeit einschließen, auch *Transformatoren* mit *komplexem Übersetzungsverhältnis* behandeln zu können, dabei aber andererseits auch nicht darauf verzichten, die *Zweigadmittanz-* bzw. die *Zweigimpedanzmatrix* in einfacher Weise (nämlich die Diagonalelemente als Vektor) zu speichern, so kann man dadurch, daß man in der Inzidenzmatrix auch andere Elemente als 0, $+1$, -1 zuläßt, Transformatoren mit beliebigem Übersetzungsverhältnis berücksichtigen, wie im folgenden gezeigt wird.

5.2.1 Quasiinzidenzmatrizen in der Knotenpunktsmethode

Da die *Knotenpunktsmethode* von einer *Zweigadmittanzmatrix* ausgeht, kann man hier nur solche Transformatoren einführen, deren *Admittanzmatrizen existieren*. Für den idealen Transformator existiert weder eine Impedanz- noch eine Admittanzmatrix. Von den halbidealen

---

[1] Nähere Ausführungen hierzu findet man in [5.2].

Transformatoren existiert nur für den magnetisierungsstromfreien eine
Admittanzmatrix (selbstverständlich auch für den nicht idealen, d. h.

magnetisierungsstrom- und streu-
ungsbehafteten Transformator). Da
man in Energieübertragungsnetzen
normalerweise den Magnetisierungsstrom vernachlässigen kann und auf
der anderen Seite auch immer Angaben über die Streuimpedanzen erhält, ist man hier in der günstigen
Lage, die gegebenen Daten ohne
zusätzliche Annahmen einführen zu
können. Wir betrachten hierzu so-
gleich ein Netzbeispiel, das einen
solchen halbidealen Transformator,
wie in Abb. 5.3 gezeigt, enthält.
Das zugrunde gelegte Netz finden
wir in Abb. 5.4 dargestellt. Zum

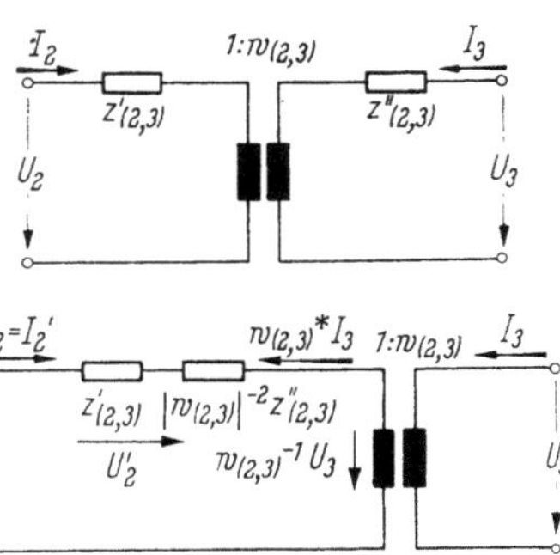

Abb. 5.3. *Halbidealer Transformator* ohne
Magnetisierungsstrom. a) Ersatzschaltung
mit primärer und sekundärer Streuimpedanz, b) Ersatzschaltung mit auf die
Primärseite übersetzter sekundärer Streuimpedanz zur Herleitung der Gleichungen
für diesen halbidealen Transformator

besseren Verständnis soll dieser halbideale Transformator zunächst
für sich allein betrachtet werden.

Wir wollen nun weiter unterscheiden zwischen den ungestrichenen
Variablen, welche sich auf den zunächst noch nicht gekoppelten Graphen
beziehen und den gestrichenen sog. Admittanzvariablen, welche sich

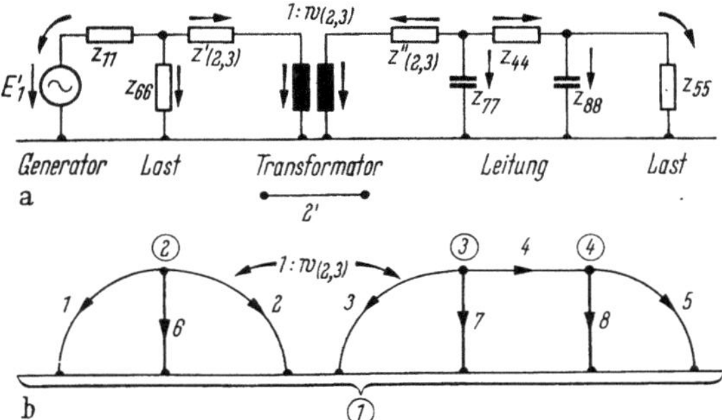

Abb. 5.4 a u. b. Berücksichtigung eines *halbidealen Transformators* in der einphasigen Darstellung
eines Energieübertragungssystems durch Einführung von Zwangsbedingungen in die Gleichungen
der *Knotenpunkts*- oder *Schnittmengenmethode* (Quasiinzidenzmatrizen) a) Originalschaltbild,
b) zugehöriger orientierter Graph mit vollständigem Baum und Verbindungszweigen

teils auf die tatsächlich im Netz vorkommenden und teils auf die in
Ersatzschaltungen der Transformatoren auftretenden Admittanzen
beziehen. Außerdem sollen die Gleichungen so eingeführt werden, daß
sie auch für komplexe Übersetzungsverhältnisse gelten (reelle Übersetzungsverhältnisse sind hierin als Sonderfall enthalten, man kann
dann das Konjugiert- und das Betragszeichen wegfallen lassen).

Betrachten wir zunächst die *Stromgrößen*. Die Gleichungen, welche die Ströme des noch ungekoppelten Graphen und den die auf die Primärseite bezogene Gesamtstreuimpedanz durchfließenden Strom verknüpft, lauten

$$I_2 = I_2'$$
$$I_3 = -w_{(2,3)}^{*^{-1}} I_2'.$$

(9)

Der Strom des Zweiges 2 des Graphen wird identifiziert mit dem Strom, der durch die Gesamtstreuimpedanz fließt. Der Strom des Zweiges 3 ist das $(1/w_{(2,3)}^*)$-fache mit umgekehrtem Vorzeichen (entsprechend der Festlegung der Definitionspfeile).[1]

Für die *Spannungsgrößen* gilt die folgende Gleichung, die die Zweigspannung der Gesamtstreuimpedanz mit den Spannungen des zugrunde gelegten Graphen verknüpft

$$U_2' = U_2 w_{(2,3)}^{-1} U_3.$$

(10)

Hinzu kommt noch das OHMsche Gesetz für den Zweig, der die Gesamtstreuimpedanz enthält (wenn wir von dem Vorhandensein einer Spannungsquelle absehen)

$$U_2' = (z_{(2,3)}' + |w|^{-2} z_{(2,3)}'') I_2'$$
$$= z_{(2,3)} I_2'$$

(11)

mit der Matrix

$$\boldsymbol{W} = \begin{pmatrix} 1 \\ -w_{(2,3)}^{-1} \end{pmatrix}$$

(12)

ergeben sich für die Transformation der gestrichenen Größen auf die ungestrichenen Größen folgende Gleichungen

$$\boldsymbol{i} = \boldsymbol{W}^* \boldsymbol{i}'$$

($\bar{9}$)

$$\boldsymbol{u}' = \boldsymbol{W}_t \boldsymbol{u}.$$

($\overline{10}$)

Die Transformation der Strom- und Spannungsvektoren ist *leistungsinvariant*. Die komplexe Summenleistung ist nämlich einerseits ausgedrückt durch die gestrichenen Größen

$$S' = \boldsymbol{u}_t' \boldsymbol{i}'^* = (\boldsymbol{u}_t \boldsymbol{W}) \boldsymbol{i}'^* = \boldsymbol{u}_t (\boldsymbol{W} \boldsymbol{i}'^*)$$
$$= \boldsymbol{u}_t \boldsymbol{i}^* = S$$

(13)

und somit andererseits auch gleich der komplexen Summenleistung, ausgedrückt durch die ungestrichenen Größen.

Betrachten wir nun wieder das gesamte Netz nach Abb. 5.4. Die zu beschreibende Methode besteht — in wenigen Worten ausgedrückt — darin, daß, abgesehen von den Strömen und Spannungen in den Trans-

---

[1] Aus der *Leistungsinvarianz* folgt die reziproke konjugierte Stromübersetzung.

formatoren, alle übrigen Zweigströme und -spannungen identisch transformiert werden, die Größen der Transformatoren hingegen nach den oben angegebenen Gesetzen. Hiermit ergeben sich für das betrachtete Netz folgende Gleichungen für die Ströme unter Benutzung der Gln. (9)

$$
\begin{aligned}
I_1 &= I_1' \\
I_2 &= \quad I_2' \\
I_3 &= -w_{(2,3)}^{*\,-1} I_2' \\
I_4 &= \qquad\qquad I_4' \\
&\ \ \vdots \qquad\qquad\quad \vdots \\
I_8 &= \qquad\qquad\qquad I_8'
\end{aligned} \tag{14}
$$

und in Matrizen

$$
i = W^* i'. \tag{$\overline{14}$}
$$

Für die Spannungen ergibt sich unter Benutzung der Gl. (10) eine inverse Beziehung mit der transponiert-konjugierten Matrix, und zwar

$$
\begin{aligned}
U_1' &= U_1 \\
U_2' &= \quad U_2 - w_{(2,3)}^{-1} U_3 \\
&\ \ \vdots \qquad\qquad\quad \vdots \\
U_8' &= \qquad\qquad\qquad U_8
\end{aligned} \tag{15}
$$

und in Matrizen

$$
u' = W_t u. \tag{$\overline{15}$}
$$

Hierbei lautet die der Transformation zugrunde gelegte Matrix

$$
W = \begin{bmatrix}
1 & 0 & 0 & \cdots & 0 \\
0 & 1 & 0 & \cdots & 0 \\
0 & -w_{(2,3)}^{-1} & 0 & \cdots & 0 \\
0 & 0 & 1 & \cdots & 0 \\
\vdots & \vdots & \vdots & \ddots & \vdots \\
0 & 0 & 0 & & 1
\end{bmatrix} \tag{16}
$$

Für das gestrichene System gilt in jedem Zweig das *Ohmsche Gesetz*. Hierbei soll zunächst in jedem Zweig eine treibende Spannung E_i angenommen werden (die, falls nicht vorhanden, gleich Null gesetzt wird). Es gilt also

$$
u' = Z' i' + e' \tag{17}
$$

oder, da bei der Knotenpunktsmethode eine Diagonalmatrix der Zweigadmittanzen zugrunde gelegt werden soll,

$$
i' = Z'^{-1}(u' - e') = Y'(u' - e') \tag{18}
$$

mit

$$\boldsymbol{Y}' = \begin{bmatrix} z_{11}^{-1} & 0 & 0 & \cdots & 0 \\ 0 & z_{(2,3)}^{-1} & 0 & \cdots & 0 \\ 0 & 0 & z_{44}^{-1} & \cdots & 0 \\ \vdots & \vdots & \vdots & \diagdown & \vdots \\ 0 & 0 & 0 & \cdots & z_{88}^{-1} \end{bmatrix} \tag{19}$$

Zwischen den ungestrichenen Zweiggrößen einerseits und den Knotenpunktsgrößen andererseits bestehen auf Grund der Topologie des in Abb. 5.4 wiedergegebenen Graphen die folgenden bekannten Beziehungen

$$\boldsymbol{i}^+ = \boldsymbol{K}\,\boldsymbol{i} \tag{20}$$

und

$$\boldsymbol{u} = \boldsymbol{K}_t\,\boldsymbol{u}^+ \tag{21}$$

mit der *Knotenpunktszweiginzidenzmatrix*

$$\boldsymbol{K} = \quad \begin{array}{c|cccccccc} \diagdown & \zeta = 1 & 2 & 3 & 4 & 5 & 6 & 7 & 8 \\ \hline \varkappa = 1 & +1 & +1 & +1 & 0 & +1 & +1 & +1 & +1 \\ 2 & -1 & -1 & 0 & 0 & 0 & -1 & 0 & 0 \\ 3 & 0 & 0 & -1 & -1 & 0 & 0 & -1 & 0 \\ 4 & 0 & 0 & 0 & +1 & -1 & 0 & 0 & -1 \end{array} \tag{22}$$

Mit der für die Knotenpunktsmethode wesentlichen Beziehung, daß alle Knotenpunktssummenströme verschwinden

$$\boldsymbol{i}^+ = \boldsymbol{o}, \tag{23}$$

erhält man die folgende Matrizengleichung für den unbekannten Vektor der Knotenpunktspotentiale

$$\boldsymbol{i}^+ = \boldsymbol{K}\,\boldsymbol{W}^*\,\boldsymbol{Y}'\,\boldsymbol{W}_t\,\boldsymbol{K}_t\,\boldsymbol{u}^+ - \boldsymbol{K}\,\boldsymbol{W}^*\,\boldsymbol{Y}'\,\boldsymbol{e}' = 0 \tag{24}$$

oder

$$\boldsymbol{K}\,\boldsymbol{W}^*\,\boldsymbol{Y}'\,\boldsymbol{W}_t\,\boldsymbol{K}_t\,\boldsymbol{u}^+ = \boldsymbol{K}\,\boldsymbol{W}^*\,\boldsymbol{Y}'\,\boldsymbol{e}'. \tag{25}$$

Die Matrix

$$\boldsymbol{Y}^+ = \boldsymbol{K}\,\boldsymbol{W}^*\,\boldsymbol{Y}'\,\boldsymbol{W}_t\,\boldsymbol{K}_t \tag{26}$$

des Gleichungssystems für die Unbekannten $\boldsymbol{u}^+$ ist hier ebenfalls wieder singulär, da auch hier wegen der besonderen Eigenschaft von $\boldsymbol{K}$ jede Gleichung die negative Summe der übrigen Gleichungen ist. Damit ist also auch hier eine Gleichung entbehrlich. Ferner ist auch hier jede Spannung $U_\varkappa^+$ bis auf eine willkürliche Konstante bestimmt. Setzen wir also die $\varkappa$-te Spannung $U_\varkappa^+ = 0$ (Spannung des Bezugsknotenpunkts) und streichen wir gleichzeitig die $\varkappa$-te Gleichung, so entspricht dies der Streichung der $\bar{\varkappa}$-ten Zeile in $\boldsymbol{K}$. Die hieraus hervorgegangene Knotenpunktszweiginzidenzmatrix sei wieder $\tilde{K}$, so daß wir als ein keine überflüssigen Gleichungen mehr enthaltendes Gleichungssystem für die auf den Bezugsknotenpunkt bezogenen Knotenpunktsspannungen das folgende erhalten:

$$\tilde{Y}^{+}\,\tilde{u}^{+} = \tilde{K}\,W^{*}\,Y'\,e' \tag{27}$$

mit

$$\tilde{Y}^{+} = \tilde{K}\,W^{*}\,Y'\,W_{t}\,\tilde{K}_{t}. \tag{28}$$

Zunächst sei noch erwähnt, daß die eingangs kurz gestreifte Methode der Berücksichtigung der Transformatorkopplungen in der Y-Matrix darin besteht, daß man setzt

$$Y = W^{*}\,Y'\,W_{t} \tag{29}$$

und analog zu Gl. ($\overline{15}$)

$$e' = W_{t}\,e. \tag{30}$$

Man erkennt, daß, wenn man die Gln. (29) und (30) auf (27) und (28) anwendet, sofort die Gln. (6) und (7) in Kap. 4.1 entstehen.

Dies entspricht *einer* sinnvollen Klammersetzung. Eine *andere* sinnvolle Klammersetzung ergibt sich dadurch, daß man setzt

$$\overline{K} = K\,W \quad \text{und} \quad \overline{K}^{*} = K\,W^{*} \tag{31}$$

bzw.

$$\tilde{\overline{K}} = \tilde{K}\,W \quad \text{und} \quad \tilde{\overline{K}}^{*} = \tilde{K}\,W^{*}. \tag{31a}$$

In unserem Netzbeispiel ist

$$\overline{K} = K\,W = \begin{pmatrix} +1 & 1 - w_{(2,3)}^{-1} & 0 & +1 & +1 & +1 & +1 \\ -1 & -1 & 0 & 0 & -1 & 0 & 0 \\ 0 & +w_{(2,3)}^{-1} & -1 & 0 & 0 & -1 & 0 \\ 0 & 0 & +1 & -1 & 0 & 0 & -1 \end{pmatrix} \tag{32}$$

Die Matrix $\overline{K}$ geht hier aus K dadurch hervor, daß man die 3. Spalte der letzteren mit $-w_{(2,3)}^{-1}$ multipliziert und zur 2. Spalte hinzuaddiert und danach die 3. Spalte streicht. Allgemein gesprochen muß man jeweils solche Spalten aus K mit $\pm w_{(\mathrm{I,II})}^{-1}$ multiplizieren, die den Sekundärzweigen der Transformatoren (II) entsprechen, und jeweils zu den Spalten der zugehörigen Primärzweige (I) hinzuaddieren und danach die Spalten der Sekundärzweige streichen. Das Vorzeichen des Faktors $\pm w_{(\mathrm{I,II})}^{-1}$ hängt davon ab, wie die Orientierungen der Primär- und Sekundärzweige zueinander stehen. In unserem Beispiel gilt das Minuszeichen. Hier wirken die Orientierungen in der Wicklung gleichsinnig. Im umgekehrten Fall, wenn also die Orientierungen der Wicklungen gegensinnig wirken, gilt das Pluszeichen. Im übrigen bleibt die Eigenschaft aller K-Matrizen, daß die Summe aller Elemente in jeder Spalte verschwindet, auch für die Matrizen $\overline{K}$ erhalten.

Die Matrizen $\overline{K} = K\,W$, die jetzt als Elemente außer den Zahlen 0, $+1$ und -1 auch andere Zahlen, die die Übersetzungsverhältnisse der Transformatoren des Netzes charakterisieren, enthalten, werden *Zweig-Knotenpunkts-Quasiinzidenzmatrizen* genannt. Setzt man in der Matrix K die Größe $w_{(2,3)} = 1$, so entsteht hieraus eine normale K-Matrix für einen Graphen, der anstelle des Transformators einen Querzweig enthält und somit einer Durchverbindung entspricht. Diese Eigenschaft sollte man immer als Probe für das richtige Ansetzen der Matrix $\overline{K}$ verwenden. Es ist auch nicht schwer, die Matrix $\overline{K}$ direkt anzugeben (d. h. ohne das Produkt $K\,W$ auszurechnen). Mit der *reduzierten* Zweig-Knotenpunkts-Quasiinzidenzmatrix $\widetilde{K}$ kann schließlich das aufzulösende Gleichungssystem folgendermaßen geschrieben werden:

oder

$$\widetilde{\overline{K}}^{*}\,Y'\,\widetilde{\overline{K}}_{t}\,\widetilde{u}^{+} = \overline{K}^{*}\,Y'\,e' \tag{33}$$

$$\widetilde{Y}^{+}\,\widetilde{u}^{+} = \widetilde{\overline{K}}^{*}\,Y'\,e' \tag{34}$$

mit

$$\widetilde{Y}^{+} = \widetilde{\overline{K}}^{*}\,Y'\,\widetilde{\overline{K}}_{t}. \tag{35}$$

Ein Vergleich dieser Gleichungen mit den Gln. (9) und (10) in Kap. 2.2.1 ergibt, daß zur Berechnung von Y^{+} im wesentlichen die gleichen Matrizenmultiplikationen ausgeführt werden müssen. Es ist nur zu beachten, daß die Quasiinzidenzmatrix bei der Transposition noch konjugiert werden muß. Das bedeutet für den Digitalrechner, daß bei der Speicherung von $\overline{K}^{*}$, da diese normalerweise „verdichtet" gespeichert wird (indem man von der Tatsache ausgeht, daß auch hier die meisten Elemente nur die Zahlenwerte 0, $+1$ und -1 annehmen), die Zellen besonders markiert werden müssen, in denen von 0, $+1$ oder -1 abweichende Elemente stehen. Dies erfordert auch eine Modifikation im Programm für diese *verallgemeinerte Kongruenztransformation*. Ferner muß bei der 2. Multiplikation mit der Quasiinzidenzmatrix mit den konjugierten Elementen gerechnet werden (dies ist allerdings nur für den Fall von Bedeutung, daß Transformatoren mit komplexem Übersetzungsverhältnis auftreten).

5.2.2 Quasiinzidenzmatrizen in der Maschenmethode

Da in der *Maschenmethode* von der *Zweigimpedanzmatrix* ausgegangen wird, können dort nur solche *Transformatoren* eingeführt werden, deren *Impedanzmatrizen existieren*. Wir wissen, daß für den idealen Transformator weder eine Admittanz- noch eine Impedanzmatrix existiert. Von den halbidealen Transformatoren existiert eine Impedanzmatrix nur für denjenigen ohne Streuimpedanz. Die einzuführenden

Transformatoren müssen demzufolge wenigstens eine Hauptimpedanz
haben. Sind hierfür in den mitgeteilten Daten keine Angaben gemacht,
so ist hierfür ein geschätzter Wert oder wenigstens ein hinreichend großer
Wert einzusetzen. Dies gilt allerdings nur für den Fall, daß nicht gerade

zufällig der Magnetisierungsstrom des
Transformators wesentlich am Netz-
geschehen beteiligt ist.[1]

Als Beispiel wählen wir im wesentlichen wieder das im vorigen Kapitel betrachtete Netz, jedoch mit dem Unterschied, daß jetzt der Transformator eine
Magnetisierungsimpedanz $z_{(7,8)}$ aufweist.
Das der Maschenmethode zugrunde ge-

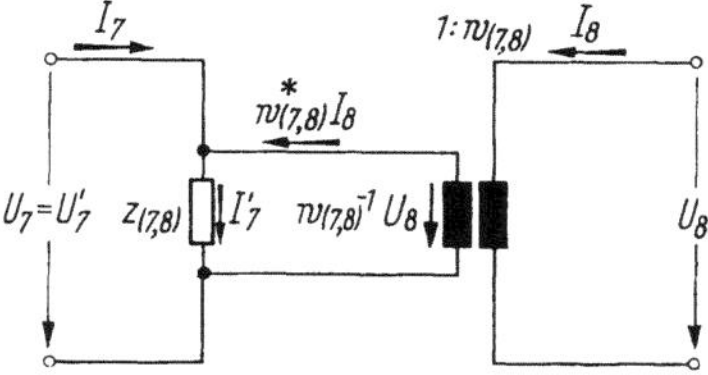

Abb. 5.5. *Halbidealer Transformator ohne Streuimpedanz.* Ersatzschaltung zur Herleitung der Gleichungen

legte Netz zeigt Abb. 5.6. In Abb. 5.5 ist der darin vorkommende Transformator besonders herausgezeichnet. Aus dieser Ersatzschaltung lassen
sich die folgenden Gleichungen herleiten, und zwar für die Spannungen
(hierbei beziehen sich wieder die gestrichenen Größen auf die Impedanz-
zweige und die ungestrichenen Größen auf den zunächst noch ungekoppelten Graphen)

$$U_7 = U_7 \tag{36}$$
$$U_8 = w_{(7,8)}\, U_7$$

und für die Ströme

$$I_7 = I_7 + w^*_{(7,8)}\, I_8. \tag{37}$$

Das OHMsche Gesetz lautet dort (ohne treibende Spannungen)

$$U_7 = z_{(7,8)}\, I_7. \tag{38}$$

Für das gesamte Netz ergeben sich für die Spannungen durch die hinzukommenden Identifizierungen die folgenden Gleichungen

$$U_1 = U'_1$$

$$\begin{aligned}
U_7 &= &U'_7 \\
U_8 &= w_{(7,8)} &U'_7 \\
U_9 &= &U'_9 \\
U_{10} &= &U'_{10}
\end{aligned} \tag{39}$$

und in Matrizen

$$\boldsymbol{u} = \boldsymbol{W}\,\boldsymbol{u}'. \tag{$\overline{39}$}$$

---

[1] Ein Fall, bei dem der Magnetisierungsstrom berücksichtigt werden müßte,
liegt z. B. dann vor, wenn ein leerlaufender Transformator (bei Schwachlast)
Anlaß zu Resonanz mit in der Nähe liegenden Kapazitäten gibt.

Für die inversen Gleichungen der Ströme ergibt sich ein Gleichungssystem mit der konjugiert-transponierten Matrix

$$I_1' = I_1$$

$$\begin{aligned}
\cdot \quad & \cdot \\
\cdot \quad & \cdot \\
\cdot \quad & \cdot
\end{aligned}$$

$$I_6' = I_6 \tag{40}$$

$$I_7' = I_7 + w_{(7,8)}^* I_8$$

$$I_9' = I_9$$

$$I_{10}' = I_{10}$$

und in Matrizen

$$i' = \boldsymbol{W}_i^* \, i \tag{$\overline{40}$}$$

mit der Diagonalmatrix sämtlicher Impedanzen des Netzes

$$\boldsymbol{Z}' =
\begin{bmatrix}
z_{11} & \cdots & 0 & 0 & 0 & 0 \\
\vdots & \diagdown & \vdots & \vdots & \vdots & \vdots \\
0 & \cdots & z_{66} & 0 & 0 & 0 \\
0 & \cdots & 0 & z_{(7,8)} & 0 & 0 \\
0 & \cdots & 0 & 0 & z_{99} & 0 \\
0 & \cdots & 0 & 0 & 0 & z_{10,10}
\end{bmatrix} \tag{41}$$

ergibt sich, da diese Impedanzen von den gestrichenen Strömen $I_1', \ldots, I_6', I_7', I_9', I_{10}'$ durchflossen werden und unter der Annahme, daß zunächst in jedem Zweig, der eine solche Impedanz enthält, auch eine EMK E_i' vorhanden ist, die folgende Gleichung

$$\boldsymbol{u}' = \boldsymbol{Z}' \, i' + e' . \tag{42}$$

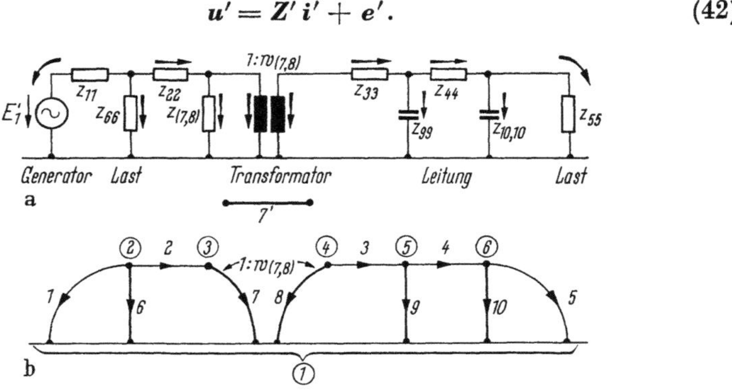

Abb. 5.6 a u. b. Berücksichtigung eines Transformators in der einphasigen Darstellung eines Energieübertragungssystems durch Einführung von Zwangsbedingungen in die Gleichungen der *Maschenmethode* (Quasiinzidenzmatrizen). a) Originalschaltbild, b) zugehöriger orientierter Graph mit vollständigem Baum und Verbindungszweigen (die Streuimpedanzen erscheinen hier als Zweige!)

Nun setzt die eigentliche *Maschenmethode* ein. Aus dem zugeordneten Graphen nach Abb. 5.6b ergeben sich Beziehungen zwischen den ungestrichenen Zweigspannungen und -strömen einerseits und den Maschenspannungen und -strömen andererseits, und zwar, wenn man gleichzeitig beachtet, daß die Maschensummenspannungen gleich Null sind

$$u^0 = C_t\, u = o \tag{43}$$

$$i = C\, i^0 \tag{44}$$

mit

$$C = \begin{array}{c|ccccc}
\mu = & 1 & 2 & 3 & 4 & 5 \\
\hline
\zeta = 1 & +1 & 0 & 0 & 0 & 0 \\
2 & 0 & +1 & 0 & 0 & 0 \\
3 & 0 & 0 & +1 & 0 & 0 \\
4 & 0 & 0 & 0 & +1 & 0 \\
5 & 0 & 0 & 0 & 0 & +1 \\
6 & -1 & -1 & 0 & 0 & 0 \\
7 & 0 & +1 & 0 & 0 & 0 \\
8 & 0 & 0 & -1 & 0 & 0 \\
9 & 0 & 0 & +1 & -1 & 0 \\
10 & 0 & 0 & 0 & +1 & -1 \\
\end{array} \tag{45}$$

Aus diesen Gleichungen erhält man das gewünschte System von *Maschengleichungen* in Matrizen

$$C_t\, W\, Z'\, W_t^*\, C\, i^0 = -\,C_t\, W\, e'. \tag{46}$$

Auch kann die Methode der Berücksichtigung der gegenseitigen Kopplungen der Transformatoren in der Z-Matrix dadurch gekennzeichnet werden, daß man substituiert

$$Z = W\, Z'\, W_t^* \tag{47}$$

und analog zu Gl. $(\overline{39})$

$$e = W\, e'. \tag{48}$$

Die damit erhaltene Gleichung ist auch tatsächlich identisch mit Gl. (44) in Kap. 4.3.

Die Quasiinzidenzmatrizenmethode ist hingegen ausgezeichnet durch eine andere Klammersetzung, und zwar setzt man dort

$$\overline{C}_t = C_t\, W \tag{49}$$

und für die hierzu transponiert-konjugierte Matrix

$$\overline{C}^* = W_t^*\, C. \tag{50}$$

In unserem Beispiel ist die *Zweig-Maschen-Quasiinzidenzmatrix*

$$\bar{C} = \left[\begin{array}{ccccc} +1 & 0 & 0 & 0 & 0 \\ 0 & +1 & 0 & 0 & 0 \\ 0 & 0 & +1 & 0 & 0 \\ 0 & 0 & 0 & +1 & 0 \\ 0 & 0 & 0 & 0 & +1 \\ \hline -1 & -1 & 0 & 0 & 0 \\ 0 & +1 & -w_{(7,8)} & 0 & 0 \\ 0 & 0 & +1 & -1 & 0 \\ 0 & 0 & 0 & +1 & -1 \end{array}\right] \tag{51}$$

und sie wird dadurch erhalten, daß man in C die mit $w_{(7,8)}$ multiplizierte 8. Zeile zur 7. Zeile hinzuaddiert und danach die 8. Zeile herausstreicht. Mit $w_{(7,8)} = 1$ geht $\bar{C}$ in wieder eine echte Mascheninzidenzmatrix über, und zwar für ein Netz, in welchem die Knotenpunkte 3 und 4 zusammenfallen und die Baumzweige 7 und 8 zu dem Baumzweig 7. Man beachte in dieser Matrix die sich aus der Kettenstruktur des Netzes ergebenden beiden schrägen Parallelreihen. Unter Benutzung der Quasiinzidenzmatrix lauten die Maschengleichungen in Matrizen

$$\bar{C}_t\,Z'\,\bar{C}^* \,i^0 = -\bar{C}_t\,e' \tag{52}$$

bzw.

$$Z^0\,i^0 = -\bar{C}_t\,e' \tag{53}$$

mit der Maschenimpedanzmatrix

$$Z^0 = \bar{C}_t\,Z'\,C^* . \tag{54}$$

Auch hier kann die Impedanzmatrix in ihrer Diagonalform beibehalten werden. Eine Modifizierung tritt nur in der Quasiinzidenzmatrix auf.

5.2.3 Quasiinzidenzmatrizen in der Schnittmengenmethode

Da zur Anwendung der *Schnittmengenmethode* die zugrunde liegende *Zweigadmittanzmatrix* existieren muß, können als halbideale Transformatoren nur solche ohne Magnetisierungsimpedanz zugelassen werden. Aus diesem Grund wollen wir in unserem Beispiel das Schaltbild nach Abb. 5.4 zugrunde legen. Mit den Baumzweigen 6, 7 und 8 entsteht ein Schnittliniensystem zur Erzeugung der unabhängigen Schnittmengen des Graphen, das in Abb. 5.7 wiedergegeben

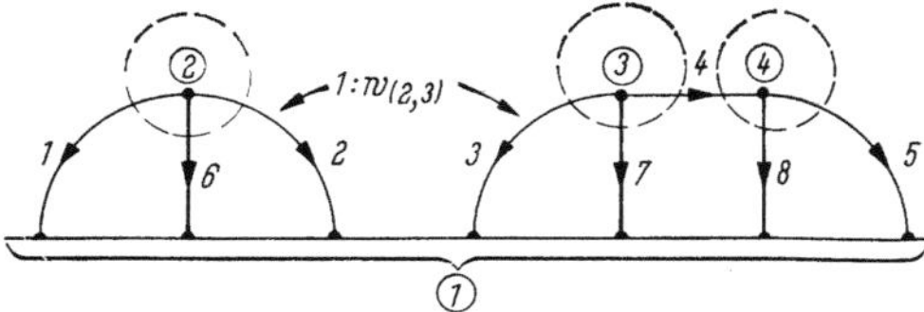

Abb. 5.7. Graph nach Abb. 5.4 mit zugehörigen *Schnittlinien* zur Erzeugung der unabhängigen *Schnittmengen*

ist. Die *Zweig-Schnittmengeninzidenzmatrix* ergibt sich hieraus zu

$$
H = \quad
\begin{array}{c|cccc|ccc}
\zeta = 1 & 2 & 3 & 4 & 5 & 6 & 7 & 8 \\
\hline
\sigma = 1 & +1 & +1 & 0 & 0 & 0 & +1 & 0 & 0 \\
2 & 0 & 0 & +1 & +1 & 0 & 0 & +1 & 0 \\
3 & 0 & 0 & 0 & -1 & +1 & 0 & 0 & +1
\end{array}
\tag{55}
$$

Diese Matrix beschreibt die Zuordnungen zwischen den Schnittmengengrößen und den Zweiggrößen des Graphen nach Abb. 5.7 gemäß den Gleichungen

$$i^{\Phi} = H\,i = 0 \tag{56}$$

$$u = H_t\,u^{\Phi}. \tag{57}$$

Für die Beziehungen zwischen den Zweiggrößen des Graphen und den Admittanzen gelten die in Kap. 5.2.1 für die Knotenpunktsmethode angewandten Formeln, und da es sich um das gleiche Beispiel handelt, auch die gleiche dort angegebene Matrix

$$
W =
\begin{bmatrix}
1 & 0 & 0 & \cdots & 0 \\
0 & 1 & 0 & \cdots & 0 \\
0 & -w_{(2,3)}^{-1} & 0 & \cdots & 0 \\
0 & 0 & 1 & \cdots & 0 \\
\vdots & \vdots & \vdots & \ddots & \vdots \\
0 & 0 & 0 & \cdots & 1
\end{bmatrix}
\tag{16}
$$

die in den transformierenden Gleichungen

$$i = W\,i' \tag{$\overline{14}$}$$

und

$$u' = W_t\,u \tag{$\overline{15}$}$$

zum Ausdruck kommt.

Ferner gilt das *Ohmsche Gesetz*

$$i' = Y'(u - e'). \tag{18}$$

Das Gleichungssystem für die Schnittmengenspannungen ergibt sich dann aus den vorstehenden Gleichungen zu

$$H\,W^*\,Y'\,W_t\,H_t\,u^{\Phi} = H\,W^*\,Y'\,e'. \tag{58}$$

Als *Zweig-Schnittmengen-Quasiinzidenzmatrix* wird die Matrix

$$\vec{H} = H\,W \tag{59}$$

bezeichnet.

6. Berechnung der Matrizen für besondere Klemmenpaare eines Netzes (Systemmatrizen)

In zahlreichen Netzuntersuchungen ist der Hauptgegenstand der Untersuchung nicht die Ermittlung von Strömen, Spannungen oder Leistungen in den Zweigen eines Netzes, sondern vielmehr die Ermittlung gewisser Matrizen, welche die gegenseitige Kopplung der Spannungs- oder Stromquellen charakterisieren. Zu solchen Aufgabenstellungen gehören z. B. Probleme der *statischen* und *dynamischen Stabilität*[1] und der *Unsymmetrie* nach Komponentenmethoden.[2] Die Grundlage solcher Untersuchungen bilden gewöhnlich die *Systemimpedanz-, Systemadmittanzmatrizen* und in einigen Fällen auch *gemischte Matrizen*, z. B. Ketten-, Reihenparallelmatrizen der entsprechenden Netzsysteme. Auch bei der Darstellung der *Netzverluste* durch eine *quadratische Form* der Einspeise- und Abnehmerleistungen, und schließlich unter der zusätzlichen Bedingung „Proportionalität der Abnehmerleistungen untereinander" sogar durch eine quadratische Form der Einspeiseleistungen *allein*[3], geht man von der entsprechenden Impedanzmatrix des Netzes aus. Hierbei zeigt es sich, daß man gelegentlich erhebliche Einsparungen an Rechenzeit auf dem Digitalrechner erzielt, sofern man die richtige Methode anwendet und hierbei gewisse *topologische Gegebenheiten* ausnutzt.

Zwar kann man durch Inversion der Impedanzmatrix immer die entsprechende Admittanzmatrix ermitteln und umgekehrt. Je nachdem, welche Methode man wählt, kann man die gleiche gesuchte Matrix einmal durch einfache Inversion und das andere Mal durch eine Teilelimination berechnen. Nun kann es sein, daß man im 1. Fall z. B. eine 50×50 Matrix zu invertieren hat, im 2. Fall vielleicht nur eine 10×10 Matrix. Wenn man von den außerdem noch erforderlichen Matrizenmultiplikationen absieht, so benötigt man im letzteren Fall etwa nur $^1/_{125}$ der Inversionszeit. Vor allem leidet die Genauigkeit bei Inversionen hoher Ordnung.

6.1 Teilelimination und Variablentausch in einem linearen System

6.1.1 Die Grundaufgabe

Die Berechnung von *Impedanz-, Admittanz-* oder *Kettenmatrizen* für *bestimmte Klemmenpaare* eines gegebenen Netzes läßt sich immer auf die Grundaufgabe der *Teilelimination* oder allgemeiner des Variablentausches in einem linearen Gleichungssystem zurückführen, wenn man davon ausgeht, daß die *Maschenimpedanz-, Knotenpunkts-* bzw. *Schnittmengenadmittanzmatrix* zuvor ermittelt ist. Wir betrachten hierzu ein

---

[1] s. Kap. 13.   [2] s. Kap. 11.   [3] s. Kap. 14.3.

Gleichungssystem, dessen unabhängige Veränderliche $x_1 \ldots x_{n+m}$ und abhängige Veränderliche $y_1 \ldots y_n$ in zwei (nicht notwendig gleiche) *Gruppen* unterteilt sind, gemäß

$$
x = \begin{bmatrix} x_1 \\ \vdots \\ x_n \\ \text{-----------} \\ x_{n+1} \\ \vdots \\ x_{n+m} \end{bmatrix} = \begin{pmatrix} \boldsymbol{x}_1 \\ \boldsymbol{x}_2 \end{pmatrix} \tag{1}
$$

und

$$
y = \begin{bmatrix} y_1 \\ \vdots \\ y_n \\ \text{-----------} \\ y_{n+1} \\ \vdots \\ y_{n+m} \end{bmatrix} = \begin{pmatrix} \boldsymbol{y}_1 \\ \boldsymbol{y}_2 \end{pmatrix} . \tag{2}
$$

Das Gleichungssystem laute

$$
\begin{pmatrix} \boldsymbol{M}_{11} & \boldsymbol{M}_{12} \\ \boldsymbol{M}_{21} & \boldsymbol{M}_{22} \end{pmatrix} \begin{pmatrix} \boldsymbol{x}_1 \\ \boldsymbol{x}_2 \end{pmatrix} = \begin{pmatrix} \boldsymbol{y}_1 \\ \boldsymbol{y}_2 \end{pmatrix} \tag{3a}
$$

oder ausführlich geschrieben

$$
\begin{aligned}
\boldsymbol{M}_{11}\,\boldsymbol{x}_1 + \boldsymbol{M}_{12}\,\boldsymbol{x}_2 &= \boldsymbol{y}_1 \\
\boldsymbol{M}_{21}\,\boldsymbol{x}_1 + \boldsymbol{M}_{22}\,\boldsymbol{x}_2 &= \boldsymbol{y}_2 .
\end{aligned} \tag{3b}
$$

Die Matrizen $\boldsymbol{M}_{ik}$ sind nun *Untermatrizen*, aus denen größere Matrizen, sozusagen „Matrizen von Matrizen" gebildet werden können, und für die die Regeln für Addition, Subtraktion und Multiplikation ebenso gelten wie für „Matrizen von (komplexen) Zahlen". Allerdings sind hierbei die besonderen Rechenregeln für Matrizen bezüglich der Untermatrizen zu beachten: insbesondere Verbot der Vertauschung von Faktoren (von Sonderfällen abgesehen); Nichtexistenz der Inversen, falls die Determinante verschwindet; Verbot der Kürzung für singuläre Matrizen.

Eine wichtige Aufgabe der linearen Algebra besteht darin, einen *Teil der Unbekannten* eines Gleichungssystems zu *eliminieren*. Die schrittweise Elimination einzelner Unbekannten ist hierin als Sonderfall enthalten. Nehmen wir an, die dem Vektor $\boldsymbol{x}_2$ entsprechenden

Unbekannten seien zu eliminieren, so kann man x_2 der unteren Matrizengleichung von (3b) ausrechnen und in die obere Matrizengleichung einsetzen. Hierzu ist erforderlich, daß die Inverse von M_{22} existiert. Trifft dies nicht zu, so ist die Teilelimination der Unbekannten nicht möglich. Dieser Fall soll ausgeschlossen werden. Es sei also $\det M_{22} \neq 0$. Dann erhält man durch Multiplikation der unteren Matrizengleichung von 3b) mit M_{22}^{-1} von links, wenn man x_2 isoliert

$$x_2 = -M_{22}^{-1} M_{21} x_1 + M_{22}^{-1} y_2 \tag{4}$$

und nach Einsetzen in die obere Gleichung (3b)

$$(M_{11} - M_{12} M_{22}^{-1} M_{21}) x_1 + M_{12} M_{22}^{-1} y_2 = y_1. \tag{5}$$

Schafft man den Term mit y_2 noch auf die rechte Seite, so erhält man die gewünschte Beziehung zwischen einem Teil der Unbekannten x_1 und den rechten Seiten y_1 und y_2. Die restlichen Unbekannten x_2 dürfen frei veränderlich sein, treten jedoch in dieser Beziehung nicht mehr auf. Wir erhalten

$$(M_{11} - M_{12} M_{22}^{-1} M_{21}) x_1 = -M_{12} M_{22}^{-1} y_2 + y_1. \tag{6}$$

Das Gleichungssystem (6) kann man auch erhalten, indem man die untere Matrizengleichung von (3b) mit $-M_{12} M_{22}^{-1}$ multipliziert und zu der oberen Matrizengleichung addiert.

Vertauscht man in (4) die beiden Seiten der Matrizengleichung und setzt sie unter (5), so kann das entstehende System von Matrizengleichungen in Untermatrizen auch folgendermaßen geschrieben werden:

$$\begin{pmatrix} M_{11} - M_{12} M_{22}^{-1} M_{21} & M_{12} M_{22}^{-1} \\ -M_{22}^{-1} M_{21} & M_{22}^{-1} \end{pmatrix} \begin{pmatrix} x_1 \\ y_2 \end{pmatrix} = \begin{pmatrix} y_1 \\ x_2 \end{pmatrix}. \tag{7}$$

Vergleicht man dieses System mit (3a), so erkennt man, daß jeweils die unteren Vektoren x_2 und y_2 vertauscht sind. Man nennt den Übergang von (3a) auf (7) deshalb auch Variablentausch bezüglich x_2 und y_2.

Damit der Variablentausch (bzw. die Teilelimination) möglich ist, muß also die Inverse der den zu tauschenden Variablen zugeordneten Untermatrix M_{22} existieren.

6.1.2 Verallgemeinerungen des Variablentausches

Gelegentlich ist es auch erforderlich, die Matrix eines Gleichungssystems dreifach zu unterteilen und dieses zu schreiben

$$\begin{pmatrix} M_{11} & M_{12} & M_{13} \\ M_{21} & M_{22} & M_{23} \\ M_{31} & M_{32} & M_{33} \end{pmatrix} \begin{pmatrix} x_1 \\ x_2 \\ x_3 \end{pmatrix} = \begin{pmatrix} y_1 \\ y_2 \\ y_3 \end{pmatrix}. \tag{8}$$

Tauscht man die Vektoren x_3 und y_3, so erhält man

$$\begin{pmatrix} M_{11} - M_{13}\,M_{33}^{-1}\,M_{31} & M_{12} - M_{13}\,M_{33}^{-1}\,M_{32} & M_{13}\,M_{33}^{-1} \\ M_{21} - M_{23}\,M_{33}^{-1}\,M_{31} & M_{22} - M_{23}\,M_{33}^{-1}\,M_{32} & M_{23}\,M_{33}^{-1} \\ - M_{33}^{-1}\,M_{31} & - M_{33}^{-1}\,M_{32} & M_{33} \end{pmatrix} \begin{pmatrix} x_1 \\ x_2 \\ y_3 \end{pmatrix} = \begin{pmatrix} y_1 \\ y_2 \\ x_3 \end{pmatrix}$$

$$(9)$$

Dies läßt sich dadurch zeigen, daß man einführt

$$\underline{M_{11}} = \begin{pmatrix} M_{11} & M_{12} \\ M_{21} & M_{22} \end{pmatrix}, \qquad \underline{M_{12}} = \begin{pmatrix} M_{12} \\ M_{23} \end{pmatrix}$$

$$\underline{M_{21}} = (M_{31}, \quad M_{32}), \qquad \underline{M_{22}} = M_{33} \tag{10}$$

und auf diese Blockmatrizen den Variablentausch nach (7) anwendet. Praktisch wichtiger ist der Tausch innerer Variablen, also von x_2 und y_2. In diesem Fall erhält man

$$\begin{pmatrix} M_{11} - M_{12}\,M_{22}^{-1}\,M_{21} & M_{12}\,M_{22}^{-1} & M_{13} - M_{12}\,M_{22}^{-1}\,M_{23} \\ - M_{22}^{-1}\,M_{21} & M_{22}^{-1} & - M_{22}^{-1}\,M_{23} \\ M_{31} - M_{32}\,M_{22}^{-1}\,M_{21} & M_{32}\,M_{22}^{-1} & M_{33} - M_{32}\,M_{22}^{-1}\,M_{23} \end{pmatrix} \begin{pmatrix} x_1 \\ y_2 \\ x_3 \end{pmatrix} = \begin{pmatrix} y_1 \\ x_2 \\ y_3 \end{pmatrix}$$

$$(11)$$

Diese Gleichung ergibt sich durch kombinierte Vertauschung der Spalten und Zeilen 2 und 3 in der Systemmatrix von (9) und anschließender Indexvertauschung von 2 und 3.

6.1.3 Schrittweise Vertauschung der Variablen

In gewissen Fällen ist es zweckmäßiger, den *Variablentausch* (bzw. die Teilelimination) *nicht blockweise*, sondern *schrittweise* zu vollziehen, insbesondere dann, wenn die Matrizen nicht voll besetzt sind. Die schrittweise Vertauschung hat außerdem noch den Vorteil, daß eine Partitionierung nach (3a) bzw. (3b) nicht vollzogen zu sein braucht. Außerdem kann die Reihenfolge der zu tauschenden Variablen beliebig gewählt werden. Dies ist deshalb wichtig, weil das entsprechende Hauptdiagonalelement, durch das dividiert werden muß, von Null verschieden sein soll. Ist dies zunächst nicht der Fall, so muß man dazu übergehen, das nächste Variablenpaar zu tauschen. Erst dann, wenn schließlich die Hauptdiagonalelemente sämtlicher noch zu tauschender Variablenpaare verschwinden, ist der Variablentausch nicht möglich. Im allgemeinen liegt jedoch die Aufgabenstellung so, daß dieser letzte Fall ausgeschlossen werden kann. Damit der Algorithmus nicht entartet, sollte man auch die Division durch kleine Hauptdiagonalelemente vermeiden und statt dessen immer das betragsmäßig größte Hauptdiagonalelement als Leitelement verwenden (Pivotsuche!). Hierbei wird man bei der Aufstellung eines digitalen Rechenprogramms die einzelnen Tauschschritte in Übereinstimmung mit dem GAUSS-JORDAN-Algorithmus nach H. RUTISHAUSER [6.9] durchführen.

Wir wollen nur den Fall betrachten, daß die zu tauschende Variable innen gelegen ist entsprechend Gl. (11). Dann werden die folgenden Vektoren bzw. die folgende Matrix

$$x_2 = x_2,$$
$$y_2 = y_2,$$
$$M_{22} = m_{22}.$$

Skalare, ferner die folgenden rechteckigen Matrizen

$$M_{12} = m_{12}$$

und

$$M_{32} = m_{32}.$$

Spaltenvektoren und außerdem die dazu symmetrisch zur Hauptdiagonale liegenden Matrizen

$$M_{21} = \tilde{m}_{21}$$
$$M_{23} = \tilde{m}_{23}.^{\,1}$$

Zeilenvektoren, so daß (11) übergeht in

$$\begin{pmatrix} M_{11} - \dfrac{m_{12}\,\tilde{m}_{21}}{m_{22}} & \dfrac{m_{12}}{m_{22}} & M_{12} - \dfrac{m_{12}\,\tilde{m}_{23}}{m_{22}} \\[2mm] -\dfrac{\tilde{m}_{21}}{m_{22}} & \dfrac{1}{m_{22}} & -\dfrac{\tilde{m}_{23}}{m_{22}} \\[2mm] M_{31} - \dfrac{m_{32}\,\tilde{m}_{21}}{m_{22}} & \dfrac{m_{32}}{m_{22}} & M_{33} - \dfrac{m_{32}\,\tilde{m}_{23}}{m_{22}} \end{pmatrix} \begin{pmatrix} x_1 \\ y_2 \\ x_3 \end{pmatrix} = \begin{pmatrix} y_1 \\ x_2 \\ y_3 \end{pmatrix} \qquad (11\,\mathrm{a})$$

Der Fall, daß die zu tauschende Variable an erster oder letzter Stelle steht, ist nun trivial und braucht hier nicht weiter ausgeführt zu werden.

6.2 Erzeugung von Systemimpedanzmatrizen

6.2.1 Reduktion einer Systemimpedanzmatrix

Eine *Systemimpedanzmatrix* Z (*Systemadmittanzmatrix* Y) eines elektrischen Netzes (ohne Konstantstrom- oder Konstantspannungsquellen) ist die Impedanzmatrix (Admittanzmatrix), welche die linearen Beziehungen zwischen den Strömen und Spannungen für herausgeführte Klemmenpaare beschreibt, entsprechend der Gleichung $u = Z\,i$ (bzw. $i = Y\,u$).

---

[1] Die Tilde soll andeuten, daß die betreffenden Vektoren keine Spaltenvektoren, sondern Zeilenvektoren sind.

Wir betrachten eine durch eine Systemimpedanzmatrix beschriebene lineare Beziehung zwischen Strömen und Spannungen

$$\boldsymbol{Z}\,\boldsymbol{i} = \boldsymbol{u}. \tag{12}$$

Nun seien einige der Spannungen U_i auf der rechten Seite gleich Null (Kurzschluß). Wir nehmen an, die Numerierung der U_i sei so getroffen, daß von den $n + l$ Spannungen U_i die letzten m Spannungen gleich Null sind; dann kann man eine entsprechende Partitionierung auch für die dazugehörigen Ströme I_i und für die $\boldsymbol{Z}$-Matrix einführen. Damit ergibt sich das Gleichungssystem (vgl. hierzu die entsprechende Abb. 6.1)

$$\begin{pmatrix} \boldsymbol{Z}_{11} & \boldsymbol{Z}_{12} \\ \boldsymbol{Z}_{21} & \boldsymbol{Z}_{22} \end{pmatrix} \begin{pmatrix} \boldsymbol{i}_1 \\ \boldsymbol{i}_2 \end{pmatrix} = \begin{pmatrix} \overline{\boldsymbol{u}}_1 \\ \boldsymbol{o} \end{pmatrix}. \tag{13}$$

Für den Fall, daß die Ströme $\boldsymbol{i}_2$ nicht interessieren, erhält man eine Beziehung zwischen den Vektoren $\boldsymbol{u}_1$ und $\boldsymbol{i}_1$ durch Teilelimination gemäß Gleichungssystem (6). Es ist (mit $\boldsymbol{u}_2 = \boldsymbol{o}$)

$$(\boldsymbol{Z}_{11} - \boldsymbol{Z}_{12}\,\boldsymbol{Z}_{22}^{-1}\,\boldsymbol{Z}_{21})\,\boldsymbol{i}_1 = \overline{\boldsymbol{u}}_1 \tag{14}$$

oder

$$\overline{\boldsymbol{Z}}_{11}\,\boldsymbol{i}_1 = \overline{\boldsymbol{u}}_1. \tag{14a}$$

Die Impedanzmatrix des reduzierten Systems ergibt sich somit aus der Beziehung

$$\overline{\boldsymbol{Z}}_{11} = \boldsymbol{Z}_{11} - \boldsymbol{Z}_{12}\,\boldsymbol{Z}_{22}^{-1}\,\boldsymbol{Z}_{21}. \tag{15}$$

Rechnerisch kann man diese Teilelimination entweder nach dieser Formel blockweise durchführen oder analog (11a)

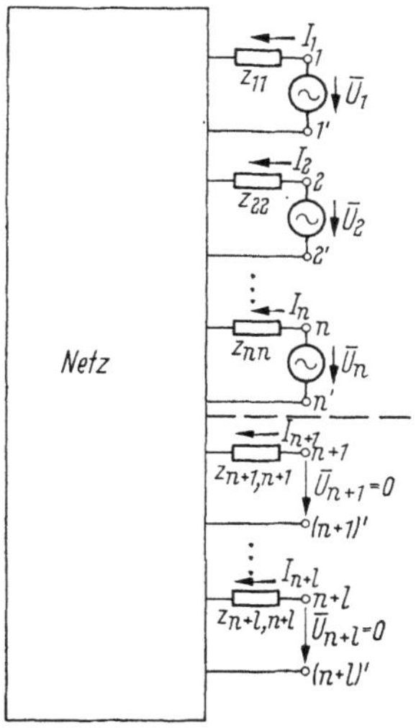

Abb. 6.1. Zur *Reduktion* einer *Impedanzmatrix:* Netz mit $n + l$ Klemmenpaaren, die letzten l Klemmenpaare sind kurzgeschlossen. Unter der Voraussetzung, daß die Impedanzmatrix des Netzes von $n + l$ Klemmenpaaren existiert, kann eine Reduktion auf n Klemmenpaare durchgeführt werden, falls die den l Klemmenpaaren zugeordnete quadratische Impedanzuntermatrix eine Inverse besitzt. Zur Erzeugung einer Systemimpedanzmatrix für beliebige herausgeführte Klemmenpaare werden $m = z - k + 1 = n + l$ Klemmenpaare in Verbindungszweige gelegt. Die sich ergebende Maschenimpedanzmatrix wird danach auf $n = m - l$ Klemmenpaare reduziert.

schrittweise, was unter den angegebenen Bedingungen gelegentlich vorteilhafter ist. Jeder Schritt vollzieht sich dann nach der Gleichung

$$\overline{\boldsymbol{Z}}_{11}^{(r)} = \boldsymbol{Z}_{11}^{(r)} - \frac{z_{12}^{(r)}\,\tilde{z}_{21}^{(r)}}{z_{22}^{(r)}} \tag{16}$$

$$= \begin{pmatrix} \boldsymbol{Z}_{11}^{(r+1)} & z_{12}^{(r+1)} \\ \tilde{z}_{21}^{(r+1)} & z_{22}^{(r+1)} \end{pmatrix}. \tag{17}$$

Die Reduktion beginnt gemäß der folgenden Gleichung

$$\mathbf{Z} = \overline{\mathbf{Z}}_{11}^{(0)} = \begin{pmatrix} \mathbf{Z}_{11}^{(1)} & \mathbf{z}_{12}^{(1)} \\ \tilde{\mathbf{z}}_{21}^{(1)} & z_{22} \end{pmatrix} \tag{18}$$

und ist beendet, wenn $r = m$, d. h. m Schritte gemäß (16) und (17) ausgeführt sind. Es ist also

$$\overline{\mathbf{Z}}_{11} = \mathbf{Z}_{11}^{(m)}. \tag{19}$$

Hierbei wurde vorausgesetzt, daß jeweils $z_{22}^{(r)}$ von Null verschieden ist. Ist dies einmal nicht der Fall, so müssen kombinierte Zeilen- oder Spaltenvertauschungen vorgenommen werden. Um eine Division durch kleine Zahlen zu vermeiden, wird auch hier eine Pivotsuche vorgeschlagen derart, daß das betragsmäßig größte Element als Leitelement verwendet wird. Zu diesem Zweck hat man entsprechend kombinierte Zeilen- und Spaltenvertauschung so vorzunehmen, daß das Leitelement in die Position von $z_{22}^{(r)}$ gelangt, damit der Algorithmus gemäß (16) und (17) angewandt werden kann.

Man kann natürlich auch die Teilelimination schrittweise ohne Zeilen- und Spaltenvertauschung durchführen, und zwar so, wie in Kap. 6.1.3 geschildert. Da aber im Fall der schrittweisen Teilelimination jeweils die am weitesten rechts liegende Spalte und die unterste Zeile später nicht mehr benötigt wird, und das dyadische Produkt im 2. Term von Gl. (16) mit jedem Schritt kürzer wird, ergibt der zuerst angegebene Weg eine kürzere Rechenzeit. Diese kürzere Rechenzeit könnte man zwar auch in der schrittweisen Teilelimination nach Kap. 6.1.3 erzielen, indem man die den erledigten Zeilen und Spalten zugeordneten Multiplikationen einfach überspringt, doch ist dieser Weg organisatorisch zu umständlich. Aus diesem Grund ist das Vorgehen nach Kap. 6.1.3 nur bei einem echten Variablentausch zu empfehlen, da in diesem Fall auch die „erledigten" Zeilen und Spalten weiterbehandelt werden müssen.

6.2.2 Erzeugung einer Systemimpedanzmatrix durch Reduktion der Maschenimpedanzmatrix

Die bisherigen Ausführungen bezogen sich auf allgemeine Systemimpedanzmatrizen. In den vorausgegangenen Kap. 4 und 5 wurde die Aufstellung spezieller Matrizen, wie Maschenimpedanzmatrizen und Knotenpunkts- bzw. Schnittmengenadmittanzmatrizen, beschrieben. Im folgenden wird zunächst gezeigt, wie man *Systemimpedanzmatrizen* für bestimmte herausgeführte Klemmenpaare aus *Maschenimpedanzmatrizen* ermittelt. Die Ermittlung von Systemadmittanzmatrizen ergibt sich dann analog.

Die *Impedanzmatrix* für *n herausgeführte Klemmenpaare* (z. B. die Impedanzmatrix für *n* Kraftwerke eines Netzes)[1] erhält man dadurch, daß man zunächst beim Aufstellen der Maschenimpedanzmatrix an diesen herausgeführten Klemmenpaaren Generatoren mit elektromotorischen Kräften $-\overline{U}_1 \ldots -\overline{U}_n$[2] einführt, die zusammen mit möglicherweise vorhandenen Impedanzen in *Verbindungszweigen* liegen müssen. Ist eine *Verlegung in Verbindungszweige nicht möglich*, so *existiert* die *Maschenimpedanzmatrix nicht*. Dieser Fall soll hier ausgeschlossen sein. In den übrigen Zweigen werden die elektromotorischen Kräfte gleich Null gesetzt. Damit ergibt sich eine Matrizengleichung zwischen den Strömen in den unabhängigen Zweigen, die identisch sind mit den Maschenströmen und den treibenden Spannungen in den unabhängigen Zweigen, und zwar über die Maschenimpedanzmatrix. Da in C_t bezüglich *e* nur die Einheitsmatrix wirksam wird, erhält man

$$Z^0 \, i^0 = -C_t \, e_{(z)} = -e_{(n+l)} \tag{20}$$

und mit

$$e_{(z)} = -\begin{pmatrix} \overline{u}_{(n)} \\ o_{(l)} \\ o_{(z-n-l)} \end{pmatrix}^3 \tag{21}$$

schließlich

$$Z^0 \, i^0 = \begin{pmatrix} \overline{u}_{(n)} \\ o_{(l)} \end{pmatrix} = \begin{pmatrix} \overline{u}_1 \\ o \end{pmatrix}. \tag{22}$$

Wir führen eine Partitionierung entsprechend der rechten Seite ein und erhalten

$$\begin{pmatrix} Z^0_{11} & Z^0_{12} \\ Z^0_{21} & Z^0_{22} \end{pmatrix} \begin{pmatrix} i^0_1 \\ i^0_2 \end{pmatrix} = \begin{pmatrix} \overline{u}_1 \\ o \end{pmatrix}. \tag{23}$$

Die Impedanzmatrix für die *n* Klemmenpaare erhält man durch blockweise Teilelimination nach Gl. (15)

$$Z^0_{11} = Z^0_{11} - Z^0_{12} \, Z^{0-1}_{22} \, Z^0_{21} \tag{24}$$

oder durch eine schrittweise durchgeführte Elimination, wie bereits beschrieben.

---

[1] Eine solche Impedanzmatrix benötigt man z. B. bei Untersuchungen der statischen Stabilität von Schenkelpol- oder/und Vollpolsynchronmaschinen in einem Drehstromverbundnetz [13.6] oder zur Berechnung der Verlustkoeffizientenmatrix eines Drehstromverbundnetzes (vgl. Kap. 14.3 und [*14.51*], [*14.1*] und [*14.30*]).

[2] Um auf die übliche Pfeildefinition der Klemmenströme und -spannungen in Impedanzmatrizen zu kommen, müssen die elektromotorischen Kräfte mit umgekehrtem Vorzeichen eingeführt werden.

[3] Die eingeklammerten Indizes geben die Länge (Anzahl der Elemente) der betreffenden Vektoren (Spaltenmatrizen) an. In Übereinstimmung mit Kap. 4 ist z = Anzahl der Zweige, $l + n = m = z - k + 1$ = Anzahl der Maschen = Anzahl der unabhängigen Zweige und $z - n - l = k - 1$ = Anzahl der Knotenpunkte minus Eins.

6.3 Erzeugung von Systemadmittanzmatrizen

6.3.1 Reduktion einer Systemadmittanzmatrix

Die *Reduktion* einer *Systemadmittanzmatrix* bietet jetzt eigentlich nichts Neues, denn wir brauchen die in Kap. 6.2 gemachten Überlegungen nur dual zu übertragen. Wir betrachten wieder ein lineares System, das jetzt aber durch eine Admittanzmatrix beschrieben ist, und nehmen weiter an, daß einige der Ströme I_i gleich Null zu setzen sind (Unterbrechung, offene Klemmen, Leerlauf). Die Numerierung der I_i sei wieder so getroffen, daß von den $n + l$ Strömen I_i die letzten m Ströme gleich Null sind; dann kann man eine entsprechende Partitionierung auch für die Spannungen U_i und damit auch für die **Y**-Matrix einführen. Abb. 6.2 zeigt ein entsprechendes Netz mit den Definitionspfeilen der Ströme und Spannungen und den n offenen Klemmen. Das sich hierdurch ergebende Gleichungssystem lautet

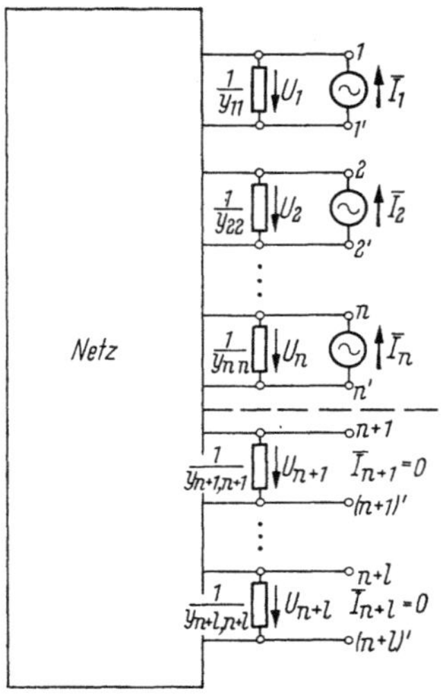

Abb. 6.2. Zur *Reduktion* einer *Admittanzmatrix:* Netz mit $n + l$ Klemmenpaaren, die letzten l Klemmenpaare sind offen· Unter der Voraussetzung, daß die Admittanzmatrix des Netzes von $n + l$ Klemmenpaaren existiert, kann eine Reduktion auf n Klemmenpaare durchgeführt werden, falls die den l Klemmenpaaren zugeordnete quadratische Admittanzuntermatrix eine Inverse besitzt. Zur Erzeugung einer Systemadmittanzmatrix für beliebige herausgeführte Klemmenpaare werden $k - 1 = n + l$ Klemmenpaare in Baumzweige gelegt. Die sich ergebende Schnittmengenadmittanzmatrix wird danach auf $n = k - 1 - l$ Klemmenpaare reduziert.

$$\begin{pmatrix} Y_{11} & Y_{21} \\ Y_{12} & Y_{22} \end{pmatrix} \begin{pmatrix} u_1 \\ u_2 \end{pmatrix} = \begin{pmatrix} \bar{i}_1 \\ o \end{pmatrix}, \qquad (25)$$

mit

$$\bar{Y}_{11} = Y_{11} - Y_{12}\, Y_{22}^{-1}\, Y_{21} \qquad (26)$$

erhält man eine Beziehung

$$\bar{Y}_{11}\, u_1 = i_1, \qquad (27)$$

in welcher die Spannungen des Vektors u_2 nicht mehr vorkommen. Auch hier ist sowohl die blockweise als auch die schrittweise Elimination möglich. Im letzteren Fall ist jeder Schritt gemäß

$$\bar{Y}_{11}^{(r)} = Y_{11}^{(r)} - \frac{y_{12}^{(r)}\, \tilde{y}_{21}^{(r)}}{y_{22}^{(r)}} \qquad (28)$$

$$= \begin{pmatrix} Y_{11}^{(r+1)} & y_{12}^{(r+1)} \\ \tilde{y}_{21}^{(r+1)} & y_{22}^{(r+1)} \end{pmatrix} \qquad (29)$$

auszuführen. Die Reduktion beginnt gemäß

$$Y = \bar{Y}_{11}^{(0)} = \begin{pmatrix} Y_{11}^{(1)} & y_{12}^{(1)} \\ \tilde{y}_{21}^{(1)} & y_{22}^{(1)} \end{pmatrix} \tag{30}$$

und ist beendet mit

$$\bar{Y}_{11} = Y_{11}^{(m)}. \tag{31}$$

Auch hier muß wieder $y_{22}^{(r)}$ von Null verschieden sein, damit der Algorithmus durchgeführt werden kann. Im übrigen wird hier ebenfalls eine Pivotsuche empfohlen, um den Eliminationsalgorithmus möglichst günstig ablaufen zu lassen. Im Falle eines Polygonnetzwerks kann die schrittweise Elimination in einer Knotenpunktsadmittanzmatrix als eine Stern-Vielecktransformation gedeutet werden (vgl. Kap. 6.4).

6.3.2 Erzeugung einer Systemadmittanzmatrix durch Reduktion der Schnittmengenadmittanzmatrix

Um die Überlegungen von Kap. 6.2.2 dual übertragen zu können, müssen wir die elektromotorischen Kräfte in den Zweigen dual übertragen. Der allgemeine Zweig in Abb. 6.2, der aus einer Serienschaltung einer Impedanz z und eines Generators mit einer elektromotorischen Kraft E besteht, bei gleichsinniger Pfeilgebung von E, I und U, wird in der dualen Übersetzung durch eine Parallelschaltung einer Admittanz vertauscht und eines Generators mit einem erzwungenen Strom (Urstrom) j ersetzt mit ebenfalls gleichsinniger Pfeilgebung von J, U und I. Nun gilt in jedem Zweig

$$i_i = y_{ii} u_i + j_i$$

und in Matrizen

$$i = Y u + j. \tag{32}$$

Nach den Gln. (68), (69) und (71) von Kap. 4.4 ergibt sich das Gleichungssystem für die Baumzweigspannungen (Schnittmengenspannungen)

$$Y^\Phi u^\Phi = H Y H_t u^\Phi = -H j. \tag{33}$$

Die Admittanzmatrix für (falls möglich) beliebige n herausgeführte Klemmenpaare (z. B. die Admittanzmatrix für n Kraftwerke eines Netzes, wie sie beispielsweise bei Untersuchungen der dynamischen und statischen Stabilität eines Systems von n Vollpolsynchronmaschinen benötigt wird, vgl. Kap. 13) läßt sich dadurch gewinnen, daß man dual zu den Ausführungen in Kap. 6.2.2 zunächst beim Aufstellen der Maschenimpedanzmatrix an diesen herausgeführten Klemmenpaaren Generatoren einführt, die bei einheitlicher Pfeilgebung in jedem Zweig Ströme $J_i = -I_1 \ldots -I_n$ erzwingen. Parallel zu diesen Stromgeneratoren können dann noch Admittanzen liegen. Diese n generatorischen Zweige müssen so gewählt sein, daß sie zusammen ein System von Baumzweigen bilden. Ist eine solche Auswahl nicht möglich, so existiert die Schnittmengenadmittanzmatrix nicht. Dieser Fall soll hier ausgeschlossen sein. In den übrigen Zweigen befinden sich nur Admittanzen, d. h., die erzwungenen Ströme J_i sind in diesen Zweigen gleich Null zu setzen. Auf diese Weise erhalten wir eine Matrizengleichung zwischen den Spannungen in den unabhängigen Zweigen (die hier identisch sind mit den Spannungen an den Admittanzen der Zweige) einerseits und den erzwungenen Strömen andererseits, und zwar mittels der Schnittmengenadmittanzmatrix. Da durch die besondere Auswahl der Zweige, in welchen erzwungene Ströme vorkommen dürfen (nämlich nur in den Baumzweigen), in H nur die Einheitsmatrix wirksam wird, erhält man

$$Y^\Phi \, u^\Phi = -H \, j_{(z)} = -j_{(k-1)} \tag{34}$$

und mit

$$j_{(z)} = - \begin{pmatrix} \bar{i}_{(n)} \\ o_{(m)} \\ o_{(z-n-m)} \end{pmatrix} \tag{35}$$

schließlich

$$Y^\Phi \, u^\Phi = \begin{pmatrix} \bar{i}_{(n)} \\ o_{(m)} \end{pmatrix} = \begin{pmatrix} \bar{i}_1 \\ o \end{pmatrix}. \tag{36}$$

Die gewünschte Admittanzmatrix für die n Klemmenpaare erhält man durch blockweise Teilelimination aus dem Gleichungssystem

$$\begin{pmatrix} Y_{11}^\Phi & Y_{12}^\Phi \\ Y_{21}^\Phi & Y_{22}^\Phi \end{pmatrix} \begin{pmatrix} u_1^\Phi \\ u_2^\Phi \end{pmatrix} = \begin{pmatrix} i_1 \\ o \end{pmatrix}, \tag{37}$$

und diese Matrix lautet

$$\bar{Y}_{11}^\Phi = Y_{11}^\Phi - Y_{12}^\Phi \, Y_{22}^{\Phi^{-1}} \, Y_{21}^\Phi, \tag{38}$$

dargestellt in Form einer blockweisen Elimination. Die schrittweise Elimination kann in gewissen Fällen als eine Stern-Vielecktransformation gedeutet werden. Hierauf wird im folgenden Kapitel näher eingegangen.

6.4 Die Elimination von Knotenpunkten als Reduktion der Knotenpunktsadmittanzmatrix

Die *Knotenpunktsadmittanzmatrizen* eignen sich im allgemeinen nicht für die Erzeugung von Systemadmittanzmatrizen, da sich Knotenpunktsströme und -spannungen nicht immer so anordnen lassen, daß sie dem der Systemadmittanzmatrix zugrunde gelegten System von Klemmenpaaren entsprechen. Es gibt allerdings eine wichtige Ausnahme, das sind Netze, in welchen jeweils eine Klemme der Klemmenpaare das gleiche Potential hat. In solchen Netzen mit einseitig durchverbundenen Klemmenpaaren kann man diese Klemmen mit gleichem Potential zum Bezugspunkt wählen. Zu der für ein solches System gültigen Admittanzmatrix kommt man auf zweierlei Weise:

Erstens kann man in Gl. (3) von Kap. 4 der KIRCHHOFFschen Knotenpunktsgleichung unterscheiden zwischen inneren und äußeren Strömen. Die inneren Ströme erhalten die gleiche Bezeichnung wie dort, die äußeren Ströme (das sind Ströme, die zusätzlich auf den Knotenpunkt zufließen) sind durch den Index a hinter der Knotenpunktsnummer gekennzeichnet. In diesem Fall gilt anstelle von Gl. (4) Kap. 4.1

$$i^+ = i_a^+ = \begin{pmatrix} I_{1a}^+ \\ \vdots \\ I_{ka}^+ \end{pmatrix} \tag{39}$$

mit der zusätzlichen Bedingung

$$\sum_{\varkappa=1}^{k} I_{\varkappa a}^+ = o. \tag{40}$$

Nun gilt anstelle von Gl. (10) in Kap. 4.1, wenn man noch annimmt, daß im Innern des Netzes keine treibenden Spannungen vorhanden sind

$$K Y K_t u^+ = i_a^+. \tag{41}$$

Wir führen den letzten Knotenpunkt als Bezugsknotenpunkt ein und beachten, daß die letzte Gleichung, wie in Kap. 4.1 bereits ausgeführt, und wegen Gültigkeit der Gl. (40) die negative Summe aller übrigen ist. Das System, das jetzt keine überflüssigen Gleichungen mehr enthält und die Beziehungen zwischen den auf den Bezugspunkt bezogenen Spannungen und den äußeren Knotenpunktsströmen beschreibt, lautet

$$\tilde{K} Y \tilde{K}_t \tilde{u}^+ = \tilde{i}_a^+ \tag{42}$$

$$\tilde{Y}^+ \tilde{u}^+ = \tilde{i}_a^+. \tag{43}$$

Zweitens können wir in dem gleichen Netz ausgehend von dem Bezugsknotenpunkt Baumzweige derart einführen, daß jeder Knotenpunkt durch diese Baumzweige mit dem Bezugsknotenpunkt verbunden ist. In jedem Baumzweig wird eine Stromquelle eingeführt mit einem Definitionspfeil, der vom Bezugsknotenpunkt wegweist. Die Baumzweigadmittanzen werden gleich Null gesetzt. Die auf diese Weise sich ergebende Schnittmengenadmittanzmatrix Y^Φ ist identisch mit der oben hergeleiteten Knotenpunktsadmittanzmatrix $\tilde{Y}^+$. Dies folgt auch daraus, daß die Baumuntermatrix von $\tilde{K}$, nämlich B (nach Kap. 4.2), hier eine *Einheitsmatrix* ist.

Reduzieren wir nun eine solche *Knotenpunktsmatrix*, so *entspricht* die *eliminierte Knotenpunktsspannung* einem *aufgelösten Knotenpunkt*. Nehmen wir o. B. d. A. der Einfachheit halber an, es soll die letzte der

Knotenpunktsspannungen eliminiert werden, so wird die durch Elimination reduzierte Matrix entsprechend Gl. (28) folgendermaßen errechnet

$$\overline{\tilde{\boldsymbol{Y}}}_{22}^{+} = \tilde{\boldsymbol{Y}}_{11}^{+} - \frac{\tilde{y}_{12}^{+}\,\tilde{y}_{21}^{+}}{\tilde{y}_{22}^{+}}\,. \tag{44}$$

Das in der p-ten Zeile und in der q-ten Spalte stehende Element der Matrix $\overline{\tilde{\boldsymbol{Y}}}_{11}^{+}$ errechnet sich nach der Formel

$$\overline{\tilde{y}}_{pq}^{+} = \tilde{y}_{pq}^{+} - \frac{\tilde{y}_{p,\,k-1}\,\tilde{y}_{k-1,\,q}}{\tilde{y}_{k-1,\,k-1}^{+}}\,. \tag{44a}$$

Wir erinnern uns, daß in der Knotenpunktsadmittanzmatrix *außerhalb* der Hauptdiagonale in der p-ten Zeile und q-ten Spalte die negative Gesamtadmittanz $-Y_{pq}$ des Zweiges zwischen dem p-ten und q-ten Knotenpunkt steht, *in* der Hauptdiagonale der p-ten Zeile und Spalte die Summe aller Admittanzen der Zweige, die mit dem p-ten Knotenpunkt verbunden sind. Damit lautet Gl. (44a) für Elemente *außerhalb der Hauptdiagonale*

$$\overline{\tilde{y}}_{pq}^{+} = -\overline{Y}_{pq} = -Y_{pq} - \frac{Y_{p,\,k-1}\,Y_{k-1,\,q}}{\sum\limits_{\substack{\varkappa=1\\ \varkappa\neq k-1}}^{k} Y_{k-1,\,\varkappa}} \qquad (p \neq q) \tag{45a}$$

und für *Elemente in der Hauptdiagonale*

$$\overline{\tilde{y}}_{pp}^{+} = \sum\limits_{\substack{\varkappa=1\\ \varkappa\neq p}}^{k} Y_{p,\varkappa} - \frac{Y_{p,\,k-1}^{2}}{\sum\limits_{\substack{\varkappa=1\\ \varkappa\neq k-1}}^{k} Y_{k-1,\,\varkappa}}\,. \tag{45b}$$

Multiplizieren wir Gl. (45a) mit -1, so erkennen wir, daß nach erfolgter Elimination des Knotenpunkts $k-1$ die neue Admittanz $\overline{Y}_{pq}$ aus der ursprünglichen dadurch hervorgeht, daß man sie um die bei der Knotenpunktsauflösung zwischen den Punkten p und q einzuführende Polygonadmittanz hinzuaddiert. Die bei diesem Schritt zwischen den Punkten p und q einzufügende Polygonadmittanz errechnet sich dadurch, daß man die zwischen dem aufzulösenden Knotenpunkt $k-1$ einerseits und den Punkten p und q andererseits liegenden Sternadmittanzen multipliziert und durch die zum Punkt $k-1$ gehörende Sternsummenadmittanz (d. i. die Summe aller mit dem Punkt $k-1$ verbundenen und bei der Auflösung wegfallenden Admittanzen) dividiert.

Diese Größe ist aber mit umgekehrtem Vorzeichen der zweite Term auf der rechten Seite der Gl. (45a).

Nicht so einfach ist die Diskussion des *Hauptdiagonalelements*. Das Hauptdiagonalelement der p-ten Zeile und Spalte der Knotenpunktsadmittanzmatrix ist ja die Summe aller mit dem p-ten Knotenpunkt verbundenen Admittanzen. Daß dies in Gl. (45b) nach erfolgter Knotenpunktsauflösung wieder der Fall ist, erkennt man zunächst noch nicht.

Erst durch eine Umformung entsprechend der folgenden Gleichung

$$\bar{\tilde{y}}^{+}_{pp} = \sum_{\substack{\varkappa=1 \\ \varkappa \neq p}}^{k} Y_{p,\varkappa} + \frac{Y_{p,k-1} \sum\limits_{\substack{\varkappa=1 \\ \varkappa \neq p}}^{k-1} Y_{k-1,\varkappa}}{\sum\limits_{\varkappa=1}^{k-1} Y_{k-1,\varkappa}} - Y_{p,k-1} \qquad (45\,\mathrm{c})$$

erkennt man, daß der zweite Term auf der rechten Seite die Summe aller durch die Sternpolygonumwandlung hinzukommenden mit dem Knotenpunkt p verbundenen Polygonadmittanzen darstellt. Der dritte Term entspricht der Herausnahme der bei der Polygonumwandlung eliminierten Sternadmittanz zwischen dem p-ten und $(k-1)$-ten Knotenpunkt.

Damit ist gezeigt, daß die Teilelimination von Knotenpunktsspannungen einer Knotenpunktsauflösung entsprechend den bekannten Gleichungen für die Umwandlung eines Sterns in ein Polygonnetz entspricht (vgl. z. B. K. KÜPFMÜLLER [46]).

6.5 Die Erzeugung gemischter Matrizen aus Systemimpedanz- bzw. Systemadmittanzmatrizen

In zahlreichen Aufgaben werden neben den Impedanz- oder Admittanzmatrizen auch sog. *gemischte Matrizen* (Hybridmatrizen) verwendet. In den definierenden Gleichungen solcher Matrizen sind sowohl die unabhängigen als auch die abhängigen Veränderlichen nicht ausschließlich Strom- oder Spannungsgrößen, sondern *teils Strom-* und *teils Spannungsgrößen*. Hierdurch sind die Matrizenelemente z. T. von der Dimension Impedanz, Admittanz oder dimensionslos. Die gemischten Matrizen sind ebenfalls Systemmatrizen, d. h., die Veränderlichen beziehen sich auf Ströme und Spannungen an Klemmenpaaren. Die Indizierung entspricht auch hier wieder den Nummern der Klemmenpaare.

Geht man z. B. von einer Impedanzmatrix und der sie definierenden Gleichung aus, so kann man eine gemischte Matrix dadurch erzeugen, daß man für diejenigen Klemmenpaare, für die die unabhängige Veränderliche die Spannung sein soll, einen Variablentausch vornimmt. Nehmen wir an, das System hat $n + m$ Klemmenpaare und die zu tauschenden Variablen seien die m letzten, so kann man sich denken, daß die $\mathbf{Z}$-Matrix entsprechend partitioniert ist, so daß man mit

$$\begin{pmatrix} \mathbf{Z}_{11} & \mathbf{Z}_{12} \\ \mathbf{Z}_{21} & \mathbf{Z}_{22} \end{pmatrix} \begin{pmatrix} \mathbf{i}_1 \\ \mathbf{i}_2 \end{pmatrix} = \begin{pmatrix} \mathbf{u}_1 \\ \mathbf{u}_2 \end{pmatrix} \qquad (46)$$

nach Gl. (7) eine Beziehung für die gemischten Veränderlichen erhält

$$\begin{pmatrix} \mathbf{Z}_{11} - \mathbf{Z}_{12}\mathbf{Z}_{22}^{-1}\mathbf{Z}_{21} & \mathbf{Z}_{21}\mathbf{Z}_{22}^{-1} \\ -\mathbf{Z}_{22}^{-1}\mathbf{Z}_{21} & \mathbf{Z}_{22}^{-1} \end{pmatrix} \begin{pmatrix} \mathbf{i}_1 \\ \mathbf{u}_2 \end{pmatrix} = \begin{pmatrix} \mathbf{u}_1 \\ \mathbf{i}_2 \end{pmatrix}. \qquad (47)$$

Die quadratische Untermatrix links oben ist eine Impedanzmatrix, rechts unten eine Admittanzmatrix. Die übrigen Untermatrizen sind im allgemeinen keine quadratischen Matrizen und dimensionslos. Um die Art der Matrizen anzudeuten, führt man manchmal in Gl. (47) Untermatrizen gemäß der folgenden Gleichung ein

$$\begin{pmatrix} \overline{Z}_{11} & \overline{D}_{12} \\ \overline{D}_{21} & \overline{Y}_{22} \end{pmatrix} \begin{pmatrix} i_1 \\ u_2 \end{pmatrix} = \begin{pmatrix} u_1 \\ i_2 \end{pmatrix}. \quad [1] \tag{48}$$

Der Fall, daß die dimensionslosen Matrizen $\overline{D}_{12}$ und $\overline{D}_{21}$ ebenfalls quadratisch sind, tritt dann ein, wenn man Kettenmatrizen erzeugen will. *Kettenmatrizen* sind Matrizen, welche die lineare Abhängigkeit der Ströme und Spannungen einer bestimmten Anzahl von Klemmenpaaren einer Kategorie von Strömen und Spannungen einer *gleichen Anzahl* der anderen Kategorie von Klemmenpaaren beschreiben.

6.5.1 Die Erzeugung von Kettenmatrizen aus Systemimpedanz- bzw. -admittanzmatrizen

Eine solche *Kettenmatrix* L wird gewöhnlich folgendermaßen definiert:

$$L \begin{pmatrix} u_2 \\ -i_2 \end{pmatrix} = \begin{pmatrix} A & B \\ C & D \end{pmatrix} \begin{pmatrix} u_2 \\ -i_2 \end{pmatrix} = \begin{pmatrix} u_1 \\ i_1 \end{pmatrix}. \quad [2] \tag{49}$$

A, B, C und D sind quadratische Matrizen. Um durch Variablentausch auf diese Form zu kommen, müssen wir zunächst die Plätze der Vektoren i_1 und i_2 vertauschen. Das entspricht bei Z einer Spaltenvertauschung der Untermatrizen. Wir erhalten dann

$$\begin{pmatrix} Z_{12} & Z_{11} \\ Z_{22} & Z_{21} \end{pmatrix} \begin{pmatrix} i_2 \\ i_1 \end{pmatrix} = \begin{pmatrix} u_1 \\ u_2 \end{pmatrix}. \tag{50}$$

Wenden wir nun den *Variablentausch* auf die Vektoren i_1 und u_2 an, so erhalten wir auf der linken Seite die Veränderlichen für die zweite Gruppe von Klemmenpaaren, auf der rechten Seite die Veränderlichen für die erste Gruppe von Klemmenpaaren. Nach Gl. (7) erhalten wir wieder

$$\begin{pmatrix} Z_{12} - Z_{11} Z_{21}^{-1} Z_{22} & Z_{11} Z_{21}^{-1} \\ - Z_{21}^{-1} Z_{22} & Z_{21}^{-1} \end{pmatrix} \begin{pmatrix} i_1 \\ u_2 \end{pmatrix} = \begin{pmatrix} u_1 \\ i_1 \end{pmatrix}. \tag{51}$$

Um auf die Gestalt von Gl. (49) zu kommen, brauchen wir nur noch einmal die Spalten zu vertauschen und, um auf die Veränderliche $-i_2$

---

[1] In Netzen, in welchen das Reziprozitätsgesetz gilt, sind natürlich auch Z_{11} und Y_{22} symmetrisch; für die dimensionslosen Matrizen gilt $D_{12} = (-D_{21})_t$ (Beweis!). W. KLEIN [62] nennt diese gemischte Matrix in Gl. (48) *Reihenparallelmatrix*.

[2] Definition in Übereinstimmung mit W. CAUER [57] 2. Aufl. S. 93ff.

zu kommen, die mit i_2 verknüpfte Spalte mit -1 zu multiplizieren. Wir erhalten somit schließlich

$$\begin{pmatrix} Z_{11}\,Z_{21}^{-1} & Z_{11}\,Z_{21}^{-1}\,Z_{22} - Z_{12} \\ Z_{21}^{-1} & Z_{21}^{-1}\,Z_{22} \end{pmatrix} \begin{pmatrix} u_2 \\ -\,i_2 \end{pmatrix} = \begin{pmatrix} u_1 \\ i_1 \end{pmatrix}. \tag{52}$$

Ein Vergleich mit (49) ergibt

$$\begin{aligned} A &= Z_{11}\,Z_{21}^{-1} \\ B &= Z_{11}\,Z_{21}^{-1}\,Z_{22} - Z_{12} \\ C &= Z_{21}^{-1} \\ D &= Z_{21}^{-1}\,Z_{22}. \end{aligned} \tag{53}$$

Um die Kettenmatrix aus einer entsprechenden Z-Matrix erzeugen zu können, muß 1. diese Z-Matrix existieren, 2. außerdem auch die Inverse von Z_{21}. Aus diesem Umstand muß nicht gefolgert werden, daß die Kettenmatrix nur in diesem Fall existiert, denn man kann eine Kettenmatrix auch aus den entsprechenden Strom- und Spannungsgleichungen direkt erzeugen. In diesem Fall ist es nicht notwendig, daß die erwähnten Matrizen existieren. Es kann z. B. auch sein, daß die Y-Matrix existiert, ohne daß die entsprechende Z-Matrix existiert, und es sei z. B.

$$\begin{pmatrix} Y_{11} & Y_{12} \\ Y_{21} & Y_{22} \end{pmatrix} \begin{pmatrix} u_1 \\ u_2 \end{pmatrix} = \begin{pmatrix} i_1 \\ i_2 \end{pmatrix}. \tag{54}$$

In einer entsprechenden dualen Vorgehensweise gelangt man ebenfalls zu einer Kettenmatrix, deren Elemente gegeben sind durch die Gleichungen

$$\begin{aligned} A &= -\,Y_{21}^{-1}\,Y_{22} \\ B &= -\,Y_{21}^{-1} \\ C &= Y_{12} - Y_{11}\,Y_{21}^{-1}\,Y_{22} \\ D &= -\,Y_{11}\,Y_{21}^{-1}. \end{aligned} \tag{55}$$

In diesem Fall benötigen wir also die Existenz von Y und Y_{21}^{-1}.

Ein Beispiel dafür, daß die Kettenmatrix existiert, ohne daß eine Y- oder Z-Matrix zu existieren braucht, ist der ideale Übertrager bzw. in der Verallgemeinerung die *Übertragermatrix* (mit idealen Übertragern). Die Kettenmatrix für die ideale Übertragermatrix (z. B. ideale Mehrphasenübertrager) hat die Form [(vgl. Kap. 11.6 Gl. (9)]

$$L = \begin{pmatrix} A & O \\ O & A_t^{*\,-1} \end{pmatrix}. \tag{56}$$

A ist eine nichtsinguläre Matrix, die im Falle eines einfachen (d. h. nicht matrizenartig aufgebauten) Systems von Übertragern in eine Diagonalmatrix übergeht.

Die beiden Grundaufgaben *Teilelimination* und *Variablentausch*
ermöglichen es, aus den grundlegenden Matrizen Maschenimpedanzmatrix, Knotenpunkts- und Schnittmengenadmittanzmatrix, Systemmatrizen für besondere Klemmenpaare zu ermitteln. Solche Matrizen,
die Impedanz-, Admittanzmatrizen oder auch gemischte Matrizen sein
können, werden in Netzuntersuchungen der Energieübertragungstechnik (statische und dynamische Stabilität, Verlustkoeffizienten-
berechnung) häufig benötigt. Sie wurden früher meist in langwierigen
Messungen auf einem Netzmodell ermittelt und können auf Grund der
angegebenen Verfahren auch digital berechnet werden. Die Reduktion
einer Knotenpunktsadmittanzmatrix kann als Elimination von Knotenpunkten gedeutet werden.

7. Die Berücksichtigung nachträglicher Änderungen in den Impedanz- bzw. Admittanzmatrizen für besondere Klemmenpaare eines Netzes

Eine in der Praxis der digitalen Berechnung elektrischer Verbundnetze wichtige Aufgabe ist die Ermittlung der *Korrektur* für eine bereits
berechnete Matrix, wenn gewisse *Änderungen* in den *Netzdaten* oder in
der *Netzstruktur* vorgenommen werden müssen. In solchen Fällen wäre
es sicher sinnvoll, wenn man die durch die Änderung im Netz hervorgerufenen Änderungen in den Matrixelementen direkt berechnet und
sie zur ursprünglichen Matrix hinzuaddiert. Freilich sind die Formeln
hierfür in den meisten Fällen nicht immer einfach, und durch die Unterscheidung verschiedener Sonderfälle ergeben sich hierfür auch keine
einfachen Programme. Ferner benötigt man hierbei auch eine gewisse
zusätzliche Speicherkapazität sowohl für das Programm als auch für
die Zwischenergebnisse, so daß hierfür der bekannte Grundsatz gilt
„erhöhte Rechengeschwindigkeit durch größeren Aufwand in der Speicherkapazität". Es muß allerdings auch darauf aufmerksam gemacht
werden, daß die Berücksichtigung von Änderungen in dieser Form auch
nicht endlos fortgesetzt werden kann, da nach zahlreichen Schritten
sich Rundungsfehler so weit akkumuliert haben können, daß die betreffende Matrix nicht mehr die erforderliche Genauigkeit aufweist. In
diesem Fall muß die betreffende Matrix zwischendurch auch einmal
neu berechnet werden.

Die *Änderungen*, die im Netz auftreten können und Änderungen in
der betreffenden Matrix zur Folge haben, können *dreierlei Art* sein

1. Änderungen in den *Impedanz-* oder *Admittanzgrößen*,
2. Änderungen in den *Übersetzungsverhältnissen der Transformatoren*,
3. Änderungen in der *Struktur des Netzes*.

Es kann nicht der Gegenstand dieser kurzen Untersuchung sein, alle möglichen Fälle durchzudiskutieren. Aus diesem Grund werden nur grundsätzliche Formeln und die dazugehörigen Rechnungen mitgeteilt. Es wird dann leicht sein, im besonderen Anwendungsfall die hier hergeleiteten Ergebnisse zu kombinieren.

7.1 Änderungen in den Impedanz- oder Admittanzgrößen

7.1.1 Auswirkungen auf die Maschenimpedanzmatrix (Knotenpunkts- oder Schnittmengenadmittanzmatrix)

Die *Änderung* einer *Zweigimpedanz* (oder *-admittanz*) bedeutet eine Änderung des Diagonalelements der zugehörigen Zweigimpedanzmatrix (bzw. Zweigadmittanzmatrix). Am Beispiel der Ermittlung und Weiterbehandlung der *Maschenimpedanzmatrix* soll jetzt gezeigt werden, welche Auswirkungen eine solche Änderung auf die Ergebnismatrix hat. Es wird angenommen, daß sich eine Zweigimpedanz z_{rr} um Δz_{rr} vergrößert (bzw. verkleinert), d. h., die Zweigimpedanzmatrix $\boldsymbol{Z}$ wird um $\Delta\boldsymbol{Z}$ vergrößert. Damit erfährt die Maschenimpedanzmatrix für den Fall, daß das Netz auch Transformatoren enthält und somit in $\bar{\boldsymbol{C}}$ auch von 0, $+1$ und -1 verschiedene Elemente zugelassen sind[1], eine Änderung gemäß der folgenden Gleichung

$$\boldsymbol{Z}^0 = \boldsymbol{Z}^0 + \Delta\boldsymbol{Z}^0 = \bar{\boldsymbol{C}}_t\boldsymbol{Z}\,\bar{\boldsymbol{C}} + \bar{\boldsymbol{C}}_t\Delta\boldsymbol{Z}\,\bar{\boldsymbol{C}}, \tag{1}$$

d. h., es ist

$$\Delta\boldsymbol{Z}^0 = \bar{\boldsymbol{C}}_t\Delta\boldsymbol{Z}\,\bar{\boldsymbol{C}} = (\bar{\boldsymbol{c}}_{r.})_t\Delta z_{rr}\,\bar{\boldsymbol{c}}_{r.}.^2 \tag{2}$$

Da nur ein Element der Matrix $\Delta\boldsymbol{Z}^0$ von Null verschieden ist, braucht die Matrizenmultiplikation nicht voll ausgeführt zu werden. Das in der i-ten Zeile und k-ten Spalte stehende Element von $\Delta\boldsymbol{Z}^0$ errechnet sich aus der Gleichung

$$\Delta z^0_{ik} = \Delta z^0_{ki} = \bar{c}_{ri}\Delta z_{rr}\,\bar{c}^*_{rk}. \tag{3}$$

Hiernach entsteht nur dann ein Beitrag zu $\Delta\boldsymbol{Z}^0$, wenn sowohl $\bar{c}_{ri}$ als auch $\bar{c}_{rk}$ von Null verschieden sind. Es erfahren also i. allg. nur wenige Elemente von $\boldsymbol{Z}^0$ eine Änderung. Welche Elemente eine Änderung erfahren, läßt sich auch anschaulich sehr schön anhand des

---

[1] Die Berücksichtigung von Transformatoren mit Hilfe von Quasiinzidenzmatrizen $\bar{C}$ (bzw. $\bar{K}$ oder $\bar{H}$) ist in Kap. 5 beschrieben.

[2] $\bar{c}_{r.}$ ist hier der r-te Zeilenvektor aus der Matrix $\bar{C}$ in der Bezeichnungsweise von E. Bodewig [32].

Schemas zum Ausmultiplizieren von Matrizen nach S. FALK[1] zeigen (Abb. 7.1).

In einem Zweipolnetz (Netz ohne Transformatoren mit der einfachen Zweigmascheninzidenzmatrix C) läßt sich die Vorschrift für die Ände-

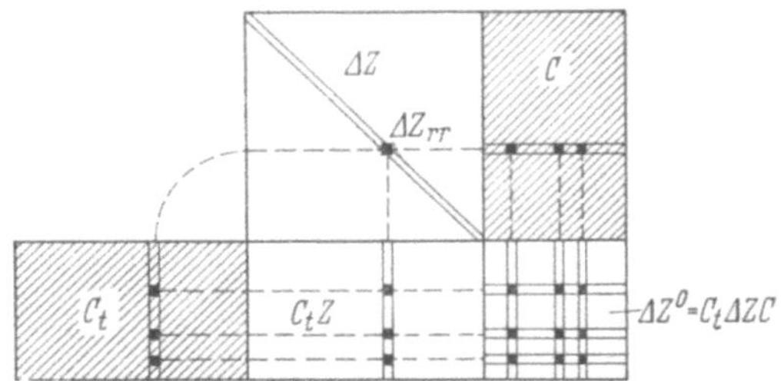

Abb. 7.1. *Änderung* einer *Impedanz* (bzw. *Admittanz*) und Auswirkungen auf die Maschenimpedanzmatrix, dargestellt anhand des Multiplikationsschemas für Matrizen von S. FALK. Von Null verschiedene Elemente sind durch schwarze Karos bzw. durch Schraffur angedeutet. Durch die Ausblendwirkung dieser sonst nur mit Nullen besetzten Matrizen sind die Zwischenergebnis- und Ergebnismatrizen ebenfalls nur mit wenigen von Null verschiedenen Elementen besetzt.

rung Δz_{ik}^0 infolge einer Änderung Δz_{rr} im r-ten Zweig folgendermaßen in Worte kleiden:

1. In der Hauptdiagonale ist die Änderung Δz_{ii}^0 gleich $+\Delta z_{rr}$ genau dann, wenn z_{rr} der i-ten Masche angehört.

2. Außerhalb der Hauptdiagonale ist die Änderung $\Delta z_{ik}^0 = \Delta z_{ki}^0$ gleich $\pm\Delta z_{rr}$ genau dann, wenn z_{rr} der i-ten und k-ten Masche gleichzeitig angehört. Verlaufen die gegenseitigen Orientierungen beider Maschen gleichsinnig, so tritt eine Vermehrung um Δz_{rr} ein, bei gegensinnigem Verlauf eine Verminderung um Δz_{rr}.[2]

Die Formeln für die Berechnung der Änderungen in der Knotenpunkts- oder Schnittmengenadmittanzmatrix sind ähnlich. Für die *Knotenpunktsadmittanzmatrix* gilt

$$\Delta y_{ik}^+ = \Delta y_{ki}^+ = \bar{k}_{ir}^* \, \Delta y_{rr} \, \bar{k}_{kr}. \tag{4}$$

Im Falle der *Knotenpunktsadmittanzmatrix* in einem Zweipolnetz sind die Änderungen besonders leicht angebbar:

Verbindet der um Δy_{rr} geänderte Zweig die Knotenpunkte i und k miteinander, so werden die Diagonalelemente y_{ii}^+ und y_{kk}^+ um Δy_{rr} vermehrt, die in den Ecken (des den Diagonalelementen zugeordneten Quadrats) liegenden Elemente y_{ik}^+ und y_{ki}^+ werden um Δy_{rr} vermindert.

Für die Änderungen in der *Schnittmengenadmittanzmatrix* gilt analog

$$\Delta y_{ik}^\Phi = \Delta y_{ki}^\Phi = \bar{h}_{ir}^* \, \Delta y_{rr} \, \bar{h}_{kr}. \tag{5}$$

---

[1] Vgl. S. FALK, Z. angew. Math. Mech. 31 (1951) 152 und Abb. A 1.1 in Anhang 1.

[2] Diese Regel basiert auf der mengentheoretischen Erzeugung der Maschenimpedanzmatrix (vgl. Kap. 4.3 und [*4.16*]).

Die entsprechende Regel für diese Änderungen in einem Zweipolnetz infolge der Änderung Δy_{rr} im r-ten Zweig lautet

1. In der Hauptdiagonale ist die Änderung Δy_{ii}^{Φ} gleich $+\Delta y_{rr}$ genau dann, wenn y_{rr} der i-ten Schnittmenge angehört.

2. Außerhalb der Hauptdiagonale ist die Änderung $\Delta y_{ik}^{\Phi} = \Delta y_{ki}^{\Phi}$ gleich $\pm\Delta y_{rr}$ genau dann, wenn y_{rr} der i-ten und k-ten Schnittmenge gleichzeitig angehört. Verlaufen die gegenseitigen Orientierungen beider Schnittmengen und somit auch beider zugeordneten Baumzweige (über den Baum) zueinander gleichsinnig, so tritt eine Vermehrung um Δy_{rr} ein, bei gegensinnigen Orientierungen zueinander eine Verminderung um Δy_{rr}.[1]

Diese im Fall einer digitalen Berechnung leicht programmierbaren Regeln zeigen deutlich, daß man erheblich an Rechenzeit einsparen kann, wenn man bei mehrfachen Änderungen in einem Netz die betreffenden Matrizen nicht jedesmal neu berechnet. Nicht so einfacher Art sind hingegen die Änderungen in Systemimpedanz- (bzw. -admittanz-) matrizen, die aus den oben betrachteten Matrizen durch Teilelimination hervorgehen. Da jede Teilelimination durch die Inverse der den eliminierten Variablen zugeordneten quadratischen Untermatrix ausgedrückt werden kann, ist es wichtig, einen formelmäßigen Ausdruck für die Inverse einer geänderten Matrix zu kennen. Hierbei wird angenommen, daß die Inverse der ursprünglichen Matrix bereits bekannt ist. Eine solche Formel ist in ihrer vollen Allgemeinheit im Anhang 2 bewiesen. Sie wurde zum erstenmal von M. WOODBURY angegeben.

7.1.2 Auswirkungen auf die Systemimpedanzmatrix (bzw. -admittanzmatrix)

In Kap. 6 wurde die Berechnung von Systemimpedanz- und -admittanzmatrizen durch Teilelimination aus Maschenimpedanzmatrizen die Knotenpunkts- und Schnittmengenadmittanzmatrizen beschrieben. Ändern sich diese Matrizen infolge einer Änderung der Zweigimpedanzen bzw. Admittanzen, so ergeben sich in den Systemmatrizen entsprechende Änderungen, die jetzt auf einem direkten Weg zu berechnen sind, ohne den ganzen Vorgang der Teilelimination zu wiederholen.

Es genügt, den Vorgang anhand der *Maschenimpedanzmatrix* zu zeigen, da sowohl die Teilelimination als auch die zugehörigen Änderungen für Knotenpunkts- und Schnittmengenadmittanzmatrizen analog sind. Die Maschenimpedanzmatrix sei partitioniert nach nicht zu eliminierenden Maschen (bzw. Verbindungszweigen) mit Index 1 und nach zu eliminierenden Maschen (bzw. Verbindungszweigen) mit Index 2,

---

[1] Auch diese Regel basiert auf der mengentheoretischen Erzeugung der Schnittmengenadmittanzmatrix (vgl. Kap. 4.4 und [*4.16*]).

d. h., es wird die folgende partitionierte *Maschenimpedanzmatrix* eingeführt

$$Z^0 = \begin{pmatrix} Z_{12}^0 & Z_{12}^0 \\ Z_{21}^0 & Z_{22}^0 \end{pmatrix}. \tag{6}$$

Entsprechend Gl. (13) von Kap. 6.2.1 seien in den ersten n Verbindungszweigen treibende Spannungen mit einer den Maschenströmen entgegengesetzten Pfeilrichtung eingeführt, d. h., es ist dort $E_i = -U_i\,(i=1\dots n)$. In allen übrigen Zweigen seien keine treibenden Spannungen vorhanden. Dann entsteht das Gleichungssystem

$$\begin{pmatrix} Z_{11}^0 & Z_{12}^0 \\ Z_{21}^0 & Z_{22}^0 \end{pmatrix} \begin{pmatrix} i_1^0 \\ i_2^0 \end{pmatrix} = \begin{pmatrix} \bar{u}_1 \\ 0 \end{pmatrix}. \tag{7}$$

Da in den letzten m Gleichungen die rechten Seiten verschwinden, ergibt eine Elimination der letzten m Unbekannten i_2^0 des Gleichungssystems und somit eine Beziehung zwischen den unabhängigen Variablen i_1^0 und den abhängigen Variablen $\bar{u}_1$ über eine Impedanzmatrix $\bar{Z}_{11}^0$ gemäß

$$(Z_{11}^0 - Z_{12}^0 Z_{22}^{0^{-1}} Z_{21}^0)\,i_1^0 = \bar{u}_1 \tag{8}$$

$$\bar{Z}_{11}^0\,i_1^0 = \bar{u}_1. \tag{9}$$

Nun wollen wir annehmen, daß $\bar{Z}_{11}^0$ nicht schrittweise[1], sondern unter Benutzung der Inversen $Z_{22}^{0^{-1}}$ gemäß

$$\bar{Z}_{11}^0 = Z_{11}^0 - Z_{12}^0 Z_{22}^{0^{-1}} Z_{21}^0 \tag{10}$$

berechnet wurde und somit alle vorkommenden quadratischen und rechteckigen Matrizen auf der rechten Seite noch im Speicher verfügbar sind, dann ergeben sich nach den vorausgegangenen Ausführungen und Gl. (2) für die Änderungen der Untermatrizen infolge Δz_{rr} die folgenden Gleichungen

$$\Delta Z_{11}^0 = (c_{1,r.})_t \Delta z_{rr}\, c_{1,r.} \tag{11a}$$

$$\Delta Z_{12}^0 = (c_{1,r.})_t \Delta z_{rr}\, c_{2,r.} \tag{11b}$$

$$\Delta Z_{21}^0 = (c_{2,r.})_t \Delta z_{rr}\, c_{1,r.} \tag{11c}$$

$$\Delta Z_{22}^0 = (c_{2,r.})_t \Delta z_{rr}\, c_{2,r.}. \tag{11d}$$

Hierbei ist angenommen, daß die Zweigmascheninzidenzmatrix ebenfalls nach nicht zu eliminierenden und zu eliminierenden Maschen spaltenweise partitioniert ist gemäß

$$C = (C_1, C_2). \tag{12}$$

---

[1] Bei schrittweiser Elimination wird die Reduktionsgleichung (10) in jedem Schritt auf eine einzige Variable aus i_1^0 angewandt. In diesem Fall ist jedesmal Z_{22}^0 ein Skalar. Im Gegensatz hierzu wird bei blockweiser Elimination zuvor $Z_{22}^{0^{-1}}$ gebildet und dann Gl. (10) angewandt.

Aus dieser Matrix kann man den dem r-ten Zweig zugeordneten Vektor der r-ten Zeile herausgreifen, dieser ist in der Bezeichnungsweise von E. Bodewig [*32*]

$$c_{r.} = (c_{1,r}, c_{2,r}). \qquad (13)$$

Gemäß Gl. (10) wird die Inverse von Z_{22}^0 benötigt. Da sich diese Matrix nach Gl. (11d) ändert, kann man die Formel von M. Woodbury mit skalarem s anwenden (s. Anhang 2). Die geänderte Systemimpedanzmatrix, die sich aus der Maschenimpedanzmatrix $Z^0 + \varDelta Z^0$ durch Teilelimination der letzten m Maschenströme ergibt, ist nach Gl. (10) und (11d)

$$Z_{11}^0 + \varDelta Z_{11}^0 = Z_{11}^0 + \varDelta Z_{11}^0 + (Z_{12}^0 + \varDelta Z_{12}^0)(Z_{22}^0 + \varDelta Z_{22}^0)^{-1}(Z_{21}^0 + \varDelta Z_{21}^0)$$

$$= Z_{11}^0 + \varDelta Z_{11}^0 + (Z_{12}^0 + \varDelta Z_{12}^0) \times$$

$$\times \left[Z_{22}^{0^{-1}} + \frac{(Z_{22}^{0^{-1}} c_{2,r.})(c_{2,r.})_t Z_{22}^{0^{-1}}}{\varDelta z_{rr}^{-1} + (c_{2,r.})_t Z_{22}^{0^{-1}} c_{2,r.}} \right] \times (Z_{21}^0 + \varDelta Z_{21}^0). \qquad (14)$$

Die nicht eingesetzten Änderungen der Untermatrizen von Z^0 sind aus den Gln. (11a) bis (11c) zu entnehmen. Trotz der Kompliziertheit der Formel (14) ist die Anzahl der erforderlichen Rechenoperationen doch verhältnismäßig gering, vor allem erheblich geringer als im Falle einer Neuberechnung. Wir wollen annehmen, daß die folgenden Matrizen

$$Z_{11}^0, Z_{12}^0, Z_{21}^0 \quad \text{und} \quad Z_{22}^{0^{-1}}$$

noch von der Erstberechnung der Matrix $\overline{Z}_{11}^0$ nach Gl. (10) vorliegen, dann wird man zunächst die Änderungen der ersten 3 Matrizen nach den Gln. (11a) bis (11c) berechnen, die entsprechenden Korrekturen hinzufügen, alsdann die Änderung von $Z_{22}^{0^{-1}}$ nach M. Woodbury berechnen und ebenfalls hinzufügen und schließlich das Matrizenprodukt ausrechnen und zu $Z_{11}^0 + \varDelta Z_{11}^0$ hinzuaddieren. Mit Ausnahme des Matrizenprodukts und der sich anschließenden Matrizenaddition werden alle vorausgehenden Operationen mit schwach besetzten Matrizen ausgeführt. Die Anzahl der Rechenoperationen ist auch im Vergleich zu dem Fall, daß man zwar Z^0 nach Gl. (2) korrigiert, die Teilelimination aber nach Gl. (10) neu ausführt, geringer, weil die Änderung der Inversen nach M. Woodbury mit einem erheblich geringeren Rechenaufwand verbunden ist als eine vollständige Inversion. Insbesondere wächst die Anzahl der Operationen bei der Anwendung der Woodbury-Formel mit der 2. Potenz von m (Anzahl der zu eliminierenden Variablen), während die Inversion ein Anwachsen mit der 3. Potenz von m ergibt. Es gibt bei der Vollinversion auch keine Möglichkeit, von der lockeren Besetzung in $c_{r.}$ Gebrauch zu machen.

Abschließend sei noch festgestellt, daß die Änderung der Systemimpedanzmatrix $\overline{Z}_{11}^0$ nach Gl. (14) nicht linear mit $\varDelta z_{rr}$ ist, während die Änderung der Maschenimpedanzmatrix linear ist. Aus diesem Grund ist es nicht sinnvoll, erst die Änderung von $\overline{Z}_{11}^0$ und zur ursprünglichen Matrix hinzuzuaddieren, sondern zweckmäßiger sofort die geänderte Matrix nach Gl. (14) zu berechnen.

Die Berechnung der geänderten Knotenpunkts- und Schnittmengenadmittanzmatrizen verläuft analog und braucht deshalb nicht dargestellt zu werden.

Zur rein *rechentechnischen Organisation* der behandelten Aufgabe ist noch zu bemerken, daß im Verlauf des Rechengangs die Matrizen, die als Zwischenergebnisse erscheinen (in der Maschenmethode z. B. $\boldsymbol{Z}_{11}^0$, $\boldsymbol{Z}_{12}^0$, $\boldsymbol{Z}_{21}^0$ und $\boldsymbol{Z}_{22}^{0^{-1}}$), bei jeder Änderung entsprechend zu korrigieren sind, so daß die korrigierten Matrizen in einem weiteren Änderungsschritt wieder als Ausgangsmatrizen ebenso wie im 1. Schritt benutzt werden können. Allerdings wird man bei häufigen Änderungen zur Vermeidung eines allzu starken Anwachsens der Rundungsfehler zwischendurch diese Matrizen auch einmal wieder neu berechnen müssen.

7.2 Änderungen in den Übersetzungsverhältnissen

7.2.1 Auswirkungen auf die Maschenimpedanzmatrix (Knotenpunkts- oder Schnittmengenadmittanzmatrix)

Wir betrachten auch hier zunächst nur die *Maschenmethode*. Eine Übertragung auf die übrigen Methoden ist dann trivial. Um die Auswirkungen der Änderungen der Übersetzungsverhältnisse von Transformatoren auf die Maschenimpedanzmatrix zu untersuchen, wollen wir die in Kap. 5 beschriebene Methode der Quasiinzidenzmatrizen[1] anwenden. In diesem Fall tritt infolge einer Änderung des Übersetzungsverhältnisses in einem Transformator in der rangvermindernden Kongruenztransformation [vgl. Gl. (54) in Kap. 5.2.2]

$$Z^0 = \overline{C}_t Z' \overline{C}^* \tag{15}$$

eine Änderung nur in der Quasiinzidenzmatrix $\overline{C}$ auf. Nehmen wir an, daß nur ein Transformatorübersetzungsverhältnis im gesamten Netz geändert wird (werden mehrere Übersetzungsverhältnisse gleichzeitig geändert, so müssen mehrere dieser Schritte nacheinander ausgeführt werden), so kann man grundsätzlich sagen, daß von dieser Änderung nur gewisse Elemente der r-ten Zeile betroffen sind. Hierbei sei z'_{rr} das r-te Diagonalelement in der Diagonalmatrix $\boldsymbol{Z}'$ und gleichzeitig die Hauptimpedanz des Transformators mit geändertem Übersetzungsverhältnis.

---

[1] Quasiinzidenzmatrizen enthalten neben den Zahlen 0, $+1$ und -1 auch andere (komplexe) Zahlen zur Beschreibung von Übersetzungsverhältnissen der Transformatoren (abweichend von 1 : 1).

Während zunächst ohne Beachtung dieser Tatsache für die geänderte Maschenimpedanzmatrix gilt

$$Z^0 + \Delta Z^0 = (\overline{C} + \Delta \overline{C})_t \, Z \, (\overline{C}^* + \Delta \overline{C}^*)$$
$$= C_t \, Z \, \overline{C}^* + \Delta \overline{C}_t \, Z \, \overline{C}^* + (C + \Delta \overline{C})_t \, Z \, \Delta C^*, \qquad (16)$$

kann dieser Ausdruck erheblich vereinfacht werden, wenn man weiß, daß von der Änderung nur die r-te Zeile $c_{r.}$ von C betroffen ist; diese Änderung sei $\Delta c_{r.}$. Es ist dann unter Beachtung der Tatsache, daß Z' eine Diagonalmatrix ist

$$Z^0 + \Delta Z^0 = \overline{C}_t Z' C^* + (\Delta \overline{c}_{r.})_t z'_{rr} \overline{c}^*_{r.} +$$
$$+ (\overline{c}_{r.} + \Delta \overline{c}_{r.}) z'_{rr} \Delta \overline{c}^*_{r.}. \qquad (17)$$

Im Gegensatz zu der im vorigen Abschnitt behandelten Aufgabe „Änderung einer Impedanz" hat die *Änderung* eines *Übersetzungsverhältnisses* eine nichtlineare Änderung der Maschenimpedanzmatrix zur Folge. Die rechnerische Ermittlung der Änderungen erfordert eine zweimalige Berechnung je eines dyadischen Produktes. Rechentechnisch bedeutet dies, daß die Änderung von Z^0 in 2 Schritten vollzogen wird. Hierbei wird selbstverständlich gleichzeitig auch $\overline{C}$ korrigiert, so daß in einem weiteren Schritt die korrigierte Matrix $\overline{C}$ zur Verfügung steht. Abb. 7.2 zeigt die Auswirkungen der Änderung eines Übersetzungsverhältnisses auf die Maschenimpedanzmatrix anhand des FALKschen Schemas.

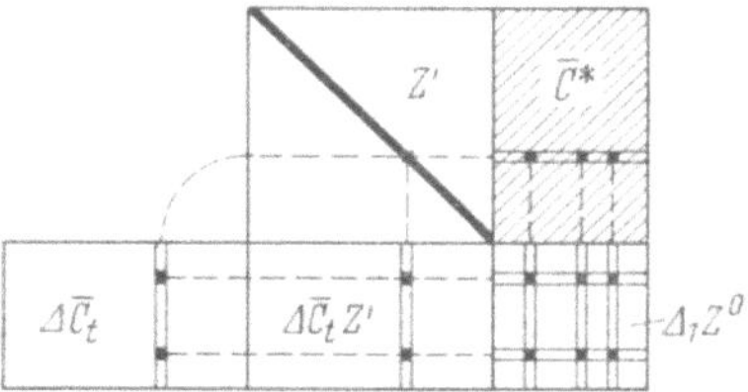

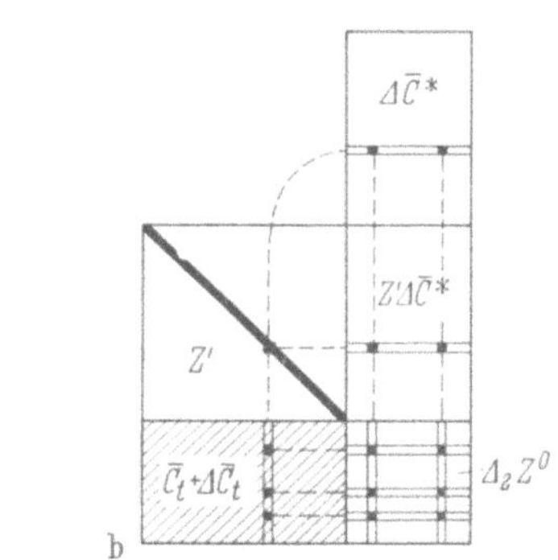

Abb. 7.2a u. b. *Änderung* eines *Übersetzungsverhältnisses* eines Transformators und Auswirkungen auf die Maschenimpedanzmatrix, dargestellt anhand des Multiplikationsschemas für Matrizen von S. FALK. Von Null verschiedene Elemente sind durch schwarze Karos bzw. durch Schraffur angedeutet. a) Erster Änderungsterm $\Delta_1 Z^0 = \Delta \overline{C}_t Z' \overline{C}^*$, b) zweiter Änderungsterm $\Delta_2 Z^0 = (\overline{C} + \Delta \overline{C})_t Z' \Delta C^*$. Beim Ausmultiplizieren in der angegebenen Reihenfolge entstehen auch als Zwischenergebnisse wieder schwach besetzte Matrizen

7.2.2 Auswirkungen auf die Systemimpedanzmatrix (bzw. -admittanzmatrix)

Auch hier soll nur die *Maschenmethode* betrachtet werden. Dabei wird wieder wie in Abschn. 1.2 angenommen, daß Z^0 *partitioniert* ist nach *nicht zu eliminierenden* und nach *zu eliminierenden Maschen*, ebenso auch die Zweig-Maschen-Quasiinzidenzmatrix $\overline{C}$. Die durch die

Partitionierung entstandenen Untermatrizen erfahren dann nach Gl. (17) folgende Änderungen infolge Δc_r.:

$$\Delta Z_{11}^0 = \Delta_1 Z_{11}^0 + \Delta_2 Z_{11}^0 = (\Delta \bar{c}_{1,r.})_t z'_{rr} \bar{c}_{1,r.}^* + (\bar{c}_{1,r.} + \Delta \bar{c}_{1,r.})_t z'_{rr} \Delta \bar{c}_{1,r.}^* \tag{18a}$$

$$\Delta Z_{12}^0 = \Delta_1 Z_{12} + \Delta_2 Z_{12}^0 = (\Delta \bar{c}_{1,r.})_t z'_{rr} \bar{c}_{1,r.}^* + (\bar{c}_{1,r.} + \Delta \bar{c}_{1,r.})_t z'_{rr} \Delta \bar{c}_{2,r.}^* \tag{18b}$$

$$\Delta Z_{21}^0 = \Delta_1 Z_{21}^0 + \Delta_2 Z_{21}^0 = (\Delta \bar{c}_{2,r.})_t z'_{rr} \bar{c}_{1,r.}^* + (\bar{c}_{2,r.} + \Delta \bar{c}_{2,r.})_t z'_{rr} \Delta \bar{c}_{1,r.}^* \tag{18c}$$

$$\Delta Z_{22}^0 = \Delta_1 Z_{22}^0 + \Delta_2 Z_{22}^0 = (\Delta \bar{c}_{2,r.})_t z'_{rr} \bar{c}_{2,r.}^* + (\bar{c}_{2,r.} + \Delta \bar{c}_{2,r.})_t z'_{rr} \Delta \bar{c}_{2,r.}^* \tag{18d}$$

Während die nicht zu invertierenden Matrizen entsprechend den Gln. (18a) bis (18c) geändert werden und einfache additive Änderungen gewisser Elemente dieser Matrizen zur Folge haben, ist die Änderung der zu invertierenden Untermatrix Z_{22}^0 rekursiv in 2 WOODBURY-Schritten durchzuführen. Der 1. Schritt wird nach der folgenden Gleichung ausgeführt:

$$(Z_{22}^0 + \Delta_1 Z_{22}^0)^{-1} = \hat{Z}_{22}^{0-1}$$

$$= \hat{Z}_{22}^{0-1} + \frac{(Z_{22}^{0-1} \bar{c}_{2,r.})(\Delta \bar{c}_{2,r.})_t Z_{22}^{0-1}}{z'^{-1}_{rr} + (\Delta \bar{c}_{2,r.})_t Z_{22}^{0-1} \bar{c}_{2,r}} \tag{19}$$

Für den 2. Schritt gilt die Gleichung

$$(Z_{22}^0 + \Delta_1 Z_{22}^0 + \Delta_2 Z_{22}^0)^{-1} = (\hat{Z}_{22}^0 + \Delta_2 Z_{22}^0)^{-1}$$

$$= Z_{22}^{0-1} + \frac{(Z_{22}^{0-1} \Delta \bar{c}_{2,r.})(c_{2,r.} + \Delta \bar{c}_{2,r.})_t Z_{22}^{0-1}}{z'^{-1}_{rr} + (\bar{c}_{2,r.} + \Delta \bar{c}_{2,r.})_t Z_{22}^{0-1} \Delta \bar{c}_{2,r.}} \tag{20}$$

Nachdem in allen in der Gl. (10) vorkommenden Matrizen die erforderlichen Änderungen infolge $\Delta \bar{c}_r$. berücksichtigt sind, kann nach dieser Gleichung die korrigierte Systemimpedanzmatrix $\bar{Z}_{11}^0$ berechnet werden

7.3 Änderungen in der Struktur des Netzes

7.3.1 Auswirkungen auf die Maschenimpedanzmatrix (Knotenpunkts- oder Schnittmengenadmittanzmatrix) bei der Hinzunahme eines Zweiges

Jede *Strukturänderung* im Netz bedingt eine *Änderung* in der betreffenden *Inzidenzmatrix*. Diese Änderung kann zweierlei Art sein:

1. Die Strukturänderung bedingt eine *Rangerhöhung* der *Inzidenzmatrix* oder

2. Die Strukturänderung *erhöht* den *Rang* der *Inzidenzmatrix nicht*

Für die drei grundlegenden Methoden gilt folgende Tabelle:

| | Rangerhöung der Inzidenzmatrix | | |
Strukturänderung	Maschen-methode	Knotenpunkts-methode	Schnittmengen-methode
Hinzunahme *eines* Zweiges *ohne* neuen Knotenpunkt	$\dotplus 1$	—	—
Desgl. mit Hinzufügung *eines* neuen Knotenpunktes	—	$+1$	$+1$

Die Auswirkungen auf die Maschenimpedanzmatrix sollen nun näher studiert werden. Hierbei wollen wir uns der Einfachheit halber auf Zweipolnetze beschränken. Der Übergang auf Netze mit Transformatoren und damit auf Quasiinzidenzmatrizen macht keine Schwierigkeiten.

Rangerhöhende Änderungen. In der *Maschenmethode* ergibt die Hinzunahme eines Zweiges (Abb. 7.3) *ohne* gleichzeitige *Vermehrung um einen Knotenpunkt* eine Erhöhung der Anzahl der Maschen um 1. Der hinzugenommene Zweig wird dann ein Verbindungszweig sein, und die hinzugekommene Masche ergibt sich eindeutig dadurch, daß zwischen den Endpunkten des hinzugenommenen Zweiges, über den bereits ausgewählten vollständigen Baum des Netzes eine Masche eindeutig geschlossen werden kann. Für den hinzugenommenen

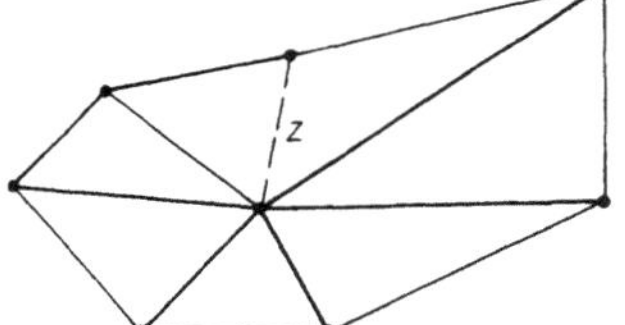

Abb. 7.3. Bezüglich der Maschenmethode *rangerhöhende Änderungen* in einem Netz: Einfügen eines Verbindungszweigs z

Zweig soll gleichzeitig auch seine Orientierung festgelegt sein; dann wird in dem den Verbindungszweigen entsprechenden (oberen) Teil der Zweigmascheninzidenzmatrix C die Ordnung der bereits vorhandenen Einheitsmatrix um 1 erhöht (womit sich auch der Rang der Matrix um 1 erhöht). In dem den Baumzweigen entsprechenden (unteren) Teil von C wird (entsprechend der Ergänzung der Masche über die Baumzweige) ein vom Nullvektor verschiedener Spaltenvektor hinzugefügt. Die hinzugefügte Masche sei in der Numerierung die letzte, dann entsteht die erweiterte *Zweigmascheninzidenzmatrix* $\hat{C}$ aus der ursprünglichen nach Verbindungs- und Baumzweigen partitionierten Matrix

$$C = \begin{pmatrix} C^V \\ C^B \end{pmatrix}$$

entsprechend der folgenden Gleichung

$$\hat{C} = \begin{pmatrix} 1 & o^V \\ o_t^V & 1 \\ \hline C^B & c^B \end{pmatrix}. \tag{21}$$

Die Anzahl der *Verbindungszweige* (und damit auch der Maschen) werde hierbei von m auf $m + 1$ erhöht; dann ist 1 eine Einheitsmatrix der Ordnung r, o^V ein Nullvektor der Ordnung r, C^B der Baumanteil von C und somit eine $m \times (k - 1)$-Matrix[1], C^B der hinzugefügte Baumanteil[2] von C infolge des hinzugenommenen Verbindungszweigs. In der *Zweigimpedanzmatrix* Z wird in der Hauptdiagonale an $(m + 1)$-ter Stelle die in dem hinzugefügten Verbindungszweig vorhandene Impedanz $z_{m+1,\,m+1}$ eingeschoben. Die auf diese Weise entstandene geänderte *Zweigimpedanzmatrix* sei dann durch folgende Gleichung gegeben:

$$\hat{Z} = \begin{pmatrix} Z^V & o^V & O \\ o_t^v & z_{r+1,\,r+1} & o_t^B \\ O & o^B & Z^B \end{pmatrix} \tag{22}$$

Hierbei sind Z^V und Z^B Diagonalmatrizen mit den Verbindungs- bzw. Baumzweigimpedanzen, o^V und o^B Nullvektoren der Ordnung m bzw. $k - 1$, ferner O eine $m \times (k - 1)$-Nullmatrix.

Die Maschenimpedanzmatrix des geänderten Netzes ist jetzt

$$\hat{Z}^0 = \hat{C}_t \hat{Z} \hat{C} = \begin{pmatrix} Z^V + C_t^B Z^B C^B & C_t^B Z^B c^B \\ c_t^B Z^B C^B & z_{r+1,\,r+1} + c_t^B Z^B c^B \end{pmatrix}. \tag{23}$$

Man erkennt unschwer, daß die ursprüngliche Matrix

$$Z^0 = C_t Z C = Z^V + C_t^B Z^B C^B \tag{24}$$

in Gl. (23) in der linken oberen Ecke steht und daß somit $\hat{Z}^0$ aus Z^0 durch Ränderung entsteht. Um dies einzusehen, braucht man nur $z_{r+1,\,r+1}$ und sämtliche Elemente von c^B gleich Null zu setzen, dann verschwinden sämtliche durch Ränderung hinzugefügten Elemente in $\hat{Z}^0$.

Rangerhaltende Änderungen. Wird dem Netz *gleichzeitig ein Zweig und ein Knotenpunkt hinzugefügt* (Abb. 7.4), so kann dies in zweierlei Weise geschehen. 1. Entweder ist der hinzugefügte Knotenpunkt ein Endpunkt oder 2. der hinzugefügte Knotenpunkt liegt im Innern des Netzes. Der hinzugefügte Zweig sei in der Numerierung der letzte, also $(z + 1)$-te Zweig, dann wird im 1. Fall als letzte Zeile ein Nullvektor

---

[1] $z =$ Anzahl der Zweige, $k =$ Anzahl der Knotenpunkte des Netzes im ursprünglichen Zustand.

[2] C^B kann kein Nullvektor sein, da Schlingen ausgeschlossen werden sollen.

hinzugefügt, im 2. Fall derjenige in C^B bereits vorhandene Zeilenvektor, der dem Baumzweig entspricht, der durch den neu hinzukommenden inneren Knotenpunkt geteilt wird. In beiden Fällen entsteht eine geänderte Zweigmascheninzidenzmatrix folgender Bauart:

$$\hat{C} = \begin{pmatrix} 1 \\ C^B \\ c_{z+1,.} \end{pmatrix} = \begin{pmatrix} C \\ c_{z+1,.} \end{pmatrix}. \qquad (25)$$

Die Zweigimpedanzmatrix sei folgendermaßen partitioniert:

$$\hat{Z} = \begin{pmatrix} Z & o \\ o_t & z_{z+1,z+1} \end{pmatrix}. \qquad (26)$$

Die geänderte Maschenimpedanzmatrix wird nun

$$\hat{Z}^0 = \hat{C}_t \hat{Z} \hat{C} = C_t Z C +$$
$$+ (c_{z+1,.})_t z_{z+1,z+1} c_{z+1,.}. \qquad (27)$$

Die Gleichung sagt das Gleiche aus wie Gl. (2), denn es muß für den Aufbau einer Maschenimpedanzmatrix gleichgültig sein, ob in einem Zweig eine Impedanz z um

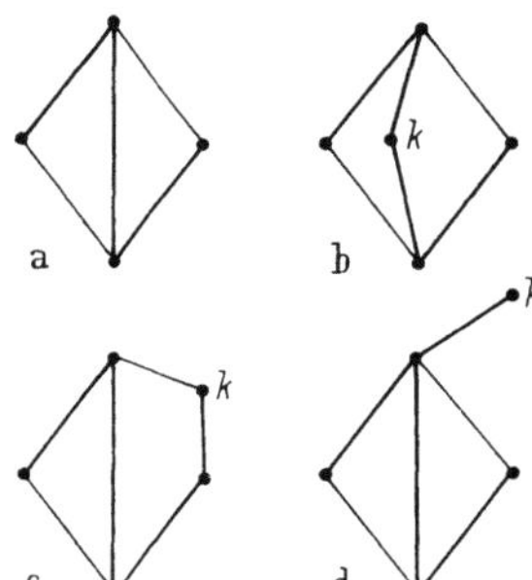

Abb. 7.4 a—d.
Bezüglich der Maschenmethode *rangerhaltende Änderungen* in einem Netz: a) Gegebenes Netz, b) Hinzufügen eines inneren Knotenpunkts k in das gegebene Netz (innerer Knotenpunkt des vollständigen Baumes), c) Hinzufügen eines inneren Knotenpunkts k in das gegebene Netz (äußerer Knotenpunkt des vollständigen Baumes), d) Hinzufügen eines äußeren Knotenpunkts k' in das gegebene Netz (äußerer Knotenpunkt des vollständigen Baumes)

eine weitere Impedanz Δz erhöht wird oder ob man einen neuen Zweig in Serienschaltung einfügt.[1] Ist $c_{z+1,.}$ ein Nullzeilenvektor, d.h., wird ein Endzweig als Baumzweig eingeführt, so ist das elektrisch betrachtet zunächst bedeutungslos. Aus diesem Grund ist es auch nicht erstaunlich, daß das 2. Glied in Gl. (27) verschwindet. Dieser Endzweig kann erst in weiteren Änderungsschritten durch Hinzufügung geeigneter mit diesem Endzweig verbundenen Verbindungszweigen einen Beitrag zur Maschenimpedanzmatrix liefern.

Besonderheiten bei der Knotenpunktsmethode. Wegen des besonderen Aufbaus der Knotenpunktszweiginzidenzmatrix K ergeben sich für die rangerhöhenden und rangerhaltenden Änderungen gewisse leicht angebbare Auswirkungen in der Knotenpunktsadmittanzmatrix Y^+.

Wir betrachten zunächst die *rangerhöhende Änderung*. Der hinzugefügte Zweig sei in der Numerierung der letzte, also $(z+1)$-te Zweig mit der Admittanz $y_{z+1,z+1}$. Dieser Zweig möge den i-ten Knoten-

---

[1] Damit ist die Aufgabe „Einfügen eines Zweiges" auf die Aufgabe „Änderung der Impedanz eines Zweiges" zurückgeführt (Kap. 7.1). Im Hinblick auf weitere Änderungen sind jedoch beide Aufgaben nicht äquivalent, nämlich dann nicht, wenn ein solcher Zwischenknotenpunkt dazu dienen soll, Anschlußmöglichkeiten für weitere Zweige zu liefern, schließlich sind im Endergebnis die im Speicher bereitstehenden Matrizen C und Z bei beiden Methoden verschieden.

punkt mit dem letzten, also $(k + t)$-ten Knotenpunkt verbinden, so daß die geänderte Zweigadmittanzmatrix die folgende Gestalt hat

$$\hat{Y} = \begin{pmatrix} Y & o \\ o_t & y_{z+1,\,z+1} \end{pmatrix}. \tag{28}$$

Die geänderte Knotenpunktszweiginzidenzmatrix hat dann die folgende Gestalt

$$\hat{K} = \begin{pmatrix} K & k_{.,\,z+1} \\ o_t & \pm 1 \end{pmatrix}. \tag{29}$$

Der letzte Spaltenvektor enthält in der i-ten Zeile ∓ 1 und sonst nur Nullen. Wenn man mit e_i einen Spaltenvektor bezeichnet, der in der i-ten Zeile $+1$ enthält und sonst nur Nullen, dann kann diese Matrix auch geschrieben werden

$$\hat{K} = \begin{pmatrix} K & \mp e_i \\ o_t & \pm 1 \end{pmatrix}. \tag{30}$$

Hierbei gilt das obere Vorzeichen, wenn die Zweigorientierung vom i-ten zum k-ten Knotenpunkt hinweist, im entgegengesetzten Fall das untere Vorzeichen.

Hiermit wird die geänderte *Knotenpunktsadmittanzmatrix*

$$\hat{Y}^+ = \hat{K}\,\hat{Y}\,\hat{K}_t = \begin{pmatrix} K\,Y\,K_t + y_{z+1,\,z+1}\,e_i\,(e_i)_t & -y_{z+1,\,z+1}\,e_i \\ -y_{z+1,\,z+1}\,(e_i)_t & +y_{z+1,\,z+1} \end{pmatrix}, \tag{31}$$

d. h., die ursprüngliche Knotenpunktsadmittanzmatrix $Y^+ = K\,Y\,K^t$ wird durch Ränderung zunächst mit Nullen in der letzten Spalte und Zeile in der Ordnung um 1 erhöht, zum i-ten und $(k+1)$-ten Hauptdiagonalelement wird $+y_{z+1,\,z+1}$ hinzuaddiert, das in der i-ten Zeile und $(k+1)$-ten Spalte und ebenso das in der $(k+1)$-ten Zeile und i-ten Spalte Element 0 wird durch $-y_{z+1,\,z+1}$ ersetzt.

Eine *rangerhaltende Änderung* ist hier das Hinzufügen eines $(z+1)$-ten Zweiges zwischen zwei bereits vorhandenen Knotenpunkten r und s mit Pfeilrichtung von r nach s, dann ist die geänderte Knotenpunktszweiginzidenzmatrix

$$\hat{K} = (K,\, -e_r + e_s). \tag{32}$$

Die Zweigadmittanzmatrix sei die gleiche wie in Gl. (28), dann ist die geänderte *Knotenpunktsadmittanzmatrix*

$$\hat{Y}^+ = \hat{K}\,\hat{Y}\,\hat{K}_t$$
$$= K\,Y\,K_t + (-e_r + e_s)\,y_{z+1,\,z+1}\,(-e_r + e_s)_t \tag{33a}$$
$$= K\,Y\,K_t + y_{z+1,\,z+1}\big(+e_r\,e_{r_t} + e_s\,e_{s_t} - e_r\,e_{s_t}\,e_s - e_{r_t}\big). \tag{33b}$$

Diese Gleichung bedeutet folgendes: Zum r-ten und s-ten Hauptdiagonalelement wird jeweils $y_{z+1,\,z+1}$ hinzuaddiert, von dem in der r-ten Zeile und s-ten Spalte und ebenso von dem in der s-ten Zeile und r-ten Spalte stehenden Element wird $y_{z+1,\,z+1}$ subtrahiert.

Strukturänderungen bei Anwendung der *Schnittmengenmethode* bringen gegenüber der Maschenmethode grundsätzlich nichts Neues. Die Gleichungen sind dual-analog denjenigen der Maschenmethode. Sie sollen deshalb hier nicht näher betrachtet werden.

7.3.2 Auswirkungen auf die Systemimpedanzmatrix (bzw. -admittanzmatrix)

Rangerhöhende Änderungen. Wir betrachten zunächst wieder nur die *Maschenmethode.* Dort ergibt die Hinzunahme eines Zweiges ohne Vermehrung der Knotenpunkte eine Hinzunahme einer Masche, und wenn diese in der Numerierung die letzte ist, eine Ränderung der Maschenimpedanzmatrix. Durch kombinierte Zeilen- und Spaltenvertauschung derart, daß die für die Erzeugung der Systemimpedanzmatrix erforderlichen Eliminationen sich auf die m letzten Variablen beziehen, kann jetzt der Fall eintreten, daß

1. entweder die durch Ränderung hinzugekommene Masche *nicht zu den zu eliminierenden Maschen* gehört oder
2. *zu den zu eliminierenden Maschen* gehört.

Im 1. Fall liegen die geänderten Zeilen- und Spaltenvektoren nicht in der zu invertierenden Untermatrix, während sie im 2. Fall in der zu invertierenden Untermatrix liegen, und da dort dann sowohl ein Zeilen- als auch ein Spaltenvektor liegt, muß die WOODBURY-Formel zweimal angewandt werden. Im 1. Fall wird gleichzeitig auch die Anzahl der herausgeführten Klemmenpaare um 1 erhöht (in einem Verbundnetz: Hinzunahme einer Einspeise- bzw. Entnahmestelle von Leistung), während der 2. Fall sich auf die Hinzunahme eines Zweiges im Netz bezieht.

Hinzunahme eines äußeren Klemmenpaares. Nach der Ränderung gemäß Gl. (23) komme durch kombinierte Zeilen- und Spaltenvertauschung die hinzugekommene Zeile und Spalte an die r-te Stelle, dann kann die geänderte Maschenimpedanzmatrix folgendermaßen geschrieben werden:

$$\overline{\overline{\mathbf{Z}}}^0 = \begin{pmatrix} \mathbf{Z}^0_{11(rr)} + \mathbf{e}_r \varDelta \mathbf{z}_{11,r.} + \varDelta \mathbf{z}_{11,.r.}(\mathbf{e}_r)_t & \mathbf{Z}^0_{12(r.)} + \mathbf{e}_r \varDelta \mathbf{z}_{12,r.} \\ \mathbf{Z}^0_{21(.r)} + \varDelta \mathbf{z}_{21,.r}(\mathbf{e}_r)_t & \mathbf{Z}^0_{22} \end{pmatrix}. \tag{34}$$

Hierbei ist $\mathbf{Z}^0_{11\,(r,r)}$ eine aus $\mathbf{Z}^0_{11}$ durch Einfügen einer Nullzeile und Nullspalte an r-ter Stelle hervorgegangene Untermatrix, $\mathbf{Z}^0_{12\,(r.)}$ eine durch Einfügen einer Nullzeile an r-ter Stelle und $\mathbf{Z}^0_{21\,(.r)}$ durch Einfügen einer

Nullspalte an r-ter Stelle aus der jeweiligen Untermatrix hervorgegangene veränderte Untermatrix. Zu diesen Nullzeilen und Nullspalten werden die r-ten Zeilenvektoren $\Delta z^0_{11,r.}$ und $\Delta z^0_{12,r.}$ sowie die r-ten Spaltenvektoren $\Delta z^0_{11,.r}$ und $\Delta z^0_{21,.r}$ hinzuaddiert. Durch Teilelimination erhält man die folgende Systemimpedanzmatrix [mit Benutzung von Gl. (10)]:

$$\overline{\hat{Z}}^0_{11} = Z^0_{11(rr)} + e_r \Delta z_{11,r.} (e_r)_t + \left(Z^0_{12(r.)} + (e_r) \Delta Z_{12,r.} \right) \times$$
$$\times\, Z^{0^{-1}}_{22} \left(Z^0_{21(.r)} + \Delta Z_{21,.r} (e_r)_t \right). \tag{35}$$

Hinzunahme eines Zweiges im Netz. Befindet sich der hinzugenommene Zweig im Netz, so lautet die der Gl. (34) entsprechende Gleichung, welche die geänderte Maschenimpedanzmatrix angibt

$$Z^0 = \begin{pmatrix} Z^0_{11} & Z^0_{12(.r)} + \Delta z_{22,.r} (e_r)_t \\ Z^0_{21(r.)} + e_r \Delta z_{21,r.} & Z^0_{22(rr)} + e_r \Delta z_{22,r.} + \Delta z_{22,.r} (e_r)_t \end{pmatrix}. \tag{36}$$

Die in Anwendung der Gl. (10) gebildete Systemimpedanzmatrix lautet nun

$$\overline{\hat{Z}}^0_{11} = Z^0_{11} + \left(Z^0_{12(.r)} + \Delta z_{12,r.} (e_r)_t \right) \times$$
$$\times \left(Z^0_{22(rr)} + e_r \Delta z_{22,r.} + \Delta z_{22,.r} (e_r)_t \right)^{-1} \times$$
$$\times \left(Z^0_{21(r.)} + e_r \Delta z_{21,r.} \right). \tag{37}$$

Die Inversenbildung der geänderten Matrix $Z^0_{22(rr)}$ kann nun nach WOODBURY in ähnlicher Weise, wie bereits in den Gln. (19) und (20) gezeigt, ausgeführt werden, denn jeder zu $Z^0_{22(rr)}$ hinzugefügte Term ist das Produkt eines Spaltenvektors mit einem Zeilenvektor und somit die Voraussetzung für die Anwendbarkeit der WOODBURY-Formel gegeben.

Rangerhaltende Änderungen. Die für die Maschenimpedanzmatrix rangerhaltenden Änderungen infolge Einfügen eines Zweiges wirken sich gemäß Gl. (27) ebenso aus wie eine Zweigimpedanzänderung (Kap. 7.1.1), da die Auswirkungen auf die Systemimpedanzmatrix in Kap. 7.1.2 in Gl. (14) bereits angegeben wurden, kann eine Darstellung unter diesem Gesichtspunkt hier unterbleiben. An die Stelle der in Gl. (14) auftretenden Symbole treten dann nur die in Gl. (27) angewandten und dem Fall „Einfügen eines Zweiges" angepaßten Symbole.

Besonderheiten bei der Knotenpunktsmethode. Auch bei der *Knotenpunktsmethode* muß im Fall rangerhöhender Änderungen noch unterschieden werden, ob der hinzugekommene Knotenpunkt von der Elimination betroffen wird oder nicht. Im 1. Fall wird auch hier die Ordnung der Systemadmittanzmatrix um 1 erhöht, im 2. Fall nicht. Ob nun aber im Zuge der Teilelimination in der zu invertierenden Untermatrix Elemente geändert werden oder nicht, hängt nur davon ab, ob der hinzugefügte Zweig zu den eliminierten Knotenpunkten gehort oder nicht. Das gleiche gilt für den Fall einer rangerhaltenden Änderung der Knotenpunktsadmittanzmatrix. Allerdings dürfte der Fall, daß in einer rangerhöhenden Änderung der hinzugefügte Knotenpunkt hinterher wieder eliminiert wird, praktisch keinen Sinn haben, da dies weder elektrisch sinnvoll ist, noch eine Wirkung in der Systemadmittanzmatrix zeigt (Nulloperation!) Um die WOODBURY-Formel anwenden zu können, soll noch gezeigt werden, daß sich auch Gl. (31) so schreiben läßt, daß der hinzugefügte Term die Gestalt hat: Spaltenvektor mal Zeilenvektor. Es ist nämlich

$$\varDelta \boldsymbol{Y}^{+} = \boldsymbol{Y}^{+}_{(k+1,\,k+1)} + (\boldsymbol{e}_i + \boldsymbol{e}_{k+1})\, y_{z+1,\,z+1}\, (\boldsymbol{e}_i + \boldsymbol{e}_{k+1})_t. \qquad (31a)$$

Hierbei ist $\boldsymbol{Y}^{+}_{(k+1,\,k+1)}$ die um die letzte $(k+1)$-te Nullzeile und -spalte geränderte Knotenpunktsadmittanzmatrix. Für die rangerhaltenden Änderungen ergibt sich aus der Gl. (33a), daß die WOODBURY-Formel angewandt werden kann.

Für die *Schnittmengenmethode* gelten die zu der Maschenmethode dualen Gleichungen und brauchen deshalb hier nicht näher ausgeführt zu werden.

7.3.3 Auswirkungen bei der Herausnahme eines Zweiges

Nach den vorausgegangenen Ausführungen ist es nun nicht schwer, auch das *Herausnehmen von Zweigen* zu behandeln. Grundsätzlich kann man sagen, daß in diesem Fall die in allen Formeln auftretenden Terme durch eine Addition mit umgekehrtem Vorzeichen wieder extrahiert werden müssen. In einigen Fällen, insbesondere bei Rangverminderungen ergeben sich gewisse Vereinfachungen dadurch, daß einfach nur gewisse Vektoren aus den Matrizen herausgenommen werden müssen (Aufhebung einer Ränderung). Die vorherige Subtraktion mit dem Ergebnis Null ist dann natürlich überflüssig.

Zusammenfassung. Die in der digitalen Netzberechnung auftretenden Matrizen erfordern bei einer Neuberechnung einen erheblichen organisatorischen und rechnerischen Aufwand. Liegen solche Matrizen einmal in einem Speicher vor, so wäre es im Falle einer Änderung einiger weniger für die Berechnung zugrunde liegender Daten nicht sinnvoll, den gesamten Rechengang mit den ungeänderten und geänderten Daten zu wiederholen. Stellt man die Frage, an welchen Stellen der betreffenden Matrix Änderungen eintreten und in welcher Größe, so stellt sich heraus, daß der hierfür erforderliche Aufwand meist ein sehr geringer Bruchteil des Aufwandes für eine Neuberechnung ist. Da zahlreiche Netzuntersuchungen darin bestehen, daß fortgesetzt solche Änderungen zu machen sind, kann sich durch die Anwendung der hier mitgeteilten Änderungsformeln eine erhebliche Ersparnis an Rechenzeit und damit auch an Rechenkosten ergeben.

Eine Ausdehnung auf die Erzeugung von gemischten Matrizen kann nach den hier mitgeteilten Ergebnissen als trivial betrachtet werden und wird deshalb hier nicht näher untersucht. Im Fall einer geringen Anzahl von getauschten Variablen ist es allerdings zweckmäßiger, den Variablentausch neu durchzuführen.

Da man aus fortgesetzten Änderungen eine gewünschte Matrix auch neu aufbauen kann, ist es mit einem Programm zur Berücksichtigung nachträglicher Änderungen auch möglich, eine Matrix beginnend mit einem Zweig direkt zu erzeugen. In diesem Fall benötigt man jedoch nur den Teil des Programms, der eine Hinzunahme von Zweigen berücksichtigt. Im allgemeinen wird die Gesamtrechenzeit für diesen Aufbau der Matrix länger sein. Man hat aber den Vorteil, alles mit einem Programm machen zu können.

8. Bedingungen für besondere Klassen von Netzmatrizen

8.1 Einschränkende Bedingungen für die Matrizen eines 2n-Ports bei Passivität des zugrunde liegenden Netzes

Für zahlreiche Fragen der Theorie elektrischer Netze ist es wichtig, Kriterien für die Matrizen eines Netzes zu besitzen, um entscheiden zu können, ob eine vorgelegte Matrix die Matrix eines *passiven* Netzes ist.

Von enormer Wichtigkeit ist diese Frage in der *Netzwerksynthese*, in der in den meisten Anwendungsfällen das Problem gestellt wird, ein Netzwerk mit vorgegebenen *Übertragungseigenschaften* in *Abhängigkeit* der *Frequenz* auf ökonomische Weise ausschließlich aus *passiven* Schaltelementen aufzubauen. Das Gesamtnetzwerk ist dann wieder passiv. Damit sind die Übertragungseigenschaften gewissen einschränkenden Bedingungen unterworfen, da auch die Matrizen einschränkenden Bedingungen unterworfen sind. Hinzu kommt meistens noch, daß man beachten muß, daß als Schaltelemente nur OHMsche Widerstände, Kapazitäten und Induktivitäten zugelassen sind, letztere auch noch mit nicht mehr vernachlässigbaren Verlusten. In manchen Fällen werden auch noch Transformatoren zugelassen (auch diese sind meist nicht hinreichend ideal zu verwirklichen). Die Frequenzabhängigkeit, die in dieser Darstellung nicht berücksichtigt werden soll, erfordert auch noch funktionentheoretische Betrachtungen.

Für die Darstellbarkeit eines Netzes auf einem *Netzmodell* muß ebenfalls darauf geachtet werden, daß man insbesondere bei Transformationen (z. B. Übergang auf symmetrische oder $\alpha\beta 0$-Komponenten) im Bereich der Darstellbarkeit bleibt, es sei denn, man verwendet elektronische Hilfsmittel. In diesem Fall begibt man sich auf das Gebiet des eigentlichen *Analogrechners,* wo es eigentlich nur darauf ankommt, gewisse Gleichungen nachzubilden, wobei allerdings noch die Stabilität der Schaltung gewahrt bleiben muß. Im übrigen ist sowohl in der Netzwerksynthese als auch bei der Nachbildung von Netzen auf einem Netzmodell zusätzlich noch darauf zu achten, daß die Matrizen der Bedingung der *Reziprozität* (Symmetrie von Impedanz- und Admittanzmatrizen) genügen. Auf diese Frage wird in einem weiteren Kapitel näher eingegangen.

In der Theorie der mehrphasigen Leitung (Kap. 10.2) benötigt man schließlich Passivitätsbedingungen auch, um aus der Vielzahl der Lösungen für die Quadratwurzel einer Matrix die einzig physikalisch sinnvolle auswählen zu können.

Bedingungen für die Impedanz- und Admittanzmatrix. Besonders einfach sind die Bedingungen für die Impedanz- und Admittanzmatrix. Es ist hier nicht erforderlich, sich auf ein portzahlsymmetrisches Netz zu beschränken, d. h., wir nehmen die betrachtete Matrix als *nicht-partitioniert* an. Wir betrachten nun die in das *gesamte* Netz eingespeiste Wirkleistung

$$P = \operatorname{Re} \boldsymbol{u}_t \, \boldsymbol{i}^* = \operatorname{Re}(U_1 I_1^* + U_2 I_2^* + \cdots + U_n I_n^*. \tag{1}$$

Um die *Impedanzmatrix* einzuführen, benutzen wir die Beziehung

$$\boldsymbol{u} = \boldsymbol{Z}\,\boldsymbol{i} \quad \text{bzw.} \quad \boldsymbol{u}_t = \boldsymbol{i}_t \, \boldsymbol{Z}_t, \tag{2}$$

so daß wir erhalten

$$P = \operatorname{Re} \boldsymbol{i}_t \, \boldsymbol{Z}_t \, \boldsymbol{i}^* \tag{3}$$

$$= \frac{1}{2}\,(\boldsymbol{i}_t \, \boldsymbol{Z}_t \, \boldsymbol{i}^* + \boldsymbol{i}_t^* \, \boldsymbol{Z}_t^* \, \boldsymbol{i}) \tag{4}$$

$$= \frac{1}{2}\,(\boldsymbol{i}_t^* \, \boldsymbol{Z} \, \boldsymbol{i} + \boldsymbol{i}_t^* \, \boldsymbol{Z}_t^* \, \boldsymbol{i})\ ^1 \tag{5}$$

$$= \boldsymbol{i}_t^* \, \frac{(\boldsymbol{Z} + \boldsymbol{Z}_t^*)}{2}\,\boldsymbol{i} = \boldsymbol{i}_t^* \, \boldsymbol{Z}_H \, \boldsymbol{i}. \tag{6}$$

In einem passiven Netz kann diese Wirkleistung *niemals negativ* sein, d. h. es ist

$$P = \boldsymbol{i}_t \, \boldsymbol{Z}_H \, \boldsymbol{i} \geqq 0. \tag{7}$$

$\boldsymbol{Z}_H$ ist der *hermitesche Teil* der *Impedanzmatrix* $\boldsymbol{Z}$ und die rechte Seite der Gleichung eine *hermitesche Form.* Sieht man von dem trivialen Fall $\boldsymbol{i} = \boldsymbol{o}$ ab, für die jede hermitesche Form verschwindet, so können

---

[1] In der Klammer wurde der 1. Term gemäß der Identität $\boldsymbol{u}_t \, \boldsymbol{A}\,\boldsymbol{v} \equiv \boldsymbol{v}_t \, \boldsymbol{A}_t \, \boldsymbol{u}$ umgeformt.

wir noch 2 Fälle unterscheiden

$$\text{I} \quad \boldsymbol{i}_t^* \, \boldsymbol{Z}_H \, \boldsymbol{i} > 0 \qquad \qquad (8)$$

$$\text{für} \quad \boldsymbol{i} \neq \boldsymbol{o}.$$

$$\text{II} \quad \boldsymbol{i}_t^* \, \boldsymbol{Z}_H \, \boldsymbol{i} \geqq 0 \qquad \qquad (9)$$

Im Fall I muß $\boldsymbol{Z}_H$ positiv-definit sein, im Fall II positiv-semidefinit. Der Fall II ist ein Grenzfall, der vorliegt, wenn das Netz durch Stromeinspeisungen so erregt werden kann, daß kein Energieverbrauch stattfindet (Resonanz!) Das Ergebnis können wir also zusammenfassen in dem

Satz 1: Der *hermitesche Teil* $\boldsymbol{Z}_H$ der *Impedanzmatrix* eines *passiven Netzes* ist positiv-definit oder positiv-semidefinit.

In einer analogen Betrachtung läßt sich die Gültigkeit zeigen von

Satz 2: Der *hermitesche Teil* $\boldsymbol{Y}_H$ der *Admittanzmatrix* eines *passiven Netzes* ist positiv-definit oder positiv-semidefinit.

Sieht man von einem Unterschied zwischen der eigentlichen Positiv-Definitheit und der -Semidefinitheit ab, so folgt aus der Definitheit von $\boldsymbol{Z}_H$ die Definitheit von $\boldsymbol{Y}_H$ und umgekehrt. Es ist aber durchaus möglich, daß eine der beiden Matrizen semidefinit ist und die andere eigentlich definit.

Genaugenommen haben wir mit den beiden Sätzen nur eine *notwendige Bedingung* für *passive Netze* festgelegt, d. h., hat man ein passives Netz, so folgt hieraus, daß die angegebenen Bedingungen erfüllt sind. Nicht bewiesen sind die Sätze, daß bei Erfüllung der angegebenen Bedingungen auch die Existenz eines zugehörigen Netzes folgt. Ein solcher Satz gehört in die Netzwerksynthese und soll hier nicht bewiesen werden.

Für Netze, die dem *Reziprozitätsgesetz* genügen (vgl. Kap. 8.2.1), d. h., deren Impedanz- und Admittanzmatrizen symmetrisch sind, ist der hermitesche Teil dadurch zu bilden, daß man von jedem Element den Realteil nimmt, d. h., es ist dann, da die Transposition entfällt,

$$\boldsymbol{Z}_H = \frac{1}{2} (\boldsymbol{Z} + \boldsymbol{Z^*}) = \operatorname{Re} \boldsymbol{Z} = \boldsymbol{R} \qquad \qquad (10)$$

und analog

$$\boldsymbol{Y}_H = \operatorname{Re} \boldsymbol{Y} = \boldsymbol{G}. \qquad \qquad (11)$$

Determinantenkriterien für die Definitheit. Um zu entscheiden, ob eine vorgelegte *hermitesche* Matrix *positiv-definit* oder *-semidefinit* ist, kann man die in diesem Fall immer reellen Eigenwerte heranziehen. Dann und nur dann, wenn sämtliche Eigenwerte positiv sind, ist die vorgelegte hermitesche Matrix eigentlich positiv-definit; wenn hingegen einige positiv sind und die übrigen verschwinden, so ist die betreffende hermitesche Matrix positiv-semidefinit.

Für die *praktische* Handhabung ist das *Determinantenkriterium* zweckmäßiger (es sei denn, man benötigt die Eigenwerte aus anderen Gründen). Dieses lautet:

Eine *hermitesche* Matrix ist dann und nur dann *positiv-definit*, wenn *sämtliche Hauptabschnittsdeterminanten positiv* sind.

Im Falle der *Semidefinitheit* ist die vorgelegte hermitesche Matrix singulär. In diesem Falle können nicht alle Hauptabschnittsdeterminanten positiv sein. Das entsprechende Kriterium muß folgendermaßen formuliert werden:

Eine *singuläre hermitesche* Matrix ist dann und nur dann *positiv-semidefinit*, wenn durch eine notfalls erforderliche Zeilen- und Spaltenvertauschung eine Folge *positiver Hauptabschnittsdeterminanten* wachsender Ordnungszahl bis zur *Ordnung r* erzeugt werden kann, und alle *übrigen Hauptabschnittsdeterminanten verschwinden;* die Matrix ist dann *positiv-semidefinit* vom *Range r*.

Die Folge der *Hauptabschnittsdeterminanten* wird so gebildet, daß beginnend mit dem ersten Hauptdiagonalelement oben und links jeweils eine Zeile und Spalte bis zum Hauptdiagonalelement hinzugenommen wird, von diesen quadratischen Matrizen sind die Determinanten zu bilden, also nach folgendem Schema (Abtrennung durch gestrichelte Linien)

$$A = \begin{bmatrix} a_{11} & a_{12} & a_{13} & \cdots & a_{1n} \\ a_{21} & a_{22} & a_{23} & \cdots & a_{2n} \\ a_{31} & a_{32} & a_{33} & \cdots & a_{3n} \\ \vdots & \vdots & \vdots & & \vdots \\ a_{n1} & a_{n2} & a_{n3} & \cdots & a_{nn} \end{bmatrix}.$$

Bedingungen für die Kettenmatrix. Die Bedingungen für die *Kettenmatrix* sind nicht so einfach, was von der heterogenen Struktur der Kettenmatrix herrührt. Ein einfacher Weg bestünde wohl auch darin, die Kettenmatrix in eine Impedanz- oder Admittanzmatrix zu verwandeln und das behandelte Kriterium dann auf diese Matrix anzuwenden. Da jede der beiden Umwandlungsformeln eine Inversion (die Inverse muß dann auch existieren) und 4 Matrizenmultiplikationen erfordert, soll hier noch ein anderer Weg gezeigt werden, für den nur 4 Matrizenmultiplikationen erforderlich sind. Insbesondere entfällt dann auch die Problematik der geforderten Existenz der Untermatrix *B* bzw. *C*. Hierzu wird man zweckmäßigerweise die Gesamtwirkleistung direkt aus der Kettenmatrix bilden. Die zu stellende Forderung lautet

$$P = \mathrm{Re}\left(\boldsymbol{u}_{1_t}\,\boldsymbol{i}_t^* + \boldsymbol{u}_{2_t}\,\boldsymbol{i}_t^*\right) \geqq 0. \tag{12}$$

Aus der definierenden Gleichung für die Kettenmatrix

$$\begin{pmatrix} u_1 \\ i_1 \end{pmatrix} = \begin{pmatrix} A & B \\ C & D \end{pmatrix} \begin{pmatrix} u_2 \\ -i_2 \end{pmatrix} \tag{13}$$

entnehmen wir die beiden Gleichungen

$$u_{1_t} = (u_{2_t}, -i_{2_t}) \begin{pmatrix} A_t \\ B_t \end{pmatrix} \qquad i_1^* = (C^*, D^*) \begin{pmatrix} u_2^* \\ -i_2^* \end{pmatrix}. \tag{14}$$

Diesen Gleichungen fügen wir die trivialen Gleichungen

$$u_{2_t} = (u_{2_t}, -i_{2_t}) \begin{pmatrix} 1 \\ O \end{pmatrix} \qquad i_2^* = (O, -1) \begin{pmatrix} u_2^* \\ -i_2^* \end{pmatrix} \tag{15}$$

hinzu. Mit diesen Gleichungen läßt sich die Bedingung für die Wirkleistung nach Gl. (12) nun leicht aufstellen. Die zu stellende Forderung kann auch hier wieder so ausgesprochen werden, daß die folgende hermitesche Form nichtnegativ sein darf, also

$$P = \mathrm{Re} \left\{ (u_{2_t}, -i_{2_t}) \begin{pmatrix} A_t C^* & A_t D^* - 1 \\ B_t C^* & B_t D^* \end{pmatrix} \begin{pmatrix} u_2^* \\ -i_2^* \end{pmatrix} \right\} \geqq 0. \tag{16}$$

In einer ähnlichen Schlußweise wie im vorausgegangenen Kapitel finden wir also, daß die folgende Matrix (nämlich der hermitesche Teil der obigen) *positiv-definit* bzw. *positiv-semidefinit* sein muß. Dieser hermitesche Teil lautet

$$M_H = \begin{pmatrix} A_t C^* & A_t D^* - 1 \\ B_t C^* & B_t D^* \end{pmatrix}_H \tag{17}$$

$$= \frac{1}{2} (M + M_t^*) \tag{18}$$

$$= \frac{1}{2} \begin{pmatrix} A_t C^* + C_t A^* & C_t B^* + A_t D^* - 1 \\ B_t C^* + D_t A^* - 1 & B_t D^* + D_t B^* \end{pmatrix} \geqq 0. \tag{19}$$

Es wird interessant sein, diese Bedingung an einigen einfachen Beispielen zu erproben. Wir betrachten 2 Grenzfälle: die ideale Übertragermatrix und den idealen Gyrator-2n-Port. Die *ideale Übertragermatrix* ist dadurch gekennzeichnet, daß sich die Ströme transponiert-konjugiert-invers zu den Spannungen übertragen. Eine Impedanz- und Admittanzmatrix existiert nicht, wohl aber die Kettenmatrix. Sie hat folgende Struktur[1]:

$$L = \begin{pmatrix} A & O \\ O & (A_t^*)^{-1} \end{pmatrix}, \tag{20}$$

und es ist

$$M = M_H = \begin{pmatrix} O & O \\ O & O \end{pmatrix}, \tag{21}$$

---

[1] Vgl. Kap. 11.6.1 Gl. (9).

d. h., es ist keine Erregung möglich, bei der ein Energieverbrauch im Netz möglich ist (denn das würde im Widerspruch zur Grundeigenschaft des idealen Übertragers stehen).

Der ideale *Gyrator-2n-Port* ist durch folgende Beziehungen gekennzeichnet

$$u_1 = - S_t^* \, i_2, \tag{22}$$
$$u_2 = S \, i_1.$$

Hierbei wurden gyratorische Beziehungen nur zwischen den Eingangs- und Ausgangsklemmenpaaren angenommen, nicht auch zwischen den verschiedenen Eingangs- und Ausgangsklemmenpaaren untereinander. Ferner handelt es sich um eine komplexe Verallgemeinerung des Gyrators mit reeller Matrix S. Betrachten wir die zugehörige Impedanz- oder Admittanzmatrix, so findet man, daß diese schiefhermitesch ist, der hermitesche Teil also die Nullmatrix ist. Die Kettenmatrix lautet

$$L = \begin{pmatrix} O & S_t^* \\ S^{-1} & O \end{pmatrix} \tag{23}$$

und die zu prüfende Matrix

$$M = M_H = \begin{pmatrix} O & O \\ O & O \end{pmatrix}, \tag{24}$$

also ebenfalls eine Nullmatrix. Sowohl die Übertragermatrix als auch der ideale Gyrator-2n-Port gehören zur Klasse der Netzwerke, die unabhängig von der Erregungsart weder Energie verbrauchen noch Energie abgeben.

8.2 Bedingungen der Symmetrie in Netzen

8.2.1 Die Bedingungen der Reziprozität für die Matrizen eines 2n-Ports

Wir hatten gesehen, daß, solange in einem Netz *nur Zweipole* und *Transformatoren* mit *reellem* Übersetzungsverhältnis[1] vorkommen, die *Impedanz-* und *Admittanzmatrizen symmetrisch* sind. Um die Symmetrie dieser Matrizen zu zerstören, ist es also erforderlich, daß wenigstens ein Zweiport (also wenigstens ein Dreipol) in das Netz eingeführt werden muß; beispielsweise ein Gyrator, ein Übertrager mit komplexem Übersetzungsverhältnis, für die das Reziprozitätsgesetz nicht gilt. Wir

---

[1] Das Reziprozitätsgesetz gilt nur in solchen Mehrporten, in welchen die Ohmschen Verluste, die magnetische und elektrische Energie Zustandsgrößen für die Augenblickswerte der Einspeisespannungen oder -ströme sind (Gleichheit der gemischten partiellen Ableitungen 2. Ordnung bei Indexvertauschung).

wollen nun noch einige allgemeine Eigenschaften der Matrizen von Netzwerken, in welchen das *Reziprozitätsgesetz* gilt, untersuchen.

Das Reziprozitätsgesetz für Impedanz- und Admittanzmatrizen. Für Impedanz- und Admittanzmatrizen ist das *Reziprozitätsgesetz* gleichbedeutend mit der *Symmetrie* dieser *Matrizen*, d. h., es ist

$$Z = Z_t, \tag{25}$$

wobei für die Untermatrizen gilt

$$Z_{11} = Z_{11_t}; \quad Z_{12} = Z_{21_t}; \quad Z_{22} = Z_{22_t}. \tag{26}$$

Daß aus der Symmetrie der Impedanzmatrix die Symmetrie der Admittanzmatrix folgt und umgekehrt, ließe sich auf umständliche Art wohl auch mit Hilfe der CRAMERschen Regel über Determinanten beweisen. Eleganter ist es, diese Tatsache folgendermaßen zu zeigen. Es ist

$$1 = (YZ)_t$$
$$= Z_t Y_t$$
$$= Z Y_t$$

und man erhält schließlich durch Multiplikation mit $Z^{-1} = Y$ von links das gewünschte Ergebnis

$$Y = Y_t. \tag{27}$$

Hierbei wurde außer der Voraussetzung (25) nur die Tatsache benutzt, daß die Einheitsmatrix durch die Transposition nicht geändert wird und, daß die Transponierte eines Produkts gleich dem Produkt der transponierten Faktormatrizen ist. Weiter folgt, wie oben für die Untermatrizen,

$$Y_{11} = Y_{11_t}; \quad Y_{12} = Y_{21_t}; \quad Y_{22} = Y_{22_t}. \tag{28}$$

Das Reziprozitätsgesetz für Kettenmatrizen. Das *Reziprozitätsgesetz*, das sich nun einmal wesentlich auf die *Impedanz-* bzw. *Admittanzmatrix* abstützt, kann für die Kettenmatrix nur auf dem Umwege über diese Matrizen gewonnen werden. Hierzu brauchen wir nur die Gln. (26) und (28) auf die Untermatrizen der Impedanz- oder Admittanzmatrizen, ausgedrückt durch die *Untermatrizen* der *Kettenmatrix* anzuwenden. Ausgehend von den Gln. (26) erhält man aus der Tabelle in Kap. 9.4 zur gegenseitigen Umwandlung der Matrizen

$$A C^{-1} = C_t^{-1} A_t \tag{29}$$

$$C^{-1} D = D_t C_t^{-1} \tag{30}$$

$$-B + A C^{-1} D = C_t^{-1}. \tag{31}$$

Hier wird man die Inversen durch entsprechende Multiplikation beseitigen. Damit dies auch in Gl. (31) gelingt, wird man zuvor Gl. (30) in (31) einsetzen oder durch Einsetzen von Gl. (29) in (31). Wir erhalten dann den folgenden Satz Matrizengleichungen ohne Inversen

$$B_t\, D = D_t\, B \tag{32}$$

$$A\, B_t = B\, A_t \tag{33}$$

$$D\, A_t - C\, B_t = 1 \quad \text{oder} \quad D_t\, A - B_t\, C = 1. \tag{34}$$

Auf eine ähnliche Weise erhält man zunächst aus den Gln. (28) unter Benutzung der Umwandlungstabelle in Kap. 9.4

$$D\, B^{-1} = B_t^{-1}\, D_t \tag{35}$$

$$B^{-1}\, A = A_t\, B_t^{-1} \tag{36}$$

$$C - D\, B^{-1}\, A = -B_t^{-1} \tag{37}$$

und hieraus wiederum

$$B_t\, D = D_t\, B \tag{38}$$

$$A\, B_t = B\, A_t \tag{39}$$

$$D\, A_t - C\, B_t = 1 \quad \text{oder} \quad D_t\, A - B_t\, C = 1. \tag{40}$$

Die Gln. (32) bis (34) sind den Gln. (38) bis (40) äquivalent (insbesondere geht die linke (rechte) Gl. (40) aus der linken (rechten) Gl. (34) durch Transposition hervor, auch die übrigen Gleichungen lassen sich ineinander überführen). Jeder vollständige Satz [z. B. die Gln. (32), (33) und (34) links] liefert $\binom{2\,n}{2}$ einzelne Bedingungen für die Elemente der Kettenmatrix; das ist die gleiche Anzahl wie durch die Gln. (26) oder (28). Die Gln. (34) [oder (40)] kann man als Ersatz für die Bedingung für die Kettendeterminante von 2-Porten, die dem Reziprozitätsgesetz gehorchen, ansehen, und die folgendermaßen lautet:

$$\det L = \begin{vmatrix} A & B \\ C & D \end{vmatrix} = A\, D - B\, C = +1. \tag{41}$$

Während für einen *2-Port* dies die *einzige Bedingung* ist, müssen einer solchen Bedingung für 2n-Porte noch die Bedingungen (32) und (33) [bzw. (38) und (39)] hinzugefügt werden.

Die Gln. (34) und (40) besagen aber noch nicht, daß die *Kettendeterminante* für 2n-Porte für $n > 1$ ebenfalls gleich $+1$ ist. Dies ist nun tatsächlich auch der Fall, wie im folgenden gezeigt werden soll. Zu diesem Zweck multiplizieren wir die Kettenmatrix von links mit einer Matrix, deren Determinante gleich Eins ist, so daß der Wert der Determinante des Produkts unverändert bleibt. Die ausgeführten Operationen entsprechen dem GAUSSschen Algorithmus für Untermatrizen. Wir erhalten

$$\begin{pmatrix} 1 & -A\, C^{-1} \\ O & 1 \end{pmatrix} \begin{pmatrix} A & B \\ C & D \end{pmatrix} = \begin{pmatrix} O & B - A\, C^{-1}\, D \\ C & D \end{pmatrix}. \tag{42}$$

Wir haben damit erreicht, daß links oben eine Nullmatrix steht, und daß wir jetzt durch Anwendung des LAPLACEschen Entwicklungssatzes (S. 220) die Determinante der Gesamtmatrix darstellen können durch ein *einziges Produkt* der Determinanten von Untermatrizen (die übrigen Produkte verschwinden, da jeweils ein Faktor infolge der darin vorkommenden Nullzeile verschwindet). Das Vorzeichen dieses einzigen Produkts ist negativ, und es ist somit

$$\det L = -\det C \det(B - A\,C^{-1}\,C)$$

und nach Gl. (7)

$$\det L = -\det C \det(-C_t^{-1})$$
$$= \det C \det C^{-1}$$
$$= +1. \tag{43}$$

8.2.2 Auswirkungen der Längssymmetrie eines 2n-Portes in den Matrizen

Auswirkungen in den Impedanz- und Admittanzmatrizen. Ein 2n-Port ist längssymmetrisch, wenn bei Vertauschung der Klemmenpaare im Eingang (Index 1) und der Klemmenpaare im Ausgang (Index 2) die Impedanz- bzw. Admittanzmatrix unverändert bleibt, d. h., es muß sein

$$Z = \begin{pmatrix} Z_{11} & Z_{12} \\ Z_{21} & Z_{22} \end{pmatrix} = \begin{pmatrix} Z_{22} & Z_{21} \\ Z_{12} & Z_{11} \end{pmatrix}, \tag{44}$$

was mit Hilfe der Vertauschungsmatrix

$$V = \begin{pmatrix} O & 1 \\ 1 & O \end{pmatrix} \tag{45}$$

auch geschrieben werden kann

$$Z = V Z V. \tag{46}$$

Eine analoge Betrachtung gilt für die Admittanzmatrix, dort gilt also

$$Y = V Y V. \tag{47}$$

Auswirkungen in den Kettenmatrizen. Nicht ganz so einfach sind die Bedingungen für die Kettenmatrix. Auch hier müssen bei Indexvertauschung die Beziehungen erhalten bleiben. Es ist einerseits

$$\begin{pmatrix} u_1 \\ i_1 \end{pmatrix} = L \begin{pmatrix} u_2 \\ -i_2 \end{pmatrix} = \begin{pmatrix} A & B \\ C & D \end{pmatrix} \begin{pmatrix} u_2 \\ -i_2 \end{pmatrix}. \tag{48}$$

Nach Vertauschen der Indizes muß also außerdem gelten

$$\begin{pmatrix} u_2 \\ i_2 \end{pmatrix} = L \begin{pmatrix} u_1 \\ -i_1 \end{pmatrix}. \tag{49}$$

Mit der Matrix

$$J = \begin{pmatrix} 1 & O \\ O & -1 \end{pmatrix} \tag{50}$$

ergibt sich durch fortgesetzte Substitution und Multiplikation mit J von links folgende Bedingung aus Gl. (49) und unter Berücksichtigung von Gl. (48)

$$\begin{pmatrix} u_2 \\ -i_2 \end{pmatrix} = JLJL \begin{pmatrix} u_2 \\ -i_2 \end{pmatrix}. \tag{51}$$

Dies gilt für beliebig wählbare Vektoren $\begin{pmatrix} u_2 \\ -i_2 \end{pmatrix}$. Somit erhalten wir die Bedingung

$$JLJL = \begin{pmatrix} 1 & O \\ O & 1 \end{pmatrix} \tag{52}$$

$$\begin{pmatrix} A & B \\ -C & -D \end{pmatrix} \begin{pmatrix} A & B \\ -C & -D \end{pmatrix} = \begin{pmatrix} 1 & O \\ O & 1 \end{pmatrix}. \tag{53}$$

woraus sich im einzelnen die Bedingungen herleiten

$$A^2 - BC = 1 \tag{54}$$

$$D^2 - CB = 1 \tag{55}$$

$$AB = BD \quad (56) \text{ oder falls } \det B \neq 0 \quad D = B^{-1}AB \tag{56a}$$

$$CA = DC \quad (57) \text{ oder falls } \det C \neq 0 \quad D = CAC^{-1}. \tag{57a}$$

A und D sind bei längssymmetrischen 2n-Porten somit ähnlich.

Die Kettendeterminanten eines längssymmetrischen 2n-Ports. Die Kettenmatrix eines längssymmetrischen 2n-Ports kann durch je zwei der Untermatrizen einer Zeile oder Spalte von L dargestellt werden, z. B. durch A und C. Dann läßt sich die Kettenmatrix auch in Faktoren aufspalten und es ist, wenn $\det C \neq 0$

$$\begin{aligned} L &= \begin{pmatrix} A & (A^2 - 1)C^{-1} \\ C & CAC^{-1} \end{pmatrix} \\ &= \begin{pmatrix} 1 & (A-1)C^{-1} \\ O & 1 \end{pmatrix} \begin{pmatrix} 1 & O \\ C & 1 \end{pmatrix} \begin{pmatrix} 1 & (A-1)C^{-1} \\ O & 1 \end{pmatrix}^1. \end{aligned} \tag{58}$$

Da die Determinante jedes einzelnen Faktors gleich Eins ist, ist nach dem Determinantenmultiplikationssatz

$$\det L = +1. \tag{59}$$

Es ist gewiß nicht uninteressant festzustellen, daß die Längssymmetrie allein (also insbesondere auch dann, wenn das Reziprozitätsgesetz nicht gilt) ebenfalls bewirkt, daß die Kettendeterminante gleich $+1$ wird.

---

[1] Diese Zerlegung in 3 Faktoren entspricht einer Kettenschaltung dreier 2n-Porte, die selbst längssymmetrisch sind. Da die äußeren 2n-Porte identisch sind, muß der Gesamt-2n-Port ebenfalls längssymmetrisch sein.

9. Kombinatorische Verknüpfung von 2 n-Port-Matrizen

Gelegentlich ist es zweckmäßiger, Impedanz-, Admittanz- oder auch gemischte Matrizen nicht nach den in den vorausgegangenen Kapiteln beschriebenen Wegen zu erzeugen (d. h. Aufstellen einer grundlegenden Matrix, Teileliminaton und ggf. Variablentausch), sondern dadurch, daß man Matrizen von einfachen Netzen bereits kennt und die Matrizen eines komplizierten Netzes, das aus diesen zusammengesetzt ist, durch Matrizenaddition oder -multiplikation ermittelt. In diesem Zusammenhang sind auch Formeln für die gegenseitige Umwandlung von Impedanz-, Admittanz- und Kettenmatrizen von Interesse.

9.1 Additive Verknüpfung von Impedanzmatrizen

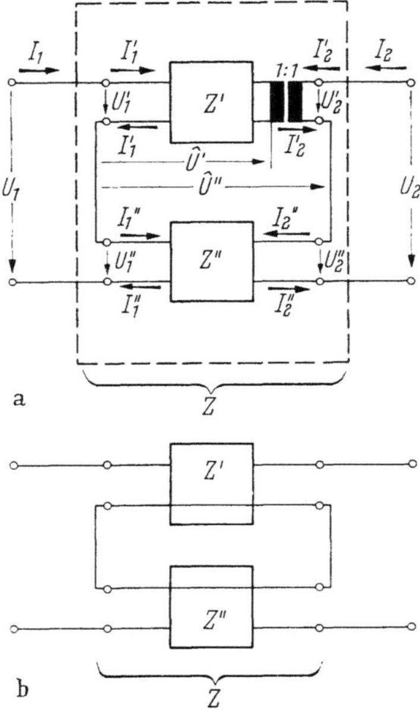

a

b

Abb. 9.1 a u. b.
Zur additiven Verknüpfung von *Impedanzmatrizen*, gezeigt am Beispiel zweier 2-Porte mit den Impedanzmatrizen $\boldsymbol{Z'}$ und $\boldsymbol{Z''}$. Damit keine unerwünschten zusätzlichen Bedingungen eingeführt werden, sind bei der Zusammenschaltung von 2 n-Porten $n-1$ Isolierübertrager 1 : 1 erforderlich. In a) darf z. B. i. allg. U' nicht gleich U'' gesetzt werden. Sind hingegen wie in b) in dem oberen 2-Port die unteren Klemmen durchgeschaltet, so ist dort sowieso $U' = U'' = 0$, und es kann in diesem Fall der Übertrager entfallen

Gegeben sind zwei n-Porte und deren Impedanzmatrizen mit den zugehörigen Gleichungen

$$u' = Z' \, i'$$
$$u'' = Z'' \, i'' \qquad \text{oder}$$

$$\begin{pmatrix} u' \\ u'' \end{pmatrix} = \begin{pmatrix} Z' & O \\ O & Z'' \end{pmatrix} \begin{pmatrix} i' \\ i'' \end{pmatrix}. \qquad (1)$$

Für diese beiden n-Porte existiert (ggf. unter Zuhilfenahme von Übertragern) eine Schaltung, welche die Ströme homologer Klemmenpaare identifiziert und die Spannungen homologer Klemmenpaare addiert (Abb. 9.1), so daß das folgende System von Gleichungen gilt

$$i = i'$$
$$i = i'' \qquad (2)$$

und

$$u = u' + u''. \qquad (3)$$

Diese Gleichungen entsprechen einer leistungsinvarianten Transformation. Mit

$$T = (1, 1) \qquad (4)$$

lassen sich die Gln. (2) und (3) schreiben

$$\begin{pmatrix} i' \\ i'' \end{pmatrix} = \begin{pmatrix} 1 \\ 1 \end{pmatrix} i = T_t \, i \qquad (5)$$

und
$$u = (1, 1) \binom{u'}{u''} = T \binom{u'}{u''}. \tag{6}$$

Aus Gl. (1) erhält man mit diesen Gleichungen[1]
$$u = T \begin{pmatrix} Z' & O \\ O & Z'' \end{pmatrix} T_t\, i \tag{7}$$
$$= (Z' + Z'')\, i = Z\, i$$

mit $Z = Z' + Z''$. $\qquad(9)$

Durch eine Schaltung nach den Gln. (2) und (3) wird also bewirkt, daß für den resultierenden n-Port (für den die ungestrichenen Größen gelten) die Summe der Impedanzmatrizen der einzelnen n-Porte wirksam wird (Abb. 9.1). Eine solche Schaltung kann man als *Serienschaltung* zweier n-Porte bezeichnen.

9.2 Additive Verknüpfung von Admittanzmatrizen

Dual hierzu lassen sich auch n-Porte so verknüpfen, daß für den resultierenden n-Port die Summe der Admittanzmatrizen der einzelnen n-Porte gilt. Mit

$$\binom{i'}{i''} = \begin{pmatrix} Y' & O \\ O & Y'' \end{pmatrix} \binom{u'}{u''} \tag{10}$$

und den Verknüpfungsgleichungen
$$u = u'$$
$$u = u'' \tag{11}$$

und
$$i = i' + i'' \tag{12}$$

erhalten wir
$$i = (Y' + Y'')\,u = Y\,u, \tag{13}$$

mit
$$Y = Y' + Y''. \tag{14}$$

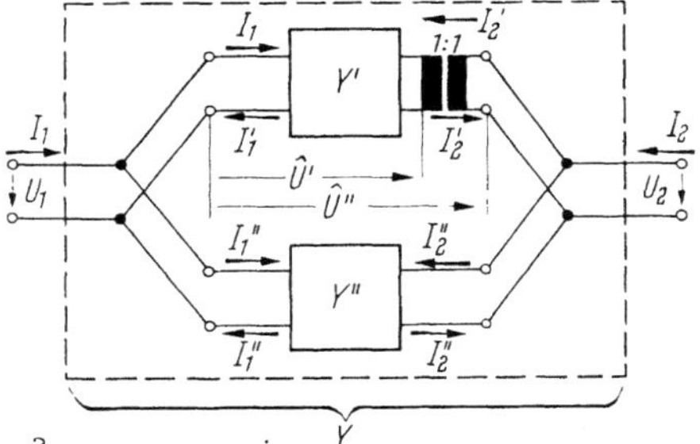

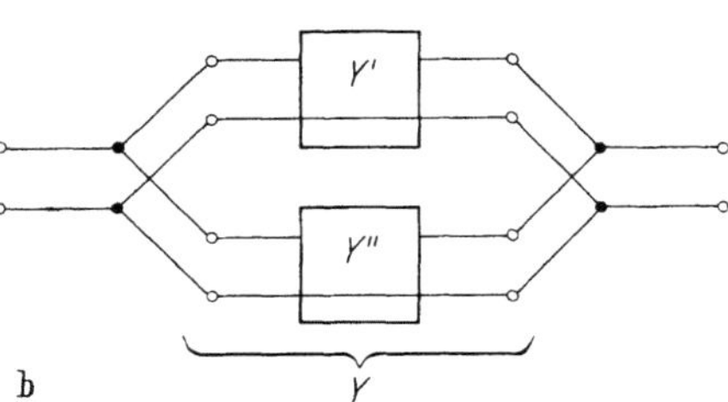

Abb. 9.2 a u. b.
Zur additiven Verknüpfung von *Admittanzmatrizen*, gezeigt am Beispiel zweier 2-Porte mit den Admittanzmatrizen Y' und Y''. Damit keine unerwünschten zusätzlichen Bedingungen eingeführt werden, sind bei der Zusammenschaltung von 2 n-Porten $n-1$ Isolierübertrager 1:1 erforderlich. Auch hier darf in a) beispielsweise U' nicht gleich U'' gesetzt werden, wenn nicht, wie z. B. in b), diese Spannungen beide infolge Durchschaltung der betreffenden Klemmen sowieso gleich Null sind

---

[1] Aus dieser leistungsinvarianten Verknüpfung, die eine Kongruenztransformation der Direktsumme der Impedanzmatrizen der einzelnen n-Porte (d. i. eine Diagonalübermatrix, deren Diagonalelemente die Impedanzmatrizen der n-Porte sind) nach sich zieht, folgt, daß bei identischer Verknüpfung der Ströme nach Gl. (2) die additive Verknüpfung der Spannungen nach Gl. (3) automatisch erfüllt ist.

Die schaltungstechnische Verwirklichung zeigt Abb. 9.2. Eine solche Schaltung kann man als *Parallelschaltung* zweier n-Porte bezeichnen.

9.3 Multiplikative Verknüpfung von Kettenmatrizen

Gegeben sind zwei 2n-Porte mit je n Klemmenpaaren im Eingang und n Klemmenpaaren im Ausgang. Für den ersten 2n-Port gelte die Gleichung

$$\begin{pmatrix} u_1' \\ i_1' \end{pmatrix} = L' \begin{pmatrix} u_2' \\ -i_2' \end{pmatrix} = \begin{pmatrix} A' & B' \\ C' & D' \end{pmatrix} \begin{pmatrix} u_2' \\ -i_2' \end{pmatrix} \tag{15}$$

und für den zweiten 2n-Port

$$\begin{pmatrix} u_1'' \\ i_1'' \end{pmatrix} = L'' \begin{pmatrix} u_2'' \\ -i_2'' \end{pmatrix} = \begin{pmatrix} A'' & B'' \\ C'' & D'' \end{pmatrix} \begin{pmatrix} u_2'' \\ -i_2'' \end{pmatrix}. \tag{16}$$

Mit den folgenden Verknüpfungsgleichungen, die einer *Kettenschaltung* (*Kaskadenschaltung*) entsprechen (Abb. 9.3)

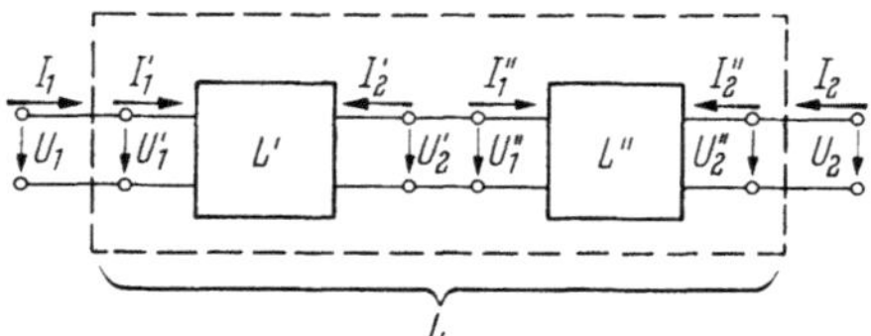

Abb. 9.3. Zur multiplikativen Verknüpfung von *Kettenmatrizen*, gezeigt am Beispiel zweier 2-Porte mit den Kettenmatrizen L' und L''

$$\begin{pmatrix} u_1 \\ i_1 \end{pmatrix} = \begin{pmatrix} u_1' \\ i_1' \end{pmatrix} \tag{17}$$

$$\begin{pmatrix} u_2' \\ -i_2' \end{pmatrix} = \begin{pmatrix} u_1'' \\ i_1'' \end{pmatrix} \tag{18}$$

$$\begin{pmatrix} u_2'' \\ -i_2'' \end{pmatrix} = \begin{pmatrix} u_2 \\ -i_2 \end{pmatrix} \tag{19}$$

gilt

$$\begin{pmatrix} u_1 \\ i_1 \end{pmatrix} = L' L'' \begin{pmatrix} u_2 \\ -i_2 \end{pmatrix} \tag{20}$$

$$= L \begin{pmatrix} u_2 \\ -i_2 \end{pmatrix} \tag{21}$$

mit

$$L = L' L'' \tag{22}$$

$$= \begin{pmatrix} A' A'' + B' C'' & A' B'' + B' D'' \\ C' A'' + D' C'' & C' B'' + D' D'' \end{pmatrix}. \tag{23}$$

Die Kettenmatrix für die *Kettenschaltung* zweier 2n-Porte ist also gleich dem Produkt der Kettenmatrizen der beiden 2n-Porte.

9.4 Gleichungen für die wechselseitige Umwandlung von Impedanz-, Admittanz- und Kettenmatrizen von 2n-Porten

Wir betrachten Impedanz-, Admittanz- und Kettenmatrizen von 2n-Porten, d. h. von Netzwerken mit jeweils n Eingangsklemmenpaaren und n Ausgangsklemmenpaaren (hierbei bezieht sich der Index 1 auf die Eingänge, der Index 2 auf die Ausgänge). In diesem Fall ist nicht nur bei der Kettenmatrix eine Partitionierung nach Eingangs- und Ausgangsklemmenpaaren erforderlich, sondern auch bei den Impedanz- und Admittanzmatrizen. Für die wechselseitige Umrechnung einer Matrix in eine andere gilt die nebenstehende Tabelle. Stößt man bei der Umrechnung auf eine nicht existierende Inverse, so existiert die betreffende Matrix nicht. Für 2-Porte (Vierpole) vereinfachen sich die Formeln insofern, als dann an die Stelle der Untermatrizen Skalare treten, deren Reihenfolge bei der Multiplikation vertauscht werden darf.

Gesuchte Matrix ＼ Gegebene Matrix	$Z = \begin{pmatrix} Z_{11} & Z_{12} \\ Z_{21} & Z_{22} \end{pmatrix}$	$Y = \begin{pmatrix} Y_{11} & Y_{12} \\ Y_{21} & Y_{22} \end{pmatrix}$	$L = \begin{pmatrix} A & B \\ C & D \end{pmatrix}$
$Z =$	Z	Y^{-1}	$\begin{pmatrix} AC^{-1} & -B+AC^{-1}D \\ C^{-1} & C^{-1}D \end{pmatrix}$
$Y =$	Z^{-1}	Y	$\begin{pmatrix} DB^{-1} & C-DB^{-1}A \\ -B^{-1} & B^{-1}A \end{pmatrix}$
$L =$	$\begin{pmatrix} Z_{11}Z_{21}^{-1} & -Z_{12}+Z_{11}Z_{21}^{-1}Z_{22} \\ Z_{21}^{-1} & Z_{21}^{-1}Z_{22} \end{pmatrix}$	$\begin{pmatrix} -Y_{21}^{-1}Y_{22} & -Y_{21}^{-1} \\ Y_{12}-Y_{11}Y_{21}^{-1}Y_{22} & -Y_{11}Y_{21}^{-1} \end{pmatrix}$	L

10. Theorie der homogenen Leitungen

Um die Theorie der Leitungen in unsere bisherigen Betrachtungen leicht einfügen zu können, soll diese nicht aus den MAXWELLschen Gleichungen hergeleitet werden, sondern aus den zugehörigen *approximierenden Ersatzschaltungen*. Die *homogene Leitung* kann nämlich durch einen *gleichmäßigen Kettenleiter* näherungsweise dargestellt werden.

10.1 Die einphasige homogene Leitung

Bevor wir uns mit der eigentlichen Theorie der einphasigen Leitung befassen wollen, soll der Begriff der *Wellenimpedanz* zunächst einmal aus der *Kettenbruchtheorie* hergeleitet werden.

10.1.1 Die Wellenimpedanz

Zu diesem Zwecke betrachten wir den *unteren Kettenleiter* in Abb. 10.1 (im nächsten Kapitel werden wir sehen, daß die beiden Ersatzschaltungen

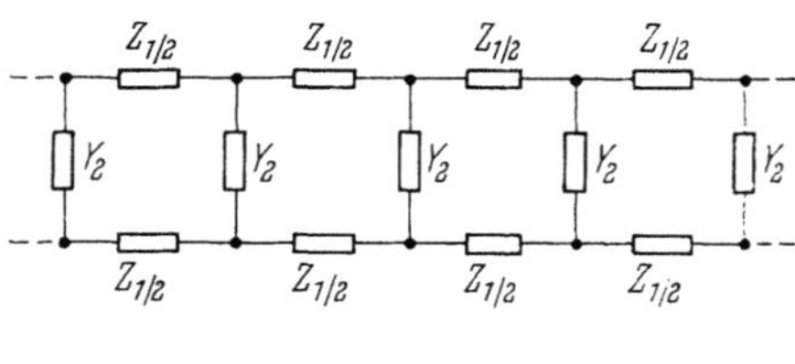

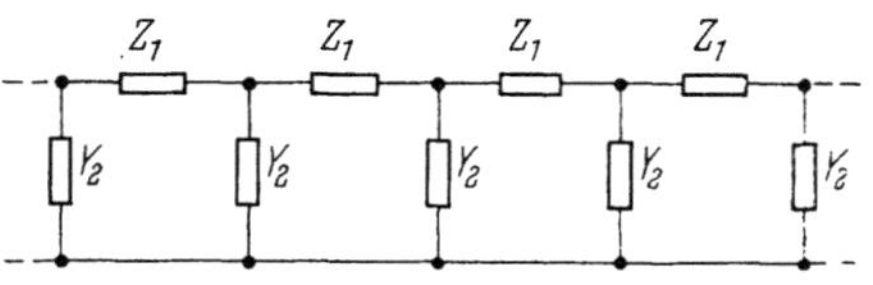

Abb. 10.1. Die *homogene Leitung* als Kettenleiter-approximation, a) symmetrischer Kettenleiter, b) der ihm als 2-Port äquivalente unsymmetrische Kettenleiter

äquivalent sind). Bei genügend feiner Unterteilung in Abschnitte und damit auch der Glieder der Länge Δx ist in der Ersatzschaltung die Längsimpedanz dieser Länge proportional, d. h., es ist dort jede *Längsimpedanz* gleich

$$Z_1 = z_1 \Delta x \qquad (1)$$

und ebenso jede *Queradmittanz* ebenfalls proportional Δx, also

$$Y_2 = y_2 \Delta x. \qquad (2)$$

Schließt der Kettenleiter mit einer *Queradmittanz* ab, so ist die zwischen den Eingangsklemmen meßbare Impedanz durch folgenden *Kettenbruch* gegeben

$$Z_{1,2} = Z_1 + \cfrac{1}{Y_2 + \cfrac{1}{Z_1 + }}$$

$$\cdot$$
$$\cdot$$
$$\cdot$$

$$+ \cfrac{1}{Z_1 + \cfrac{1}{Y_2}}, \qquad (3)$$

was im folgenden in der üblichen PRINGSHEIMschen[1] vereinfachten Bezeichnungsweise wiedergegeben werden soll:

$$Z_{1,2} = Z_1 + \frac{1\ |}{|\ Y_2} + \frac{1\ |}{|\ Z_1} + \cdots + \frac{1\ |}{|\ Z_1} + \frac{1\ |}{|\ Y_2}. \tag{4}$$

Schließt man den Kettenleiter mit einer *Längsimpedanz* ab, und schließt man diesen Kettenleiter dahinter auch noch kurz, so mißt man an den Eingangsklemmen die folgende Impedanz

$$Z_{1,1} = Z_1 + \frac{1\ |}{|\ Y_2} + \frac{1\ |}{|\ Z_1} + \cdots + \frac{1\ |}{|\ Z_1} + \frac{1\ |}{|\ Y_2} + \frac{1\ |}{|\ Z_1}. \tag{5}$$

Beide Kettenbrüche sind rationale Funktionen von Z_1 und Y_2. Für einen unendlichen Kettenleiter werden wir den folgenden unendlichen (regelmäßigen, periodischen) Kettenbruch für die Eingangsimpedanz angeben können

$$Z_{1,\infty} = Z_1 + \frac{1\ |}{|\ Y_2} + \frac{1\ |}{|\ Z_1} + \frac{1\ |}{|\ Y_2} + \frac{1\ |}{|\ Z_1} + \frac{1\ |}{|\ Y_2} + \cdots \tag{6}$$

Beginnt der Kettenleiter *nicht* mit einer *Längsimpedanz* Z_1, sondern mit einer *Querimpedanz* Y_2, so lautet der zugehörige Kettenbruch für die Eingangsimpedanz

$$Z_{2,\infty} = \frac{1}{Y_2} + \frac{1\ |}{|\ Z_1} + \frac{1\ |}{|\ Y_2} + \frac{1\ |}{|\ Z_1} + \cdots \tag{7}$$

Bricht man in beiden Fällen den Kettenbruch nach 2 Gliedern ab, so ist der zugehörige Nenner- bzw. Zählerwert wieder gleich dem Kettenbruch selbst, wodurch sich folgende rekursiven Gleichungen ergeben; zunächst nach Gl. (6)

$$Z_{1,\infty} = Z_1 + \cfrac{1}{Y_2 + \cfrac{1}{Z_{1,\infty}}} \tag{8}$$

und hieraus die *quadratische Gleichung*

$$Z_{1,\infty}^2 - Z_1 Z_{1,\infty} - \frac{Z_1}{Y_2} = 0 \tag{9}$$

mit den Lösungen

$$Z_{1,\infty} = \frac{Z_1}{2} \pm \sqrt{\frac{Z_1}{Y_2} + \left(\frac{Z_1}{2}\right)^2}. \tag{10}$$

Tatsächlich konvergiert der Kettenbruch nach Gl. (6) nach einem Satz von VAN VLECK und JENSEN unter den Bedingungen

$$\begin{aligned} \operatorname{Re} Z_1 &> 0 & \operatorname{Re} Y_2 &> \\ |\operatorname{Im} Z_1| &< \infty & |\operatorname{Im} Y_2| &< \infty \end{aligned} \tag{11}$$

gegen einen Grenzwert, der dem positiven Vorzeichen vor der Wurzel entspricht, d. h., der unendliche Kettenbruch nach (6) liefert, wenn

---

[1] Vgl. O. PERRON: Die Lehre von den Kettenbrüchen [3].

man (1) und (2) einsetzt,

$$Z_{1,\infty} = \frac{Z_1}{2} + \sqrt{\frac{Z_1}{Y_2} + \left(\frac{Z_1}{2}\right)^2} = \frac{z_1 \Delta x}{2} + \sqrt{\frac{z_1}{y_2} + \left(\frac{z_1 \Delta x}{2}\right)^2}. \qquad (12)$$

Die rekursive Gleichung für (7) lautet

$$Z_{2,\infty} = \frac{1}{Y_2 + \dfrac{1}{Z_1 + Z_{2,\infty}}}. \qquad (13)$$

Die zugehörige quadratische Gleichung

$$Z_{2,\infty}^2 + Z_1 Z_{2,\infty} - \frac{Z_1}{Y_2} = 0 \qquad (14)$$

mit der für den unendlichen Kettenbruch in Frage kommenden Lösung

$$Z_{2,\infty} = -\frac{Z_1}{2} + \sqrt{\frac{Z_1}{Y_2} + \left(\frac{Z_1}{2}\right)^2} = -\frac{z_1 \Delta x}{2} + \sqrt{\frac{z_1}{y_2} + \left(\frac{z_1 \Delta x}{2}\right)^2}, \qquad (15)$$

und zwar unter den gleichen Bedingungen (11). Die homogene Leitung wird um so besser approximiert, je mehr Glieder diese Leitung besitzt, d. h. je feiner sie unterteilt ist. Damit wächst die Güte der Approximation mit Verkleinerung von Δx. Lassen wir nun in beiden Gln. (12) und (15) Δx gegen Null gehen, so findet man, daß beide Eingangsimpedanzen gegen

$$\mathfrak{Z} = \sqrt{\frac{z_1}{y_2}} \qquad (16)$$

streben. Diese Eingangsimpedanz der homogenen unendlich langen Leitung wird *Wellenimpedanz* genannt. Offenbar liefert ein Kettenleiter, der nicht mit Z_1, sondern mit $Z_1/2$ beginnt, eine bessere Approximation (bei endlichem Δx) für $\mathfrak{Z}$ als ein Kettenleiter, der mit Z_1 oder Y_2 beginnt. Auch ein Kettenleiter, der mit $Y_2/2$ beginnt, liefert eine optimale Approximation für $\mathfrak{Z}$ (man zeige dies anhand der Lösung der quadratischen Gleichung für $Z_{2,\infty}^{-1}$).

10.1.2 Die Kettenmatrix für die homogene Leitung

Für die Beschreibung der *homogenen Leitung* eignet sich besonders gut die *Kettenmatrix*, da sie direkt Eingangs- und Ausgangsgrößen miteinander verknüpft und die Frage nach den Eigenschaften in Kette geschalteter Leitungen durch *Multiplikation* der entsprechenden Kettenmatrizen in einfacher Weise beantwortet werden kann.

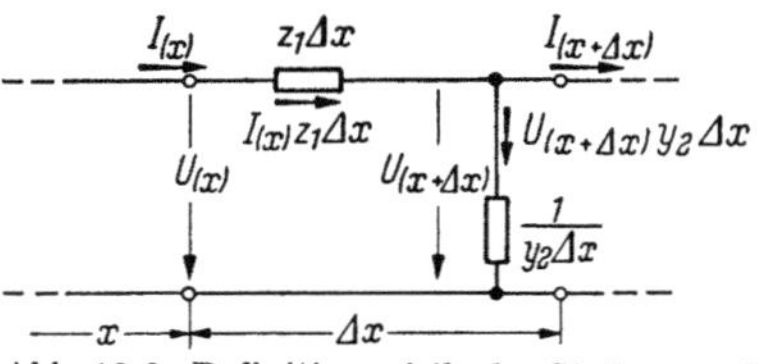

Abb. 10.2. Definitionspfeile der Ströme und Spannungen in einem Leitungselement der *Kettenleiterapproximation*

Wir gehen entsprechend Abb. 10.2 aus von den folgenden für ein

Halbglied eines Kettenleiters gültigen Differenzengleichungen

$$\Delta U = U_{(x+\Delta x)} - U_{(x)} = -z_1 \Delta x \, I_{(x)} \tag{17}$$

und

$$\Delta I = I_{(x+\Delta x)} - I_{(x)} = -y_2 \Delta x \, U_{(x+\Delta x)} \tag{18}$$

mit $\Delta x \to 0$ erhält man aus diesen Differenzengleichungen die beiden folgenden Differentialgleichungen

$$\frac{dU}{dx} = -z_1 I, \tag{19}$$

$$\frac{dI}{dx} = -y_2 U, \tag{20}$$

aus denen man durch Differentiation und Einsetzen entweder die eine Differentialgleichung für die Spannung

$$U'' = \frac{d^2 U}{dx^2} = z_1 y_2 U \tag{21}$$

oder die andere Differentialgleichung für den Strom

$$I'' = \frac{d^2 I}{dx^2} = z_1 y_2 I \tag{22}$$

gewinnt, d. h. für beide Unbekannte gelten die gleichen linearen Differentialgleichungen mit konstanten Koeffizienten 2. Ordnung (die Lösungen hingegen müssen freilich schon aus Dimensionsgründen verschieden sein). Um die Spannungsdifferentialgleichung zu lösen, machen wir einen Exponentialansatz

$$U = C e^{\lambda x}, \tag{23}$$

so daß wir nach (21) folgende Gleichung erhalten

$$U'' = C \lambda^2 e^{\lambda x} = z_1 y_2 \, C e^{\lambda x}. \tag{24}$$

Da die angesetzte Lösung (23) für keinen Wert von x verschwindet, folgt, daß

$$\lambda = \pm \sqrt{z_1 y_2} = \pm \gamma \tag{25a}$$

$$\gamma = + \sqrt{z_1 y_2} \tag{25}$$
$$= \alpha + j\beta.$$

γ Fortpflanzungskonstante
α Dämpfungskonstante
β Phasenkonstante

Die allgemeine Lösung kann hiermit folgendermaßen angesetzt werden:

$$U = A e^{\gamma x} + B e^{-\gamma x}. \tag{26}$$

Aus Gl. (19) erhalten wir durch Differentiation von (26)

$$I = -\frac{1}{z_1} \frac{dU}{dx} = -A \sqrt{\frac{y_2}{z_1}} e^{\gamma x} + B \sqrt{\frac{y_2}{z_1}} e^{-\gamma x} \tag{27}$$

und unter Benutzung des Ausdrucks für die Wellenimpedanz (16)

$$I = -\frac{A}{\mathfrak{Z}}\,e^{\gamma x} + \frac{B}{\mathfrak{Z}}\,e^{-\gamma x}. \tag{28}$$

Wir lösen das Anfangswertproblem durch Festlegung der Anfangswerte des Systems (19) und (20)

$$\text{für} \quad x = 0 \quad \text{sei} \quad U = U_0 \quad \text{und} \quad I = I_0. \tag{29}$$

Eingesetzt in die Gln. (27) und (28) erhält man

$$\begin{aligned} U_0 &= A + B, \\ \mathfrak{Z}\,I_0 &= -A + B \end{aligned} \tag{30}$$

und hieraus

$$\begin{aligned} A &= \frac{1}{2}\,(U_0 - \mathfrak{Z}\,I_0), \\[4pt] B &= \frac{1}{2}\,(U_0 + \mathfrak{Z}\,I_0), \end{aligned} \tag{31}$$

so daß die den Anfangsbedingungen unterworfene Lösung folgende Gestalt annimmt

$$\begin{aligned} U &= U_0\,\frac{1}{2}\,(e^{\gamma x} + e^{-\gamma x}) - \mathfrak{Z}\,I_0\,\frac{1}{2}\,(e^{\gamma x} - e^{-\gamma x}), \\[4pt] I &= -U_0\,\mathfrak{Z}^{-1}\,\frac{1}{2}\,(e^{\gamma x} - e^{-\gamma x}) + I_0\,\frac{1}{2}\,(e^{\gamma x} + e^{-\gamma x}) \end{aligned} \tag{32}$$

oder mit Benutzung der Hyperbelfunktionen

$$\begin{aligned} U &= U_{(x)} = U_0 \cosh \gamma x - \mathfrak{Z}\,I_0 \sinh \gamma x, \\ I &= I_{(x)} = -U_0\,\mathfrak{Z}^{-1} \sinh \gamma x + I_0 \cosh \gamma x. \end{aligned} \tag{33}$$

Betrachten wir die homogene Leitung mit der Länge l als einen 2-Port, so ist zu setzen

$$\begin{pmatrix} U_0 \\ I_0 \end{pmatrix} = \begin{pmatrix} U_1 \\ I_1 \end{pmatrix} \tag{34}$$

$$\begin{pmatrix} U_{(x)} \\ I_{(x)} \end{pmatrix} = \begin{pmatrix} U_2 \\ -I_2 \end{pmatrix} \quad \text{und} \quad x = l. \tag{35}$$

Nun ist

$$\begin{pmatrix} U_2 \\ -I_2 \end{pmatrix} = \begin{pmatrix} \cosh \gamma l & -\mathfrak{Z} \sinh \gamma l \\ -\mathfrak{Z}^{-1} \sinh \gamma l & \cosh \gamma l \end{pmatrix} \begin{pmatrix} U_1 \\ I_1 \end{pmatrix} \tag{36}$$

$$= \boldsymbol{L}^{-1} \begin{pmatrix} U_1 \\ I_1 \end{pmatrix}. \tag{37}$$

Wegen $\det(\boldsymbol{L}^{-1}) = +1$ findet man nach der Cramerschen Regel leicht die *Kettenmatrix*

$$\boldsymbol{L} = \begin{pmatrix} \cosh \gamma l & \mathfrak{Z} \sinh \gamma l \\ \mathfrak{Z}^{-1} \sinh \gamma l & \cosh \gamma l \end{pmatrix}. \tag{38}$$

Setzt man die in der Kettenmatrix auftretenden Parameter $\mathfrak{Z}$ und $\gamma\,l = g$ in die zu $\boldsymbol{L}$ gehörige Funktionsklammer, so gelten folgende Gleichungen

$$\boldsymbol{L}(\mathfrak{Z},\,g_1)\,\boldsymbol{L}(\mathfrak{Z},\,g_2) = \boldsymbol{L}(\mathfrak{Z},\,g_1 + g_2)\,, \tag{39}$$

$$(\boldsymbol{L}(\mathfrak{Z},\,g))^n = \boldsymbol{L}(\mathfrak{Z},\,n\,g)\,, \tag{40}$$

$$(\boldsymbol{L}(\mathfrak{Z},\,g))^{-n} = \boldsymbol{L}(\mathfrak{Z},\,-n\,g)\,. \tag{41}$$

Es sei ausdrücklich betont, daß diese Gesetze, die man als *Additionstheoreme für homogene Leitungen* bezeichnen kann, nur dann angewandt werden können, wenn die Wellenwiderstände der in Kette geschalteten 2-Porte den *gleichen* Wellenwiderstand besitzen. Grundsätzlich kann man die Kettenmatrix jedes reziproken symmetrischen 2-Ports auf die Form $\boldsymbol{L}(\mathfrak{Z},\,g)$ bringen, es ergeben sich nämlich mit

$$\boldsymbol{L} = \begin{pmatrix} A & B \\ C & A \end{pmatrix} \quad \text{und} \quad \det \boldsymbol{L} = +1 \tag{42}$$

die folgenden Gleichungen

$$g = \operatorname{ar\,cosh} A\,, \tag{43}$$

$$\mathfrak{Z} = \sqrt{\frac{B}{C}}\,. \tag{44}$$

Schaltet man nur 2-Porte mit gleichem Wellenwiderstand in Kette, so kann die Gesamtkettenmatrix auf Grund des Additionstheorems leicht berechnet werden.

10.1.3 Die natürliche Leistung bei Freileitungen

Wir betrachten eine *verlustfreie Leitung* $(r_1 = 0,\ g_2 = 0)$ mit der *Wellenimpedanz* [vgl. Gl. (16)]

$$\mathfrak{Z} = \sqrt{\frac{z_1}{y_2}} = \sqrt{\frac{j\,x_1}{j\,b_2}} = \sqrt{\frac{j\,\omega\,l_1}{j\,\omega\,c_2}} = \sqrt{\frac{l_1}{c_2}} = \text{reell}\,. \tag{45}$$

Die *Fortpflanzungskonstante* ist in diesem Fall rein imaginär (keine Dämpfung!), und zwar gleich

$$\gamma = \sqrt{z_1\,y_2} = \sqrt{-\omega^2\,l_1\,c_2} = j\,\omega\,\sqrt{z_1\,c_2}\,. \tag{46}$$

Diese verlustfreie Leitung sei an der Stelle x mit der *Wellenimpedanz* abgeschlossen; dann ist dort

$$U_{(x)} = \mathfrak{Z}\,I_{(x)}\,. \tag{47}$$

Aus den Gln. (33) erhält man jetzt die folgende Beziehung

$$U_0 \cosh \gamma\,x - \mathfrak{Z}\,I_0 \sinh \gamma\,x = -U_0 \sinh \gamma\,x + \mathfrak{Z}\,I_0 \cosh \gamma\,x \tag{48}$$

und schließlich

$$U_0 = \mathfrak{Z}\,I_0\,. \tag{49}$$

Die *Eingangsimpedanz* ist also bei *Abschluß mit der Wellenimpedanz*
ebenfalls gleich der *Wellenimpedanz*. Wenn wir diese Beziehung in die
Gln. (33) einsetzen, so können wir in der Spannungsgleichung auf der
rechten Seite den Strom eliminieren und in der Stromgleichung die
Spannung, und wir erhalten

$$U = U_0 (\cosh \gamma\, x \sinh \gamma\, \varkappa)$$

$$= U_0\, e^{-\gamma x} = U_0\, e^{-j\omega \sqrt{l_1 c_2}\, x}, \tag{50}$$

$$I = I_0 (-\sinh \gamma\, x + \cosh \gamma\, x)$$

$$= I_0\, e^{-\gamma x} = I_0\, e^{-j\omega \sqrt{l_1 c_2}\, x}. \tag{51}$$

Spannung und Strom beschreiben somit *Kreisbögen* in Abhängigkeit
von x. Der Betrag der Spannung auf einer mit dem Wellenwiderstand
$\mathfrak{Z} = \sqrt{l_1/c_2}$ abgeschlossenen Leitung ist überall somit konstant, eine ideale
und daher auch in den meisten Fällen angestrebte Betriebsbedingung
in elektrischen Übertragungsleitungen auf große Entfernungen. Da an
jeder Stelle der Leitung Spannung und Strom in Phase ist, ist auch an
jeder Stelle der Leitung $\cos \varphi = 1$. Betrachtet man ein kurzes Leitungsstück, so wird in jedem noch so kleinen Leitungsstück in der Längs-
induktivität gerade so viel induktive Blindleistung verbraucht, wie in
der dazugehörigen Querkapazität erzeugt wird. Die in diesem Betriebs-
zustand übertragene Wirkleistung

$$P_\text{nat} = \frac{|U|^2}{\mathfrak{Z}} = |U|^2 \sqrt{\frac{c^2}{l_1}}^{\,1} \tag{52}$$

wird natürliche Leistung genannt. Durch Erhöhung der Spannung auf
der Eingangsseite und Verkleinerung des Abschlußwiderstandes läßt
sich eine größere Leistung übertragen, doch verläßt man dann das
Prinzip konstanten Spannungsbetrags längs der Leitung. Es ist in
diesem Fall sinnvoller durch Verkleinerung von l_1 und Vergrößerung
von c_2 (Bündelleiter, Längs- und Querkompensation) die natürliche
Leistung zu vergrößern, falls es nicht wirtschaftlicher ist, eine zweite
Leitung hinzuzunehmen oder zu einer höheren Betriebsspannung
überzugehen.

10.1.4 *Phasengeschwindigkeit, Wellenimpedanz, Reaktanz und Suszeptanz von Freileitungen*

Bisher betrachteten wir den Effektivwertszeiger der Ströme und
Spannungen für $t = 0$. Um nun zu erkennen, in welcher Weise sich eine
Sinuswelle in Abhängigkeit der Zeit fortpflanzt, wird man den entsprechenden rotierenden Zeiger betrachten müssen. Er wird dadurch
erhalten, daß man den Anfangseffektivwertszeiger mit $\sqrt{2}\, e^{j\omega t}$ multi-

---

[1] Für das Dreiphasensystem gilt dementsprechend $P_\text{nat} = 3\,|U_\lambda|^2/\mathfrak{Z} = |U_\Delta|^2/\mathfrak{Z}$.

pliziert. Auf diese Weise entstehen aus den Gln. (50) und (51) die folgenden Gleichungen

$$U_{\max} = U_0 \sqrt{2}\, e^{j\omega\left(t - \sqrt{l_1 c_2}\, x\right)},\tag{53}$$

$$I_{\max} = I_0 \sqrt{2}\, e^{j\omega\left(t - \sqrt{l_1 c_2}\, x\right)}.\tag{54}$$

Betrachtet man Punkte gleicher Phase, so gilt für diese

$$t - \sqrt{l_1 c_2}\, x = \text{const.}\tag{55}$$

Die Phasengeschwindigkeit erhält man dadurch, daß man die 1. Ableitung der Ortskoordinate x nach der Zeit bildet

$$\frac{dx}{dt} = v_{\text{phase}} = \frac{1}{\sqrt{l_1 c_2}}.\tag{56}$$

Für Freileitungen ist dieser Wert etwas kleiner als die Lichtgeschwindigkeit, also

$$v_{\text{phase}} = \frac{1}{\sqrt{l_1 c_2}} < c = 300\,000\ \text{km sek}^{-1}.\tag{57}$$

In überschlägigen Rechnungen ist es meist ausreichend einfach mit der Lichtgeschwindigkeit zu rechnen. Wir wollen noch die Wellenlänge λ einführen. Das Produkt aus der Frequenz f und der Wellenlänge λ ergibt die Ausbreitungsgeschwindigkeit v_{phase}, also ist

$$f\,\lambda = v_{\text{phase}} = \frac{1}{\sqrt{l_1 c_2}}\tag{58}$$

und

$$\lambda = \frac{v_{\text{phase}}}{f} = \frac{1}{f\sqrt{l_1 c_2}}.\tag{59}$$

Betrachten wir nun wieder den Anfangswertzeiger der Spannung nach den Gln. (50) und (51), so ergibt sich

$$U = U_0\, e^{-j2\pi\left(\frac{x}{\lambda}\right)}; \qquad I = I_0\, e^{-j2\pi\left(\frac{x}{\lambda}\right)},\tag{60}$$

d. h. in einer Entfernung, die der Wellenlänge entspricht, ergibt sich gerade eine Phasendrehung von 2π, diese Entfernung beträgt bei 50 Hz $\lambda = 6000$ km. Da die statische Stabilität von Synchronmaschinen für eine Maschine am starren Netz (oder 2 Maschinen) bei einem Gesamtpolradwinkel von 90° eine natürliche Grenze hat, ist es leicht einzusehen, daß das Stabilitätsproblem bei einer Energieübertragung auf Entfernungen über 800 km dadurch, daß auch ein gewisser Teil des Polradwinkels in die Maschine fällt, kritisch wird.

Eine weitere Größe, die nur in engen Grenzen schwankt, ist neben Phasengeschwindigkeit die Wellenimpedanz $\mathfrak{Z}$. Man kann beispielsweise die *Längsreaktanz* pro Längeneinheit durch die Wellenimpedanz und die Phasengeschwindigkeit bzw. die Wellenlänge ausdrücken und erhält

$$x_1 = \operatorname{Im} z_1 = \omega\, l_1 = \omega\, \frac{\Im}{v_{\text{phase}}} = \frac{2\pi}{\lambda}\, \Im,\qquad (61)$$

andererseits ist die *Quersuszeptanz*

$$b_2 = \operatorname{Im} y_2 = \omega\, c_2 = \omega\, \frac{1}{v_{\text{phase}}\, \Im} = \frac{2\pi}{\lambda}\, \Im^{-1}.\qquad (62)$$

Für 50 Hz ergeben sich die folgenden nützlichen angenäherten Werte (mit $v_{\text{phase}} = c$)

$$\omega\, l_1 \approx 0{,}00105\ \text{km}^{-1}\, \Im$$

und

$$\omega\, c_2 \approx 0{,}00105\ \text{km}^{-1}\, \Im^{-1}.$$

Die angegebenen Werte sind untere Grenzen. Die wirklichen Werte liegen entsprechend der geringeren Phasengeschwindigkeit etwas höher.

10.2 Die mehrphasige homogene Leitung

Mit Hilfe der Matrizenrechnung ist es jetzt nicht schwer, die Betrachtungen auf *mehrphasige Leitungen* auszudehnen. Der *Vektor* des *Spannungsfalls* längs der mehrphasigen Leitung ist für ein *infinitesimales Stück* durch folgendes System von Gleichungen gegeben (vgl. hierzu Abb. 10.3)

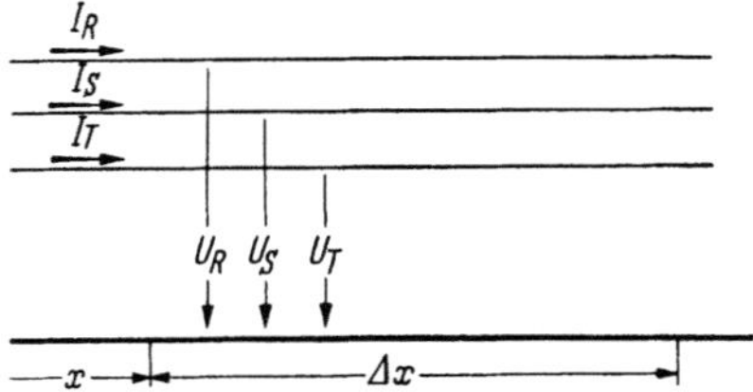

Abb. 10.3. Definitionspfeile der Ströme und Spannungen einer *Dreiphasenleitung*

$$\begin{aligned}
\Delta U_1 &= -z_{11}^1\, \Delta u\, I_1 - z_{12}^1\, \Delta x\, I_2 - \cdots - z_{1n}^1\, \Delta x\, I_n \\
\Delta U_2 &= -z_{21}^1\, \Delta x\, I_1 - z_{22}^1\, \Delta x\, I_2 - \cdots - z_{2n}^1\, \Delta x\, I_n \\
&\ \ \vdots \qquad\qquad \vdots \qquad\qquad \vdots \\
\Delta U_n &= -z_{n1}^1\, \Delta x\, I_1 - z_{n2}^1\, \Delta x\, I_2 - \cdots - z_{nn}^1\, \Delta x\, I_n,
\end{aligned}\qquad (1)$$

d. h., jeder *Spannungsfall* ist eine *lineare Funktion* der Ströme sämtlicher Leiter, in Matrizen kann dieses Gleichungssystem folgendermaßen geschrieben werden:

$$\Delta\boldsymbol{u} = -\Delta x\, \boldsymbol{Z}_1\, \boldsymbol{i}\qquad (2)$$

mit $\Delta x \to 0$ erhält man die *Vektordifferentialgleichung*

$$\frac{d\boldsymbol{u}}{dx} = -\boldsymbol{Z}_1\, \boldsymbol{i}.\qquad (3)$$

$\boldsymbol{Z}_1$ Längsimpedanzmatrix pro Längeneinheit

Für den *Stromfall* gilt ebenfalls eine *Vektordifferentialgleichung*

$$\frac{d\,i}{d\,x} = -\,\boldsymbol{Y}_2\,\boldsymbol{u}, \tag{4}$$

$\boldsymbol{Y}_2$ Queradmittanzmatrix pro Längeneinheit

denn auch hier muß der Stromfall als eine lineare Funktion der Spannungen sämtlicher Leiter gegen die Rückleitung (Nulleiter) angenommen werden. Aus diesen beiden Gleichungen erhält man je eine Differentialgleichung 2. Ordnung für die Spannung und den Strom, nämlich

$$\frac{d^2\boldsymbol{u}}{d\,x^2} = \boldsymbol{Z}_1\,\boldsymbol{Y}_2\,\boldsymbol{u}, \tag{5}$$

$$\frac{d^2\boldsymbol{i}}{d\,x^2} = \boldsymbol{Y}_2\,\boldsymbol{Z}_1\,\boldsymbol{i}. \tag{6}$$

Im Gegensatz zur einphasigen Leitung sind die beiden Differentialgleichungen *nicht identisch*, da es möglich sein kann, daß $\boldsymbol{Z}_1\,\boldsymbol{Y}_2 \neq \boldsymbol{Y}_2\,\boldsymbol{Z}_1$[1]. Aus diesem Grunde benötigen wir für die weitere Untersuchung die Quadratwurzeln aus beiden Matrizenprodukten. Es sei

$$\boldsymbol{\Gamma} = (\boldsymbol{Z}_1,\,\boldsymbol{Y}_2)^{\frac{1}{2}} = \text{Spannungs-Fortpflanzungskonstanten-Matrix[2]} \tag{7}$$

$$\boldsymbol{\Gamma}' = \boldsymbol{\Gamma}_t = (\boldsymbol{Y}_2\,\boldsymbol{Z}_1)^{\frac{1}{2}} = \text{Strom-Fortpflanzungskonstanten-Matrix[2],} \tag{8}$$

womit die Gln. (5) und (6) übergehen in

$$\frac{d\,\boldsymbol{u}}{d\,x^2} = \boldsymbol{\Gamma}^2\,\boldsymbol{u}, \tag{9}$$

$$\frac{d\,\boldsymbol{i}}{d\,x^2} = \boldsymbol{\Gamma}'^{\,2}\,\boldsymbol{i}. \tag{10}$$

Durch Einsetzen bestätigt man die Richtigkeit der Grundlösungen $e^{+x\boldsymbol{\Gamma}}\boldsymbol{a}$ und $e^{-x\boldsymbol{\Gamma}}\,\boldsymbol{a}$ für (9) und der Grundlösungen $e^{+x\boldsymbol{\Gamma}'}\boldsymbol{a}'$ und $e^{-x\boldsymbol{\Gamma}'}\boldsymbol{a}'$ für (10). Hierbei ist unter der *Exponentialfunktion der Matrix* $\boldsymbol{A}$ die folgende überall konvergente Matrizenreihe zu verstehen

$$e^{\boldsymbol{A}} = 1 + \boldsymbol{A} + \frac{1}{2!}\,\boldsymbol{A}^2 + \frac{1}{3!}\,\boldsymbol{A}^3 + \frac{1}{4!}\,\boldsymbol{A}^4 + \cdots. \tag{11}$$

---

[1] Es ist im Fall der Symmetrie von $\boldsymbol{Z}_1$ und $\boldsymbol{Y}_2$ zwar $\boldsymbol{Z}_1\,\boldsymbol{Y}_2 = (\boldsymbol{Z}_1)_t\,(\boldsymbol{Y}_2)_t = (\boldsymbol{Y}_2,\boldsymbol{Z}_1)_t$, da das Produkt zweier symmetrischer Matrizen i. allg. jedoch nicht symmetrisch ist, sind diese beiden Produkte i. allg. verschieden. Sie haben jedoch die gleiche charakteristische Gleichung (und Minimumgleichung) und somit auch die gleichen Eigenwerte. Für eine *zyklisch-symmetrische* Leitung hingegen gilt allgemein $\boldsymbol{Z}_1\,\boldsymbol{Y}_2 = \boldsymbol{Y}_2\,\boldsymbol{Z}_1$, was sich dadurch zeigen läßt, daß sowohl $\boldsymbol{Z}_1$ als auch $\boldsymbol{Y}_2$ durch *gleiche* unitäre Transformation, nämlich durch diejenige der symmetrischen Komponenten auf Diagonalform transformiert werden kann.

[2] Zu dem Begriff *Quadratwurzel einer Matrix* vgl. z. B. R. Zurmühl [*29*] 2. und 3. Aufl., S. 256ff., ferner auch die weiteren Ausführungen über Matrizenfunktionen. Daß die Stromfortpflanzungsmaßmatrix gleich der transponierten Spannungsfortpflanzungsmaßmatrix ist, gilt allerdings nur für den praktisch allein wichtigen Fall symmetrischer Matrizen $\boldsymbol{Z}_1$ und $\boldsymbol{Y}_2$, denn es ist

$$\boldsymbol{\Gamma}' = (\boldsymbol{Y}_2\,\boldsymbol{Z}_1)^{\frac{1}{2}} = (\boldsymbol{Y}_{2_t}\,\boldsymbol{Z}_{1_t})^{\frac{1}{2}} = ((\boldsymbol{Z}_1\,\boldsymbol{Y}_2)^{\frac{1}{2}})_t = \boldsymbol{\Gamma}_t.$$

Die allgemeine Lösung kann somit angesetzt werden

$$u = e^{x\Gamma}\,a + e^{-x\Gamma}\,b, \tag{12}$$

$$i = e^{x\Gamma'}\,a' + e^{-x\Gamma'}\,b'. \tag{13}$$

Unter der Voraussetzung, daß die Inversen Z_1^{-1} und Y_2^{-1} existieren, kann u und i auch aus der Kenntnis des jeweiligen anderen Vektors auch aus den Gln. (3) und (4) ermittelt werden. Es ist dann

$$u = -Y_2^{-1}\,\Gamma'\,e^{x\Gamma'}\,a' + Y_2^{-1}\,\Gamma'\,e^{-x\Gamma'}\,b', \tag{14}$$

$$i = -Z_1^{-1}\,\Gamma\,e^{x\Gamma}\,a + Z_1^{-1}\,\Gamma\,e^{-x\Gamma}\,b. \tag{15}$$

Betrachten wir zunächst die Gleichungen für die ungestrichenen Größen. Unter den Anfangsbedingungen

$$\text{für } x = 0 \qquad\qquad i = i_0, \tag{16}$$

$$u = u_0. \tag{17}$$

Aus den Gln. (12) und (15) erhält man

$$u_0 = a + b, \tag{18}$$

$$i_0 = -Z_1^{-1}\,\Gamma\,a + Z_1^{-1}\,\Gamma\,b. \tag{19}$$

Falls auch Γ^{-1} existiert, lassen sich die Vektoren a und b ausdrücken durch die Anfangsvektoren u_0 und i_0. Es ist

$$a = \frac{1}{2}\,(u_0 - \Gamma^{-1}\,Z_1\,i_0), \tag{20}$$

$$b = \frac{1}{2}\,(u_0 + \Gamma^{-1}\,Z_1\,i_0). \tag{21}$$

Durch Einsetzen in die Gln. (12) und (15) erhält man

$$u = \cosh(x\,\Gamma)\,u_0 - \sinh(x\,\Gamma)\,\Gamma^{-1}\,Z_1\,i_0, \tag{22}$$

$$i = -Z_1^{-1}\,\Gamma\,\sinh(x\,\Gamma)\,u_0 + Z_1^{-1}\,\cosh(x\,\Gamma)\,Z_1\,i_0. \tag{23}^{[1]}$$

Wir betrachten nun eine Leitung der Länge $x = l$ und substituieren für die Größen am Anfang dieser Leitung

$$\begin{aligned} u_0 &= u_1, \\ i_0 &= i_1 \end{aligned} \tag{24}$$

und am Ende (in Übereinstimmung mit der Zählpfeilrichtung für 2n-Porte)

$$\begin{aligned} u &= u_2, \\ i &= -i_2, \end{aligned} \tag{25}$$

---

[1] Auf Grund der Reihenentwicklung erkennt man, daß eine Matrix mit der Funktion der gleichen Matrix vertauschbar ist und insbesondere auch, daß $\Gamma\,\cosh(x\,\Gamma)\,\Gamma^{-1} = \cosh(x\,\Gamma)$, ferner sind Funktionen der gleichen Matrix untereinander vertauschbar.

um zu den Untermatrizen der *Kettenmatrix* zu gelangen, müssen ferner die Größen für den Anfang der Leitung durch die Größen am Ende der Leitung ausgedrückt werden. Durch geeignete Multiplikation jeweils einer Gleichung von links und Addition lassen sich die Unbekannten rechts isolieren, wobei neben der Vertauschbarkeit von Funktionen der gleichen Matrix auch die Identität $(\cosh G)^2 - (\sinh G)^2 = 1$ beachtet werden muß. Man erhält gleich in Form einer 2n-Port-Kettenmatrix geschrieben

$$\begin{pmatrix} u_1 \\ i_1 \end{pmatrix} = \begin{pmatrix} \cosh(x\,\boldsymbol{\Gamma}) & \sinh(x\,\boldsymbol{\Gamma})\,\boldsymbol{\Gamma}^{-1}Z_1 \\ Z_1^{-1}\boldsymbol{\Gamma}\sinh(x\,\boldsymbol{\Gamma}) & Z_1^{-1}\cosh(x\,\boldsymbol{\Gamma})\,Z_1 \end{pmatrix} \begin{pmatrix} u_2 \\ -i_2 \end{pmatrix}. \tag{26}$$

Hierbei sind die *Hyperbelfunktionen einer Matrix* ebenfalls durch die entsprechenden Matrizenreihen mit den gleichen Koeffizienten wie die gewöhnlichen (skalaren) Funktionen definiert, und zwar durch die Reihen

$$\sinh(x\,\boldsymbol{\Gamma}) = \sinh G = G + \frac{1}{3!}\,G^3 + \frac{1}{5!}\,G^5 + \cdots, \tag{27}$$

$$\cosh(x\,\boldsymbol{\Gamma}) = \cosh G = 1 + \frac{1}{2!}\,G^2 + \frac{1}{4!}\,G^4 + \cdots. \tag{28}$$

Ähnlich wie in der Theorie der einphasigen homogenen Leitung kann man mit den folgenden in dieser 2n-Port-Kettenmatrix auftretenden Parametermatrizen $\mathfrak{Z} = \boldsymbol{\Gamma}^{-1}Z_1$ (Spannungswellenimpedanzmatrix) und $G = x\,\boldsymbol{\Gamma}$ (Spannungsübertragungsmaßmatrix) folgende Gleichungen (*Additionstheorem der Kettenmatrix* für homogene Leitungen) beweisen

$$L(\mathfrak{Z},\,G_1)\,L(\mathfrak{Z},\,G_2) = L(\mathfrak{Z},\,G_1 + G_2) \tag{29}$$

$$(L(\mathfrak{Z},\,G))^{\pm n} = L(\mathfrak{Z},\,\pm n\,G) \tag{30}$$

mit

$$L(\mathfrak{Z},\,G) = \begin{pmatrix} \cosh G & (\sinh G)\,\mathfrak{Z} \\ \mathfrak{Z}^{-1}\sinh G & \mathfrak{Z}^{-1}(\cosh G)\,\mathfrak{Z} \end{pmatrix}. \tag{31}$$

Auch mit den Gln. (13) und (14) für die gestrichenen Größen läßt sich eine Kettenmatrix entwickeln, und zwar auf der Grundlage der gestrichenen (Strom-) Matrizen, so erhält man beispielsweise für die angesetzten Konstantenvektoren

$$a' = \frac{1}{2}(i_0 - \boldsymbol{\Gamma}'^{-1}Y_2 u_0) \tag{32}$$

$$b' = \frac{1}{2}(i_0 + \boldsymbol{\Gamma}'^{-1}Y_2 u_0) \tag{33}$$

und schließlich mit $\mathfrak{Z}' = Y_2^{-1}\boldsymbol{\Gamma}'$ und $G' = x\,\boldsymbol{\Gamma}'$ nach der noch erforderlichen Inversion die Kettenmatrix

$$L'(\mathfrak{Z}',\,G') = \begin{pmatrix} \mathfrak{Z}'(\cosh G')\,\mathfrak{Z}'^{-1} & \mathfrak{Z}'\sinh G' \\ (\sinh G')\,\mathfrak{Z}'^{-1} & \cosh G' \end{pmatrix}. \tag{34}$$

Durch Nachrechnen bestätigt man, daß die den Gln. (29) und (31) analogen Gleichungen selbstverständlich auch hier gelten. Trotz der äußerlichen Verschiedenheit der Ausdrücke für L nach Gl. (31) und für L' nach Gl. (34) müssen diese Matrizen identisch sein. Insbesondere ist auch jede der beiden Kettenmatrizen eindeutig, obwohl sämtliche Parametermatrizen $\mathfrak{Z}$, $\mathfrak{Z}'$, G und G' für sich betrachtet vieldeutig sind (die Quadratwurzel einer $n \times n$-Matrix ist i. allg. 2^n-deutig). Daß diese Vieldeutigkeit der Parametermatrizen in der Kettenmatrix nicht mehr zur Auswirkung kommt, hängt damit zusammen, daß beim Übergang zur Reihenentwicklung die Spannungs- bzw. Stromübertragungskonstantenmatrix jeweils nur im Quadrat vorkommt. Schließlich lassen sich die Untermatrizen von L bzw. L' ausschließlich durch die Größe l und die Matrizen Z_1 und Y_2 allein ausdrücken. Hiernach erhält man mit

$$L = L' = \begin{pmatrix} A & B \\ C & D \end{pmatrix} \tag{35}$$

die folgenden Matrizenreihen

$$A = 1 + \frac{1}{2!}\, l^2 Z_1 Y_2 + \frac{1}{4!}\, l^4 (Z_1 Y_2)^2 + \cdots, \tag{36a}$$

$$B = \left(1 + \frac{1}{3!}\, l^2 Z_1 Y_2 + \frac{1}{5!}\, l^4 (Z_1 Y_2)^2 + \cdots \right) l\, Z_1, \tag{36b}$$

$$C = \left(1 + \frac{1}{3!}\, l^2 Y_2 Z_1 + \frac{1}{5!}\, l^4 (Y_2 Z_1)^2 + \cdots \right) l\, Y_2, \tag{36c}$$

$$D = 1 + \frac{1}{2!}\, l^2 Y_2 Z_1 + \frac{1}{4!}\, l^4 (Y_2 Z_1)^2 + \cdots. \tag{36d}$$

10.2.1 *Bemerkungen zur numerischen Berechnung der Kettenmatrix*

Nach den i. allg. angewandten Praktiken gibt es grundsätzlich mehrere Möglichkeiten Matrizenfunktionen zu ermitteln. Würde man z. B. nach dem *Sylvesterschen Entwicklungssatz* zunächst $\mathfrak{Z}$ bzw. $\mathfrak{Z}'$ und G bzw. G' bestimmen und daran anschließend die Hyperbelfunktionen von G bzw. G', so wäre die numerische Rechenarbeit mit größer werdender Ordnung sehr bald recht beträchtlich. Es müssen nämlich die Eigenwerte jeder Matrix, deren Funktion gebildet werden soll, bestimmt werden und schließlich die Basismatrizen für die Entwicklung nach den Eigenwerten (im Falle zusammenfallender Eigenwerte sind Fallunterscheidungen notwendig). Diese Problematik entfällt, wenn man die Reihenentwicklungen (36a—d) anwendet. Hierbei treten zunächst alle Quadratwurzeln (Übertragungsmaßmatrizen) quadriert auf, wodurch eine Mehrdeutigkeit gar nicht erst auftritt. Außerdem entfällt auch die für den SYLVESTERschen Satz oder eine sonstige Darstellung durch Polynommatrizen erforderliche Eigenwertbestimmung. Es bleibt nur noch die Frage zu klären, wie gut die Konvergenz der Reihenentwicklung ist. Hier erweist es sich, daß für die meisten Anwendungszwecke die Konvergenz so gut ist, daß man mit dem 1. Glied auskommt. Bei einer Frequenz von 50 Hz und einer Leitungslänge von 100 km kann man sich bei einer Genauigkeit von 1% auf das 1. Glied der Reihenentwicklungen beschränken. Nimmt man das 2. Glied bei einer Genauigkeit von 1% hinzu, so kann man mit der gleichen Genauigkeit Leitungen bis zu 600 km berechnen und bei Berücksichtigung des 3. Gliedes sogar bis 1500 km. Bei der Durchrechnung von Verdrillungen von Freileitungen hat man es sowieso in den meisten Fällen mit Abschnitten unter 100 km zu tun. In diesem Fall muß man, um zur Gesamtkettenmatrix zu gelangen, auf alle Fälle die Einzelkettenmatrizen miteinander multiplizieren.

10.2.2 *Die Wellenimpedanzmatrix der mehrphasigen homogenen Leitung*

Die Matrixgleichung für die Wellenimpedanzmatrix

Ähnlich der Definition für *Wellenimpedanzen* kann man Wellenimpedanzmatrizen $\mathfrak{Z}$ oder $\mathfrak{Z}'$ auf zweierlei Weise definieren

1. Man schließt die Leitung am Ende mit einem n-Port ab und wählt die Impedanzmatrix $\mathfrak{Z}$ bzw. Admittanzmatrix $\mathfrak{Z}^{-1}$ dieses 2n-Ports so, daß im Eingang die *gleiche* Impedanz- bzw. Admittanzmatrix gemessen wird. (Iterative Definition.) Hierbei entsteht eine quadratische Matrixgleichung.

2. Man fragt nach der Eingangsimpedanz- bzw. -admittanzmatrix $\mathfrak{Z}$ bzw. $\mathfrak{Z}^{-1}$ für die unendlich lange Leitung (Grenzwertdefinition). Entsprechende Definitionen gelten auch allgemeiner für strukturlängssymmetrische 2n-Porte. Für längsunsymmetrische 2n-Porte kann die Definition 1. auch ersetzt werden durch die folgende

1a) Man schließt die Leitung am Ende mit einem n-Port mit der Impedanzmatrix $\mathfrak{Z}_2$ ab und mißt am Eingang eine Impedanzmatrix $\mathfrak{Z}_1$, außerdem schließt man die Leitung am Anfang mit einem n-Port mit der Impedanzmatrix $\mathfrak{Z}_1$ ab und mißt am Ende eine Impedanzmatrix $\mathfrak{Z}_2$. Die beiden so definierten Impedanzmatrizen sind die eingangsseitigen bzw. ausgangsseitigen Wellenimpedanzmatrizen.

Der längsunsymmetrische 2n-Port soll hier jedoch nicht näher betrachtet werden, vgl. hierzu die Arbeit von W. KLEIN [2].

Aus der *iterativen* Definition ergeben sich für die homogene Mehrphasenleitung folgende Gleichungen

$$u_2 = \mathfrak{Z}\,(-i_2) \tag{37}$$

und

$$u_1 = \mathfrak{Z}\,i_1. \tag{38}$$

Aus den definierenden Gleichungen für die Kettenmatrix erhält man mit (37)

$$u_1 = A\,u_2 + B\,(-i_2) = (A\,\mathfrak{Z} + B)\,(-i_2),$$
$$i_1 = C\,u_2 + D\,(-i_2) = (C\,\mathfrak{Z} + D)\,(-i_2), \tag{39}$$

und schließlich mit (38)

$$\mathfrak{Z}\,i_1 - u_1 = (\mathfrak{Z}\,C\,\mathfrak{Z} + \mathfrak{Z}\,D - A\,\mathfrak{Z} - B)\,(-i_2) = o. \tag{40}$$

Da $-i_2$ hier willkürlich gewählt werden darf z. B. einmal der erste Strom in $-i_2$ gleich Eins und alle übrigen gleich Null, dann der zweite Strom in $-i_2$ gleich Eins und alle übrigen gleich Null usw., so ergeben sämtliche auf diese Weise zustande kommenden Gleichungssysteme die (quadratische) *Matrixgleichung* für die so definierte *Wellenimpedanzmatrix*

$$\mathfrak{Z}\,C\,\mathfrak{Z} + \mathfrak{Z}\,D - A\,\mathfrak{Z} - B = O. \tag{41}$$

Es zeigt sich nun, daß sowohl der Ausdruck für die Spannungswellenimpedanzmatrix $\mathfrak{Z}$ als auch derjenige für die Stromwellenimpedanzmatrix $\mathfrak{Z}'$ jeweils eine Lösung der Gl. (41) ist. Um dies zu zeigen, setzen wir unter Beibehaltung von $\mathfrak{Z}$ in (41) für die Untermatrizen der Kettenmatrix die in Gl. (31) angegebenen Matrizen ein. Wir erhalten die Identität

$$\mathfrak{Z}\,\mathfrak{Z}^{-1}(\sinh G)\,\mathfrak{Z} + \mathfrak{Z}\,\mathfrak{Z}^{-1}(\cosh G)\,\mathfrak{Z} - (\cosh G)\,\mathfrak{Z} - (\sinh G)\,\mathfrak{Z} = O$$

und mit $\mathfrak{Z}$ in Gl. (41) und mit den Untermatrizen der Kettenmatrix nach Gl. (34) die Identität

$$\mathfrak{Z}'(\sinh G')\,\mathfrak{Z}'^{-1}\mathfrak{Z}' + \mathfrak{Z}'\cosh G' - \mathfrak{Z}'\sinh G' - \mathfrak{Z}'(\cosh G')\,\mathfrak{Z}'^{-1}\mathfrak{Z}' = O.$$

Daß beide Ausdrücke, nämlich derjenige für $\mathfrak{Z}$ wie auch derjenige für $\mathfrak{Z}'$, der gleichen *quadratischen Matrixgleichung* genügen, legt die Vermutung nahe, daß beide Matrizen identisch sind. Tatsächlich kann aber auch gezeigt werden, daß dies in der Praxis der Fall ist und daß für ihre Berechnung nicht nur zwei, sondern sogar vier verschiedene Formeln angegeben werden können. Beschränkt man sich in diesen Betrachtungen auf die Klasse der *passiven* oder genauer gesagt auf die Klasse der *nicht aktiven* Leitungen, dann müssen Z_1 und Y_2 gewissen Definitheitsforderungen genügen. In diesem Fall wird auch $\mathfrak{Z}$ diesen Forderungen genügen müssen, insbesondere wenn man $\mathfrak{Z}$ als Eingangsimpedanzmatrix einer unendlich langen Leitung definiert. In diesem Fall entfällt auch die Vielfachheit der Quadratwurzellösung für die Matrizen $\varGamma$ und $\varGamma'$, denn diese müssen jetzt so ausgewählt werden, daß sich für $\mathfrak{Z}$ eine einem nicht aktiven Netzwerk entsprechende Impedanzmatrix ergibt. Es zeigt sich, daß dies nur auf eine Weise möglich ist, und zwar so, daß die Eigenwerte von $\varGamma$ der einzig physikalisch sinnvollen Dämpfung und Phasendrehung entsprechen, d. h. im Falle der normal üblichen verlustbehafteten LC-Leitung, müssen die Eigenwerte von $\boldsymbol{\Gamma}$ einen nicht negativen Real- und auch einen nicht negativen Imaginärteil besitzen (der Realteil verschwindet für die verlustfreie Leitung, der Imaginärteil verschwindet für die rein OHMsche Leitung). Dieser Sachverhalt wird in dem im Anschluß an diese Ausführungen durchgerechneten Zahlenbeispiel näher diskutiert.

Die 4 Ausdrücke für die Wellenimpedanzmatrix. Der Ausdruck für die Spannungswellenimpedanzmatrix lautet (vgl. S. 139)

$$\mathfrak{Z} = \boldsymbol{\Gamma}^{-1} \boldsymbol{Z}_1 = (\boldsymbol{Z}_1 \boldsymbol{Y}_2)^{-\frac{1}{2}} \boldsymbol{Z}_1 . \tag{42}$$

Durch linksseitige Erweiterung erhält man

$$\mathfrak{Z} = (\boldsymbol{Z}_1 \boldsymbol{Y}_2)^{\frac{1}{2}} \underbrace{(\boldsymbol{Z}_1 \boldsymbol{Y}_2)^{-\frac{1}{2}} (\boldsymbol{Z}_1 \boldsymbol{Y}_2)^{-\frac{1}{2}}} \boldsymbol{Z}_1 \tag{43}$$

und durch Zusammenfassung entsprechend der Klammer, wenn danach die Inverse noch zerlegt wird,

$$\mathfrak{Z} = (\boldsymbol{Z}_1 \boldsymbol{Y}_2)^{\frac{1}{2}} (\boldsymbol{Z}_1 \boldsymbol{Y}_2)^{-1} \boldsymbol{Z}_1 \tag{44}$$

$$= (\boldsymbol{Z}_1 \boldsymbol{Y}_2)^{\frac{1}{2}} \boldsymbol{Y}_2^{-1} \boldsymbol{Z}_1^{-1} \boldsymbol{Z}_1 \tag{45}$$

$$= (\boldsymbol{Z}_1 \boldsymbol{Y}_2)^{\frac{1}{2}} \boldsymbol{Y}_2^{-1} . \tag{46}$$

Dies ist also ein weiterer Ausdruck für $\mathfrak{Z}$. Die übrigen Ausdrücke, die gleichzeitig auch die Identität mit $\mathfrak{Z}'$ nachweisen, ergeben sich auf folgende Weise. Man multipliziert in (46) mit $\boldsymbol{Y}_2$ von rechts

$$\mathfrak{Z} \boldsymbol{Y}_2 = (\boldsymbol{Z}_1 \boldsymbol{Y}_2)^{\frac{1}{2}}, \tag{47}$$

quadriert und erhält nach weiteren Umformungen

$$\mathfrak{Z} \boldsymbol{Y}_2 \mathfrak{Z} \boldsymbol{Y}_2 = \boldsymbol{Z}_1 \boldsymbol{Y}_2, \tag{48}$$

$$\boldsymbol{Y}_2 \mathfrak{Z} \boldsymbol{Y}_2 \mathfrak{Z} = \boldsymbol{Y}_2 \boldsymbol{Z}_1, \tag{49}$$

$$\boldsymbol{Y}_2 \mathfrak{Z} = (\boldsymbol{Y}_2 \boldsymbol{Z}_1)^{\frac{1}{2}}, \tag{50}$$

$$\mathfrak{Z} = \boldsymbol{Y}_2^{-1} (\boldsymbol{Y}_2 \boldsymbol{Z}_1)^{\frac{1}{2}} = \mathfrak{Z}' . \tag{51}$$

Eine vierte Formel läßt sich sowohl aus dieser Gleichung als auch aus Gl. (42) gewinnen. Die Herleitung sei dem Leser überlassen. Sie lautet

$$\mathfrak{Z} = \boldsymbol{Z}_1 (\boldsymbol{Y}_2 \boldsymbol{Z})^{-\frac{1}{2}} \tag{52}$$

unter der Voraussetzung, daß $\boldsymbol{Z}_1$ und $\boldsymbol{Y}_2$ symmetrisch sind, läßt sich nun auch zeigen, daß dann auch $\mathfrak{Z}$ symmetrisch ist. Es ist

$$\mathfrak{Z} = \boldsymbol{Z}_1 (\boldsymbol{Y}_2 \boldsymbol{Z}_1)^{-\frac{1}{2}} = \boldsymbol{Z}_{1_t} (\boldsymbol{Y}_{2_t} \boldsymbol{Z}_{1_t})^{-\frac{1}{2}}$$

$$= \boldsymbol{Z}_{1_t} ((\boldsymbol{Z}_1 \boldsymbol{Y}_2)^{-\frac{1}{2}})_t = ((\boldsymbol{Z}_1 \boldsymbol{Y}_2)^{-\frac{1}{2}} \boldsymbol{Z}_1)_t = \mathfrak{Z}_t . \tag{53}$$

Etwas problematischer erscheint die Definition der Wellenimpedanzmatrix als *Grenzwert* für die Eingangsimpedanzmatrix einer unendlich langen Leitung. Die Ausführungen gelten natürlich auch für eine unendliche Kette von 2n-Porten. Wir betrachten zunächst den *Leerlauf*; dort gilt $\boldsymbol{u}_2 = \boldsymbol{o}$; somit ergibt sich aus den Gleichungen der Kettenmatrix

$$u_1 = A\,u_2 + B\,o = A\,u_2,$$
$$i_1 = C\,u_2 + D\,o = C\,u_2 \tag{54}$$

und hieraus

$$u_1 = A\,C^{-1}\,i_1. \tag{55}$$

Damit ist die Eingangsmatrix für Leerlauf

$$Z_{EL} = A\,C^{-1} \tag{56}$$

und für einen k-fachen Leitungsabschnitt mit der Spannungsübertragungsmaßmatrix G nach Gl. (31)

$$Z_{EL} = \cosh G\,(\sinh k\,G)^{-1}\,\mathfrak{Z} \tag{57}$$
$$= (\cosh k\,G)\,\mathfrak{Z}. \tag{58}$$

Bezeichnen wir die so definierte Wellenimpedanzmatrix mit $\mathfrak{Z}_{L\infty}$, dann gilt

$$\mathfrak{Z}_{L\infty} = \lim_{k\to\infty} (\coth k\,G)\,\mathfrak{Z}. \tag{59}$$

In ähnlicher Weise läßt sich auch eine Wellenimpedanzmatrix aus einem am Ende *kurzgeschlossenen* k-fachen 2n-Port definieren. Das Ergebnis lautet

$$\mathfrak{Z}_{K\infty} = \lim_{k\to\infty} (\tanh k\,G')\,\mathfrak{Z}. \tag{60}$$

Es kann nun gezeigt werden, daß im Falle, daß die Matrizen Z_1 und Y_2 passiven Charakter haben, in beiden Fällen eine Konvergenz gegen $\mathfrak{Z}$ stattfindet, d. h., daß

$$\lim_{k\to\infty} \coth(k\,G) = \lim_{k\to\infty} \tanh(k\,G') = 1. \tag{61}$$

In anderen Fällen kann es vorkommen, daß die Grenzwerte nicht existieren, obwohl ein $\mathfrak{Z}$ mit passivem Charakter existiert.

10.2.3 Zahlenbeispiel zu den für die Theorie der mehrphasigen Leitung charakteristischen Matrizen

Es wird interessant sein, an einem *Zahlenbeispiel* die *Berechnung der Matrizen* $\boldsymbol{\Gamma}$, $\boldsymbol{\Gamma}'$ und $\mathfrak{Z} = \mathfrak{Z}'$ zu studieren, insbesondere die Problematik, die sich durch die Vieldeutigkeit der Lösung der Aufgabe „*Quadratwurzel aus einer Matrix*" ergibt. Um das Zahlenbeispiel leicht nachrechnen zu können, nehmen wir *reelle* Werte für die Ausgangsmatrizen Z_1 und Y_2 (OHMsche Matrizen) an. Gegeben sind also

$$Z_1 = \begin{pmatrix} 1 & 1 \\ 1 & 2 \end{pmatrix} \tag{62}$$

und

$$Y_2 = \begin{pmatrix} 2 & 1 \\ 1 & 4 \end{pmatrix} \tag{63}$$

für eine Zweiphasenleitung. Beide Matrizen sind symmetrisch und positiv-definit und entsprechen somit einem passiven Verhalten des für die Längsimpedanz und Queradmittanz maßgebenden Netzwerks. Die beiden Produkte sind zueinander transponiert. Es ist

$$\boldsymbol{\varGamma}^2 = \boldsymbol{Z}_1 \boldsymbol{Y}_2 = \begin{pmatrix} 3 & 5 \\ 4 & 9 \end{pmatrix}, \tag{64}$$

$$\boldsymbol{\varGamma}'^2 = (\boldsymbol{\varGamma}^2)_t = \boldsymbol{Y}_2 \boldsymbol{Z}_1 = \begin{pmatrix} 3 & 4 \\ 5 & 9 \end{pmatrix}. \tag{65}$$

Jede der beiden Matrizen hat die beiden Eigenwerte $\lambda_1 = +11{,}385\,165$, $\lambda_2 = +0{,}614\,835$. Durch die folgende Ähnlichkeitstransformation kann $\boldsymbol{\varGamma}^2$ auf Diagonalform transformiert werden

$$\boldsymbol{T}^{-1}\boldsymbol{\varGamma}^2\,\boldsymbol{T} = \begin{pmatrix} +0{,}4000 & +0{,}8385 \\ +0{,}4000 & -0{,}2385 \end{pmatrix} \begin{pmatrix} 3 & 5 \\ 4 & 9 \end{pmatrix} \begin{pmatrix} +4{,}5536 & +1{,}9464 \\ +0{,}9285 & -0{,}9285 \end{pmatrix}$$

$$= \begin{pmatrix} +11{,}3852 & 0 \\ 0 & +0{,}6148 \end{pmatrix} = \begin{pmatrix} \lambda_1 & 0 \\ 0 & \lambda_2 \end{pmatrix} = \boldsymbol{\varLambda} \tag{66}$$

umgekehrt ist

$$\boldsymbol{\varGamma}^2 = \boldsymbol{T}\,\boldsymbol{\varLambda}\,\boldsymbol{T}^{-1}. \tag{67}$$

Hieraus erhält man

$$\boldsymbol{\varGamma} = \boldsymbol{T}\,\boldsymbol{\varLambda}^{\frac{1}{2}}\,\boldsymbol{T}^{-1}$$

mit

$$\boldsymbol{\varLambda}^{\frac{1}{2}} = \begin{pmatrix} \pm\sqrt{\lambda_1} & 0 \\ 0 & \pm\sqrt{\lambda_2} \end{pmatrix} = \begin{pmatrix} \pm 3{,}3742 & 0 \\ 0 & \pm 0{,}7841 \end{pmatrix}. \tag{68}$$

Denn es ist dann tatsächlich

$$\boldsymbol{\varGamma}^2 = \boldsymbol{T}\,\boldsymbol{\varLambda}^{\frac{1}{2}}\,\boldsymbol{T}^{-1}\,\boldsymbol{T}\boldsymbol{\varLambda}^{\frac{1}{2}}\,\boldsymbol{T}^{-1} = \boldsymbol{T}\,\boldsymbol{\varLambda}\,\boldsymbol{T}^{-1}. \tag{69}$$

Für die Vorzeichenwahl in $\boldsymbol{\varLambda}^{\frac{1}{2}}$ haben wir jetzt $2^n = 2^2 = 4$ Möglichkeiten. Wir wählen aus diesen Möglichkeiten diejenige aus, die den ausschließlich positiven Vorzeichen entspricht[1]. Hiermit wird die Spannungsfortpflanzungskonstantenmatrix

$$\boldsymbol{T}\,\boldsymbol{\varLambda}^{\frac{1}{2}}\,\boldsymbol{T}^{-1}$$

$$= \begin{pmatrix} +0{,}5536 & +1{,}9464 \\ +0{,}9285 & -0{,}9285 \end{pmatrix} \begin{pmatrix} +3{,}3742 & 0 \\ 0 & +0{,}7841 \end{pmatrix} \begin{pmatrix} +0{,}4000 & +0{,}8385 \\ +0{,}4000 & -0{,}2385 \end{pmatrix}$$

$$= \begin{pmatrix} +1{,}3577 & +2{,}7997 \\ +0{,}9619 & +2{,}7997 \end{pmatrix} \tag{70}$$

---

[1] Diese Auswahl entspricht einer mit der Ortskoordinate x wachsenden Dämpfung für alle Eigenfunktionen.

und

$$\mathfrak{Z}^{-1} = \begin{pmatrix} +1,0582 & -0,4545 \\ -0,3636 & +0,5132 \end{pmatrix}. \tag{71}$$

Hiermit ist

$$\mathfrak{Z} = \boldsymbol{\Gamma}^{-1}\boldsymbol{Z}_1 = \begin{pmatrix} +0,6037 & +0,1495 \\ +0,1495 & +0,6628 \end{pmatrix}. \tag{72}$$

Zu dem gleichen Ergebnis gelangt man, wenn man die Wellenimpedanzmatrix folgendermaßen berechnet

$$\mathfrak{Z} = \boldsymbol{\Gamma}\,\boldsymbol{Y}_2^{-1} = \begin{pmatrix} +0,6037 & +0,1495 \\ +0,1495 & +0,6628 \end{pmatrix}. \tag{73}$$

Beide Matrizen sind symmetrisch und positiv-definit. Verwendet man die übrigen Vorzeichenkombinationen für die Wurzeln der Eigenwerte, so wird man feststellen, daß keine dieser Kombinationen zu positiv-definiten Wellenimpedanzmatrizen führt.

Wir betrachten nun auch noch den Fall *rein imaginärer* Ausgangsmatrizen $\boldsymbol{Z}_1$ und $\boldsymbol{Y}_2$ (Reaktanzmatrizen) und wählen das Vorzeichen so, daß $\boldsymbol{Z}_1$ induktiven und $\boldsymbol{Y}_2$ kapazitiven Charakter hat (verlustfreie Leitung!). Um die gleichen Zahlenwerte zu bekommen, werden die ursprünglichen Matrizen einfach mit $+j$ multipliziert. Es sei dann also

$$\boldsymbol{Z}_1 = +j \begin{pmatrix} 1 & 1 \\ 1 & 2 \end{pmatrix}, \tag{74}$$

$$\boldsymbol{Y}_2 = +j \begin{pmatrix} 2 & 1 \\ 1 & 4 \end{pmatrix}. \tag{75}$$

Dann ist

$$\boldsymbol{\Gamma}^2 = \boldsymbol{Z}_1 \boldsymbol{Y}_2 = - \begin{pmatrix} 3 & 5 \\ 4 & 9 \end{pmatrix}, \tag{76}$$

$$\Lambda = \begin{pmatrix} -11,3852 & 0 \\ 0 & -0,6148 \end{pmatrix} \tag{77}$$

und schließlich

$$\Lambda^{\frac{1}{2}} = \begin{pmatrix} \pm j\,3,3742 & 0 \\ 0 & \pm j\,0,7841 \end{pmatrix}. \tag{78}$$

Hier hat man jeweils die positiv-imaginären Wurzeln auszuwählen, da nur diese Auswahl einer mit wachsender Ortskoordinate x vergrößerten Winkeldrehung der Ströme und Spannungen nach rechts entspricht. Man erhält dann

$$\boldsymbol{\Gamma} = +j \begin{pmatrix} +1,3577 & +1,2024 \\ +0,9619 & +2,7997 \end{pmatrix} \tag{79}$$

und

$$\boldsymbol{\Gamma}^{-1} = -j \begin{pmatrix} +1,0582 & -0,4545 \\ -0,3636 & +0,5132 \end{pmatrix}. \tag{80}$$

Die Wellenimpedanzmatrizen haben hier OHMschen Charakter und stimmen mit denjenigen für reelle Ausgangsmatrizen überein. Es ist

$$\mathfrak{Z} = \boldsymbol{\Gamma}^{-1}\boldsymbol{Z}_1 = \boldsymbol{Z}_1\boldsymbol{\Gamma}'^{-1} = \boldsymbol{\Gamma}\,\boldsymbol{Y}_2^{-1} = \boldsymbol{Y}_2^{-1}\boldsymbol{\Gamma}' = \begin{pmatrix} +0,6037 & +0,1495 \\ +0,1495 & +0,6628 \end{pmatrix}. \quad (81)$$

Obwohl sich für $\mathfrak{Z}$ sowohl im Falle rein OHMscher Matrizen $\boldsymbol{Z}_1$ und $\boldsymbol{Y}_2$ als auch im Falle reaktiver Matrizen (gleichen Vorzeichens für $\boldsymbol{Z}_1$ und $\boldsymbol{Y}_2$) eine rein OHMsche Impedanzmatrix ergibt, so unterscheiden sich die zugehörigen Leitungen doch physikalisch. Betrachten wir $\mathfrak{Z}$ als die Eingangsimpedanzmatrix einer unendlich langen Leitung. Im ersten Fall wird die der Leitung zugeführte Energie in den OHMschen Widerständen absorbiert, im zweiten Fall wird die der Leitung zugeführte Energie von der verlustlosen unendlich langen Leitung absorbiert, die hier als ein unendliches Reservoir wirkt. Auch hier zeigt es sich, daß *nur die hier gewählte Vorzeichenkombination in der Quadratwurzel der Eigenwertmatrix* die *einzig physikalisch sinnvolle* ist und nur diese zu einer einem *passiven Netzwerk* entsprechenden Impedanzmatrix $\mathfrak{Z}$ führt.

Aufgaben

1. Man berechne die Impedanzen

a) der $\mathit{\Pi}$-Ersatzschaltung;   b) der T-Ersatzschaltung

eines Leitungsstückes der Länge l.

11. Theorie der Komponentensysteme

Die klassische Darstellung der Methode der *symmetrischen Komponenten* geht von einfachen, jedoch vorwiegend auf das Dreiphasensystem ausgerichteten Überlegungen aus. Man stellt sich im Originalnetz eine Überlagerung von treibenden Spannungen vor, die aus 3 Gruppen bestehen, und zwar treibende Spannungen jeweils gleichen Betrags

1. in natürlicher Phasenfolge (Mitsystem),
2. in entgegengesetzter Phasenfolge (Gegensystem),
3. in gleicher Phasenlage (Nullsystem).

Die 3 Gruppen von Spannungen, auch Komponenten genannt, müssen nach Größe und Phase so gewählt werden, daß sie in jeder der 3 Phasen R, S und T die richtigen Spannungen ergeben. Die Zerlegbarkeit in diese Komponenten wird dann dadurch bewiesen, daß eine elementargeometrische Konstruktion angegeben werden kann. Man untersucht nun nacheinander den Stromverlauf für die drei einzelnen Betriebszustände, indem man erst die Spannungen des Mitsystems wirken läßt, alsdann die Spannungen des Gegensystems und schließlich die Spannungen des Nullsystems. Die gefundenen Ergebnisse werden dann überlagert, um die Lösung für den unsymmetrischen Betrieb zu erhalten. In einem zyklisch symmetrischen Netz wird man von dieser Symmetrie insofern Gebrauch machen, als es nicht nötig ist, die sich in den übrigen Phasen mit 120°-Drehung wiederholenden Vorgänge ebenfalls zu berechnen oder modellmäßig darzustellen. Das Ergebnis ist die sog. *einphasige Darstellung*. Die Induktivitäten und Kapazitäten wirken als Betriebsinduktivitäten, -kapazitäten. Diese Denkweise ist zwar für eine Einführung geeignet, sie hat aber gewisse Nachteile, wenn man kompliziertere Aufgaben lösen will. Außerdem macht es Schwierigkeiten, in dieser Denkweise die angegebene Methode auf Mehrphasenprobleme zu verallgemeinern. Auch die Herleitung von Ersatzschaltungen erfolgt in der klassischen Weise nicht gerade elegant.

Umfassender und auch leichter zu handhaben ist eine Betrachtungsweise, die auch auf anderen Gebieten (z. B. bei der LAPLACE-Transformation) mit gutem Erfolg angewandt wird. Diese Betrachtungsweise ergibt sich beinahe automatisch, wenn man die Umrechnung der für die Betrachtungsweise der symmetrischen Komponenten gültigen Gleichungen schematisiert. Der grundlegende Gedanke ist derjenige der *Transformation:* Ausgehend von dem im *Originalbereich* (z. B. in RST) gegebenen Problem werden sämtliche Ströme, Spannungen und die daraus abgeleiteten Größen Impedanz, Leistung usw. nach vorgegebenen Gleichungen transformiert. Das Ergebnis im *Bildbereich* sind neue Gleichungen, denen entsprechende Schaltungen zugeordnet werden können (Komponentennetze). Hierbei wird man nicht das gesamte Netz in jedem einzelnen Sonderfall transformieren, sondern man teilt das Netz auf in einzelne *Elementarbestandteile*, die z. B. durch eine Impedanz- oder Admittanzmatrix beschrieben werden können, und transformiert diese Bestandteile. Man kann dann auch allgemeingültig zeigen, daß zyklisch symmetrische Netze durch den Vorgang der *Transformation* mit gewissen Matrizen entkoppelt werden, und daß sich für die entkoppelten Impedanzen gerade die aus der einphasigen Schaltung bekannten sog. *Betriebsimpedanzen (-induktivitäten, -kapazitäten)* für die Mit- und Gegensystemnetze und die sog. *Nullimpedanzen* für das Nullsystemnetz ergeben. Das normalerweise vorwiegend zyklisch symmetrische Netz ergibt auf diese Weise eine Entkopplung der Komponentennetze. Diese im überwiegenden Teil des Netzes gegebene Entkopplung wird jedoch an den Stellen *gestört*, wo *keine zyklische Symmetrie* vorhanden ist. Dort ergeben sich *Kopplungen* aus den für die Unsymmetriebedingungen gültigen Gleichungen durch Transformation auf die symmetrischen Komponenten. Die Ersatzschaltungen für die unsymmetrischen Kurzschlüsse und Unterbrechungen in Netzen sowohl für die *symmetrischen* als auch für die aus ihnen hergeleiteten $\alpha\beta0$-Komponenten sind im Anhang zusammengestellt. Die Betrachtungen werden anhand von *normierten* Gleichungen durchgeführt, das hat folgenden Vorteil:

1. existieren dann auf Grund der damit erzwungenen *Leistungsinvarianz* Übertragerschaltungen, die eine *elektrische* Übersetzung der Transformationsgleichungen ermöglichen,

2. kann nun die durch die Transformation erzeugte Entkopplung für die Matrizen als eine *Transformation* auf *Diagonalgestalt* im Sinn der *Eigenwerttheorie* der Matrizen erklärt werden.

Bei *Netzuntersuchungen auf Netzmodellen* haben die Methoden der *symmetrischen Komponenten* und der $\alpha\beta 0$-Komponenten einen sehr wesentlichen *Vorteil*, da andernfalls in einer Netznachbildung in RST in jeder *Leitung* nicht nur die *kapazitive* Kopplung sämtlicher Leiter gegeneinander (dargestellt durch die Teilkapazitäten), sondern auch noch sämtliche induktiven Kopplungen (dargestellt durch Gegeninduktivitäten in Transformatoren) wiedergegeben werden müssen. Diese Kopplungen entfallen aber in Komponentendarstellung. Aus diesem Grund existiert auch kein Netzmodell im eigentlichen Sinn, das auf einer Darstellung in RST beruht. Nur in den sog. Mikromaschinenmodellen[1], wo einerseits das Schwergewicht mehr auf der Darstellung der *Drehstrommaschinen* liegt, und das transiente Verhalten der Maschinen selbst untersucht werden soll, und andererseits weniger die Darstellung ihres Verhaltens in *größeren Netzen* interessiert, wendet man die direkte Darstellung in RST an.

Auch bei einer *digitalen Berechnung* elektrischer Netze ergeben sich durch die Anwendung dieser Transformationen insbesondere auf symmetrische Komponenten ebenfalls erhebliche Vereinfachungen. In der Rechnung wird man in den meisten Fällen eine Darstellung in symmetrischen Komponenten gegenüber einer solchen in $\alpha\beta 0$-Komponenten deswegen vorziehen, da diese flexibler und übersichtlicher ist, und die bei Netzmodellen durch die Nachbildbarkeit bedingten Einschränkungen hier wegfallen. Auch ist bei symmetrischen Komponenten die Anzahl der erforderlichen treibenden Spannungen nur halb so groß gegenüber einer Darstellung in $\alpha\beta 0$-Komponenten (unter der Voraussetzung symmetrischer (Mitsystem-) Einspeisungen).

11.1 Drehstrommehrphasensysteme

Ein Drehstrom-n-Phasen-Spannungssystem ist dadurch gekennzeichnet, daß in den Leitern (gegenüber einem Nulleiter bzw. einem gedachten Nullpunkt) Spannungen angestrebt werden, deren Zeigerspitzen in den Ecken eines *regelmäßigen n-Ecks* (entsprechend den n-ten Einheitswurzeln) liegen. Praktisch weichen jedoch die Spannungen mehr oder weniger von diesem Idealzustand infolge von im allgemeinen kleinen Unsymmetrien in den Übertragungssystemen und Unsymmetrien in den Verbrauchern ab. Symmetrie in Strömen und Spannungen wird hauptsächlich zum Schutz der Generatoren, aber auch um konstante Spannung beim Verbraucher zu gewährleisten, angestrebt. Aus diesem Grunde ist es auch zweckmäßig, die Übertragungssysteme (Transformatoren, Freileitungen und Kabel) bezüglich der Phasen *zyklisch*

---

[1] Vgl. R. Robert [*13, 16*].

symmetrisch zu gestalten. Schließlich ist ein zyklisch symmetrisches Übertragungssystem auch das wirtschaftlich günstigste.

Diese *zyklische Symmetrie* in den Phasen ist in den praktisch auftretenden Übertragungssystemen relativ gut erfüllt, so daß man mit dieser Gegebenheit bei Untersuchungen in Drehstromverbundnetzen rechnen kann. Unter der Voraussetzung der zyklischen Symmetrie in den Phasen ergibt sich auch eine zyklische Symmetrie in den die (linearen) Übertragungssysteme kennzeichnenden Matrizen. Für die Behandlung von Problemen dieser Symmetrie kennt man in der Mathematik die Methode der zyklischen Matrizen (Zirkulanten) [26, 31], die auch in der Baustatik mit Erfolg angewandt wird [11.3, 11.21]. Die Methode der symmetrischen Komponenten (nach HOMMEL [11.17], STOKVIS [11.25] und FORTESCUE [11.15] arbeitet nach dem gleichen Prinzip. Das wesentliche der Methode besteht darin, daß Gleichungssysteme mit zyklischer Symmetrie durch solche Transformationen *entkoppelt* werden.

11.2 Die Komponentensysteme

11.2.1 Symmetrische Komponenten

Die angewandte Transformation der Komponentensysteme soll darüber hinaus noch folgende Eigenschaften besitzen:

1. Ströme und Spannungen werden nach den *gleichen Matrizen* transformiert.

2. Die *Summenleistung* im *Ausgangssystem* soll mit der *Summenleistung* im *transformierten System identisch* sein (Leistungsinvarianz).

Der ersten Bedingung folgend kann man mit zunächst noch unbekannten Matrizen folgende Transformationsgleichungen für den Zusammenhang beispielsweise in 3 Phasen der Ausgangsgrößen (in RST) und der transformierten Größen (in 12) aufstellen.

$$\boldsymbol{u}_{RST} = \begin{pmatrix} U_R \\ U_S \\ U_T \end{pmatrix} = \boldsymbol{S}^{(0)} \begin{pmatrix} U_0^{(0)} \\ U_1^{(0)} \\ U_2^{(0)} \end{pmatrix}, \tag{1a}$$

$$\boldsymbol{u}_{012}^{(0)} = \begin{pmatrix} U_0^{(0)} \\ U_1^{(0)} \\ U_2^{(0)} \end{pmatrix} = \boldsymbol{S}^{(0)^{-1}} \begin{pmatrix} U_R \\ U_S \\ U_T \end{pmatrix}. \tag{1b}$$

$$\boldsymbol{i}_{RST} = \begin{pmatrix} I_R \\ I_S \\ I_T \end{pmatrix} = \boldsymbol{S}^{(0)} \begin{pmatrix} I_0^{(0)} \\ I_1^{(0)} \\ I_2^{(0)} \end{pmatrix}, \tag{1c}$$

$$\boldsymbol{i}_{012}^{(0)} = \begin{pmatrix} I_0^{(0)} \\ I_1^{(0)} \\ I_2^{(0)} \end{pmatrix} = \boldsymbol{S}^{(0)^{-1}} \begin{pmatrix} I_R \\ I_S \\ I_T \end{pmatrix}. \tag{1d}$$

Die zweite Bedingung (Leistungsinvarianz) ergibt

$$P = U_R I_R^* + U_S I_S^* + U_T I_T^*$$

$$= (U_R,\ U_S,\ U_T) \begin{pmatrix} I_R^* \\ I_S^* \\ I_T^* \end{pmatrix} = (U_0^{(0)},\ U_1^{(0)},\ U_2^{(0)})\, S_t^{(0)}\, S^{(0)*} \begin{pmatrix} I_0^{(0)*} \\ I_1^{(0)*} \\ I_2^{(0)*} \end{pmatrix}$$

$$\sum S = \sum P + j \sum Q = (U_0^{(0)},\ U_1^{(0)},\ U_2^{(0)}) \begin{pmatrix} I_0^{(0)*} \\ I_1^{(0)*} \\ I_2^{(0)*} \end{pmatrix}. \tag{2}$$

Aus der Identität der beiden Bilinearformen für beliebige Veränderliche folgt

$$S_t^{(0)}\, S^{(0)*} = 1. \tag{3}$$

Aus den beiden Forderungen 1. „Gleichheit der transformierenden Matrizen für Ströme und Spannungen" und 2. „Leistungsinvarianz" folgt somit, daß die Matrix $S^{(0)}$ unitär sein muß[1]. Nun soll eine derartige Matrix außerdem noch geeignet sein, eine *zyklisch symmetrische* Impedanz-(Admittanz-) Matrix auf die Diagonalform zu transformieren (wodurch dann auch die gewünschte Entkopplung entsteht). Die Spannungen und Ströme der Phasen R, S und T (z. B. in einer Leitung) seien durch die folgende Beziehung mittels einer Impedanzmatrix[2] verknüpft

$$\begin{pmatrix} U_R \\ U_S \\ U_T \end{pmatrix} = \begin{pmatrix} Z_a & Z_c & Z_b \\ Z_b & Z_a & Z_c \\ Z_c & Z_b & Z_a \end{pmatrix} \begin{pmatrix} I_R \\ I_S \\ I_T \end{pmatrix} = \mathbf{Z}_{RST} \begin{pmatrix} I_R \\ I_S \\ I_T \end{pmatrix}, \tag{4}$$

wobei die *zyklische Symmetrie* in den Phasen bereits durch die *Gleichheit der Elemente* der Impedanzmatrix Z_{RST} *parallel* zur *Hauptdiagonalen*

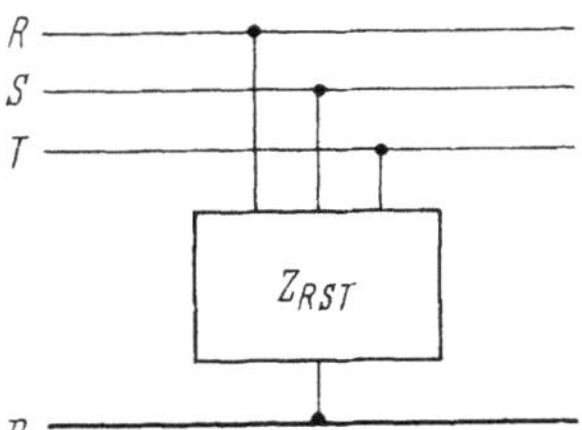

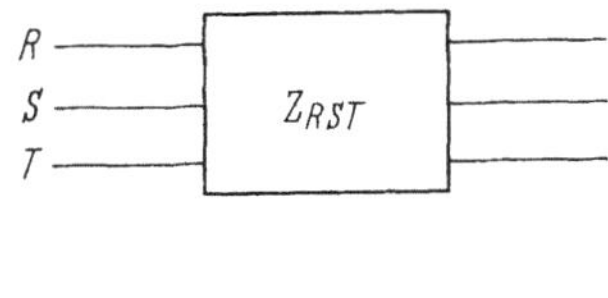

Abb. 11.1. Kastenschema für eine *Dreiphasenquerimpedanz* mit der Impedanzmatrix $\mathbf{Z}_{RST}$

Abb. 11.2. Kastenschema für eine *Dreiphasenlängsimpedanz* mit der Impedanzmatrix $\mathbf{Z}_{RST}$

zum Ausdruck gebracht wurde. Es ist hierbei gleichgültig, ob die Spannungen und Ströme der Gl. (4) sich auf eine Dreiphasenquerimpedanz (Abb. 11.1) oder eine Dreiphasenlängsimpedanz (Abb. 11.2) beziehen.

---

[1] Aus der Leistungsinvarianz folgt also eine unitäre Transformationsmatrix. Die hermitesche Norm (Länge) der Vektoren einer unitären Matrix ist auf die Größe 1 normiert. Aus diesem Grund heißen leistungsinvariante Komponenten *normierte* Komponenten.

[2] Entsprechend kann man auch eine Admittanzmatrix betrachten. Die Überlegungen und Ergebnisse sind dann analog.

Es kann jetzt gezeigt werden, daß eine Transformation mit folgender Matrix die geforderten Bedingungen erfüllt. Diese Matrix

$$S^{(0)} = \frac{1}{\sqrt{3}} \begin{pmatrix} 1 & 1 & 1 \\ 1 & a^2 & a \\ 1 & a & a^2 \end{pmatrix} \quad \text{mit} \quad a = e^{j\frac{2\pi}{3}} \tag{5a}$$

ist *unitär*, denn es ist, wie man leicht nachrechnet,

$$S_t^{(0)} S^{(0)*} = \frac{1}{\sqrt{3}} \begin{pmatrix} 1 & 1 & 1 \\ 1 & a^2 & a \\ 1 & a & a^2 \end{pmatrix} \frac{1}{\sqrt{3}} \begin{pmatrix} 1 & 1 & 1 \\ 1 & a & a^2 \\ 1 & a^2 & a \end{pmatrix} = \begin{pmatrix} 1 & 0 & 0 \\ 0 & 1 & 0 \\ 0 & 0 & 1 \end{pmatrix} = 1, \tag{6}$$

die *Inverse* erhält man nach dieser Beziehung durch *Transponieren* und *Konjugieren*

$$S^{(0)-1} = S_t^{(0)*} = \frac{1}{\sqrt{3}} \begin{pmatrix} 1 & 1 & 1 \\ 1 & a & a^2 \\ 1 & a^2 & a \end{pmatrix}. \tag{5b}$$

Setzt man nun (1a) und (1c) mit (5a) in (4) ein, so ist zunächst

$$\begin{pmatrix} U_R \\ U_S \\ U_T \end{pmatrix} = S^{(0)} \begin{pmatrix} U_0^{(0)} \\ U_1^{(0)} \\ U_2^{(0)} \end{pmatrix} = Z_{RST} \begin{pmatrix} I_R \\ I_S \\ I_T \end{pmatrix} = Z_{RST} S^{(0)} \begin{pmatrix} I_0^{(0)} \\ I_1^{(0)} \\ I_2^{(0)} \end{pmatrix}. \tag{7}$$

Wenn man nun mit $S^{(0)-1} = S_t^{(0)*}$ von links multipliziert, ergibt sich

$$\begin{pmatrix} U_0^{(0)} \\ U_1^{(0)} \\ U_2^{(0)} \end{pmatrix} = S_t^{(0)*} Z_{RST} S^{(0)} \begin{pmatrix} I_0^{(0)} \\ I_1^{(0)} \\ I_2^{(0)} \end{pmatrix}. \tag{8}$$

Setzt man noch

$$S_t^{(0)*} Z_{RST} S^{(0)} = Z_{012}^{(0)} 1, \tag{9}$$

so stellt Gl. (8) eine der Gl. (4) analoge Gleichung dar, und $Z_{012}^{(0)}$ ist jetzt die das *transformierte* System beschreibende *Impedanzmatrix*. Durch Ausrechnen findet man

$$Z_{012}^{(0)} = \frac{1}{\sqrt{3}} \begin{pmatrix} 1 & 1 & 1 \\ 1 & a & a^2 \\ 1 & a^2 & a \end{pmatrix} \begin{pmatrix} Z_a & Z_c & Z_b \\ Z_b & Z_a & Z_c \\ Z_c & Z_b & Z_a \end{pmatrix} \frac{1}{\sqrt{3}} \begin{pmatrix} 1 & 1 & 1 \\ 1 & a^2 & a \\ 1 & a & a^2 \end{pmatrix}$$

$$= \begin{pmatrix} Z_a + Z_b + Z_c & 0 & 0 \\ 0 & Z_a + a Z_b + a^2 Z_c & 0 \\ 0 & 0 & Z_a + a^2 Z_b + a Z_c \end{pmatrix}. \tag{10}$$

---

[1] Die durch Gl. (9) dargestellte Transformation ist eine komplexe Kongruenztransformation. Sie entsteht dadurch, daß man mit einer nicht singulären Matrix von rechts multipliziert und von links mit der Transponiertkonjugierten dieser Matrix. Da hier die transformierende Matrix $S^{(0)}$ unitär ist, ist die Transformation gleichzeitig auch eine Ähnlichkeitstransformation.

Die Matrix $S^{(0)}$ transformiert also die zyklisch symmetrische Impedanzmatrix auf Diagonalform[1]. Die Lösung ist bis auf kombinierte Zeilen- und Spaltenvertauschung (was einer Vertauschung der Komponenten 012 entspräche) eindeutig. Das gleiche gilt auch für zyklisch symmetrische Admittanzmatrizen. Die Größen mit dem Index 0 bilden das Nullsystem, mit dem Index 1 das Mitsystem und mit dem Index 2 das Gegensystem. Diese Bezeichnungen haben folgende Bedeutung: $I_0^{(0)}\sqrt{3}$ ist der Strom im Nulleiter. Ist nur das Mitsystem vorhanden, so haben die Größen in den Phasen die natürliche Phasenfolge. Ist hingegen nur das Gegensystem vorhanden, so haben diese Größen die inverse Phasenfolge.

Die nicht verschwindenden Elemente in der Hauptdiagonale von $Z_{012}^{(0)}$ sind

$$\text{die Nullsystemimpedanz } Z_0 = Z_a + Z_b \quad\; + Z_c,$$
$$\text{die Mitsystemimpedanz } Z_1 = Z_a + a\,Z_b + a^2 Z_c, \tag{11}$$
$$\text{die Gegensystemimpedanz } Z_2 = Z_a + a^2 Z_b + a\,Z_c.$$

Falls in einem gegebenen Netz *überall zyklische Symmetrie* in den Phasen gegeben ist, besteht also das transformierte Netz aus drei *entkoppelten* Netzen, nämlich dem Null-, Mit- und Gegensystemnetz, und die Impedanzen in den Netzen sind die Null-, Mit- und Gegensystemimpedanzen nach Gl. (11).

Enthält jedoch das Ausgangsnetz an einzelnen Stellen *Abweichungen* von der zyklischen Phasensymmetrie, so treten im transformierten Netz *Kopplungen* auf. Beispiele hierzu bilden die 1- und 2 poligen Kurzschlüsse, Erdschlüsse und Unterbrechungen auf den Leitungen (vgl. Kap. 11.5) und die unsymmetrischen Lasten. Eine *Tabelle* dieser Kopplungsschaltungen für die Systemnetzwerke befindet sich im *Anhang* 4.

Die Impedanzmatrizen von Netzen, die ausschließlich aus R, L und C und Transformatoren aufgebaut sind, sind, da sie dem Reziprozitätsgesetz gehorchen, außerdem noch symmetrisch zur Hauptdiagonalen. Damit wird $Z_b = Z_c$. In einer solchen Impedanzmatrix existieren dann nur die Selbstimpedanz Z_a und die von der Phasenfolge unabhängige gegenseitige Impedanz $Z_b = Z_c$. Dann ist

$$Z_0 = Z_a + 2\,Z_b,$$
$$Z_1 = Z_a - Z_b, \tag{12}$$
$$Z_2 = Z_a - Z_b.$$

Das heißt, es ist dann auch $Z_1 = Z_2$.

---

[1] Nicht alle Matrizen lassen sich *unitär* auf *Diagonalform* transformieren. Dies ist nur für die sogenannten normalen Matrizen (das sind Matrizen, die mit ihrer Transponiertkonjugierten vertauschbar sind) der Fall. Durch Nachrechnen findet man, daß tatsächlich $\mathbf{Z}_{RST}(\mathbf{Z}_{RST})_t^* = (\mathbf{Z}_{RST})_t^* \,\mathbf{Z}_{RST}$ erfüllt ist.

In *rotierenden Maschinen* sind diese Impedanzen jedoch verschieden.
Für die Gegensystemreaktanz in Maschinen ohne Dämpferwicklung gilt

$$X_2 = \frac{X_d' + X_q'}{2} \approx \frac{X_d' + X_q}{2} \tag{13a}$$

und für Maschinen mit Dämpferwicklung

$$X_2 = \frac{X_d'' + X_q''}{2}. \tag{13b}$$

Diese Gegensystemreaktanzen sind für den synchronen, transienten
und subtransienten Bereich die gleichen, während die Mitsystemreak-
tanzen mit den entsprechenden des symmetrischen Betriebs identisch
sind. Hieraus ergibt sich eine *Verschiedenheit* von X_1 und X_2. Aus
$Z_1 \neq Z_2$ folgt aber auch $Z_b \neq Z_c$.

11.2.2 $\alpha\beta 0$-Komponenten[1]

Unter der Voraussetzung, daß die $\mathbf{Z}_{RST}$-Matrix symmetrisch ist
(Übertragungssymmetrie), existiert auch eine *reelle* unitäre (d. h. ortho-
gonale) Transformationsmatrix, welche bei Voraussetzung zyklischer
Phasensymmetrie eine *Entkopplung* im transformierten System bewirkt.
Eine solche Matrix erhält man leicht dadurch, daß man die Matrix $\mathbf{S}^{(0)}$
mit einer anderen geeigneten *unitären* Matrix multipliziert, so daß das
Ergebnis eine *reelle* Matrix wird. Diese ist dann auch *unitär*, da das
Produkt von *unitären* Matrizen wieder *unitär* ist. Eine solche Matrix
einfacher Bauart ist

$$\mathbf{B}^{(0)} = \begin{pmatrix} 1 & 0 & 0 \\ 0 & \dfrac{1}{\sqrt{2}} & \dfrac{j}{\sqrt{2}} \\ 0 & \dfrac{1}{\sqrt{2}} & -\dfrac{j}{\sqrt{2}} \end{pmatrix}. \tag{14}$$

Wir bilden hiermit das Produkt und erhalten die *orthogonale Matrix*

$$\mathbf{C}^{(0)} = \mathbf{S}^{(0)}\,\mathbf{B}^{(0)} = \frac{1}{\sqrt{3}} \begin{pmatrix} 1 & 1 & 1 \\ 1 & a^2 & a \\ 1 & a & a^2 \end{pmatrix} \begin{pmatrix} 1 & 0 & 0 \\ 0 & \dfrac{1}{\sqrt{2}} & \dfrac{j}{\sqrt{2}} \\ 0 & \dfrac{1}{\sqrt{2}} & -\dfrac{j}{\sqrt{2}} \end{pmatrix}$$

$$\begin{pmatrix} \dfrac{1}{\sqrt{3}} & \sqrt{\dfrac{2}{3}} & 0 \\ \dfrac{1}{\sqrt{3}} & -\dfrac{1}{\sqrt{6}} & \dfrac{1}{\sqrt{2}} \\ \dfrac{1}{\sqrt{3}} & -\dfrac{1}{\sqrt{6}} & -\dfrac{1}{\sqrt{2}} \end{pmatrix} = \frac{1}{\sqrt{3}} \begin{pmatrix} 1 & \sqrt{2} & 0 \\ 1 & \sqrt{2}\cos\dfrac{2\pi}{3} & \sqrt{2}\sin\dfrac{2\pi}{3} \\ 1 & \sqrt{2}\cos\dfrac{4\pi}{3} & \sqrt{2}\sin\dfrac{4\pi}{3} \end{pmatrix}. \tag{15}$$

---

[1] Die $\alpha\beta 0$-Komponenten für Dreiphasensysteme wurden von E. CLARKE [*69*]
eingeführt.

Dabei sollen die folgenden, die $\alpha\beta 0$-*Komponenten* definierenden Gleichungen gelten

$$\begin{pmatrix} U_R \\ U_S \\ U_T \end{pmatrix} = C^{(0)} \begin{pmatrix} U_0^{(0)} \\ U_\alpha^{(0)} \\ U_\beta^{(0)} \end{pmatrix}, \quad (16a)$$

$$\begin{pmatrix} U_0^{(0)} \\ U_\alpha^{(0)} \\ U_\beta^{(0)} \end{pmatrix} = C^{(0)^{-1}} \begin{pmatrix} U_R \\ U_S \\ U_T \end{pmatrix}, \quad (16b)$$

$$\begin{pmatrix} I_R \\ I_S \\ I_T \end{pmatrix} = C^{(0)} \begin{pmatrix} I_0^{(0)} \\ I_\alpha^{(0)} \\ I_\beta^{(0)} \end{pmatrix}, \quad (16c)$$

$$\begin{pmatrix} I_0^{(0)} \\ I_\alpha^{(0)} \\ I_\beta^{(0)} \end{pmatrix} = C^{(0)^{-1}} \begin{pmatrix} I_R \\ I_S \\ I_T \end{pmatrix}. \quad (16d)$$

Hierbei ist, da $C^{(0)}$ *orthogonal* ist

$$C^{(0)^{-1}} = C_t^{(0)}. \tag{17}$$

Es kann nun noch gezeigt werden, daß die Matrix $C^{(0)}$ die Eigenschaft hat, eine zugleich impedanzsymmetrische und in den Phasen zyklisch symmetrische Impedanzmatrix in die Diagonalform zu transformieren.

$$Z_{0\alpha\beta}^{(0)} = C_t^{(0)} \begin{pmatrix} Z_a & Z_b & Z_b \\ Z_b & Z_a & Z_b \\ Z_b & Z_b & Z_a \end{pmatrix} C^{(0)} = \begin{pmatrix} Z_a + 2Z_b & 0 & 0 \\ 0 & Z_a - Z_b & 0 \\ 0 & 0 & Z_a - Z_b \end{pmatrix}. \tag{18}$$

11.2.3 Verallgemeinerung auf andere Mehrphasensysteme

Die symmetrischen und $\alpha\beta 0$-Komponenten lassen sich auch auf andere Mehrphasensysteme verallgemeinern. Im n-Phasensystem (bestehend aus $n + 1$ Leitern) ist die für die symmetrischen Komponenten gültige Transformationsmatrix

$$S^{(0)} = \frac{1}{\sqrt{n}} \begin{pmatrix} \varepsilon_n^0 & \varepsilon_n^0 & \varepsilon_n^0 & \cdots \varepsilon_n^0 \\ \varepsilon_n^0 & \varepsilon_n^{-1\cdot1} & \varepsilon_n^{-1\cdot2} & \cdots \varepsilon_n^{-1(n-1)} \\ \vdots & \vdots & \vdots & \vdots \\ \varepsilon_n^0 & \varepsilon_n^{-(n-1)1} & \varepsilon_n^{-(n-1)2} \cdots & \varepsilon_n^{-(n-1)(n-1)} \end{pmatrix} \tag{19}$$

$$\text{mit} \quad \varepsilon_n = e^{j\frac{2\pi}{n}},$$

für das einzelne Element dieser Matrix gilt

$$s_{ik} = \frac{1}{\sqrt{n}}\, \varepsilon_n^{-(i-1)(k-1)}. \tag{19a}$$

Die für beliebige n-Phasensysteme gültige Verallgemeinerung der Transformationsmatrix, welche durch Multiplikation von rechts S

in $\boldsymbol{C}$ überführt, lautet

$$\boldsymbol{B}^{(0)} = \frac{1}{\sqrt{2}} \begin{bmatrix} \sqrt{2} & 0 & 0 & \cdots & & & 0 & 0 & & \\ 0 & 1 & 0 & \cdots & & & +j & 0 & & \\ 0 & 0 & 1 & \cdots & & & 0 & +j & & \\ & & & 1 & 0 & 0 & 0 & +j & 0 \\ & & & 0 & 1 & 0 & 0 & 0 & +j \\ \hline & & & 0 & 1 & 0 & 0 & 0 & -j \\ & & & 1 & 0 & 0 & 0 & -j & 0 \\ 0 & 0 & 1 & & & 0 & -j & & \\ 0 & 1 & 0 & & & -j & 0 & & \end{bmatrix} \quad \text{für ungerade } n \quad (20)$$

oder

$$\boldsymbol{B}^{(0)} = \frac{1}{\sqrt{2}} \begin{bmatrix} \sqrt{2} & 0 & 0 & & 0 & 0 & \\ 0 & 1 & 0 & & +j & 0 & \\ 0 & 0 & 1 & & 0 & +j & \\ & & & 1 & 0 & & +j \\ \hline & & 0 & \sqrt{2} & & & 0 \\ & & & 1 & 0 & & -j \\ 0 & 0 & 1 & & 0 & -j & \\ 0 & 1 & 0 & & -j & 0 & \end{bmatrix} \quad \text{für gerade } n. \quad (20)$$

Hieraus ergibt sich

$$\boldsymbol{C}^{(0)} = \boldsymbol{S}^{(0)} \boldsymbol{B}^{(0)} = \frac{1}{\sqrt{n}} \times$$

$$\times \begin{bmatrix} 1 & \sqrt{2} & \cdots & \sqrt{2} & 0 & & 0 \\[4pt] 1 & \sqrt{2}\cos\dfrac{2\pi}{n} & \cdots & \sqrt{2}\cos\dfrac{(n-1)\pi}{n} & \sqrt{2}\sin\dfrac{2\pi}{n} & \cdots & \sqrt{2}\sin\dfrac{(n-1)\pi}{n} \\[8pt] 1 & \sqrt{2}\cos\dfrac{4\pi}{n} & \cdots & \sqrt{2}\cos\dfrac{2(n-1)\pi}{n} & \sqrt{2}\sin\dfrac{4\pi}{n} & \cdots & \sqrt{2}\sin\dfrac{2(n-1)\pi}{n} \\[8pt] \vdots & & & & & & \\[4pt] 1 & \sqrt{2}\cos\dfrac{2(n-2)\pi}{n} & \cdots & \sqrt{2}\cos\dfrac{(n-2)(n-1)\pi}{n} & \sqrt{2}\sin\dfrac{2(n-2)\pi}{n} & \cdots & \sqrt{2}\sin\dfrac{(n-2)(n-1)\pi}{n} \\[8pt] 1 & \sqrt{2}\cos\dfrac{2(n-1)\pi}{n} & \cdots & \sqrt{2}\cos\dfrac{(n-1)^2\pi}{n} & \sqrt{2}\sin\dfrac{2(n-1)\pi}{n} & \cdots & \sqrt{2}\sin\dfrac{(n-1)^2\pi}{n} \end{bmatrix}$$

für ungerade n (21a) oder

$$C^{(0)} = S^{(0)} B^{(0)} = \frac{1}{\sqrt{n}} \times$$

$$\times \begin{bmatrix}
1 & \sqrt{2} & \cdots & \sqrt{2} & +1 & 0 & & 0 \\
1 & \sqrt{2}\cos\dfrac{2\pi}{n} & \cdots & \sqrt{2}\cos\dfrac{(n-1)\pi}{n} & -1 & \sqrt{2}\sin\dfrac{2\pi}{n} & \cdots & \sqrt{2}\sin\dfrac{(n-1)\pi}{n} \\
1 & \sqrt{2}\cos\dfrac{4\pi}{n} & \cdots & \sqrt{2}\cos\dfrac{2(n-1)\pi}{n} & +1 & \sqrt{2}\sin\dfrac{4\pi}{n} & \cdots & \sqrt{2}\sin\dfrac{2(n-1)\pi}{n} \\
\vdots & \vdots & & \vdots & \vdots & & & \\
1 & \sqrt{2}\cos\dfrac{2(n-2)\pi}{n} & \cdots & \sqrt{2}\cos\dfrac{(n-2)(n-1)\pi}{n} & +1 & \sqrt{2}\sin\dfrac{2(n-2)\pi}{n} & \cdots & \sqrt{2}\sin\dfrac{(n-2)(n-1)\pi}{n} \\
1 & \sqrt{2}\cos\dfrac{2(n-1)\pi}{n} & \cdots & \sqrt{2}\cos\dfrac{(n-1)^2\pi}{n} & -1 & \sqrt{2}\sin\dfrac{2(n-1)\pi}{n} & \cdots & \sqrt{2}\sin\dfrac{(n-1)^2\pi}{n}
\end{bmatrix}$$

für gerade n. $\hfill$ (21b)

Man kann sich die Matrix $C^{(0)}$ auch folgendermaßen aus $S^{(0)}$ entstanden denken: Nach Weglassung der ersten reellen Spalte sind symmetrisch zur senkrechten Mittellinie liegende Spalten der Matrix $S^{(0)}$ zueinander *konjugiert*. Die Summen dieser zueinander konjugierten Spalten sind dann *reell* und die Differenzen *imaginär*, letztere werden durch Multiplikation mit j ebenfalls reell; bereits reelle Vektoren werden identisch übernommen. Die Summen und Differenzen erhalten schließlich noch den Normierungsfaktor $1/\sqrt{2}$. Alle diese Operationen leistet natürlich eine Multiplikation der oben angegebenen Matrix $B^{(0)}$ von rechts ebenso. Im Ergebnis entstehen dann wieder genau n *normierte* zueinander *orthogonale* Vektoren; diese bilden die *orthogonale* Matrix $C^{(0)}$.

Für ein Zweiphasensystem sind symmetrische und $\alpha\beta 0$-Komponenten identisch

$$C^{(0)} = S^{(0)} = \frac{1}{\sqrt{2}} \begin{pmatrix} 1 & 1 \\ 1 & -1 \end{pmatrix}. \tag{22}$$

11.2.4 Beweis dafür, daß auch die verallgemeinerten Transformationen der symmetrischen und $\alpha\beta 0$-Komponenten für mehrere Variablen bei zyklischer Symmetrie des Netzes eine Entkopplung erzeugen

Wir betrachten wieder eine Impedanzmatrix des Originalnetzes. Die Elemente dieser (also den RST-Komponenten entsprechenden) Matrix sollen durch in Klammern gesetzte Indizes gekennzeichnet werden. Da die Elemente parallel zur zur Hauptdiagonale untereinander gleich sind, können diese als eine Funktion der Differenz der beiden Indizes $\mathrm{mod}\,n$ geschrieben werden ($n =$ Anzahl der Phasen). In der Schreibweise lassen wir jedoch die Bezeichnung $\mathrm{mod}\,n$ weg. Das Element der Impedanzmatrix des Originalnetzes kann dann geschrieben werden

$$z_{(ik)} = z_{(i-k)}. \tag{23}$$

Durch die Transformation mit $S^{(0)}$ erhält man für das Element der Impedanzmatrix in symmetrischen Komponenten

$$z_{ik} = \sum_{s=1}^{n} \sum_{r=1}^{n} s_{ri}^{*} z_{(r-s)} s_{sk}. \tag{24}$$

Nach Gl. (19a) kann s_{ik} durch die Einheitswurzeln dargestellt werden und es ist

$$z_{ik} = \sum_{s=1}^{n} \sum_{r=1}^{n} \frac{1}{n} \varepsilon_n^{(r-1)(i-1)} z_{(r-s)} \varepsilon_n^{-(s-1)(k-1)} \tag{25}$$

durch die Substitution

$$r - s = m, \quad \text{d.h.} \quad r - 1 = m + s - 1 \tag{26}$$

erhält man weiter

$$z_{ik} = \sum_{s=1}^{n} \sum_{m=1-s}^{n-s} \frac{1}{n} \varepsilon_n^{(m+s-1)(i-1)} z_{(m)} \varepsilon_n^{-(s-1)(k-1)}. \tag{27}$$

Da der Summand bezüglich des Summationsindex m periodisch ist und somit $\sum\limits_{m=1-s}^{n-s}$ ersetzt werden darf durch $\sum\limits_{m=0}^{n-1}$, können nun die Summenzeichen vertauscht werden und alle von s nicht abhängigen Größen vor die s-Summe treten und wir erhalten

$$z_{ik} = \sum_{m=0}^{n-1} \varepsilon_n^{m(i-1)} z_{(m)} \sum_{s=1}^{n} \frac{1}{n} \varepsilon_n^{(s-1)(i-k)}. \tag{28}$$

Daß diese s-Summe gleich Eins ist für $i = k$, sieht man unmittelbar ein, daß diese aber für $i \neq k$ verschwindet, kann folgendermaßen gezeigt werden:

Die Einheitswurzeln ε_n^r sind die Lösungen der folgenden Gleichung

$$x^n - 1 = (x-1)(x^{n-1} + x^{n-2} + \cdots x + 1) = 0. \tag{29}$$

Spaltet man den Linearfaktor für $x = +1$, nämlich $(x-1)$ ab, so erfüllen die restlichen Wurzeln $\varepsilon_n^{(i-k)}$ (für $i \neq 1$) die Gleichung

$$x^{n-1} + \cdots x + 1 = \sum_{s=1}^{n} (\varepsilon_n^{(i-k)})^b = 0, \tag{30}$$

somit ist

$$\sum_{s=1}^{n} \frac{1}{n} \varepsilon_n^{(s-1)(i-k)} = \delta_{ik} \tag{31}$$

und

$$z_{ik} = \sum_{m=0}^{n-1} \varepsilon_n^{m(i-1)} z_{(m)} \delta_{ik}. \tag{32}$$

Eine Größe, die wegen δ_{ik} außerhalb der Hauptdiagonale verschwindet. Die Hauptdiagonalelemente sind gegeben durch die Gleichung

$$z_{ii} = \sum_{m=0}^{n-1} \varepsilon_n^{m(i-1)} z_{(m)},^1 \tag{33}$$

was zu beweisen war.

---

[1] Hierbei ist zu beachten, daß hier die übliche Numerierung für die Indizes der Impedanzmatrix beibehalten wurde. Es ist also $z_{11} = z_0$ (Nullimpedanz), $z_{22} = z_1$ usf.

Um die Diagonalisierung auch für die verallgemeinerten $\alpha\beta 0$-*Komponenten* zu zeigen, müssen wir noch die Voraussetzung machen, daß die Impedanzmatrix des Originalnetzes dem *Reziprozitätsgesetz* gehorcht. Damit wird $z_{(m)} = z_{(n-m)}$. Hieraus ergibt sich zunächst auch eine Symmetrie für die Diagonalelemente z_{ii} in symmetrischen Komponenten. Es ist nämlich mit der Substitution

$$m = n - m'; \quad m' = n - m,$$

$$
\begin{aligned}
z_{ii} &= \sum_{m=0}^{n-1} \varepsilon_n^{(n-m')(i-1)} z_{(n-m')} \\
&= \sum_{m'=n}^{1} \varepsilon_n^{m'(-i+1)} z_{(m')} \\
&= \sum_{m'=0}^{n-1} \varepsilon_n^{m'(n-i+1)} z_{(m')} z_{n-i+2,\,n-i+2} .
\end{aligned}
\tag{34}
$$

Die für die verallgemeinerte $\alpha\beta 0$-Komponente gültige Impedanzmatrix wird man zweckmäßigerweise aus derjenigen der symmetrischen Komponenten berechnen, gemäß

$$Z_{0\alpha\beta} = B_t^{(0)*} Z_{012} B^{(0)}, \tag{35}$$

und wenn man von der soeben nachgewiesenen Symmetrie Gebrauch macht und Gl. (20a) bzw. (20b) einsetzt, und zwar für ungerades n

$$
Z_{0\alpha\beta} = B_t^{(0)*}
\begin{bmatrix}
z_0 & 0 & \cdots\cdots\cdots\cdots & 0 \\
0 & z_1 & \cdots\cdots\cdots\cdots & 0 \\
 & & \dfrac{z_{n-1}}{2} & \\
 & & \dfrac{z_{n-1}}{2} & \\
0 & 0 & \cdots\cdots\cdots\cdots & z_1
\end{bmatrix}
B^{(0)}
$$

$$
=
\begin{bmatrix}
z_0 & 0 & \cdots\cdots\cdots\cdots & 0 \\
0 & z_1 & \cdots\cdots\cdots\cdots & 0 \\
 & & \dfrac{z_{n-1}}{2} & \\
 & & z_1 & \\
0 & 0 & \cdots\cdots\cdots\cdots & \dfrac{z_{n-1}}{2}
\end{bmatrix}
\tag{36}
$$

und für gerades n

$$
\boldsymbol{Z}_{0\alpha\beta} = \boldsymbol{B}_t^{(0)*}
\begin{bmatrix}
z_0 & 0 & \cdots & & 0 \\
0 & z_1 & \cdots & & 0 \\
& & \dfrac{z_{n-2}}{2} & & \\
& & & \dfrac{z_n}{2} & \\
0 & 0 & & \dfrac{z_{n-2}}{2} & \\
0 & 0 & \cdots & & z_1
\end{bmatrix}
\boldsymbol{B}^{(0)}
$$

$$
=
\begin{bmatrix}
z_0 & 0 & \cdots & & 0 \\
0 & z_1 & \cdots & & 0 \\
& & \dfrac{z_{n-2}}{2} & & \\
& & & \dfrac{z_n}{2} & \\
& & & & z_1 \\
0 & 0 & \cdots & & \dfrac{z_{n-2}}{2}
\end{bmatrix}
\tag{37}
$$

bleibt die Diagonalgestalt erhalten. Nur die Anordnung der Impedanzwerte in der Diagonale ändert sich.

11.3 Nachbildbarkeit der Netze

Für die Arbeit auf dem Netzmodell ist es wichtig, zu wissen, ob die transformierten Netze auch nachbildbar sind. Nachbildbar soll heißen, daß das Netz ausschließlich durch R, L, C und Transformatoren nachgebildet werden kann. Es kann gezeigt werden, daß die Nachbildbarkeit bei Transformation mit orthogonaler Matrix nicht verlorengeht. Dies ist also ein wesentlicher Vorteil der $\alpha\beta0$-Komponenten gegenüber den symmetrischen Komponenten. Bei Transformation auf symmetrische Komponenten ist die Nachbildbarkeit im transformierten Netz nur dann gesichert, wenn die evtl. vorkommenden Unsymmetrien spiegelsymmetrisch zur Bezugsphase sind. Auch Transformatoren mit nicht reellem Übersetzungsverhältnis (Quertransformatoren) können in symmetrischen Komponenten nicht nachgebildet werden. Allerdings sind die symmetri schen Komponenten in der Nachbildbarkeit der Verschiedenheit von Z_1 und Z_2 bzw. Z_b und Z_c den $\alpha\beta 0$-Komponenten, aber auch der direkten Darstellung in RST-Komponenten überlegen.

Um dies alles zu zeigen, muß man sich die Frage stellen: welche Bedingungen müssen an die Matrizen des nachzubildenden Netzes gestellt werden, damit diesen Matrizen eine entsprechende Schaltung äquivalent ist. Wir wollen dabei die Frage nicht so verschärfen, daß die Äquivalenz bei jeder Frequenz erfüllt sein soll. Im Rahmen dieser Darstellung wollen wir uns daher nur auf die Äquivalenz für eine einzige Frequenz (beispielsweise 50 Hz) beschränken. In diesem Fall müssen die Matrizen zwei Forderungen genügen, damit sie durch die Elemente R, L, C und Transformatoren nachgebildet werden können:

1. muß der hermitesche Teil der Impedanz- oder Admittanzmatrix positiv-definit (bzw. semidefinit) sein, mit anderen Worten, diese Matrizen müssen einem passiven Netz entsprechen (s. Kap. 8.1);

2. muß die Impedanzmatrix (und damit auch die Admittanzmatrix) symmetrisch zur Hauptdiagonale sein, d. h., das Netz muß dem Reziprozitätsgesetz genügen (s. Kap. 8.2.1).

Die erste Bedingung ist bei *leistungsinvarianten* Transformationen, wie sie die normierten symmetrischen und $\alpha\beta 0$-Komponenten darstellen, von selbst erfüllt, da die im transformierten Netz verbrauchte Leistung die gleiche ist wie im Originalnetz, insbesondere kann sich auch das Vorzeichen nicht ändern. Während die Symmetrie der Impedanzmatrix durch eine unitäre Transformation im allgemeinen verlorengeht, bleibt sie erhalten, wenn diese unitäre Transformation reell, d. h. orthogonal ist. Es ist nämlich [nach Gl. (9)] für symmetrische Komponenten

$$Z_{012} = S_t^{(0)*}\, Z_{RST}\, S^{(0)} \qquad (38)$$

und die Transponierte (die Transposition kehrt die Reihenfolge der Faktoren um)

$$(Z_{012})_t = S_t^{(0)}\, (Z_{RST})_t\, S^{(0)*} = S_t^{(0)}\, Z_{RST}\, S^{(0)*} \quad \text{i. allg.} \neq Z_{012}. \text{[2]} \qquad (39)$$

Wir ersehen aus diesen Beziehungen, daß die Diskrepanzen in den Konjugiertzeichen begründet sind. Für $\alpha\beta 0$-Komponenten gilt

$$Z_{0\alpha\beta} = C_t^{(0)}\, Z_{RST}\, C^{(0)} \qquad (40)$$

und die Transformierte

$$(Z_{0\alpha\beta})_t = C_t^{(0)}\, (Z_{RST})_t\, C^{(0)} = C_t^{(0)}\, Z_{RST}\, C^{(0)} = Z_{0\alpha\beta}. \qquad (41)$$

---

[1] Diese und auch die folgenden Beziehungen gelten natürlich auch für Mehrphasensysteme. Wir beschränken uns hier nur aus bezeichnungstechnischen Gründen auf RST, 012 und $0\alpha\beta$.

[2] Die Transpositionszeichen können bei $S^{(0)}$ bzw. $S^{(0)*}$ auch weggelassen werden.

Die $\alpha\beta 0$-Komponenten haben gegenüber den symmetrischen Komponenten also den für die Netzmodellpraxis sehr wichtigen Vorteil, daß alle transformierten Netze *nachbildbar* sind. Für symmetrische Komponenten ist das zunächst nur für *zyklische Symmetrie* bewiesen, wo infolge der Entkopplung alle Glieder außerhalb der Hauptdiagonale verschwinden und somit eine Asymmetrie der transformierten Matrix überhaupt gar nicht auftreten kann. Nun wollen wir aber auch die Methode der symmetrischen Komponenten gerade auf unsymmetrische Fälle anwenden. Erfreulicherweise gibt es eine andere Symmetrieklasse in der die Symmetrie auch bei Transformation auf symmetrische Komponenten erhalten bleibt, nämlich die *Spiegelsymmetrie.* Mit Hilfe der folgenden Vertauschungsmatrix

$$V = \begin{bmatrix} 1 & 0 & 0 & \cdots & 0 \\ 0 & 0 & 0 & \cdots & 1 \\ \vdots & \vdots & \vdots & \diagup & \vdots \\ 0 & 0 & 1 & \cdots & 0 \\ 0 & 1 & 0 & \cdots & 0 \end{bmatrix} \, {}^1 \tag{42}$$

kann die Spiegelsymmetrie bezüglich der Bezugsphase (im Dreiphasensystem R) durch folgende Gleichung algebraisch beschrieben werden

$$Z_{RST} = V Z_{RST} V. \tag{43}$$

Eine Transformation von symmetrischen Komponenten ergibt nach Gl. (9) (unter Weglassung des Transpositionszeichens bei $S^{(0)x}$

$$Z_{012} = S^{(0)*} Z_{RST} S^{(0)} \tag{44}$$

$$= S^{(0)*} V Z_{RST} V S^{(0)}. \tag{45}$$

Nun ist aber

$$S^{(0)*} V = S^{(0)} \quad \text{und} \quad V S^{(0)} = S^{(0)*} \tag{46}$$

und somit in einem zur Bezugsphase spiegelsymmetrischen Netz auch

$$Z_{012} = S^{(0)} Z_{RST} S^{(0)*}. \tag{47}$$

Nun ist die Transponierte

$$(Z_{012})_t = S_t^{(0)*} (Z_{RST})_t S_t^{(0)} = S^{(0)*} Z_{RST} S^{(0)} = Z_{012}. \tag{48}$$

11.4 Nichtnormierte Komponentensysteme

Ein wesentlicher Teil der Eleganz in der Theorie der Komponentensysteme geht verloren, wenn man mit *nichtnormierten* Systemen arbeitet. In der meist gebräuchlichen Form sind die symmetrischen wie auch die

---

[1] Es ist $V^2 = 1$ und $V^{-1} = V$, ferner auch $V_t = V$.

CLARKEschen $\alpha\beta 0$-Komponenten *nicht* normiert. Die Normierung der symmetrischen Komponenten wurde meines Wissens erstmals von A. P.-T. SAH vorgeschlagen. Auch G. KRON [72] verwendet nur die normierte Form. Normierte $\alpha\beta 0$-Komponenten sind erstmals von CH. CONCORDIA [11.8] benutzt worden. Die Forderung 2 „Invarianz der Summenleistung" kann bei Verwendung *nichtnormierter* Komponenten natürlich nicht aufrechterhalten werden.

Für die symmetrischen Komponenten in ihrer nichtnormierten Form sei definiert

$$\begin{pmatrix} U_R \\ U_S \\ U_T \end{pmatrix} = S \begin{pmatrix} U_0 \\ U_1 \\ U_2 \end{pmatrix}, \tag{49}$$

und es ist

$$S = \begin{pmatrix} 1 & 1 & 1 \\ 1 & a^2 & a \\ 1 & a & a^2 \end{pmatrix} \tag{50}$$

und also

$$S^{(0)} = \frac{1}{\sqrt{3}} = S \begin{bmatrix} \dfrac{1}{\sqrt{3}} & 0 & 0 \\ 0 & \dfrac{1}{\sqrt{3}} & 0 \\ 0 & 0 & \dfrac{1}{\sqrt{3}} \end{bmatrix} = S D_S. \tag{51}$$

D_S ist die normierende Diagonalmatrix. Nun ist aber gemäß (1a)

$$\begin{pmatrix} U_R \\ U_S \\ U_T \end{pmatrix} = S^{(0)} \begin{pmatrix} U_0^{(0)} \\ U_1^{(0)} \\ U_2^{(0)} \end{pmatrix} = S D_S \begin{pmatrix} U_0^{(0)} \\ U_1^{(0)} \\ U_2^{(0)} \end{pmatrix}. \tag{52}$$

Bei Vergleich mit (21) erhält man

$$\begin{bmatrix} U_0 \\ U_1 \\ U_2 \end{bmatrix} = D_S \begin{bmatrix} U_0^{(0)} \\ U_1^{(0)} \\ U_2^{(0)} \end{bmatrix} = \begin{bmatrix} \dfrac{1}{\sqrt{3}} U_0^{(0)} \\ \dfrac{1}{\sqrt{3}} U_1^{(0)} \\ \dfrac{1}{\sqrt{3}} U_2^{(0)} \end{bmatrix} \tag{53}$$

und die umgekehrte Beziehung

$$\begin{pmatrix} U_0^{(0)} \\ U_1^{(0)} \\ U_2^{(0)} \end{pmatrix} = D_S^{-1} \begin{pmatrix} U_0 \\ U_1 \\ U^2 \end{pmatrix} = \begin{pmatrix} \sqrt{3}\, U_0 \\ \sqrt{3}\, U_1 \\ \sqrt{3}\, U_2 \end{pmatrix}. \tag{54}$$

Entsprechende Gleichungen gelten auch für die Ströme

$$
\begin{bmatrix} I_0 \\ I_1 \\ I_2 \end{bmatrix} = \boldsymbol{D}_S \begin{bmatrix} I_0^{(0)} \\ I_1^{(0)} \\ I_2^{(0)} \end{bmatrix} = \begin{bmatrix} \dfrac{1}{\sqrt{3}} I_0^{(0)} \\ \dfrac{1}{\sqrt{3}} I_1^{(0)} \\ \dfrac{1}{\sqrt{3}} I_2^{(2)} \end{bmatrix}
\tag{55}
$$

und

$$
\begin{pmatrix} I_0^{(0)} \\ I_1^{(0)} \\ I_2^{(0)} \end{pmatrix} = \boldsymbol{D}_S^{-1} \begin{pmatrix} I_0 \\ I_1 \\ I_2 \end{pmatrix} = \begin{pmatrix} \sqrt{3}\, I_0 \\ \sqrt{3}\, I_1 \\ \sqrt{3}\, I_2 \end{pmatrix}.
\tag{56}
$$

Das nichtnormierte System geht aus dem normierten System durch Multiplikation der Spannungen bzw. Ströme mit dem einheitlichen Maßstabsfaktor $1/\sqrt{3}$ hervor. Damit gilt für die Summenleistung

$$
\sum S = (U_0^{(0)},\ U_1^{(0)},\ U_2^{(0)}) \begin{pmatrix} I_0^{(0)*} \\ I_1^{(0)*} \\ I_2^{(0)*} \end{pmatrix} = (U_0,\ U_1,\ U_2)\, \boldsymbol{D}_{S_t}^{-1} \boldsymbol{D}_S^{-1} \begin{pmatrix} I_0^* \\ I_1^* \\ I_2^* \end{pmatrix}
$$

$$
= 3(U_0 I_0^* + U_1 I_1^* + U_2 I_2^*).
\tag{57}
$$

Da die nichtnormierten Spannungen und Ströme um den Faktor $1/\sqrt{3}$ kleiner sind, muß die hieraus sich ergebende Summenleistung mit dem Faktor 3 multipliziert werden. Die Null-, Mit- und Gegensystemimpedanzen müssen jedoch übereinstimmen, da sich der Faktor $1/\sqrt{3}$ beim Quotienten von Strom und Spannung heraushebt. Aber auch die Verkopplung der Systemnetzwerke untereinander muß beim Übergang zu nichtnormierten symmetrischen Komponenten erhalten bleiben, so daß also die im Anhang gegebenen Ersatzschaltungen zur Darstellung der Fehlerarten für nichtnormierte symmetrische Komponenten die gleichen bleiben.

Die nichtnormierten $\alpha\beta0$-Komponenten in der Originalform nach E. Clarke sind folgendermaßen definiert:

$$
\begin{pmatrix} U_R \\ U_S \\ U_T \end{pmatrix} = \boldsymbol{C} \begin{pmatrix} U_0 \\ U_\alpha \\ U_\beta \end{pmatrix},
\tag{58}
$$

und es ist (E. Clarke [69] S. 308 ff.)

$$
\boldsymbol{C} = \begin{pmatrix} 1 & 1 & 0 \\ 1 & -\dfrac{1}{2} & \dfrac{\sqrt{3}}{2} \\ 1 & -\dfrac{1}{2} & -\dfrac{\sqrt{3}}{2} \end{pmatrix}.
\tag{59}
$$

Die Normierung dieser Matrix, deren Spalten zueinander orthogonal sind, geschieht durch Multiplikation mit einer geeigneten Diagonalmatrix.

$$C^{(0)} = \begin{bmatrix} 1 & 1 & 0 \\ 1 & -\dfrac{1}{2} & \dfrac{\sqrt{3}}{2} \\ 1 & -\dfrac{1}{2} & -\dfrac{\sqrt{3}}{2} \end{bmatrix} \begin{bmatrix} \dfrac{1}{\sqrt{3}} & 0 & 0 \\ 0 & \sqrt{\dfrac{2}{3}} & 0 \\ 0 & 0 & \sqrt{\dfrac{2}{3}} \end{bmatrix} = C\,D_C$$

$$= \begin{bmatrix} \dfrac{1}{\sqrt{3}} & \sqrt{\dfrac{2}{3}} & 0 \\ \dfrac{1}{\sqrt{3}} & -\dfrac{1}{\sqrt{6}} & \dfrac{\sqrt{2}}{2} \\ \dfrac{1}{\sqrt{3}} & -\dfrac{1}{\sqrt{6}} & -\dfrac{\sqrt{2}}{2} \end{bmatrix} \cdot {}^{1} \tag{60}$$

In ähnlicher Weise wie bei der Herleitung von Gl. (25a) erhält man

$$\begin{bmatrix} U_0 \\ U_\alpha \\ U_\beta \end{bmatrix} = D_C \begin{bmatrix} U_0^{(0)} \\ U_\alpha^{(0)} \\ U_\beta^{(0)} \end{bmatrix} = \begin{bmatrix} \dfrac{1}{\sqrt{3}}\,U_0^{(0)} \\ \sqrt{\dfrac{2}{3}}\,U_\alpha^{(0)} \\ \sqrt{\dfrac{2}{3}}\,U_\beta^{(0)} \end{bmatrix} \tag{61}$$

und

$$\begin{pmatrix} U_0^{(0)} \\ U_\alpha^{(0)} \\ U_\beta^{(0)} \end{pmatrix} = D_C^{-1} \begin{pmatrix} U_0 \\ U_\alpha \\ U_\beta \end{pmatrix} = \begin{pmatrix} \sqrt{3}\,U_0 \\ \sqrt{\dfrac{3}{2}}\,U_\alpha \\ \sqrt{\dfrac{3}{2}}\,U_\beta \end{pmatrix}. \tag{62}$$

Die gleichen Beziehungen gelten für die Ströme.

Bei $\alpha\beta0$-Komponenten sind die Maßstabsfaktoren also nicht einheitlich. Das CLARKEsche Nullsystem (das mit dem symmetrischen nichtnormierten System identisch ist) geht aus dem normierten durch Multiplikation der Spannungen bzw. Ströme mit $1/\sqrt{3}$ hervor, während die entsprechenden Faktoren für das α- und β-System $\sqrt{2/3}$ betragen.

---

[1] In Übereinstimmung mit Gl. (15).

Für die Summenleistung gilt

$$
P = (U_0^{(0)},\ U_\alpha^{(0)},\ U_\beta^{(0)}) \begin{pmatrix} I_0^{(0)*} \\ I_\alpha^{(0)*} \\ I^{(0)*} \end{pmatrix} = (U_0,\ U_\alpha,\ U_\beta)\, \boldsymbol{D}_C^{-1}\, \boldsymbol{D}_C^{-1} \begin{pmatrix} I_0^* \\ I_\alpha^* \\ I_\beta^* \end{pmatrix}
$$

$$
= 3\, U_0\, I_0^* + \frac{3}{2}\, U_\alpha\, I_\alpha^* + \frac{3}{2}\, U_\beta\, I_\beta^*. \tag{63}
$$

Für die $\alpha\beta0$-Komponenten gilt ähnliches wie für die symmetrischen Komponenten. Jedoch ist hier die *Verschiedenheit* der Elemente in der normierenden Diagonalmatrix wesentlich. Bildet man die transformierte Impedanzmatrix, so zeigt sich bei Impedanz- und zyklischer Phasensymmetrie in RST, daß die entstehende Diagonalmatrix die gleiche bleibt, d. h., die α-, β- und 0-Systemnetzwerke sind die gleichen. Änderungen ergeben sich nur dann, wenn gegenseitige Elemente in der transformierten Impedanzmatrix auftreten. Wie man leicht nachprüft, führt das zu einer Unsymmetrie in der Impedanzmatrix, wodurch die Nachbildbarkeit verlorengehen würde. Diese Unsymmetrie kann man aber wieder beheben, wenn man anstelle der einfachen Klemmenspannungen und Ströme in den Komponenten solche mit einem geeigneten Faktor multiplizierte Spannungen und Ströme einführt. Dies ist z. B. bei CLARKE [*69*] geschehen. Dort erscheint im Nullsystem nicht U_0 und I_0, sondern U_0 und $2I_0$. Würde man einen $1 : \sqrt{2}$-Übertrager (anstelle der $1 : 1$ bzw. $1 : 2$-Übertrager) verwenden, so wie dies in den Schaltungen für normierte $\alpha\beta0$-Systeme geschehen ist, so hätte man $\sqrt{2}\,U_0$ und $\sqrt{2}\,I_0$ im Nullsystem. Die letzteren $\sqrt{2}$-Faktoren lassen sich durch Übertrager nicht beseitigen, sondern sind mit Rücksicht auf die Nachbildbarkeit notwendig. KIMBARK [*98*] beseitigt diesen Schönheitsfehler dadurch, daß er auch die Forderung 1 fallenläßt und die Transformationsmatrix für Ströme so abändert, daß in der Formel für die Summenleistung gleiche Koeffizienten auftreten. Im übrigen sind die Ersatzschaltungen der KIMBARKschen $x\,y\,z$-Komponenten die gleichen wie diejenigen der $\alpha\beta0$-Komponenten.

11.5 Die Ersatzschaltungen für Kurzschlüsse und Unterbrechungen

Für die Arbeit auf dem Netzmodell, aber auch für entsprechende Rechnungen ist es wichtig, die Ersatzschaltungen für die Darstellung von Kurzschlüssen, Erdschlüssen und Unterbrechungen in den Phasen RST zu kennen. Man erhält diese Schaltungen dadurch, daß man die Bedingungen in RST in die Transformationsgleichungen einsetzt und alle sonst noch vorkommenden RST-Größen (soweit vorhanden) eliminiert. Zur Vermeidung nicht reeller Übersetzungsverhältnisse sind bei symmetrischen Komponenten nur zur Bezugsphase spiegelsymmetrische Fehlerarten zugelassen, also bei einpoligen nur in R, bei zweipoligen nur in S und T. So lauten z. B. die gegebenen Bedingungen für einen Erdschluß in der Phase R (vgl. Abb. 11.3 links)

$$U_R = 0; \qquad I_S = I_T = 0.$$

Hier sind I_S und I_T nicht die Ströme in den Leitern, sondern die sog. Fehlerströme, d. h. die aus dem Leiter an der betreffenden Stelle heraustretenden Ströme. Diese sind in den Phasen S und T gleich Null und in der Phase R von

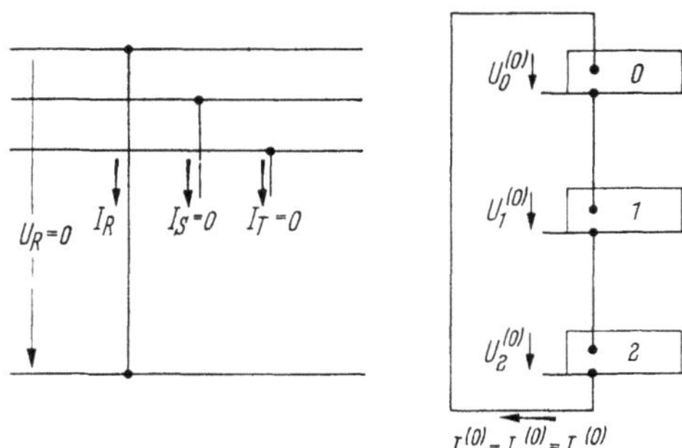

Abb. 11.3. Fehlerschaltung für *Erdschluß* in der Phase R und dazugehörigen *Ersatzschaltungen* in (normierten) *symmetrischen Komponenten*

Null verschieden, aber unbekannt. Bekannt ist in der Phase R nur die Spannung, und diese ist gleich Null. Setzt man $U_R = 0$ in (1a) ein, so ergibt sich bereits

$$\frac{1}{\sqrt{3}} \left(U_0^{(0)} + U_1^{(0)} + U_2^{(0)} \right) = 0.$$

Dies entspricht einer Hintereinanderschaltung der Systemnetzwerke (sequence networks). Setzt man $I_S = I_T = 0$ in (1c) oder (1d) ein, so ergibt sich

$$I_0^{(0)} = I_1^{(0)} = I_2^{(0)}.$$

Diese Forderung ist durch die Hintereinanderschaltung bereits verwirklicht (Abb. 11.3 rechts). Entsprechendes gilt auch für die Unterbrechungen. Hier werden die Spannungsabfälle an der Fehlerstelle und die Ströme in den Leitern betrachtet.

Für alle denkbaren Kurz-, Erdschlüsse und Unterbrechungen für Zweiphasensystem (z. B. Bahnstromversorgung) und Dreiphasensystem sind im Anhang die Ersatzschaltungen für die normierten symmetrischen und $\alpha\beta 0$-Komponenten zusammengestellt. In der ersten Spalte ist die Art des Fehlers in einer Kurzbezeichnung gekennzeichnet. Hierbei bedeutet

$$E = \text{Erdschluß}$$
$$K = \text{Kurzschluß}$$
$$U = \text{Unterbrechung}$$
$$L = \text{Last}$$

Zum Beispiel soll die Kurzbezeichnung $K\,(ST)$ heißen „Kurzschluß in den Phasen S und T".

Bei *Simultanfehlern* — das sind gleichzeitige Fehler an verschiedenen Orten — ist folgendes zu beachten: Mit $\alpha\beta0$-*Komponenten* lassen sich *alle* Simultanfehler dadurch nachbilden, daß man die Systemnetzwerke an den betreffenden Stellen in der in der Tabelle angegebenen Weise zusammenschaltet. Bei *symmetrischen Komponenten* ist jedoch zu beachten, daß, da die Netze in den *angegebenen* Schaltungen nicht über ideale Transformatoren verkoppelt sind, man durch weitere galvanische Verbindungen *Bedingungen* in die Schaltung einführt, die *nicht* gegeben sind. So geben die in der Tabelle angegebenen direkten galvanischen Verbindungen die zusätzlichen Bedingungen, daß die Längsspannungen in den Systemnetzwerken infolge der durchgehenden Rückleitungen in den benachbarten Systemnetzwerken kurzgeschlossen sind, d. h., daß beispielsweise in Abb. 11.4a

$$\hat{U}_0 = \hat{U}_1 = \hat{U}_2 = 0$$

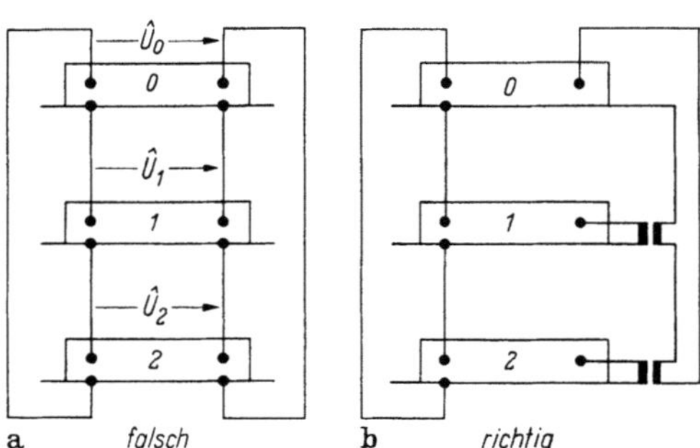

Abb. 11.4 a u. b. *Ersatzschaltungen für Erdschlüsse* in der Phase R an *verschiedenen* Orten

ist; eine zusätzliche Bedingung, die nicht gefordert ist und zu falschen Strömen und Spannungen in den Netzwerken führt. Diese falschen Kurzschlüsse lassen sich durch galvanische Trennung über ideale $1:1$-Übertrager beseitigen. Die richtige Schaltung ist in Abb. 11.4b wiedergegeben. Die Tabelle für symmetrische Komponenten enthält nur solche Fehlerarten, die *spiegelsymmetrisch* zur Bezugsphase sind. Nur diese erfordern *keine Übertrager* mit *komplexem* Übersetzungsverhältnis. Sofern man nur eine Fehlerart nachzubilden hat, wird man die Bezugsphase so wählen, daß die betreffende Fehlerart *spiegelsymmetrisch* dazu liegt. Da dies bei *Simultanfehlern* nicht immer möglich ist, ergeben sich bei symmetrischen Komponenten Nachbildungsschwierigkeiten, die man durch Übergang auf $\alpha\beta0$-Komponenten beheben kann.

Andererseits lassen sich beim Arbeiten mit $\alpha\beta0$-Komponenten, wo grundsätzlich nur Übertragerkopplungen angegeben sind, diese dann durch *galvanische Verbindungen* ersetzen (womit man jeweils einen Übertrager spart), wenn man das mit einem Übertrager $1:w$ angekoppelte Netz in seinen Impedanzwerten im Verhältnis $1:|w|^2$ umrechnet und außerdem prüft, daß hierdurch keine unerwünschten Zusatzbedingungen eingeführt werden.

11.6 Übertragermatrizen

11.6.1 Die allgemeine 2n-Port-Übertragermatrix

Normierte Komponentensysteme ermöglichen es, auf Grund ihrer *Leistungsinvarianz* die durch die transformierenden unitären Matrizen gegebene Wandlung der Ströme und Spannungen durch Übertragerschaltungen zu realisieren. Die Leistungsinvarianz bedingt allerdings, daß diese Übertrager ideal sein müssen, d. h. in der Praxis muß man dafür sorgen, daß die durch ihre Unvollkommenheit verursachten Fehler vernachlässigbar klein bleiben. Will man die Transformation auf symmetrische Komponenten mit einbeziehen, so benötigt man als Elemente auch Transformatoren mit komplexem Übersetzungsverhältnis, diese haben die Eigenschaft, daß sie wie die normalen Übertrager Ströme und Spannungen zueinander reziprok übersetzen, jedoch zusätzlich Ströme und Spannungen um den gleichen Winkel drehen. Hierdurch bleibt die Leistung erhalten. Es gelten also für einen solchen Übertrager folgende Gleichungen

$$
\begin{aligned}
U_1 &= w^{-1}\, U_2, \\
I_1 &= -w^*\, I_2
\end{aligned}
\tag{1}
$$

und damit die Summe der eingespeisten komplexen Leistungen

$$
\begin{aligned}
U_1 I_1^* + U_2 I_2^* &= w^{-1} U_2(-w^* I_2)^* + U_2 I_2^* \\
&= -U_2 I_2^* + U_2 I_2^* = 0.
\end{aligned}
\tag{2}
$$

Schreibt man die Gl. (1) unter Benutzung der Kettenmatrix, so erhält man

$$
\begin{pmatrix} U_1 \\ I_1 \end{pmatrix} =
\begin{pmatrix} w^{-1} & 0 \\ 0 & w^* \end{pmatrix}
\begin{pmatrix} U_2 \\ -I_2 \end{pmatrix}.
\tag{1a}
$$

Die Kettenmatrix für ideale Übertrager mit komplexem Übersetzungsverhältnis ist also dadurch gekennzeichnet, daß $B = C = 0$ und $AD^* = 1$ ist. Diese Beziehungen können verallgemeinert werden auf einen Übertrager-2n-Port, der also im Innern nur ideale Übertrager (i. allg. mit komplexem Übersetzungsverhältnis) enthält, und n Eingangsklemmenpaare und ebenso viele Ausgangsklemmenpaare (davon können auch mehrere Klemmen, von jedem Klemmenpaar eine, z. B. zu einer gemeinsamen Rückleitung, zusammengefaßt werden). Ein solches Gebilde wird *Übertragermatrix* genannt. Eine solche Übertragermatrix soll folgende Eigenschaften besitzen:

1. Die Eingangsspannungen (des Vektors $\boldsymbol{u}_1$) sind ausschließlich Linearformen der Ausgangsspannungen (des Vektors $\boldsymbol{u}_2$) und unabhängig von den Ausgangsströmen.

2. Die Eingangsströme (des Vektors i_1) sind ausschließlich Linearformen der Ausgangsströme (des Vektors i_2) und unabhängig von den Ausgangsspannungen.

3. Die in den 2n-Port eingespeiste komplexe Summenleistung $P + jQ$ ist gleich Null.

Mit

$$\begin{pmatrix} u_1 \\ i_1 \end{pmatrix} = \begin{pmatrix} A & B \\ C & D \end{pmatrix} \begin{pmatrix} u_2 \\ -i_2 \end{pmatrix} \tag{3}$$

folgt

 a) aus Eigenschaft 1, daß $B = O$,

 b) aus Eigenschaft 2, daß $C = O$,   (4)

 c) aus Eigenschaft 3, daß $A_t D^* = 1$,

denn bildet man die komplexe Summenleistung für den 2n-Port, so ergibt sich

$$u_{1_t} i_1^* + u_{2_t} i_2^* = u_{2_t} A_t (-D^*) i_2^* + u_{2_t} i_2^* = u_{2_t} (-A_t D^* + 1) i_2^* = 0. \tag{5}$$

Diese Bilinearform kann aber nur identisch verschwinden, wenn sämtliche Koeffizienten verschwinden, d. h., es muß die Matrix der Bilinearform verschwinden

$$A_t D^* - 1 = O \tag{6}$$

oder

$$A_t D^* = 1. \tag{7}$$

Hierbei muß vorausgesetzt werden, daß $\det A \neq 0$ ist, da sonst Gl. (7) nicht erfüllt werden kann[1], dann ist

$$D = (A_t^*)^{-1}, \tag{8}$$

und die Kettenmatrix einer Übertragermatrix kann geschrieben werden

$$L_{\ddot{U}M} = \begin{pmatrix} A & O \\ O & (A_t^*)^{-1} \end{pmatrix}. \tag{9}$$

11.6.2 Übertragermatrizen für normierte symmetrische und $\alpha\beta 0$-Komponenten

Da *Übertragermatrizen* nur eine *leistungsinvariante* Transformation ermöglichen, ist eine wechselseitige Transformation nur für *normierte* Komponenten möglich (sofern man nicht zusätzlich elektronische Elemente einführen will). Wir hatten gesehen, daß die transformierenden Matrizen dann *unitär* sein müssen. Da für unitäre Matrizen die

---

[1] Für den Rang des Produkts zweier Matrizen gilt Rang $(A\,B) \leqq \mathrm{Min}(\mathrm{Rang}\,A,$ Rang $B)$. Da als Ergebnis die Einheitsmatrix herauskommen soll, müssen beide Faktoren den Höchstrang haben.

Inverse der Transponiertkonjugierten einer gegebenen Matrix die gegebene Matrix selbst ist, erhält man für die Komponententransformationen folgende Kettenmatrizen[1]:

a) für symmetrische Komponenten

$$\begin{pmatrix} \boldsymbol{u}_{RST} \\ \boldsymbol{i}_{RST} \end{pmatrix} = \boldsymbol{L}_S \begin{pmatrix} \boldsymbol{u}_{012} \\ -\boldsymbol{i}_{012} \end{pmatrix} = \begin{pmatrix} \boldsymbol{S}^{(0)} & \boldsymbol{O} \\ \boldsymbol{O} & \boldsymbol{S}^{(0)} \end{pmatrix} \begin{pmatrix} \boldsymbol{u}_{012} \\ -\boldsymbol{i}_{012} \end{pmatrix} \qquad (10)$$

und für die inverse Beziehung

$$\begin{pmatrix} \boldsymbol{u}_{012} \\ \boldsymbol{i}_{012} \end{pmatrix} = \boldsymbol{L}_S^{-1} \begin{pmatrix} \boldsymbol{u}_{RST} \\ -\boldsymbol{i}_{RST} \end{pmatrix} = \begin{pmatrix} \boldsymbol{S}^{(0)*} & \boldsymbol{O} \\ \boldsymbol{O} & \boldsymbol{S}^{(0)*} \end{pmatrix} \begin{pmatrix} \boldsymbol{u}_{RST} \\ -\boldsymbol{i}_{RST} \end{pmatrix}; \qquad (11)$$

b) für $\alpha\beta0$-Komponenten

$$\begin{pmatrix} \boldsymbol{u}_{RST} \\ \boldsymbol{i}_{RST} \end{pmatrix} = \boldsymbol{L}_C \begin{pmatrix} \boldsymbol{u}_{0\alpha\beta} \\ -\boldsymbol{i}_{0\alpha\beta} \end{pmatrix} = \begin{pmatrix} \boldsymbol{C}^{(0)} & \boldsymbol{O} \\ \boldsymbol{O} & \boldsymbol{C}^{(0)} \end{pmatrix} \begin{pmatrix} \boldsymbol{u}_{0\alpha\beta} \\ -\boldsymbol{i}_{0\alpha\beta} \end{pmatrix} \qquad (12)$$

und für die inverse Beziehung

$$\begin{pmatrix} \boldsymbol{u}_{0\alpha\beta} \\ \boldsymbol{i}_{0\alpha\beta} \end{pmatrix} = \boldsymbol{L}_C^{-1} \begin{pmatrix} \boldsymbol{u}_{RST} \\ -\boldsymbol{i}_{RST} \end{pmatrix} = \begin{pmatrix} \boldsymbol{C}_t^{(0)} & \boldsymbol{O} \\ \boldsymbol{O} & \boldsymbol{C}_t^{(0)} \end{pmatrix} \begin{pmatrix} \boldsymbol{u}_{RST} \\ -\boldsymbol{i}_{RST} \end{pmatrix}; \qquad (13)$$

c) für den Übergang von $\alpha\beta0$-Komponenten auf symmetrische Komponenten

$$\begin{pmatrix} \boldsymbol{u}_{012} \\ \boldsymbol{i}_{012} \end{pmatrix} = \boldsymbol{L}_B \begin{pmatrix} \boldsymbol{u}_{0\alpha\beta} \\ -\boldsymbol{i}_{0\alpha\beta} \end{pmatrix} = \begin{pmatrix} \boldsymbol{B}^{(0)} & \boldsymbol{O} \\ \boldsymbol{O} & \boldsymbol{B}^{(0)} \end{pmatrix} \begin{pmatrix} \boldsymbol{u}_{0\alpha\beta} \\ -\boldsymbol{i}_{0\alpha\beta} \end{pmatrix} \qquad (14)$$

und umgekehrt

$$\begin{pmatrix} \boldsymbol{u}_{0\alpha\beta} \\ \boldsymbol{i}_{0\alpha\beta} \end{pmatrix} = \boldsymbol{L}_B^{-1} \begin{pmatrix} \boldsymbol{u}_{012} \\ -\boldsymbol{i}_{012} \end{pmatrix} = \begin{pmatrix} \boldsymbol{B}_t^{(0)*} & \boldsymbol{O} \\ \boldsymbol{O} & \boldsymbol{B}_t^{(0)*} \end{pmatrix} \begin{pmatrix} \boldsymbol{u}_{012} \\ -\boldsymbol{i}_{012} \end{pmatrix}. \qquad (15)$$

Es gibt grundsätzlich immer 2 Arten *kanonischer Schaltungen:* 1. Die *direkte Schaltung*, 2. die *inverse Schaltung*. Die *direkte Schaltung* besteht darin, daß die *Spannungsgleichungen* entsprechend der transformierenden Matrix elementweise verwirklicht werden; um die direkte Schaltung für die symmetrischen Komponenten darzustellen, wird man von Gl. (10) ausgehen[2]

$$\begin{pmatrix} U_R \\ U_S \\ U_T \end{pmatrix} = \boldsymbol{u}_{RST} = \boldsymbol{S}^{(0)} \, \boldsymbol{u}_{012} = \frac{1}{\sqrt{3}} \begin{pmatrix} 1 & 1 & 1 \\ 1 & a & a^2 \\ 1 & a^2 & a \end{pmatrix} \begin{pmatrix} U_0 \\ U_1 \\ U_2 \end{pmatrix}. \qquad (16)$$

---

[1] Die folgenden Ausführungen gelten natürlich auch für mehr als 3 Phasen.

[2] Eine besondere Kennzeichnung $^{(0)}$ für normierte Größen soll hier und im folgenden unterbleiben.

Eine Schaltung zur Transformation der *Querspannungen* von RST auf symmetrische Komponenten und umgekehrt zeigt Abb. 11.5. Diese auf der RST-Seite 4polige Schaltung ist besonders geeignet zur Darstellung von Kurzschlüssen, Erdschlüssen sowie für symmetrische und unsymmetrische Belastungen auf der RST-Seite. Hierzu braucht man nur die richtigen Impedanzen an den betreffenden Stellen einzufügen. Eine Kenntnis der verschiedenen Ersatzschaltungen für Kurzschlüsse und Unterbrechungen ist nicht erforderlich. Allerdings bereiten die Übertrager mit komplexem Übersetzungsverhältnis gewisse Schwierigkeiten. Später wird noch gezeigt, wie man die

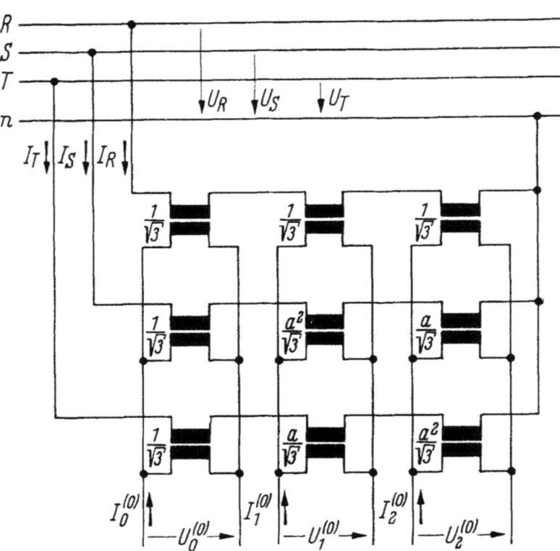

Abb. 11.5. *Übertragermatrix* zur Komponententransformation $RST \longleftrightarrow$ normierte *symmetrische Komponenten*, direkte Spannungswandlerschaltung

hier noch vorhandenen 4 Übertrager mit komplexem Übersetzungsverhältnis auf einen *einzigen* $1:j$-Übertrager reduzieren kann. Umgekehrt kann man aus einer geeigneten Übertragermatrix die *Ersatzschaltungen* für *Kurzschlüsse* leicht direkt ablesen. Zur Darstellung der *Unterbrechungen* benötigt man auf der RST-Seite einen 6poligen Eingang. Je ein Polpaar sowohl auf der RST-Seite als auch auf der 012-Seite wird in die betreffende Leitung eingeschleift, s. Abb. 11.6. Diese Schaltung transformiert die *Längsspannungen*. Um beispielsweise eine Unterbrechung in der Phase R darzustellen, hat man die Leitungen S und T kurzzuschließen und die Leitung R offenzulassen (s. auch Anhang 4).

Für die *inverse Schaltung* verwendet man die umgekehrte Spannungsbeziehung, entsprechend Gl. (11), also

$$\begin{pmatrix} U_0 \\ U_1 \\ U_2 \end{pmatrix} = \boldsymbol{u}_{012} = \boldsymbol{S}^{(0)*}\,\boldsymbol{u}_{RST} = \frac{1}{\sqrt{3}}\begin{pmatrix} 1 & 1 & 1 \\ 1 & a & a^2 \\ 1 & a^2 & a \end{pmatrix}\begin{pmatrix} U_R \\ U_S \\ U_T \end{pmatrix}. \tag{17}$$

Auch hier kann man einen 4poligen oder 6poligen Eingang auf der RST-Seite für die Darstellung von Kurzschlüssen, Erdschlüssen und Lasten einerseits und Unterbrechungen andererseits vorsehen. Die auf der RST-Seite 4polige Schaltung zur Transformation der Querspannungen wollen wir Spannungswandlerschaltung nennen, die 6polige zur

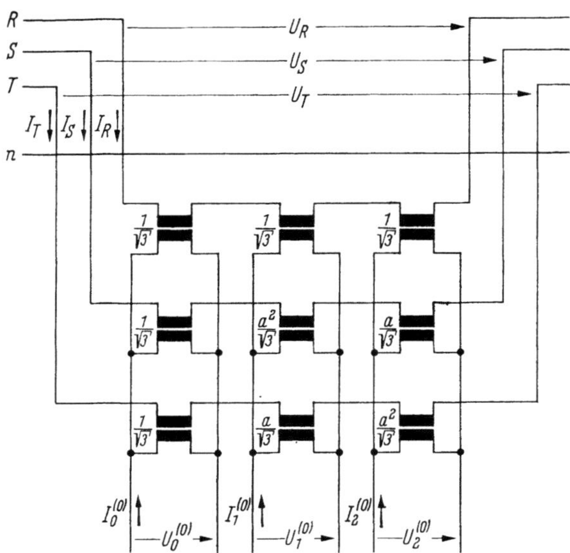

Abb. 11.6. *Übertragermatrix* zur Komponententransformation $RST \longleftrightarrow$ normierte *symmetrische Komponenten*, direkte Stromwandlerschaltung

Transformation der Längsspannungen Stromwandlerschaltung, entsprechend ihrer Funktion.

Eine größere praktische Bedeutung in der modellmäßigen Darstellung haben die Übertragermatrizen für die $\alpha\beta 0$-Komponenten erlangt, da diese mit gewöhnlichen Übertragern (mit reellem Übersetzungsverhältnis) dargestellt werden können. Die *direkte Spannungswandlerschaltung* entsprechend Gl. (13), der also die Spannungstransformation

$$
\begin{pmatrix} U_R \\ U_S \\ U_T \end{pmatrix} = \boldsymbol{u}_{RST} = \boldsymbol{C}^{(0)}\,\boldsymbol{u}_{0\alpha\beta} = \begin{pmatrix} +1/\sqrt{3} & +\sqrt{2/3} & 0 \\ +1/\sqrt{3} & -1/\sqrt{6} & +1/\sqrt{2} \\ +1/\sqrt{3} & -1/\sqrt{6} & -1/\sqrt{2} \end{pmatrix} \begin{pmatrix} U_0 \\ U_\alpha \\ U_\beta \end{pmatrix}
$$

$$(18)$$

zugrunde gelegt ist, zeigt Abb. 11.7. Diese Schaltung kann noch vereinfacht werden dadurch, daß man auf der α-, β- und 0-Seite von 3 Übertragern je eine Wicklung vorsieht und auf der R-, S- und T-Seite dieser Übertrager entsprechende Anzapfungen, die wiederum so zu schalten sind, daß die Gln. (18) erfüllt sind, siehe Abb. 11.8. Man zeige auch die direkten Stromwandlerschaltungen und versuche auch diese durch

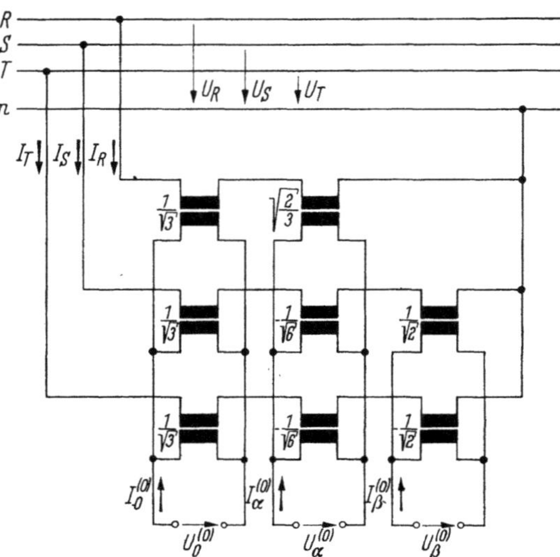

Abb. 11.7. *Übertragermatrix* zur Komponententransformation *RST* ⟷ normierte $\alpha\beta 0$-*Komponenten*, direkte Spannungswandlerschaltung

Anwendung von Mehrwicklungsübertragern zu vereinfachen. Schließlich existieren auch noch die inversen Schaltungen, denen die Gleichung

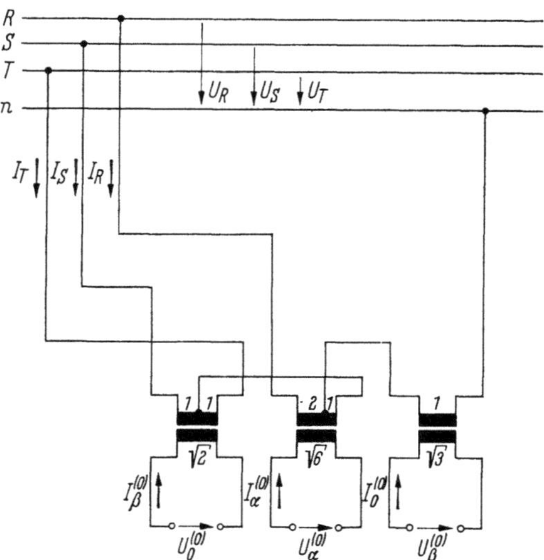

Abb. 11.8. Gegenüber Abb. 11.7 *vereinfachte Übertragermatrix* mit angezapften Wicklungen (die α-, β- und 0-Klemmen sind in der vereinfachten Ersatzschaltung aus Gründen der Übersichtlichkeit anders angeordnet)

[entsprechend Gl. (14)] zugrunde liegt:

$$\begin{pmatrix} U_0 \\ U_\alpha \\ U_\beta \end{pmatrix} = u_{0\alpha\beta} = C_t^{(0)}\, u_{RST} = \begin{pmatrix} +1/\sqrt{3} & +1/\sqrt{3} & +1/\sqrt{3} \\ \sqrt{2/3} & -1/\sqrt{6} & -1/\sqrt{3} \\ 0 & +1/\sqrt{2} & -1/\sqrt{2} \end{pmatrix} \begin{pmatrix} U_R \\ U_S \\ U_T \end{pmatrix}. \tag{19}$$

Für den Übergang von $\alpha\beta0$-Komponenten auf symmetrische gilt entsprechend Gl. (14) die Spannungsbeziehung

$$\begin{pmatrix} U_0 \\ U_1 \\ U_2 \end{pmatrix} = u_{012} = B^{(0)}\, u_{0\alpha\beta} = \begin{pmatrix} 1 & 0 & 0 \\ 0 & 1/\sqrt{2} & j/\sqrt{2} \\ 0 & 1/\sqrt{2} & -j/\sqrt{2} \end{pmatrix} \begin{pmatrix} U_0 \\ U_\alpha \\ U_\beta \end{pmatrix}. \tag{20}$$

Hier hat man beiderseits 3 Klemmenpaare, ein Unterschied zwischen Spannungs- und Stromwandlerschaltung erübrigt sich hier. Wir betrachten auch nur die direkte Schaltung. Sie ist in Abb. 11.9 wieder-

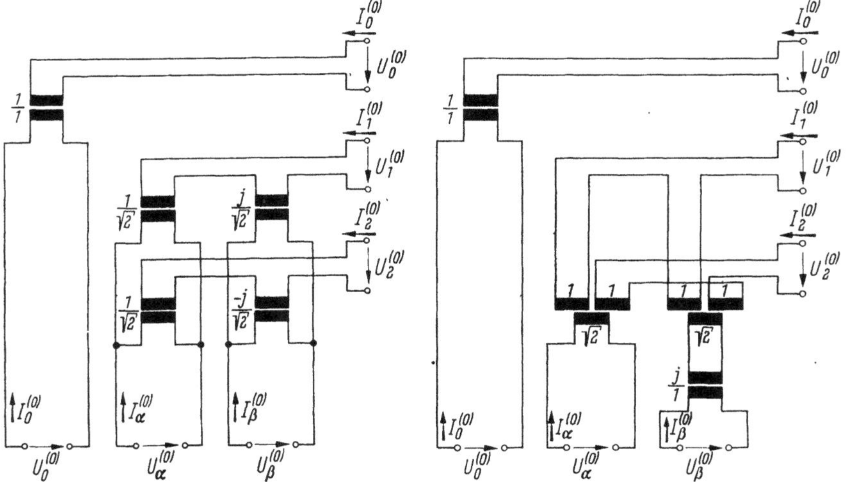

Abb. 11.9. *Übertragermatrix* zur Komponententransformation normierte *symmetrische Komponenten*←→normierte $\alpha\beta0$-*Komponenten*

Abb. 11.10. Gegenüber Abb. 11.9 *vereinfachte Übertragermatrix* zur Komponententransformation

gegeben. Interessant ist nun, daß die beiden Übertrager mit rein imaginärem Übersetzungsverhältnis noch auf einen einzigen Übertrager mit dem Übersetzungsverhältnis $1 : j$ zurückgeführt werden können. Diese Schaltung ist in Abb. 11.10 dargestellt. Man kann nun diese Schaltung mit einer Schaltung zum Übergang von RST- auf $\alpha\beta0$-Komponenten kombinieren (die ja selbst keine Übertrager mit komplexem Übersetzungsverhältnis enthält) und hat damit eine Schaltung zum Übergang von RST- auf symmetrische Komponenten mit nur einem einzigen Übertrager mit nichtreellem Übersetzungsverhältnis.

11.7 Die Kimbarksche Dreifachdarstellung[1]

Da Übertrager mit komplexem Übersetzungsverhältnis doch recht selten vorhanden sind, hat man sich oft schon die Frage vorgelegt: Wie kann man *Simultanfehler*, die sich einzeln betrachtet *nicht spiegelsymmetrisch zur Bezugsphase* anordnen lassen, doch *in symmetrischen Komponenten darstellen?* Insbesondere dann, wenn andererseits auf die Darstellung der Verschiedenheit der Mit- und Gegensystemreaktanzen nicht verzichtet werden kann, ist ja eine Darstellung in $\alpha\beta0$-Komponenten ohne Benutzung gyratorischer Elemente ebenfalls nicht möglich, weil diese dann durch die Verschiedenheit der Mit- und Gegensystemreaktanzen bedingt sind. Die zur Bezugsphase nicht spiegelsymmetrischen Fehlerarten oder unsymmetrischen Lasten erfordern an nicht reellen Übertragern zunächst ausschließlich solche mit Übersetzungsverhältnis $1:a$ oder $1:a^2$, d. h. reine Phasendrehungen von 120° oder 240°. Wenn man nun also *3 Gruppen* jeweils bestehend aus Mit-, Gegen- und Nullsystemnetz mit *um 120° gedrehten Generatoreinspeisungen* aufbaut, dann kann man von einer Gruppe zur anderen über normale ideale 1 : 1-Transformatoren die gewünschte 120° gedrehte Transformatorkopplung erzeugen. In den 3 Gruppen herrschen dann an homologen Stellen gegenseitig *um 120° gedrehte Spannungen*, und es fließen auch *um 120° gedrehte Ströme*. An den Stellen, wo eine Kopplung von einer Gruppe zur anderen stattfindet, wirkt diese Kopplung wie ein phasendrehender Transformator (d. h. mit komplexem Übersetzungsverhältnis vom Betrage 1). Wir wollen dies an einem Beispiel erläutern.

Beispiel. Wir wollen annehmen, an einer Stelle sei ein einpoliger Erdschluß in der Phase R (Kurzzeichen $E\,(R)$). Die Bedingung in symmetrischen Komponenten für die Fehlerspannungen

$$U_0^{(0)} + U_1^{(0)} + U_2^{(0)} = 0. \tag{1}$$

Weiter sei an einer *anderen Stelle* ein Kurzschluß zwischen den Phasen R und S (Kurzzeichen $K\,(RS)$). Die entsprechende Spannungsbedingung lautet dort

$$\overline{U}_1^{(0)} = a\,\overline{U}_2^{(0)}. \tag{2}$$

Hier haben wir eine *Bedingung* mit einem *komplexen, rein phasendrehenden Faktor a.* Es nützt auch nichts, wenn man die Phasen umbenennt, damit dieser Faktor reell wird. Dann wird die erste Bedingung komplex. Wir realisieren also die erste Bedingung in·der üblichen Weise durch galvanische Verbindungen (s. Tabelle). Die zweite Bedingung wird so realisiert, daß aus der um 120° gedrehten benachbarten Gruppe eine

---

[1] Vgl. E. W. Kimbark [*11, 18*] und ferner Peterson, Skiles, Nagrath [*11, 22*].

1 : 1-Übertragerkopplung vom Gegensystem zum Mitsystem hergestellt wird. Es sind dies drei solche Kopplungen, s. Abb. 11.11. Der gesamte Aufbau erfordert also 3 Gruppen zu je 3 Netzen (Mit-, Gegen- und Nullsystem), also insgesamt 9 Netze. Der *Aufwand* ist allerdings *beträchtlich.*

Dafür entstehen bei Anwendung dieser Methode *niemals Nachbildungsschwierigkeiten.*

Ebenso lassen sich alle anderen zur Bezugsphase nicht spiegelsymmetrischen Fehlerarten nachbilden. Man kann selbstverständlich auch phasendrehende Transformatoren des Originalnetzes, sog. Querregler, mit der Dreifachdarstellung ohne Schwierigkeiten nachbilden.

Es sei aber ausdrücklich

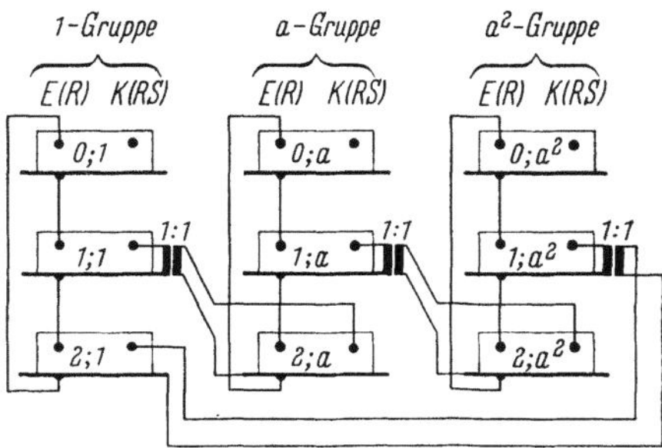

Abb. 11.11. Beispiel zur KIMBARKschen *Dreifachdarstellung*: Gleichzeitig Erdschluß in der Phase $R(E(R))$, Kurzschluß zwischen den Phasen R und $S(K(RS))$. Von den eingezeichneten drei idealen 1:1-Übertragern können zwei weggelassen werden.

betont, daß dieser in gewissen Sonderfällen notwendige hohe Aufwand nur in einer *modellmäßigen* Nachbildung erforderlich ist (sofern elektronische Übertrager mit komplexem Übersetzungsverhältnis nicht zur Verfügung stehen). In einer rein *rechnerischen* Behandlung machen *komplexe* Übersetzungsverhältnisse *keine Schwierigkeiten.*

Aufgaben

1. Wir betrachten ideale rein *phasendrehende Dreiphasentransformatoren* (das sind solche Transformatoren, die symmetrische Dreiphasenspannungen in gleich große, jedoch um einen bestimmten Winkel α gedrehte symmetrische Dreiphasenspannungen übersetzen, Beispiele: Transformatoren nach den VDE-Schaltgruppen[1], Querregler, sofern sie nicht auch die Spannungsbeträge übersetzen, zyklische Anschlußvertauschungen). Diese phasendrehenden Transformatoren können als Sonderfälle von (reellen) Übertragermatrizen aufgefaßt werden. Der Phasendrehwinkel sei α, die Primärspannungen seien gegeben durch den Spaltenvektor u'_{RST}, die Sekundärspannungen durch u''_{RST}. Dann gilt die Beziehung

$$u''_{RST} = A_{RST}(\alpha)\, u'_{RST}.$$

$A_{RST}(\alpha)$ ist dann eine reelle zyklische Matrix (wegen der zyklischen Symmetrie der Schaltung), und es ist

$$A_{RST}(\alpha)\, A_{RST}(\beta) = A_{RST}(\beta)\, A_{RST}(\alpha) = A_{RST}(\alpha + \beta).$$

Falls das *Nullsystem mit übertragen* wird, gilt die folgende entsprechende Gleichung

---

[1] VDE 0532/1. 59.

in symmetrischen Komponenten

$$u''_{012} = A_{012}(\alpha)\, u'_{012} = \begin{pmatrix} 1 & 0 & 0 \\ 0 & e^{j\alpha} & 0 \\ 0 & 0 & e^{-j\alpha} \end{pmatrix} u'_{012}.$$

Fragen:

a) Warum werden die Gegensystemspannungen gegenüber den Mitsystemspannungen um den gleichen Winkel jedoch mit entgegengesetztem Vorzeichen gedreht?

b) Man zeige, daß A_{RST} orthogonal und A_{012} unitär ist.

c) Man ermittle $A_{0\alpha\beta}$. Ist $A_{0\alpha\beta}$ ebenfalls orthogonal?

d) Man gebe einen formelmäßigen Ausdruck für A_{RST} an und prüfe die Symmetrie- und Orthogonalitätsbedingungen nach.

e) Ohne Verwendung von Transformatoren lassen sich Phasendrehungen auch durch zyklische Verdrillungen herstellen. Wie lautet in diesen Fällen A_{RST}, A_{012} und $A_{0\alpha\beta}$?

f) Man diskutiere auch den Fall, daß das Nullsystem *nicht* übertragen wird.

2. Die $\alpha\beta 0$-Komponenten bieten ein hervorragendes Mittel zur komponentenmäßigen Darstellung von Schaltvorgängen, insbesondere, da die schaltungstechnische Verwirklichung der Rücktransformation mit Hilfe von Übertragermatrizen (mit reellem Übersetzungsverhältnis) keine Schwierigkeiten macht. Wie kann man Schaltvorgänge in symmetrischen Komponenten darstellen, insbesondere ohne

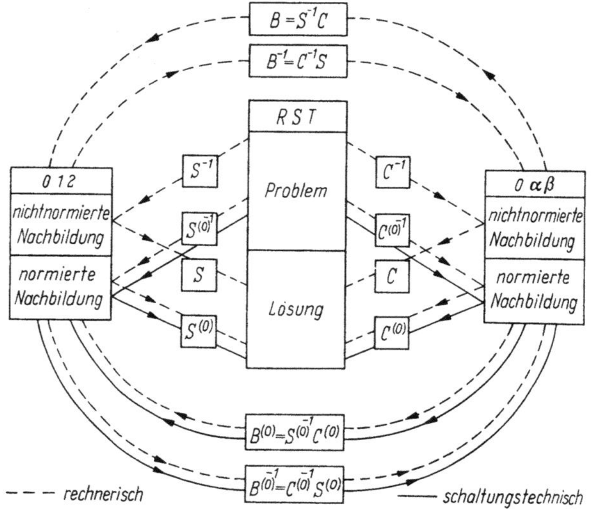

Abb. 11.12. *Transformationsschema* für die rechnerischen und schaltungstechnischen Darstellungsmöglichkeiten nach Komponentenmethoden

besondere elektronische Hilfsmittel? (Man bilde die zeitabhängigen Ströme und Spannungen in 2 Netzen nach dem Realteilnetz und dem Imaginärteilnetz.) Man diskutiere die Transformationsgleichungen.

3. Man diskutiere die in Abb. 11.12 dargestellten Möglichkeiten rechnerischer und schaltungstechnischer Transformationen von Netzaufgaben.

C. Anwendungen

12. Lastflußrechnung bei Vorgabe von Leistungswerten

12.1 Die Lastflußrechnung mit gemischter Matrix

Unter den zahlreichen Möglichkeiten der Aufgabenstellungen zur Lastflußberechnung bei vorgegebenen Leistungen sei eine besonders häufig auftretende *Aufgabenstellung* herausgegriffen, die folgendermaßen charakterisiert werden kann:

1. Man unterscheidet zwischen Generator- und Lastklemmenpaaren.

2. An den *Generatorklemmenpaaren* sind die Wirkleistung und der Spannungsbetrag, mit Ausnahme eines Klemmenpaares (slack-generator), dort ist nur die (komplexe) Spannung (meist gleich 1 p. u.)[1] vorgegeben.

3. An den *Lastklemmenpaaren* sind Wirk- und Blindleistungen vorgegeben.[2]

4. Für diese vorgegebenen Größen sind die *Ströme* und *Spannungen* des Netzes *zu berechnen.*

Um eine solche Aufgabe zu lösen, nehmen wir an, durch die Numerierung seien die Klemmenpaare so unterteilt, daß sich das 1. Klemmenpaar auf den *slack-generator* bezieht und die weiteren $n-1$-Klemmenpaare auf die übrigen *Generatoren;* es folgen dann noch r Klemmenpaare für die *Lasten.* Wir wollen weiter annehmen, daß auf irgendeine Weise (s. Kap. 6) durch Variablentausch eine gemischte Matrix erzeugt sei, für die folgende Gleichung gilt:

$$\begin{pmatrix} Y_{11} & D_{12} \\ D_{21} & Z_{22} \end{pmatrix} \begin{pmatrix} u_1 \\ i_2 \end{pmatrix} = \begin{pmatrix} i_1 \\ u_2 \end{pmatrix}. \quad (1)$$

Hierbei bezieht sich also der Index 1 auf die n *Generatorklemmenpaare,* der Index 2 auf die r *Lastklemmenpaare* (vgl.

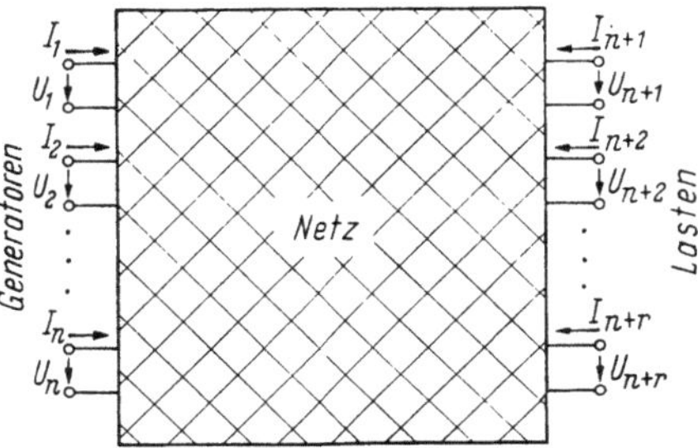

Abb. 12.1. *Aufteilung der Klemmenpaare* in Generator- und Lastklemmenpaare. Das erste Klemmenpaar bleibt dem slack-generator vorbehalten

Abb. 12.1). Um die geforderten Sollwerte zu erfüllen, müssen alle unabhängigen Veränderlichen mit Ausnahme von U_1 für den slack-

---

[1] p. u. = per unit, im per unit-System wird mit bezogenen Größen gerechnet; 1 p.u.-Spannung entspricht dann der Nennspannung, wenn man auf die Nennspannung bezieht. Bezugsleistung oder Bezugsstrom werden i. allg. willkürlich gewählt.

[2] Es ist auch die Aufgabenstellung sinnvoll, daß an *sämtlichen* Klemmenpaaren Wirk- und Blindleistungen vorgegeben sind. Hierbei tritt allerdings häufig der Fall ein, daß auf Grund einiger nicht ganz richtiger Angaben sich völlig verkehrte Spannungen ergeben. Auch konvergieren diese Rechnungen schlecht.

generator entsprechend verändert werden, und zwar $U_2 \ldots U_n$ bei konstant gehaltenem Betrag, nur der Phase nach, hingegen $I_{n+1} \ldots I_{n+r}$ nach Real- und Imaginärteil. Es gilt nun für die Verbesserungen entsprechende Formeln zu finden.

Wir gehen bei der Aufstellung der *Korrekturformeln* der Einfachheit halber davon aus, daß bei der Änderung einer unabhängigen Veränderlichen die übrigen Größen nicht beeinflußt werden, was allerdings nur näherungsweise zutrifft, aber die Formeln erheblich vereinfacht, außerdem sollen höhere als quadratische Glieder vernachlässigt werden. Wenn sich also eine Spannungsgröße $(U_2 \ldots U_n)$ ändert, dann kann die Änderung der zugehörigen Stromgröße $(I_2 \ldots I_n)$ über das entsprechende Diagonalelement $(y_{22} \ldots y_{n,n})$ berechnet werden. Entsprechendes gilt bei Änderung von $U_{n+1} \ldots U_{n+r}$, für die die Diagonalelemente $z_{n+1,\,n+1} \cdots z_{n+r,\,n+r}$ maßgebend sind. Ist also die sich ergebende komplexe Leistung fehlerhaft, so muß diese durch entsprechende Strom- und Spannungsänderungen korrigiert werden. Es gilt dann am i-ten Klemmenpaar

$$\Delta P_i + j \, \Delta Q_i = \Delta S_i = (U_i + \Delta U_i)(I_i^* + \Delta I_i^*) - U_i I_i^*, \qquad (2)$$

und bei Vernachlässigung der quadratischen Glieder

$$\Delta S_i = \Delta U_i I_i^* + U_i \Delta I_i^*. \qquad (3)$$

Lassen wir nur eine *Änderung der Phasenlage der Spannungen* an den Klemmen der *Generatoren* zu, also gemäß

$$\Delta U_i = U_i e^{j \, \Delta \vartheta_i} - U_i \qquad (4)$$

$$= U_i \left(1 + j \, \Delta \vartheta_i - \frac{1}{2!}(\Delta \vartheta_i)^2 - j \frac{1}{3!}(\Delta \vartheta_i)^3 + \cdots \right) - U_i \qquad (5)$$

$$\approx j \, U_i \Delta \vartheta_i, \qquad (6)$$

so ergibt sich über das entsprechende *Diagonalelement* der Admittanz-Untermatrix in (1) die zugehörige Stromänderung

$$\Delta I_i = y_{ii} \Delta U_i \qquad (7)$$

$$= j \, y_{ii} U_i \Delta \vartheta_i. \qquad (8)$$

Diese Änderungen in Gl. (3) eingesetzt ergeben die folgende Beziehung

$$\Delta S_i = j \, U_i I_i^* \Delta \vartheta_i - j \, U_i y_{ii}^* U_i^* \Delta \vartheta_i \qquad (9)$$

$$= j \, (S_i - |U_i|^2 y_{ii}^*) \Delta \vartheta_i. \qquad (10)$$

Um die *Änderung der Wirkleistung* infolge einer Änderung des *Winkels* der Klemmenspannung zu ermitteln, muß man den Realteil der Gl. (10) nehmen. Es ist mit $y_{ii} = g_{ii} + j \, b_{ii}$

$$\Delta P_i = (-Q_i - |U_i|^2 b_{ii}) \Delta \vartheta_i. \qquad (11)$$

Normalerweise überwiegt der 2. i. allg. positive Term in der Klammer, so daß auch der Inhalt der Klammer positiv wird. An der Grenze der Stabilität verschwindet allerdings der Klammerausdruck. Da nach der Korrektur $\Delta\vartheta_i$ gefragt ist, erhält man

$$\Delta\vartheta_i = \frac{\Delta P_i}{-|U_i|^2 b_{ii} - Q_i}. \tag{12}$$

Wir wollen annehmen, daß die *Stabilitätsgrenze nicht erreicht* wird, da sonst der *Nenner verschwinden würde*. Man sollte auch dafür sorgen, daß der Nenner im Verlaufe der Rechnung nicht zu klein wird, um ein Überschwingen des Polradwinkels ϑ_i und damit eine mögliche Instabilität der Rechnung zu vermeiden.

Da der Zeiger U_i nur in seinem Phasenwinkel, nicht aber in seiner Länge verändert werden soll, es aber andererseits nicht so sehr darauf ankommt, eine exakte Drehung um $\Delta\vartheta_i$ zu erreichen, wird man die Drehung entsprechend der Reihenentwicklung von $e^{j\Delta\vartheta_i}$ durchführen und nach dem linearen Glied abbrechen, wie dies bereits in Gl. (5) geschehen ist. Damit sich aber die Länge nicht verändert, hat man anschließend noch durch $\sqrt{1 + (\Delta\vartheta_i)^2}$ zu dividieren. Damit ergibt sich für den neuen Zeiger von $\tilde{U}_i$

$$\tilde{U}_i = U_i \frac{(1 + j\,\Delta\vartheta_i)}{\sqrt{1 + (\Delta\vartheta_i)^2}}. \tag{13}$$

Nach dieser Gleichung ist die Konstanz der Länge des Zeigers $\tilde{U}_i$ theoretisch gesichert. Eine allmähliche Veränderung der Länge ist hier allerdings noch durch Rundungsfehler möglich. Wollte man dies auch noch verhindern, so müßte man in jedem Fall durch den Betrag des errechneten Zeigers U_i dividieren und mit dem Sollwert des Betrags von U_i multiplizieren, d. h. man müßte den Neuwert von $\tilde{U}_i$ nach der folgenden Gleichung berechnen

$$\tilde{U}_i = \frac{U_i(1 + j\,\Delta\vartheta_i)}{|U_i(1 + j\,\Delta\vartheta_i)|}\,|U_i|_{\text{soll}}. \tag{14}$$

Da die Konvergenz des Verfahrens i. allg. recht gut ist und deswegen die Anzahl der Iterationen gering bleiben wird, genügt es meist, $\tilde{U}_i$ nach Gl. (13) zu berechnen.

Lassen wir zur Erreichung der Sollwerte der Wirk- und Blindleistungen eine *komplexe Änderung des Stromes* an den Lastklemmen zu, gemäß

$$\Delta I_i = \Delta_i' + j\Delta_i'', \tag{15}$$

so erhalten wir über das entsprechende Diagonalelement der Impedanzuntermatrix in (1) die zugehörige Spannungsänderung

$$\Delta U_i = z_{ii}\Delta I_i = (r_{ii} + j\,x_{ii})\,(\Delta_i' + j\Delta_i''). \tag{16}$$

Gehen wir wieder von Gl. (3) für die differentielle Änderung der komplexen Leistung aus, so erhält man (wieder unter Vernachlässigung der quadratischen Glieder)

$$\Delta S_i = \Delta U_i I_i^* + U_i \Delta I_i^* \tag{17}$$

$$= z_{ii} I_i^* \Delta I_i + U_i \Delta I_i^*, \tag{18}$$

Damit diese Gleichung nach ΔI_i aufgelöst werden kann, wollen wir durch Konjugieren eine zweite Gleichung erzeugen, die, falls die Determinante D des Systems nicht verschwindet, gegenüber der ersten auch unabhängig ist. Nehmen wir an, dies sei der Fall, dann können wir aus Gl. (19) und der folgenden konjugierten Gleichung

$$\Delta S_i^* = U_i^* \Delta I_i + z_{ii}^* I_i \Delta I_i^* \tag{19}$$

die Unbekannte ΔI_i ausrechnen und erhalten

$$\Delta I_i = \frac{1}{D} (z_{ii}^* I_i \Delta S_i - U_i \Delta S_i^*). \tag{20}$$

Hierbei ist die Determinante

$$D = |z_{ii} I_i|^2 - |U_i|^2. \tag{21}$$

Für eine reelle Darstellung kann man aufspalten nach Real- und Imaginärteilen gemäß Gl. (15) und erhält

$$I_i = I_i' + j I_i'' \tag{22}$$

$$U_i = U_i' + j U_i'' \tag{23}$$

$$z_{ii} I_i^* = (r_{ii} + j x_{ii})(I_i' - j I_i'') \tag{24}$$

$$= \alpha_i + j \beta_i. \tag{25}$$

Gleichung (21) geht dann über in die beiden reellen Gleichungen, wie sie auch bei WARD und HALE [47] zu finden sind,

$$\Delta_i' = \frac{1}{D}[(-U_i' + \alpha_i)\Delta P_i + (-U_i'' + \beta_i)\Delta Q_i] \tag{26}$$

$$\Delta_i'' = \frac{1}{D}[(-U_i' - \beta_i)\Delta P_i + (U_i'' + \alpha_i)\Delta Q_i]. \tag{27}$$

Eine nahezu ebenso gute Konvergenz erzielt man, wenn man für die Berechnung der verbesserten Stromzeiger I_i ein recht einfaches Prinzip zugrunde legt. Die Berechnung der Neuwerte geschieht dann nicht dadurch, daß man eine Korrektur errechnet, sondern dadurch, daß der Neuwert direkt berechnet wird. Die Methode geht von der Vorstellung aus, daß man zunächst von einem vernünftigen Anfangsvektor von Spannungen ausgeht, beispielsweise, daß alle Spannungen im Anfang gleich 1 p. u. sein sollen. Alsdann läßt sich hieraus ein Anfangsvektor von Strömen dadurch ermitteln, daß man aus den vorgeschriebenen komplexen Leistungen $P_i + j Q_i = S_i$ Ströme berechnet nach der Gleichung

$$\tilde{I}_i = \left(\frac{S_i}{U_i}\right)^*. \tag{28}$$

Mit diesen Strömen kann man über Gl. (1) neue Spannungen berechnen, auf die man wiederum Gl. (28) anwenden kann, usf.

Es bleibt noch eine Frage zu untersuchen: Welche *Anfangswerte* für die Spannungen u_1 und Ströme i_2 sollen *in der zuerst beschriebenen Methode* angesetzt werden? Das einfachste Prinzip ist, wie schon in der 2. Methode angedeutet, offenbar dasjenige, zunächst sämtliche *Spannungen* mit gleicher Phasenlage anzusetzen und mit einem Betrag gleich der Nennspannungen, d. h. im p. u.-System gleich Eins. Für die Berechnung der Anfangswerte der *Ströme* geht man also auch in der zuerst beschriebenen Methode für die Stromverbesserungen im 1. Durchlauf von Gl. (28) aus, wo man die entsprechenden gleichphasigen Spannungen einzusetzen hat.

Zur Verbesserung der Konvergenz wird die Einführung eines Konvergenzfaktors empfohlen, d. h., es wird *nicht* die *volle Verbesserung* hinzuaddiert, sondern ein mit einem Faktor $\varkappa$ versehener *Anteil*; beträgt die zunächst errechnete Korrektur $\varDelta x_{[k]}$, so erhält man die neue Größe aus der folgenden Gleichung ($[k]$ = Iterationsindex)

$$x_{[k+1]} = x_{[k]} + \varkappa \varDelta x_{[k]}. \tag{29}$$

Im Falle von *Oszillationen* oder *Divergenz* empfiehlt sich $0 < \varkappa < 1$ zu wählen, im Falle eines *kriechenden zu langsamen Erreichens des Grenzwertes* $\varkappa > 1$ zu wählen, doch ist im letzteren Fall *Vorsicht* geboten, da diese Konvergenzbeschleunigung manchmal nur bereichsweise gilt.

Eine mehr *automatische Anpassung* an das Konvergenzverhalten wird durch den sog. *Aitkenschen δ^2-Prozeß* erreicht (vgl. A. S. HOUSEHOLDER [15], E. BODEWIG [32], J. TODD [22]). Der *Aitken-Prozeß* beruht auf der (meist zutreffenden) Annahme, daß der Fehler nach mehreren Iterationsschritten etwa exponentiell abnimmt und auf der Idee, auf den asymptotischen Punkt zu extrapolieren, d. h., es gilt

$$\lim_{k \to \infty} x_{[k]} = x \tag{30}$$

und

$$x_{[k]} - x \approx c\,\lambda^k \qquad |\lambda| < 1, \tag{31}$$

wenn x_k = reell, dann λ = reell.

Es ist dann

$$\frac{x_{[k+2]} - x}{x_{[k+1]} - x} \approx \frac{x_{[k+1]} - x}{x_{[k]} - x} \approx \lambda. \tag{32}$$

Man erhält jetzt den asymptotischen Wert x aus dieser Gleichung, und zwar ist

$$x \approx \frac{x_{[k+2]}\,x_{[k]} - x_{[k+1]}^2}{x_{[k+2]} - 2x_{[k+1]} + x_{[k]}} = \bar{x}_{[k+2]}. \tag{33}$$

Insbesondere dann, wenn man ein Differenzenschema mitführt, wird man diesen Ausdruck umformen; es ist

$$\bar{x}_{[k+2]} = x_{[k+2]} - \frac{(x_{[k+2]} - x_{[k+1]})^2}{x_{[k+2]} - 2x_{[k+1]} + x_{[k]}} \tag{34}$$

$$= x_{[k+2]} - \frac{(\Delta x_{[k+1]})^2}{\Delta^2(x_{[k]})}. \tag{35}$$

Die Differenzen sind hier folgendermaßen definiert

$$\Delta x_{[k+1]} = x_{[k+2]} - x_{[k+1]}, \tag{36}$$

$$\Delta^2 x_{[k]} = \Delta x_{[k+1]} - \Delta x_{[k]}, \tag{37}$$

$$= x_{[k+2]} - 2x_{[k+1]} + x_{[k]}. \tag{38}$$

Für den Digitalrechner besonders geeignet sind einige von P. WYNN angegebene Algorithmen zur Konvergenzbeschleunigung, die Verallgemeinerungen des AITKEN-Prozesses darstellen [12.50, 12.51, 12.52].

12.2 Berücksichtigung von Abweichungen der Nennübersetzungsverhältnisse von Transformatoren in der Lastflußrechnung durch Zusatzströme

In Lastflußrechnungen ist es besonders vorteilhaft, das in p. u. zu rechnende Netz zunächst mit den *Nennübersetzungsverhältnissen* in die Impedanz- oder Admittanzmatrix einzuführen und Abweichungen hiervon, wie sie zur Regelung von Spannungen erforderlich sind, nachträglich dadurch zu berücksichtigen, daß *Zusatzströme* auf beiden Seiten der Transformatoren eingeführt werden, die durch den Übergang auf das geänderte Übersetzungsverhältnis hervorgerufen werden.[1] Um diese Zusatzströme zu berechnen, wollen wir den Magnetisierungsstrom des betreffenden Transformators vernachlässigen und also nur eine Streuimpedanz z_σ einführen. Diese Streuimpedanz sei entsprechend der meist üblichen Auslegung der Transformatoren zur einen Hälfte primärseitig und zur anderen Hälfte sekundärseitig (in p. u. betrachtet). Wenn wir die gesamte Streuimpedanz des $1:w$-Transformators auf die „1"-Seite beziehen, dann hat diese den Wert $z = (z_\sigma/2) \times (1 + |w|^{-2})$. Aus der Tabelle im Anhang 3 Spalte Y entnehmen wir die diesem 2-Port entsprechende Admittanzmatrix, und es ist dann mit $y_\sigma = 1/z_\sigma$

$$\begin{pmatrix} I_1(w) \\ I_2(w) \end{pmatrix} = y_\sigma \begin{pmatrix} \dfrac{2}{1+|w|^{-2}} & -\dfrac{2}{w+w^{*-1}} \\ -\dfrac{2}{w^*+w^{-1}} & \dfrac{2}{1+|w|^2} \end{pmatrix} \begin{pmatrix} U_1 \\ U_2 \end{pmatrix}. \tag{39}$$

Wir haben hier die Ströme I_1 und I_2 als Funktionen von w geschrieben. Die Zusatzströme sind die Differenzen gegenüber dem Übersetzungsverhältnis 1, nämlich $\Delta I_1 = I_1(w) - I_1(1)$ und $\Delta I_2 = I_2(w) - I_2(1)$.

---

[1] Die Methode der Zusatzströme wird auch von R. BAUMANN und K. ZOLLENKOPF [12.5] sowie von A. BRAMELLER und J. K. DENMAED [12.6a] angewandt.

Es ist dann also

$$\begin{pmatrix} \varDelta I_1 \\ \varDelta I_2 \end{pmatrix} = y_\sigma \begin{pmatrix} \dfrac{2}{1 + |w|^{-2}} - 1 & 1 - \dfrac{2}{w + w^{*-1}} \\ 1 - \dfrac{2}{w^* + w^{-1}} & \dfrac{2}{1 + |w|^2} - 1 \end{pmatrix} \begin{pmatrix} U_1 \\ U_2 \end{pmatrix}. \tag{40}$$

Interessant ist, daß im Falle kleiner reeller Änderungen des normalen Übersetzungsverhältnisses (1 : 1) die Hauptdiagonalglieder dieser Matrix überwiegen und im Falle kleiner imaginärer Änderungen des Übersetzungsverhältnisses die Nebendiagonalglieder überwiegen und die Matrix nahezu antisymmetrisch wird. Für kleine Änderungen hat man daher, wenn man setzt $w = 1 + \delta' + j\,\delta''$

$$\begin{pmatrix} \varDelta I_1 \\ \varDelta I_2 \end{pmatrix} \approx y_\sigma \begin{pmatrix} \delta' & +j\,\delta'' \\ -j\,\delta'' & -\delta' \end{pmatrix} \begin{pmatrix} U_1 \\ U_2 \end{pmatrix}, \tag{41}$$

was man durch entsprechende Reihenentwicklungen bei Vernachlässigung der quadratischen Glieder leicht bestätigt. Man erkennt nun auch leicht, warum nur ein Transformator mit *reellem* Übersetzungsverhältnis durch ein $\varPi$-Glied und damit durch entsprechende Impedanzen auf der Primär- und Sekundärseite wiedergegeben werden kann, und zwar deshalb, weil die Zusatzströme den jeweiligen Spannungen proportional sind. Dies ist bei Transformatoren mit komplexem Übersetzungsverhältnis nicht der Fall, denn hier ist der Primärzusatzstrom proportional der Sekundärspannung und der Sekundärzusatzstrom proportional der Primärspannung, da außerdem die gegenseitigen Admittanzen (die hier als Faktoren auftreten) entgegengesetztes Vorzeichen haben, entspricht diese Eigenschaft einem Gyrator, der durch ein Zweipolnetz auf keine Weise wiedergegeben werden kann.

Es sei noch erwähnt, daß man natürlich einen Transformator auch durch primär- und sekundärstromabhängige Zusatzspannungen darstellen kann. Doch ist diese Tatsache in Verbindung mit Lastfluß-iterationsverfahren von geringerer praktischer Bedeutung, da es in Iterationsverfahren immer günstiger ist, solche unabhängige Veränderliche zu wählen, die sich im Verlaufe der Iteration wenig ändern. Die Spannungen U_1 und U_2 ändern sich im Verlaufe von Iterationen, insbesondere in kleineren Netzen, relativ erheblich weniger als die entsprechenden Ströme I_1 und I_2.

Aufgaben

1. Falls von einem Netz nur die schwach besetzte[1] Knotenpunktsadmittanzmatrix oder eine Systemadmittanzmatrix gegeben ist, wird es zweckmäßig sein,

---

[1] In diesem Fall wird man nur die von Null verschiedenen Elemente der Matrix im Rechner speichern.

die Knotenpunktspotentiale bzw. die Spannungen an den Klemmen des n-Ports so iterativ zu verbessern, daß Sollwerte

    a) der Spannungen und Wirkleistungen an Generatorklemmenpaaren,

    b) der Wirk- und Blindleistungen an Lastklemmenpaaren erfüllt werden. Für die iterativen Verbesserungen gebe man einfache Gleichungen an.

    2. Man gebe den Grund für die schlechtere Konvergenz des Verfahrens mit einer reinen Admittanzmatrix nach 1. an gegenüber dem in diesem Kapitel beschriebenen Verfahren mit gemischter Matrix. Man verbessere die Konvergenz durch Anwendung geeigneter Konvergenzfaktoren und durch Anwendung des AITKEN-schen δ^2-Prozesses.

13. Stabilität in Drehstromverbundsystemen

13.1 Dynamische Stabilität

13.1.1 Allgemeine Bemerkungen

Untersuchungen der *dynamischen Stabilität* beziehen sich immer auf gewisse konkrete Störungen eines statisch stabilen Verbundbetriebs. Die statische Stabilität ist daher Voraussetzung für diese Untersuchungen. Auf die Untersuchung der statischen Stabilität in Netzen wird im folgenden Kapitel näher eingegangen. Die *konkreten Störungen*, welche den stabilen eingeschwungenen Zustand stören, werden durch Schalthandlungen hervorgerufen und können sein: Laststöße, Kurzschlüsse, Unterbrechungen. Die hierdurch hervorgerufenen Pendelungen sind i. allg. so groß, daß sie nicht mehr nach der Theorie der kleinen Schwingungen behandelt werden können. Da die zugrunde liegenden Differentialgleichungen nichtlinear sind, kann die Frage — stabil oder nicht stabil — nur von Fall zu Fall entschieden werden. Man kann daher auch niemals sagen „ein Netz ist dynamisch stabil", sondern nur „ein Netz ist in bezug auf eine konkrete Störung stabil unter den gegebenen Anfangsbedingungen (bzw. nicht stabil)". Im Fall der Stabilität wird nach erfolgter Störung eine Gleichgewichtslage (entweder die ursprüngliche oder z. B. im Falle eines anderen Schaltzustandes eine neue) asymptotisch erreicht. Da man mit einer endlichen Schritt-für-Schritt-Rechnung nur einen endlichen Zeitraum überblicken kann, wird in der Praxis eine Rechnung als ausreichend betrachtet, die so lange durchgeführt wird, bis sämtliche transienten Polradwinkel ihre maximale Auslenkung überschritten und ihre Bewegungsrichtung umgekehrt haben. Hierzu reicht bei den üblichen Anlaufzeitkonstanten T_a eine Zeit von 1 bis 2 sek nach Wiederherstellung des endgültigen Zustandes normalerweise aus. Ist an der Untersuchung ein starres Netz ($T_a = \infty$) nicht beteiligt, so wird man beim Aufzeichnen der Schwingkurven die transienten Polradwinkel auf einen (möglichst denjenigen des Generators der größten Nennleistung) beziehen. Ist in diesem bezogenen System einer der Polradwinkel mehr als $180°$ von der

Ausgangslage weggelaufen, und zeigt dieser keine Tendenz zur Umkehr, so kann die Rechnung abgebrochen werden. In diesem Fall ergibt sich mit Sicherheit eine Instabilität. Die ein- oder mehrpoligen Kurzschlüsse und Unterbrechungen wird man bei Verwendung eines Netzmodells entweder nach der Methode der symmetrischen oder der $\alpha\beta0$-Komponenten behandeln. In einer rein digitalen Untersuchung ist es natürlich vorteilhafter, ausschließlich nach der Methode der *symmetrischen Komponenten* zu arbeiten, denn auf der einen Seite entfallen in einer Rechnung die in der modellmäßigen Darstellung auftretenden Nachbildungsschwierigkeiten, auf der anderen Seite hat man im Normalfall bei Benutzung der symmetrischen Komponenten im Gegensatz zu den $\alpha\beta0$-Komponenten nur in *einem* der 3 Netze, nämlich im *Mitsystemnetz, Spannungsquellen* anzusetzen. Im Falle einfacher ·Fehler sind dann an den Fehlerstellen im Mitsystemnetz nur einfache Impedanzen auszutauschen, im Falle von n-fachen Simultanfehlern entsprechende (passive) n-Porte.

Wir wollen uns nun der *schrittweisen Berechnung* der *Schwingkurven* durch Integration des Systems nichtlinearer Differentialgleichungen durch ein *Differenzenverfahren* zuwenden. Hierbei soll die *asynchrone Dämpfung* zunächst mit berücksichtigt werden. Sind Dämpfungskonstanten nicht gegeben, so wird man den entsprechenden Term einfach weglassen. Insbesondere bei Berechnungen mittels Tischrechenmaschine am Netzmodell wird man zur Vereinfachung die Dämpfung unberücksichtigt lassen. Da mit wachsender Dämpfung die Stabilität nur verbessert wird, ist ein ohne Berücksichtigung der Dämpfung gerechneter stabiler Fall dann in Wirklichkeit erst recht stabil. Man befindet sich also auf der sicheren Seite.

13.1.2 Die Bewegungsgleichungen der transienten Polradwinkel

Zur Untersuchung der *dynamischen Stabilität* in einem Drehstromverbundnetz mit n Synchronmaschinen geht man von einem System von Bewegungsgleichungen für die Winkel der n transienten Hauptfeldspannungen $E_i' = |E_i'|\, e^{j\vartheta_i'}$ aus. Dann gelten für die transienten Polradwinkel ϑ_i' die in elektrischen Winkelgraden (bezogen auf eine willkürliche Achse) dargestellten Bewegungsgleichungen:

$$\Theta_i \frac{\ddot{\vartheta_i'}}{p_i} + k_i \frac{\dot{\vartheta_i'}}{p_i} + \frac{P_{e_i} - P_{m_i}}{\dfrac{\omega_i}{p_i}} = 0, \quad i = 1 \cdots n \tag{1}$$

(Drehmoment der Trägheit + Dämpfungsmoment + (elektr. Moment — mechan. Moment) = 0).

Hierbei ist

Θ_i Trägheitsmoment des Polrades + Antriebsmaschine,
k_i absolute asynchrone Dämpfungskonstante für Polrad + Antriebsmaschine,
p_i Polpaarzahl,

P_{e_i} elektrisch in das Netz abgegebene Wirkleistung,

P_{m_i} mechanische Leistung der Antriebsmaschine, vermindert um die Verluste des Generators,

ω_i momentane elektrische Winkelgeschwindigkeit = momentane Kreisfrequenz der Generatoreinheit.

Indem wir die Verschiedenheit und Veränderlichkeit der ω_i vernachlässigen und statt dessen sämtliche $\omega_i = \omega_s$ gleich der synchronen Kreisfrequenz setzen und Gl. (1) mit der (mittleren) mechanischen Winkelgeschwindigkeit durchmultiplizieren, gewinnen wir aus der Drehmomentbilanz eine Bilanz von Leistungsgrößen

$$\frac{\omega_s \Theta_i}{p_i^2}\, \ddot{\vartheta}_i' + \frac{\omega_s k_i}{p_i^2}\, \dot{\vartheta}' + P_{e_i} - P_{m_i} = 0. \tag{2}$$

In der Praxis ist meist nicht das Trägheitsmoment und die absolute Dämpfungskonstante gegeben, sondern entsprechende bezogene Größen, die dann nahezu unabhängig von der Maschinengröße sich in relativ engen Grenzen bewegen und im wesentlichen nur noch vom Maschinentyp abhängig sind:

So ist die *Anlaufzeitkonstante* T_a charakteristisch für die Trägheit und ist definiert als Zeit für den Anlaufvorgang mit konstantem Nenndrehmoment bis zur Erreichung der synchronen Winkelgeschwindigkeit. Hierbei wird die Nennscheinleistung S_{n_i} zugrunde gelegt und angenommen, daß der Anlaufvorgang ohne Verluste bei $\cos\varphi = 1$ stattfindet.

$$M_{d_{n_i}} = \frac{S_{n_i}}{\dfrac{\omega_s}{p_i}} = \Theta_i \frac{\dfrac{\omega_s}{p_i}}{T_{a_i}}. \tag{3}$$

(konstantes Nenndrehmoment = Trägheitsmoment × konstanter Winkelbeschleunigung über den Zeitraum T_a)

Hieraus erhält man eine Beziehung zwischen Θ_i und T_{a_i}[1]

$$\Theta_i = \frac{S_{n_i} p_i^2}{\omega_s^2}\, T_{a_i}. \tag{4}$$

---

[1] Im englischen und amerikanischen Schrifttum verwendet man anstelle von T_a die Trägheitskonstante (inertia constant) H, die als Quotient Schwungenergie bei Synchronismus dividiert durch die Nennscheinleistung (früher auch Nennwirkleistung) definiert ist. Es ist dann

$$H = \frac{1}{2} T_a = \frac{1}{2} \frac{\omega_{s_i} \Theta_i}{p_i^2 S_{n_i}}$$

Die *Laiblesche Dämpfungskonstante* C_{D_i}[1] ist definiert als Proportionalitätsfaktor in der Beziehung

$$\frac{M_{d_{\text{asynchr}}}}{M_{d_n}} = C_{D_i}\,\sigma_i \qquad (5) \qquad \left(\sigma_i = \frac{\vartheta_i'}{\omega_s} = \text{Schlupf}\right).$$

(auf Nennmoment bezogenes Dämpfungsmoment = Dämpfungskonstante ×
× Schlupf)

Hiernach ist das *asynchrone Dämpfungsmoment* einerseits

$$M_{d_{\text{asynchr}_i}} = M_{d_{n_i}}\,C_{D_i}\,\sigma_i = \frac{S_{n_i}}{\dfrac{\omega_s}{p_i}}\,C_{D_i}\,\frac{\vartheta_i'}{\omega_s} \tag{6}$$

und andererseits nach Gl. (1)

$$M_{d_{\text{asynchr}_i}} = k_i\,\frac{\vartheta_i'}{p_i}, \tag{7}$$

woraus man erhält

$$k_i = \frac{S_{n_i}\,p_i^2}{\omega_s^2}\,C_{D_i}. \tag{8}$$

Führen wir jetzt die bezogenen Konstanten T_{a_i} und C_{D_i} gemäß den Gln. (4) und (8) in die Differentialgleichung (2) ein, so ergibt sich

$$\frac{S_{n_i}}{\omega_s}\,T_{a_i}\,\ddot{\vartheta}_i' + \frac{S_{n_i}}{\omega_s}\,C_{D_i}\,\dot{\vartheta}_i' + P_{e_i}(\vartheta_1',\,\vartheta_2'\cdots\vartheta_n') - P_{m_i} = 0, \; i = 1\cdots n. \tag{9}$$

Die mechanischen Leistungen der Kraftmaschinen sind gegebene Größen (meistens in dem betrachteten Zeitraum konstant angesetzt; ggf. können sich hier auch Differentialgleichungen der Kraftmaschinenregler anschließen). Die elektrisch gegebenen Wirkleistungen P_{e_i} sind Funktionen aller transienten Polradwinkel, genauer gesagt *aller transienten Polradwinkeldifferenzen*. Steht ein Netzmodell zur Verfügung, so können diese Wirkleistungen gemessen werden. Andernfalls lassen sie sich, wie im folgenden hergeleitet wird, errechnen.

13.1.3 Die von jedem Synchrongenerator in das Verbundnetz abgegebene Wirkleistung

Die abgegebene elektrische Wirkleistung ist der Realteil der komplexen Scheinleistung

$$P_{e_i} = \text{Re}(E_i\,I_i^*), \quad i = 1\cdots n\;[2]. \tag{10}$$

---

[1] Vgl. TH. LAIBLE [*13.12*]. Die Berücksichtigung des asynchronen Dämpfungsmomentes als eine dem Schlupf proportionale Größe ist insbesondere dann eine grobe Näherung, wenn man, wie es hier geschieht, den Schlupf einfach gegenüber ω_s betrachtet. In Wirklichkeit müßte man den Schlupf gegenüber der Frequenz an den Klemmen in Rechnung stellen.

[2] I_i^* heißt ,,konjugiert-komplexer Wert von I_i``.

Die Klemmenströme I_i des Verbundnetzes lassen sich mit Hilfe der Admittanzmatrix $\mathbf{Y}$ des durch die transienten Längsreaktanzen X'_{d_i} erweiterten Verbundnetzes (vgl. Abb. 13.1) und die transienten Hauptfeldspannungen E'_i ausdrücken, denn es ist

$$I_i = \sum_{k=1}^{n} Y_{ik}\, E'_k \tag{11}^{[1]}$$

und damit

$$P_{e_i} = \mathrm{Re}\, E_i \sum_{k=1}^{n} Y^*_{ik}\, E^*_k \tag{12}$$

$$= \mathrm{Re}\, |E'_i| \sum_{k=1}^{n} |E'_k|\, |Y_{ik}|\, e^{j(\vartheta'_i - \vartheta'_k - \alpha_{ik})}$$

$$= |E'_i| \sum_{k=1}^{n} |E'_k|\, |Y_{ik}|\, \cos(\vartheta'_i - \vartheta'_k - \alpha_{ik}), \tag{13}$$

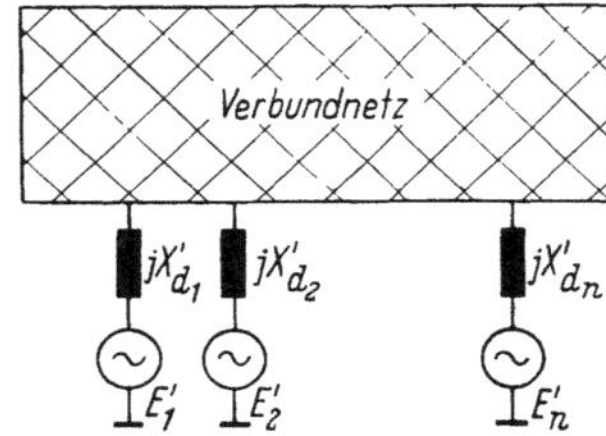

Abb. 13.1. *Verbundnetz* mit n Synchronmaschinen für eine Untersuchung der *dynamischen* (transienten) *Stabilität*

wobei

$$E'_i = |E'_i|\, e^{j\vartheta'_i},$$
$$Y_{ik} = |Y_{ik}|\, e^{j\alpha_{ik}} \tag{14}$$

gesetzt wurde. Da man die Transientreaktanz üblicherweise verlustfrei ansetzt, stimmt die Wirkleistung für die transiente Hauptfeldspannung mit der Wirkleistung für die Spannung an den Klemmen des Generators überein.

Setzen wir nun Gl. (13) in (Gl. (9) ein und lösen nach ϑ' auf

$$\ddot{\vartheta}'_i(t) = \frac{\omega_s}{S_{n_i} T_{a_i}} \left(P_{m_i}(t) - |E'_i| \sum_{k=1}^{n} |E'_k|\, |Y_{ik}|\, \cos\big(\vartheta'_i(t) - \vartheta'_k(t) - \alpha_{ik}\big) \right) -$$

$$- \frac{C_{D_i}}{T_{a_i}}\, \dot{\vartheta}'_i(t). \tag{15}$$

13.1.4 Das Differenzenverfahren

Diese Differentialgleichung wollen wir nach einem Differenzenschemaverfahren numerisch auflösen. Aus diesem Grunde ersetzen wir die vorkommenden Differentialquotienten durch entsprechende Differenzenquotienten. Wir benutzen dabei die Schreibweise der *zentralen Differenzen* und kürzen ab $\Delta t = h$. Aus der STIRLINGschen Interpolations-

---

[1] Es ist hier gleichgültig, ob man die Wirkleistungen berechnet, die von den Klemmen aus in das Netz abgegeben werden oder, wie hier, diejenigen Wirkleistungen, die von der transienten Polradspannung ausgehen, da in den verlustlosen Transientreaktanzen keine Leistungen verbraucht werden.

formel gewinnt man durch zweimalige Differentiation

$$\frac{d^2\,\vartheta(t)}{dt^2}\,h^2 = \delta^2\big(\vartheta'(t)\big) - \frac{1}{12}\,\frac{d^4\,\vartheta'(\tau_1)}{dt^4}\,h^4 \tag{16}$$

mit $t - 2h < \tau_1 < t + 2h$.

Differenziert man die NEWTONsche Interpolationsformel für *aufsteigende Differenzen* und schreibt sie (der Einheitlichkeit halber) ebenfalls mit *zentralen Differenzen*, so ergibt sich

$$\frac{d\,\vartheta'(t)}{dt}\,h = \delta\Big(\vartheta'\Big(t - \frac{h}{2}\Big)\Big) + \frac{1}{2}\,\delta^2\big(\vartheta'(t-h)\big) + \frac{1}{3}\,\delta^3\Big(\vartheta'\Big(t - \frac{3}{2}\,h\Big)\Big) +$$

$$+ \frac{1}{4}\,\frac{d^4\,\vartheta'(\tau_2)}{dt^4}\,h^4 \tag{17}$$

mit

$$t - 4h < \tau_2 < t.$$

Wir wollen nun annehmen, daß in den Restgliedern die Glieder 4. Ordnung $\dfrac{d^4\,\vartheta'(\tau)}{dt^4}\,h^4$ durch Wahl einer hinreichend kleinen Schrittweite h so klein geworden sind, daß man diese vernachlässigen kann, alsdann erhält man nach Einsetzen von (16) und (17) und gleichzeitiger Multiplikation mit h^2

$$\delta^2\big(\vartheta_i'(t)\big) = \frac{\omega_s\,h^2}{N_{n_i}\,T_{a_i}}\Big(P_{m_i}(t) - |E_i'|\sum_{k=1}^{n}|E_k'|\,|Y_{ik}|\cos\big(\vartheta_i'(t) - \vartheta_k'(t) - \alpha_{ik}\big)\Big) +$$

$$+ \frac{C_{D_i}\,h}{T_{a_i}}\Big[\delta\Big(\vartheta_i'\Big(t - \frac{h}{2}\Big)\Big) + \frac{1}{2}\,\delta^2\big(\vartheta_i'(t-h)\big) + \frac{1}{3}\,\delta^3\Big(\vartheta_i'\Big(t - \frac{3h}{2}\Big)\Big)\Big]. \tag{18}$$

In diesem Ausdruck kommen auf der *rechten* Seite ausschließlich Größen vor, die entweder *gegeben* sind oder aus dem *Rechenschema entnommen* werden können (bzw. falls man mit einem Netzmodell arbeitet: *gemessen* werden können). Die neuen Differenzen und den extrapolierten Funktionswert $\vartheta_i(t+h)$ erhält man rekursiv aus den folgenden Gleichungen:

$$\delta\Big(\vartheta_i'\Big(t + \frac{h}{2}\Big)\Big) = \delta\Big(\vartheta_i'\Big(t - \frac{h}{2}\Big)\Big) + \delta^2\big(\vartheta_i'(t)\big), \tag{19a}$$

$$\vartheta_i'(t+h) = \vartheta_i'(t) + \delta\Big(\vartheta_i'\Big(t + \frac{h}{2}\Big)\Big) \tag{19b}$$

und

$$\delta^3\Big(\vartheta_i'\Big(t - \frac{h}{2}\Big)\Big) = \delta^2\big(\vartheta_i'(t)\big) - \delta^2\big(\vartheta_i'(t-h)\big), \quad i = 1 \cdots n. \tag{19c}[1]$$

---

[1] Bleibt die Dämpfung unberücksichtigt, so ist ein Mitführen der 3. Differenz nicht erforderlich. Durch Wahl einer hinreichend kleinen Schrittlänge ist dafür zu sorgen, daß die Einflüsse der höheren Differenzen vernachlässigt werden können.

Die Anfangswerte sind (unter Annahme $\vartheta_i'(t) = \vartheta_{i\,0}' = \text{const}$ für $t \leqq 0$)

$$\vartheta_i'(0) \quad\ = \vartheta_{i0}',$$

$$\delta\,\vartheta_i'\!\left(-\frac{h}{2}\right) = 0,$$

$$\delta^2\,\vartheta_i'(-h) = 0,$$

$$\delta^3\,\vartheta_i'\!\left(-\frac{3h}{2}\right) = 0, \quad i = 1 \cdots n, \tag{20}$$

wobei die *transienten Anfangspolradwinkel* $\vartheta_{i\,0}'$ einem gegebenen *Lastfall* entnommen werden müssen oder (und das ist bei einer rein digitalen Berechnung zu empfehlen) dadurch errechnet werden, daß man die Generatoren des Netzes in einer vorausgehenden Rechnung bei optimaler Dämpfung auf diese Werte einpendeln läßt. Hierbei ist allerdings zu beachten, daß i. allg. die Frequenz des Netzes nach oben oder unten wegläuft. Damit dies nicht geschieht, gibt es verschiedene Möglichkeiten der Abhilfe. Eine Möglichkeit besteht darin, daß man einen Generator (slack-generator)[1] als starr annimmt ($T_{a_s} \to \infty$, $\vartheta_{s0} = \text{const}$). Da bei willkürlicher Annahme der transienten Polradwinkel $\vartheta_{i\,0}'$ die zugehörige Wirkleistung P_{e_i} im allgemeinen nicht mit dem vorgesehenen Sollwert übereinstimmt, müssen die Wirkleistungssollwerte sämtlicher Generatoren anteilmäßig variiert werden. Es wird vorgeschlagen, dies nach den Gleichungen

$$P_{m_i}(t + h) = P_{m_i}(t) + \alpha\,\frac{P_{c_s}(t) - P_{m_s}(t)}{\sum\limits_{k=1}^{n} P_{m_k}(t)}\,P_{m_i}(t) \tag{21}$$

zu tun, wobei der Faktor α passend gewählt werden muß. Man startet am einfachsten mit gleichen Anfangswinkeln $\vartheta_1'(0) = \vartheta_2'(0) \ldots \vartheta_n'(0)$. Zur Beschleunigung der Rechnung wird außerdem empfohlen, die Schrittweite zu vergrößern, zumal es hier auf die Richtigkeit der Dynamik nicht ankommt.

Damit ist auch das Problem, diejenigen Polradwinkel $\vartheta_{i\,0}'$ zu finden, welche den vorgegebenen Leistungseinspeisungen möglichst gut entsprechen, gelöst. Dieses Problem der *Leistungseinregulierung* ist *nichtlinear* und hat deswegen keine eindeutigen Lösungen. Gefragt ist aber nur diejenige der Lösungen, welche einem stabilen Zustand entspricht; diese jedoch ist für einen stabilen Lastfluß eindeutig, nur diese Lösung entspricht dem Grenzwert einer konvergenten Folge und wird hier ermittelt. Zur digitalen Berechnung von P_{e_i} wird empfohlen Gl. (12) direkt anzuwenden und die komplexen Größen sowohl wegen der ein-

---

[1] Es wird empfohlen, den Ersatzgenerator des größten Kraftwerks hierfür zu wählen.

heitlichen Darstellung als auch wegen der zahlreichen Additionen nicht wie in Gl. (13) in Polarkoordinaten, sondern in kartesischen Koordinaten darzustellen. Die angegebene Methode liefert gleichzeitig auch eine Lösung des Lastflußproblems (Kap. 12) für den Fall, daß nur an den Generatoren die komplexen Spannungen gesucht sind und die Lasten durch Impedanzen nachgebildet werden.

13.1.5 Die richtige Berücksichtigung der Schaltzeiten

Das wesentliche bei Untersuchungen der dynamischen Stabilität besteht darin, daß *Schaltzustände* des Netzes *sprunghaft verändert werden*. In den Untersuchungen der Kurztrennung folgt auf den angenommenen Kurzschluß nach einer gewissen Zeit (Kurzschlußzeit) eine Zeit, in der der betreffende Leitungsabschnitt zweiseitig abgetrennt wird (Unterbrechungszeit), damit dem Lichtbogen Gelegenheit gegeben wird, sich zu entionisieren. Anschließend wird der ursprüngliche Zustand des Netzes wiederhergestellt. Ohne auf die Frage, wie im Falle *1-*, *2-*, *3poliger Kurzschlüsse* oder *Unterbrechungen* die entsprechenden *Ersatzschaltungen* in *symmetrischen Komponenten* aussehen, einzugehen (vgl. Kap. 11), kann gesagt werden, daß die wichtigsten Fälle sich einfach durch entsprechende Veränderung im bestehenden Netz behandeln lassen. Arbeitet man in Verbindung mit einem Netzmodell, so werden diese Veränderungen im Modell direkt vorgenommen, während man in dem Fall, daß eine programmgesteuerte Rechenmaschine benutzt wird, einfach die **Y**-Matrizen auszutauschen hat. Die Berechnung solcher *Admittanzmatrizen* für die Generatorklemmenpaare kann beispielsweise nach dem *Knotenpunktsverfahren* mit anschließender Elimination der inneren Knotenpunkte durchgeführt werden.

Das beschriebene *Differenzenverfahren* gilt zunächst unter der Voraussetzung, daß die Koeffizienten der zugrunde gelegten Differentialgleichung stetig sind. In diesem Fall ist es gerechtfertigt, den Mittelwert als diskretwertigen Repräsentanten der Funktion im Schrittintervall zu verwenden. Hat jedoch die Funktion im Innern des Intervalls einen Sprung, so ist es offenbar sinnvoll, einen gewogenen Mittelwert der Grenzwerte von links und von rechts dafür einzusetzen. Die Gewichte wählt man zweckmäßig proportional den in das Schrittintervall fallenden Teilintervallen vor und nach der Schalthandlung (vgl. Abb. 13.2 und 13.3). Wir hätten dann also zu setzen:

$$P_{e_i}(t) = \left(\frac{1}{2} + k\right) P_{e_i}(t - 0) + \left(\frac{1}{2} - k\right) P_{e_i}(t + 0). \qquad (22)$$

Die Grenzfälle „Sprung an der linken" oder „Sprung an der rechten Intervallgrenze" sind hierin als Sonderfall enthalten und liefern die gleichen Ergebnisse. Eine stetige Veränderung von k liefert eine stetige Veränderung der Lösungen. Hiernach ist also beispielsweise in der

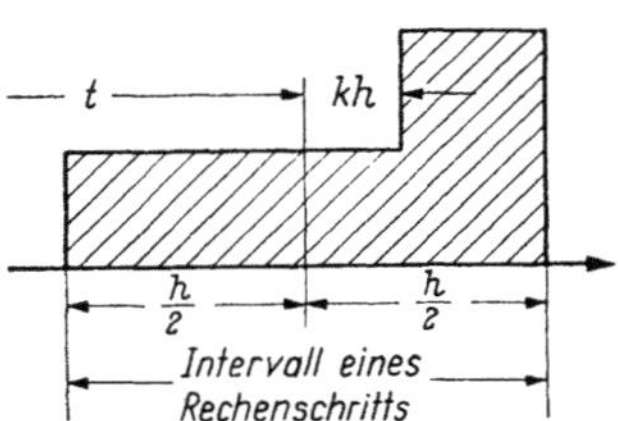

Abb. 13.2. Zur ersatzweisen Behandlung einer *Unstetigkeit* im Inneren des Schrittintervalls als Mittelwert, z. B. Verlauf einer Impedanz (Admittanz)

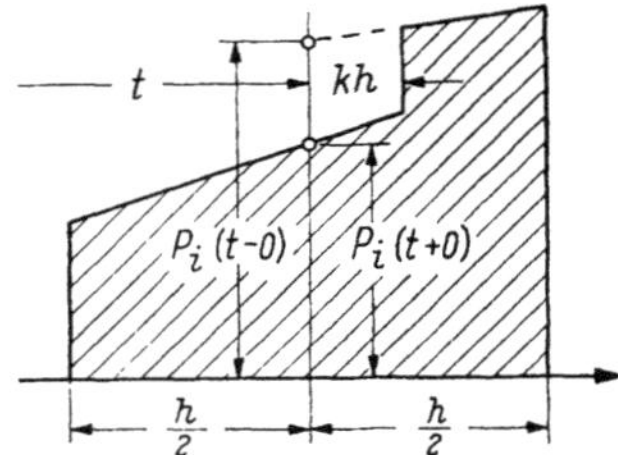

Abb. 13.3. *Tatsächlicher Verlauf* von P_{e_i} (t) im Inneren eines Schrittintervalls infolge einer sprunghaften Änderung der Admittanzmatrix

Anlaufrechnung der Gewichtsfaktor $\tfrac{1}{2}$ anzuwenden, da der Zeitpunkt des Kurzschlusses $t = 0$ in die Intervallmitte fällt. Es ist dann nach Gl. (18) [der Dämpfungsterm verschwindet nach den Gln. (20)]

$$\delta^2\left(\vartheta_i'(0)\right) = \frac{\omega_s\,h^2}{2\,S_{n_i}\,T_{a_i}}\left(P_{m_i}(t) - |E_i'|\sum_{k=1}^{n}|E_k'|\,|Y_{ik}|\cos\left(\vartheta_i'(t) - \vartheta_k'(t) - \alpha_{ik}\right)\right).$$

$$(23)$$

13.2 Statische Stabilität

In Untersuchungen zur *statischen Stabilität* ist die Frage zu klären, ob ein System von n Synchronmaschinen stabil Energie in das Netz liefern (bzw. gelegentlich bei motorischem Betrieb auch entnehmen) kann. Man kann diese Frage dadurch entscheiden, daß man einen Test mit einer hinreichend *kleinen Schwingung* annimmt und fragt: Können sich aufschaukelnde Schwingungen bestehenbleiben? Für diese kleinen Schwingungen darf das System als linear angenommen werden. Man fragt dann also nach den Eigenlösungen dieses linearen Systems. Diese *Eigenlösungen* sind *exponentiell an-, abklingende* oder *konstante Sinusschwingungen* oder entsprechende *Exponentialfunktionen*. Man kann diese Lösungen alle einheitlich als Realteile von Exponentialfunktionen der Form

$$y = C\,e^{\lambda t} \tag{24}$$

mit komplexem λ betrachten. Wir haben Stabilität genau dann, wenn $\mathrm{Re}\,\lambda < 0$ ist. Ist die asynchrone Dämpfung nicht berücksichtigt worden, so darf die Bedingung abgeändert werden in $\mathrm{Re}\,\lambda \leqq 0$. Da im allgemeinen mehrere Eigenschwingungen (nämlich $n-1$) dieser Art möglich sind, sind *alle* Lösungen λ zu prüfen, ob sie den genannten Forderungen genügen. Sind sie erfüllt, so herrscht Stabilität unabhängig von der Art der jeweils angenommenen kleinen Störung (sie muß nur hinreichend klein sein). Eine solch allgemeine Aussage ist grundsätzlich nur im linearen Bereich möglich. Für größere Störungen, bei denen man die Nichtlinearität in Rechnung stellen muß, kann man immer nur dann eine Antwort auf die Frage „Stabil oder nichtstabil?" erhalten, wenn genaue Angaben über den zeitlichen Verlauf der angenommenen Störung gemacht wurden (dynamische Stabilität).

Es ist nun noch die Frage zu klären, in welcher Weise die Synchronmaschinen zu berücksichtigen sind. Da es sich hier um relativ langsame Eigenschwingungen handelt (Größenordnung 1 Hz), wäre es wohl richtig, wenn man in den Synchronmaschinen die zugehörigen Pendelreaktanzen einführen würde. Diese sind aber frequenzabhängig, und die Eigenfrequenzen sollen ja gerade durch dieses Verfahren erst berechnet werden. Man begibt sich aber auf die sichere Seite, wenn man die ungünstigsten Werte, die möglich sind, nämlich die Maximalwerte der Pendelreaktanzen, einsetzt. Diese sind bei den Vollpolmaschinen die Synchronreaktanzen $X_d (= X_q)$.[1]

13.2.1 Das Eigenwertproblem für kleine Schwingungen

Wir betrachten also analog zum vorigen Kapitel ein System von n Synchronmaschinen die *synchronen Längsreaktanzen* X_{d_i} als innere Impedanzen und treibende Spannungen $E_i = |E_i| e^{j\,\vartheta_i}$ (siehe Abb. 13.4). Auch hier sind sämtliche Polradwinkel ϑ_i in elektrischen Winkelgraden zu verstehen und auf eine willkürliche Achse bezogen. Wir erhalten zu Gl. (1) analoge Bewegungsgleichungen für die *Polradwinkel*

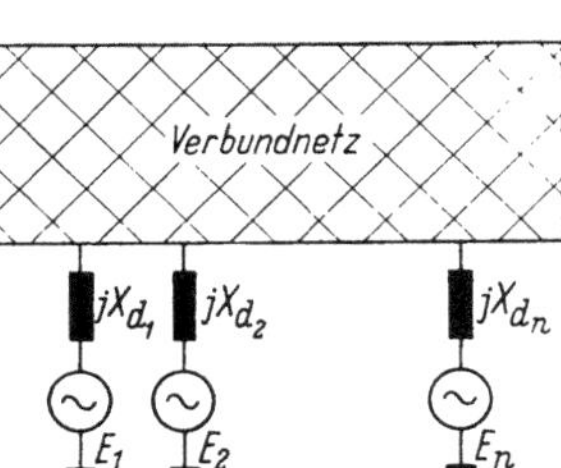

Abb. 13.4. *Verbundnetz* mit n Synchronmaschinen für eine Untersuchung der *statischen Stabilität*

$$\Theta_i \frac{\ddot{\vartheta}_i}{p_i} + k_i \frac{\dot{\vartheta}_i}{p_i} + \frac{P_{e_i} - P_{m_i}}{\dfrac{\omega_i}{p_i}} = 0, \quad i = 1 \ldots n \tag{25}$$

und bei Übergang auf die bezogenen Größen T_{a_i} und C_{D_i} die zu den Gln. (9) analogen Gleichungen

$$\frac{S_{n_i}}{\omega_s} T_{a_i} \ddot{\vartheta}_i + \frac{S_{n_i}}{\omega_s} C_{D_i} \dot{\vartheta}_i + P_{e_i}(\vartheta_1, \vartheta_2 \ldots \vartheta_n) - P_{m_i} = 0, \quad i = 1 \ldots n. \tag{26}$$

Das System ist in Gleichgewicht mit den Polradwinkeln $\vartheta_i = \vartheta_{i0}$, und es ist dann

$$P_{e_i}(\vartheta_{10}, \vartheta_{20} \ldots \vartheta_{n0}) = P_{m_i}$$

---

[1] Auch die Verschiedenheit von X_d und X_q (Schenkelpolmaschinen) läßt sich berücksichtigen, doch erfordert diese Rechnung einen erheblich größeren Rechenaufwand (H. EDELMANN [13.6]).

für kleine Auslenkungen $\xi_i = \vartheta_i - \vartheta_{i0}$, aus der Gleichgewichtslage kann man P_{e_i} in eine TAYLOR-Reihe entwickeln. Man erhält dann unter Vernachlässigung der quadratischen und höheren Glieder das folgende System linearer Differentialgleichungen 2. Ordnung

$$\frac{S_{n_i}}{\omega_s} T_{a_i} \ddot{\xi}_i + \frac{S_{n_i}}{\omega_s} C_{D_i} \dot{\xi}_i + \sum_{k=1}^{n} \frac{\partial P_{e_i}}{\partial \vartheta_k} \xi_k = 0, \quad i = 1 \ldots n. \tag{27}$$

Nun machen wir den Ansatz komplexer Schwingungen $\xi_i = \hat{\xi}_i e^{\lambda t}$ und erhalten

$$\left(\frac{S_{n_i}}{\omega_s} T_{a_i} \lambda^2 \hat{\xi}_i + \frac{S_{n_i}}{\omega_s} C_{D_i} \hat{\xi}_i + \sum_{k=1}^{n} \frac{\partial P_{e_i}}{\partial \vartheta_k} \hat{\xi}_k \right) e^{\lambda t} = 0, \quad i = 1 \ldots n. \tag{28}$$

Diese Beziehungen können nur dann erfüllt werden, wenn in sämtlichen Gleichungen die Klammern gleich Null gesetzt werden. Aus den Vektoren s_n, t_a und c_D lassen sich Diagonalmatrizen bilden, und zwar

$$\operatorname{diag} s_n = \begin{pmatrix} S_{n_1} & 0 \\ & \ddots & \\ 0 & & S_{n_n} \end{pmatrix}, \quad \operatorname{diag} t_a = \begin{pmatrix} T_{a_1} & 0 \\ & \ddots & \\ 0 & & T_{a_n} \end{pmatrix}, \quad \operatorname{diag} c_D = \begin{pmatrix} C_{D_1} & 0 \\ & \ddots & \\ 0 & & C_{D_n} \end{pmatrix},$$
$$\tag{29}$$

dann ergibt sich durch Nullsetzen der Klammern das folgende Eigenwertproblem in Matrizenform,

$$\left[\omega_s^{-1} \operatorname{diag} s_n \left(\lambda^2 \operatorname{diag} t_a + \lambda \operatorname{diag} c_D \right) + \frac{\partial P_e}{\partial \vartheta} \right] \hat{\xi} = 0. \tag{30}$$

Damit das System nichtverschwindende Lösungen (Eigenlösungen) besitzt, muß die Determinante der Matrix in der eckigen Klammer verschwinden,

$$\det \left[\omega_s^{-1} \operatorname{diag} s_n \left(\lambda^2 \operatorname{diag} t_a + \lambda \operatorname{diag} c_D \right) + \frac{\partial P_e}{\partial \vartheta} \right] = 0. \tag{31}$$

Hieraus ergibt sich eine algebraische Gleichung $2n$-ten Grades (charakteristische Gleichung) mit reellen Koeffizienten. Wegen $\det(\partial P_e / \partial \vartheta) = 0$ ist eine Wurzel gleich Null. Dies folgt daraus, daß die Wirkleistungen der Synchronmaschinen invariant sind gegenüber Verdrehung sämtlicher Polräder um den gleichen Winkel. Die Eigenlösungen sind somit gleich große Konstanten, die diesen Möglichkeiten der Verdrehung entsprechen. Aus der charakteristischen Gleichung ergeben sich mindestens eine reelle Wurzel und maximal $n - 1$ Paare konjugiert-komplexer Wurzeln, deren Imaginärteile die $n - 1$ Eigenfrequenzen sind. Damit das System stabil ist, muß man fordern, daß sämtliche Wurzeln negativen Realteil besitzen, d. h., es muß sein

$$\operatorname{Re} \lambda_i < 0. \tag{32}$$

Will man nicht sämtliche Wurzeln berechnen, so wird man die Koeffizienten nach dem ROUTH-HURWITZ-Kriterium testen, was einen erheblich geringeren Rechenaufwand bedeutet. Zur Vereinfachung des Problems wird vielfach auch der Einfluß der asynchronen Dämpfung unterdrückt (alle $C_{D_i} = 0$). Wir erhalten dann die folgende charakteristische Gleichung

$$\det \left[1 \lambda^2 + \omega_s \, (\operatorname{diag} \boldsymbol{s}_n \operatorname{diag} \boldsymbol{t}_a)^{-1} \frac{\partial \boldsymbol{P}_e}{\partial \boldsymbol{\vartheta}} \right] = 0 \,. \tag{33}$$

Setzt man hier $\lambda^2 = \mu$, so erhalten wir eine algebraische Gleichung n-ten Grades mit reellen Koeffizienten in μ. Auch hier ist wieder eine Wurzel gleich Null, so daß man nach Division durch μ nur noch eine Gleichung $(n-1)$-ten Grades zu lösen hat. Im stabilen Fall sind sämtliche Wurzeln in μ negativ reell, d. h. in λ rein imaginär, was $(n-1)$ Eigenfrequenzen entspricht. Merkwürdigerweise können im stabilen Fall in λ keine Lösungen mit negativem Realteil auftreten, da jede solche Wurzel auch eine entsprechende mit positivem Realteil nach sich ziehen würde, denn mit λ ist $-\lambda$ ebenfalls eine Lösung der obigen Gl. (33). Aus diesem Grund wird man anstelle von

$$\operatorname{Re} \lambda_i \leqq 0, \qquad i = 1 \ldots n \tag{34a}$$

fordern

$$\operatorname{Re} \lambda_i = 0, \qquad i = 1 \ldots n \,. \tag{34b}$$

Ferner wird man auch Doppel- und Mehrfachwurzeln für λ_i auf der Imaginärachse nicht zulassen, da für die zugehörigen Eigenfunktionen außer $e^{\lambda_i t}$ auch $t\,e^{\lambda_i t}$, $t^2\,e^{\lambda_i t} \ldots$ (entsprechend der Vielfachheit der Wurzeln) eingesetzt werden müssen. Die letzteren Funktionen sind aber auch im rein oszillatorischen Fall Funktionen, die über alle Grenzen wachsen. Das erweiterte ROUTH-HURWITZ-Kriterium für aperiodische und rein oszillatorische Stabilität scheidet auch tatsächlich diese Fälle von Mehrfachwurzeln aus (vgl. H. EDELMANN [*13.6*]).

13.2.2 Die Funktionalmatrix $\partial \boldsymbol{P}_e / \partial \boldsymbol{\vartheta}$

Es soll nun noch gezeigt werden, wie die in Gl. (33) benötigte Funktionalmatrix $\partial P_e / \partial \vartheta$ ermittelt werden kann. Die in das Netz abgegebenen *Scheinleistungen* der n Synchronmaschinen sind gegeben durch die Gleichungen

$$S_{e_i} = E_i \sum_{\varkappa = 1}^{n} Y_{i\varkappa}^* E_\varkappa^* \,. \tag{35}$$

Hierbei bezieht sich die Admittanzmatrix der Y_{ik} auf das Verbundnetz, das die Synchronreaktanzen X_d mit enthält. Nun ist zunächst

$$\frac{\partial S_{e_i}}{\partial \vartheta_k} = E_i Y_{ik}^* \frac{\partial E_k^*}{\partial \vartheta_k} + \delta_{ik} \frac{\partial E_i}{\partial \vartheta_i} \sum_{\varkappa = 1}^{n} Y_{i\varkappa}^* E_\varkappa^* \,,^1$$

---

[1] Hierbei ist $\delta_{ik} = 0$ für $i \neq k$ und $= 1$ für $i = k$ (KRONECKER-Symbol), d. h., der 2. Term tritt nur im Hauptdiagonalelement auf.

wobei

$$\frac{\partial E_i}{\partial \vartheta_i} = \frac{\partial |E_i| e^{j\vartheta_i}}{\partial \vartheta_i} = j E_i \qquad (36)$$

und

$$\frac{\partial E_k^*}{\partial \vartheta_k} = \frac{\partial |E_k| e^{-j\vartheta_k}}{\partial \vartheta_k} = -j E_k, \qquad (37)$$

so daß wir erhalten

$$\frac{\partial S_{e_i}}{\partial \vartheta_k} = -j E_i Y_{ik}^* E_k^* + j \delta_{ik} E_i \sum_{\varkappa=1}^{n} Y_{i\varkappa}^* E_\varkappa^* \qquad (38)$$

$$= -j |E_i| |E_k| |Y_{ik}| e^{j(\vartheta_i - \vartheta_k - \alpha_{ik})} + j \delta_{ik} |E_i| \sum_{\varkappa=1}^{n} |E_\varkappa| |Y_{i\varkappa}| e^{j(\vartheta_i - \vartheta_\varkappa - \alpha_{i\varkappa})}. \qquad (39)$$

Dies sind die Elemente der Funktionalmatrix für die *Scheinleistung*. Wir erhalten die Elemente der Funktionalmatrix für die *Wirkleistung* dadurch, daß wir den *Realteil* nehmen, also

$$\frac{\partial P_{e_i}}{\partial \vartheta_k} = \mathrm{Re}\,\frac{\partial S_{e_i}}{\partial \vartheta_k} = |E_i| \Big(|E_k| |Y_{ik}| \sin(\vartheta_i - \vartheta_k - \alpha_{ik}) -$$

$$- \delta_{ik} \sum_{\varkappa=1}^{n} |E_\varkappa| |Y_{i\varkappa}| \sin(\vartheta_i - \vartheta_\varkappa - \alpha_{i\varkappa}) \Big). \qquad (40)$$

Wir erkennen 1., daß die gesuchte Funktionalmatrix *invariant* ist gegenüber einer *Verdrehung sämtlicher Polradwinkel* um den *gleichen Winkel*, da jedes Element der Matrix nur eine *Funktion* der *Differenzen* der *Polradwinkel* ist, 2. daß das *Hauptdiagonalelement* gleich der *negativen Summe aller übrigen Elemente einer Zeile* (und auch einer Spalte) ist, und daß aus diesem Grund die *Determinante* der Matrix *verschwindet*.

Aufgaben

1. Man bilde $\partial P_{e_i} / \partial \vartheta_k$ für den Fall, daß für die Polradspannung E_i die Gleichung der Schenkelpolmaschine gilt

$$E_i = U_i + j X_{d_i} I_{d_i} + j X_{q_i} I_{q_i}$$

mit X_{d_i} Synchrone Längsreaktanz,

     X_{q_i} Synchrone Querreaktanz,

     I_{d_i} Längskomponente des Ankerstroms I_i,

     I_{q_i} Querkomponente des Ankerstroms I_i.

Es ist $I_d \perp I_q \parallel E_i$.

Man kann I_d und I_q eliminieren und erhält

$$E_i = U_i + j \frac{X_{d_i} + X_{q_i}}{2} I_i - j \frac{X_{d_i} - X_{q_i}}{2} \frac{E_i}{E_i^*} I_i^*$$

$$= U_i + j \frac{X_{d_i} + X_{q_i}}{2} I_i - j \frac{X_{d_i} - X_{q_i}}{2} e^{2j\vartheta_i} I_i^*.$$

Nun führe man als unabhängige Veränderliche $\mathrm{Re}\,I_i = I_i'$ und $\mathrm{Im}\,I_i = I_i''$ und schreibe diese Gleichung als Matrizengleichung und löse durch Inversenbildung nach diesen Veränderlichen auf. Aus der Kenntnis der Abhängigkeit des Doppelvektors der I_i' und I_i'' von den entsprechenden Polradspannungen E_i' und E_i'' läßt sich die Funktionalmatrix errechnen (vgl. H. EDELMANN [13.6]).

2. Man zeige, daß die Funktionalmatrix $\partial P_{e_i}/\partial\vartheta_k$ für Schenkelpolmaschinen ebenfalls singulär ist.

14. Der wirtschaftlich günstigste Verbundbetrieb

14.1 Der rein thermische Verbundbetrieb

Wir betrachten ein Netz mit n Kraftwerken und r Lasten (Abb. 14.1). Von diesen Kraftwerken seien Kurven der absoluten Kosten bekannt, welche die funktionale Abhängigkeit der stündlichen Kosten von den in das Netz abgegebenen Leistungen wiedergeben, d. h., es sind die folgenden Funktionen gegeben

$$K_i = F_i(P_i) \qquad \text{(Absolutkosten)} \qquad (1)$$
$$i = 1 \ldots n$$

Diese Abhängigkeit ist bei thermischen Kraftwerken durch entsprechende Versuche oder durch Berechnungen zu ermitteln. Bei Übergabestellen wird man einen Verrechnungstarif zugrunde legen und versuchen, eine entsprechende Absolutkostenkurve aufzustellen. Etwas komplizierter werden die Verhältnisse, wenn beispielsweise bei einer bestimmten Mindestabnahmearbeit ein Rabatt in Kraft tritt. Diese Fragen lassen sich nur nach den Prinzipien der *Variationsrechnung* lösen und gehören in den Bereich des „Dynamic Programming" [9], [*14.9*]. Übergabestellen dienen i. allg. nicht

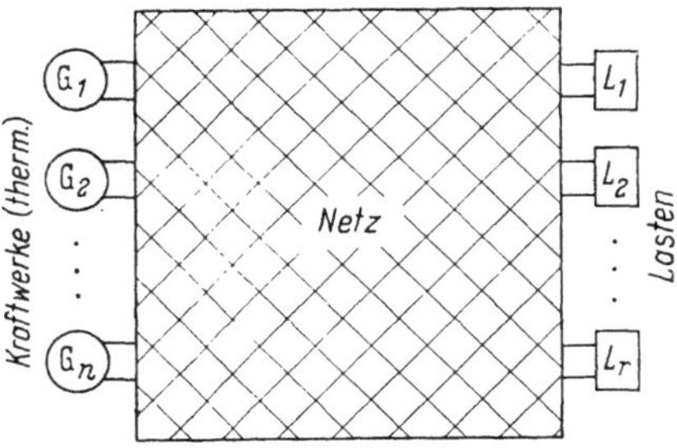

Abb. 14.1. Rein thermisches Verbundnetz mit n Kraftwerken und r (konformen) Lasten

nur dazu, Leistungen in das Netz einzuspeisen, sondern auch Leistungen zu beziehen. In diesen Bereich gehören auch andere Großabnehmer, für die gewisse Tarife existieren. Die zugehörigen Kostenkurven solcher Abnehmer sind dann nur für negative Werte von P_i definiert, sie werden daher oft auch in solchen Betrachtungen als „negative Kraftwerke" bezeichnet. Sind in einem Verbundnetz außer den Abnehmern, die ihre Abnahmeleistung nach dem jeweiligen Bedarf einrichten, nur solche Kraftwerke und Übergabestellen vorhanden, für deren Einspeise- oder Abnahmeleistungen Kostenkurven gegeben und

deren Leistungen in gewissen Bereichen frei veränderlich sind, so wollen
wir von einem *rein thermischen Verbundbetrieb* sprechen.

Wir erhalten den wirtschaftlich günstigsten (optimalen) Verbundbetrieb, wenn wir die Leistungen der frei veränderlichen Kraftwerke
so wählen, daß in jedem Augenblick die Summe der stündlichen Kosten
dieser Kraftwerke ein Minimum wird, also

$$K = \sum_{i=1}^{n} K_i = \sum_{i=1}^{n} F_i(P_i) = \text{Minimum}. \tag{2}$$

Hierbei soll die jeweils geforderte Summenleistung P_L der Abnehmer
eingehalten werden. Diese Summenleistung ist die Differenz der Summenleistung der Kraftwerke und der Leistung P_V der Netzverluste,
so daß wir diese Minimalaufgabe betrachten müssen unter der Nebenbedingung

$$\sum_{i=1}^{n} P_i - P_V = P_L = \text{const} \tag{3}$$

oder

$$P_L - \sum_{i=1}^{n} P_i + P_V = 0, \qquad P_L = \text{const}. \tag{3a}$$

Diese Nebenbedingung ist hier wesentlich; denn würde sie nicht bestehen,
so ergäbe sich als Triviallösung „man schalte alle Kraftwerke ab",
wodurch die Kosten verschwinden. Wir wollen das Problem noch insofern vereinfachen, als wir annehmen wollen, daß die verschiedenen Abnehmerleistungen, soweit sie nicht als negative Kraftwerksleistungen
geführt werden ($P_1 \ldots P_n$), untereinander nur proportional variieren
können (Konformitätsbedingung). Hierdurch werden die Verlustleistun-
gen ausschließlich Funktionen der Einspeiseleistungen, wenn man weiter
annimmt, daß die Blindleistungen der Kraftwerke so gewählt werden,
daß gewisse Sollwerte der Spannungen an den Kraftwerkssammelschienen
eingehalten werden (diese Forderung wird automatisch durch die Wirkung der Spannungsregler der Generatoren erzwungen). Unter diesen
Voraussetzungen ist diese die Netzverluste wiedergebende Funktion eine
positiv-definite Funktion[1] der Leistungen sämtlicher Kraftwerke, und es
liegt daher nahe, sie durch eine positiv-definite quadratische Form darzustellen. Wir werden später zeigen, unter welchen Annahmen dies durchgeführt werden kann, und wie man die Koeffizienten B_{ik} dieser quadratischen Form berechnet. Wir nehmen zunächst an, diese Koeffizienten
seien bekannt, dann gilt der folgende Ansatz:

$$P_V = \sum_{i=1}^{n} \sum_{i=1}^{n} B_{ik} P_i P_k, \qquad (B_{ik} = B_{ki}). \tag{4}$$

---

[1] Eine Funktion von mehreren Veränderlichen ist positiv-definit, wenn ihr
Wertebereich nur nichtnegative Werte enthält.

Um die gestellte *Minimalaufgabe* zu lösen, bedienen wir uns der Methode von LAGRANGE, die uns eine notwendige Bedingung für das Auftreten des Extremums liefert. Diese notwendige Bedingung wird dadurch gefunden, daß man zu der zu minimierenden Funktion die auf Nullform gebrachte Nebenbedingung (3a) multipliziert mit dem LAGRANGEschen Multiplikator λ addiert, so daß die folgende Ersatzfunktion entsteht

$$\sum_{i=1}^{n} F_i(P_i) + \lambda\left(P_L - \sum_{i=1}^{n} P_i + P_V\right). \tag{5}$$

Diese Funktion ist nach sämtlichen nur durch die Nebenbedingung gebundenen, aber sonst frei veränderlichen Kraftwerksleistungen P_i partiell zu differenzieren. Diese Ableitungen sind sämtlich gleich Null zu setzen. Dabei ist zu beachten, daß $P_L = $ const ist. Wir erhalten die folgenden n Gleichungen:

$$\frac{dF_i(P_i)}{dP_i} - \lambda\left(1 - \frac{\partial P_V}{\partial P_i}\right) = 0, \quad i = 1\dots n. \tag{6}$$

Wir führen noch die differentiellen Kostenfunktionen, auch *Zuwachskostenfunktionen* genannt, ein

$$\frac{dF_i(P_i)}{dP_i} = f_i(P_i). \tag{7}$$

Ferner die quadratische Form der Netzverluste nach Gl. (4) und erhalten aus (6)

$$f_i(P_i) = \lambda\left(1 - 2\sum_{k=1}^{n} B_{ik} P_k\right), \quad i = 1\dots n. \tag{8}$$

Zu diesen n Gleichungen tritt die Nebenbedingung (3), so daß man $n + 1$ Gleichungen für $n + 1$ Unbekannte, nämlich $P_1 \dots P_n$ und λ hat.

Zur *numerischen* Berechnung dieser Unbekannten wird man zunächst passend $\lambda > 0$ annehmen und sämtliche $P_i = 0$ setzen. Damit sind sämtliche rechten Seiten von Gl. (8) bekannt und es können, falls die $f_i(P_i)$ monoton wachsende Funktionen sind, erste Näherungen für die P_i bestimmt werden. Diese setzt man wieder auf den rechten Seiten der Gln. (8) ein, wodurch man bessere Werte für die P_i erhält. Es empfiehlt sich zur Erzielung einer besseren Konvergenz die neu berechneten Werte für P_i sofort bereits bei der Berechnung der nächsten Unbekannten einzusetzen (Einzelschrittverfahren). Die Funktionen $f_i(P_i)$ sind i. allg. nichtlineare Funktionen, die meist genügend genau durch polygonartige stückweise lineare Funktionen approximiert werden können. In einer Analogdarstellung (z. B. SIELOMAT) wird man diese Funktionen durch angezapfte von Servomotoren getriebene Potentiometer darstellen, zur Erfüllung der Gln. (8) die Werte P_i so lange verändern, bis sie erfüllt sind (vgl. hierzu H. BAUER und H. EDELMANN [*14,7*]). In einer digitalen Darstellung erhält man die Lösungen dieser Gleichungen durch ein Abfrageschema derart, daß ein Schnitt der Polygonfunktion mit der linearen Funktion auf der rechten Seite von Gl. (8) herbeigeführt wird. Hierbei wird auch auf der rechten Seite P_i als veränderlich betrachtet, während alle übrigen P_k, $k \neq i$ konstant gehalten werden. Bei jedem Schnitt der Geraden der einzelnen Intervalle ist zu prüfen, ob dieser im zugehörigen Intervall liegt, nur dann ist dieser Schnitt eine Lösung (vgl. hierzu H. EDELMANN [*14.29*]). Hat man entweder analog dadurch, daß das Servosystem asymptotisch stabil ist, eine Lösung erreicht, oder digital durch hinreichend viel Iterationen eine Lösung bei festgehaltenem LAGRANGE-Faktor gefunden, so muß noch nachgeprüft werden, ob

$\sum\limits_{i=1}^{n} P_i - P_V$ den Sollwert von P_L ergibt. Ist dieser Sollwert unterschritten, so muß λ erhöht werden, andernfalls verkleinert werden. Dies geschieht analog zweckmäßig durch eine entsprechend übergeordnete selbsttätige Regelung, digital z. B. durch eine Binärsuche, d. h. durch fortgesetzte Prüfung, ob der Sollwert überschritten oder unterschritten ist und dementsprechend eine Verbesserung von λ derart, daß jeder Schrittbetrag die Hälfte des Schrittbetrags der vorausgegangenen Korrektur ist.

Das Kostenintegral. Dem *Lagrangefaktor* λ kann eine *anschauliche Deutung* gegeben werden. Sind die Zuwachskostenfunktionen stetig und monoton wachsend, so ergibt sich auf Grund der obigen Überlegungen zu jedem P_L (innerhalb eines zugelassenen Bereichs) ein Wert λ. Diese demnach eindeutige Funktion von P_L

$$\lambda = \lambda(P_L) \tag{9}$$

ist ebenfalls stetig und monoton wachsend. Um die Größe der Fläche unter dieser Kurve zu ermitteln, müssen wir das Integral zwischen den entsprechenden Grenzen bilden. Hierzu gehen wir aus von den notwendigen Bedingungen für die Minimallösungen Gl. (8) und erinnern uns, daß die Klammer auf der rechten Seite die partielle Ableitung $\partial P_L / \partial P_i$ ist. Die linken Seiten der Gln. (8) sind die partiellen Ableitungen der

Absolutkostensumme $K = \sum\limits_{j=1}^{n} F_j(P_j)$. Somit können die Gln. (8) auch geschrieben werden

$$\frac{\partial K}{\partial P_i} = \lambda(P_L)\,\frac{\partial P_L}{\partial P_i}, \qquad i = 1 \ldots n. \tag{10}$$

Wir multiplizieren sämtliche Gleichungen mit dP_i und summieren

$$\sum\limits_{i=1}^{n} \frac{\partial K}{\partial P_i}\,dP_i = \lambda(P_L) \sum\limits_{i=1}^{n} \frac{\partial P_L}{\partial P_i}\,dP_i. \tag{11}$$

Die Summen auf beiden Seiten sind nun vollständige Differentiale, so daß nun auch gilt

$$dK = \lambda(P_L)\,dP_L \tag{12}$$

oder

$$\frac{dK}{dP_L} = \lambda(P_L), \tag{13}$$

d. h., der LAGRANGE-Faktor λ ist die Ableitung der Kostensumme nach der Abnehmersummenleistung. Damit kann man der Abnehmersummenleistung ebenfalls Zuwachskosten zuordnen; sie sind einerseits dadurch gegeben, daß man die Kostensumme K über P_L aufträgt und die jeweilige Steigerung in Abhängigkeit von P_L bildet. Diese Steigerung ist dann gleich dem entsprechenden LAGRANGE-Faktor λ. Umgekehrt kann die Kostensumme K durch Integration von λ gewonnen werden, denn es ist

$$K(\bar{P}_L) = \int_0^{\bar{P}_L} \lambda\,dP_L + K_0. \tag{14}$$

Hierbei ist K_0 die Absolutkostensumme für $P_L = 0$.

14.2 Der hydrothermische Verbundbetrieb

14.2.1 Der hydrothermische Verbundbetrieb mit Laufwasserkraftwerken

Die Hinzunahme von *Laufwasserkraftwerken* bedeutet, daß die Leistung $P_i = P_i(t)$ dieser Kraftwerke in Abhängigkeit der Zeit vorgegeben ist, d. h., diese Leistungen sind somit gar keine Unbekannte. Auf der anderen Seite können die Kostenfunktionen für die Kraftwerke nun nicht ebenfalls festgelegt werden, sondern diese ergeben sich umgekehrt als sog. *fiktive Kosten*. Das *Wasser wird* damit also *bewertet*. Unser Problem lautet also folgendermaßen: Für die n_1 thermischen Kraftwerke wird in jedem Augenblick gefordert

$$\sum_{i=1}^{n_1} K_i = \sum_{i=1}^{n_1} F_i(P_i) = \text{Minimum}. \tag{15}$$

Für die n_2 Laufwasserkraftwerke gelten die Nebenbedingungen

$$P_i = P_{ic} \quad \text{oder} \quad P_i - P_{ic} = 0. \tag{16}$$

Mit P_{ic} = vorgegebener Sollwert der abgegebenen Wirkleistung für ein Laufwasserkraftwerk $i = n_1 + 1 \ldots n_1 + n_2$.

Nun soll auch noch die Nebenbedingung für die entnommene Verbraucherleistung gelten, also

$$\sum_{i=1}^{n_1+n_2} P_i - P_V = P_L$$

oder $\hfill (17)$

$$\sum_{i=1}^{n_1+n_2} P_i - P_V - P_L = 0.$$

Um die nach LAGRANGE geforderte notwendige Bedingung für ein Extremum mit Nebenbedingungen zu erhalten, sind die partiellen Ableitungen nach sämtlichen Leistungen der Kraftwerke von folgender Funktion

$$\sum_{i=1}^{n_1} F_i(P_i) + \sum_{i=n_1+1}^{n_1+n_2} \lambda_{ic}(P_i - P_{ic}) - \lambda \left(\sum_{i=1}^{n_1+n_2} P_i - P_V - P_L \right) \qquad (18)$$

zu bilden und diese gleich Null zu setzen (λ_{ic} und λ sind die LAGRANGE-Multiplikatoren) P_{ic} und P_L sind hier als Konstante bezüglich der P_i zu betrachten. Wir erhalten die folgenden $n_1 + n_2$-Gleichungen als notwendige Bedingungen

$$\frac{dF_i(P_i)}{dP_i} - \lambda \left(1 - \frac{\partial P_V}{\partial P_i} \right) = 0$$

oder

$$f_i(P_i) - \lambda \left(1 - \frac{\partial P_V}{\partial P_i} \right) = 0, \qquad i = 1 \ldots n_1 \qquad (19\,\text{a})$$

$$\lambda_{ic} - \lambda \left(1 - \frac{\partial P_V}{\partial P_i} \right) = 0, \qquad i = n_1 + 1 \ldots n_1 + n_2. \qquad (19\,\text{b})$$

Nehmen wir noch die n_2-Nebenbedingungen (16) und die Nebenbedingung (17) hinzu, so haben wir $n_1 + 2n_2 + 1$ Gleichungen für die $n_1 + n_2$ Leistungen, die n_2-LAGRANGE-Faktoren λ_{ic} und den LAGRANGE-Faktor λ, also ebenso viel Unbekannte. Setzen wir, was in Analogie zu Gl. (19a) auch nahe liegt, die

$$\lambda_{ic} = \hat{f}_i, \qquad i = n_1 + 1 \ldots n_1 + n_2 \qquad (20)$$

und betrachten die $\hat{f}_i$ als fiktive Zuwachskosten, so können auch die Gln. (19b) formal genauso geschrieben werden wie die Gln. (19a). Im Gegensatz zu den Gln. (19a) sind hier die $\hat{f}_i$ jedoch keine Funktionen von P_i, sondern einfach die Werte, die sich durch Auflösung der Gleichung gerade ergeben. Damit haben sich die Rollen von $\hat{f}_i$ und P_i vertauscht. Für die thermischen Kraftwerke ist $\hat{f}_i$ als Funktion vorgegeben (z. B. kann es auch als Festwert vorgegeben sein), als Ergebnis erhält man die Leistungswerte P_i. Für die Laufwasserkraftwerke wird P_i fest vorgegeben, $\lambda_{ic} = \hat{f}_i$ wird als Ergebnis hieraus ermittelt.

Stößt ein thermisches Kraftwerk an seiner oberen oder unteren Grenze an, so liegt der gleiche Fall vor. Auch hier ist dann die Leistung fest vorgegeben, und es ergibt sich ein entsprechendes gleitendes λ_{ic}.

14.2.2 Der hydrothermische Verbundbetrieb
mit Speicherwasserkraftwerken

Wir wollen, um das Grundsätzliche zu zeigen, hier nur die *Kombination* von n_1 *thermischen Kraftwerken* und n_2 *Speicherwasserkraftwerken* betrachten (Abb. 14.2). Die Hinzunahme von Laufwasserkraftwerken ist dann trivial. Andererseits würde eine Berücksichtigung aller 3 Typen eine unnötige Erschwerung der Betrachtungen bedeuten. Hat man also neben den thermischen Kraftwerken noch Wasserkraftwerke mit *Speichervermögen* zur Verfügung, so ist es jetzt *nicht* mehr zweckmäßig, nach dem Optimalwert *in jedem Augenblick* zu fragen. Man wird nun vielmehr einen bestimmten *Zeitraum* betrachten, z. B. einen Tag. Für diesen Tag wird eine bestimmte Menge an Wasser, dem wiederum eine bestimmte Menge potentieller (positiver) Energie entspricht, zur Verfügung stehen (Speicherkraftwerk mit Zulauf). Im Falle eines *Pumpspeicherwerks* ist diese Menge potentieller Energie

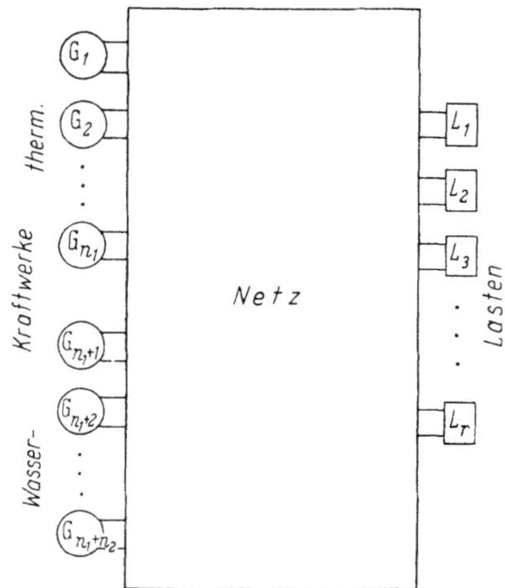

Abb. 14.2. Hydrothermisches Verbundnetz mit n_1 thermischen Kraftwerken, n_2 Wasserkraftwerken und r (konformen) Lasten

in der Summe *Null*. Auf jeden Fall hat man hier einen ganzen Zeitraum $t_1 \ldots t_2$ zu betrachten. Man wird also das *Minimum* eines *Kostenintegrals* anstreben müssen. Damit liegt ein echtes *Variationsproblem* vor. Das Minimum des Kostenintegrals wird sich ausschließlich auf die n_1 *thermischen* Kraftwerke erstrecken. Wir haben also die Forderung

$$\int_{t_1}^{t_2} \sum_{i=1}^{n_1} K_i\, dt = \int_{t_1}^{t_2} \sum_{i=1}^{n_1} F_i\big(P_i(t)\big) = \text{Minimum.} \tag{21}$$

Für die n_2 Speicherwasserkraftwerke müssen wir die Nebenbedingungen berücksichtigen

$$\int_{t_1}^{t_2} L_i\big(P_i(t)\big)\, dt = A_i \quad \text{oder} \quad \int_{t_1}^{t_2} L_i\big(P_i(t)\big)\, dt - A_i = 0, \quad i = n_1+1 \ldots n_1+n_2 \tag{22}$$

die sich aus den im gleichen Zeitraum zur Verfügung stehenden potentiellen Energien dieser Kraftwerke ergeben. Hinzu kommt auch hier wieder eine Nebenbedingung, welche die Abhängigkeit der abgenommenen Leistung P_L von der Zeit in die Rechnung einführt. Diese lautet

$$\sum_{i=1}^{n_1+n_2} P_i - P_V = P_L = g(t) \tag{23a}$$

oder

$$\sum_{i=1}^{n_1+n_2} P_i - P_V - g(t) = 0. \tag{23b}$$

Wir verallgemeinern nun die Multiplikatorenmethode von LAGRANGE auf dieses Variationsproblem mit den *Nebenbedingungen in Integral- und Gleichungsform*. Zu diesem Zweck haben wir die 1. Variation des folgenden Funktionals, das die mit geeigneten LAGRANGE-Faktoren μ_i und $-\lambda(t)$ multiplizierten Nebenbedingungen enthält,

$$\delta I = \int_{t_1}^{t_2} \left\{ \sum_{i=1}^{n_1} K_i + \sum_{i=n_1+1}^{n_1+n_2} \mu_i \left[L_i(P_i(t)) - A_i \right] - \lambda(t) \left[\sum_{i=1}^{n_1+n_2} P_i - P_V - g(t) \right] \right\} dt \tag{24}$$

gleich Null zu setzen, um die für ein Minimum notwendigen Bedingungen zu erhalten.

Das bei Variationsproblemen sonst übliche Einführen von Randbedingungen ist hier nicht erforderlich, da durch das Fehlen der 1. Ableitung der P_j nach der Zeit die Gleichungen für die natürlichen Randbedingungen nicht nur an den Rändern, sondern auch im Innern des Intervalls erfüllt sind. Aus dem gleichen Grund beschränkt sich hier die Variationsableitung auch gemäß der EULERschen Differentialgleichung auf die partiellen Ableitungen nach sämtlichen Leistungen P_j. Damit erhält man folgende notwendige Bedingungen für das Eintreten eines relativen Minimums

$$\frac{\partial F_j(P_j(t))}{\partial P_j} - \lambda(t) \left(1 - \frac{\partial P_V}{\partial P_j} \right) = 0 \tag{25a}$$

oder

$$f_j(P_j(t)) = \lambda(t) \left(1 - \frac{\partial P_V}{\partial P_j} \right) \quad \text{für} \quad t_1 \leqq t \leqq t_2 \quad \text{und} \quad j = 1 \dots n_1$$

$$\mu_j \frac{\partial L_j(P_j(t))}{\partial P_j} - \lambda(t) \left(1 - \frac{\partial P_V}{\partial P_j} \right) = 0 \quad \text{für} \quad t_1 = t = t_2$$

$$\text{und} \quad j = n_1 + 1 \dots n_1 + n_2. \tag{25b}$$

Hinzu kommen noch die $n_2 + 1$ Nebenbedingungen (22) und (23), somit man wieder ebensoviel Unbekannte wie Gleichungen hat. Auch ist es wieder sinnvoll, für die Wasserkraftwerke fiktive Kosten einzuführen, die hier jedoch im Gegensatz zu den Laufwasserkraftwerken ebenfalls Funktionen von P_j sind. Wir setzen also

$$\mu_j \frac{\partial L_j(P_j(t))}{\partial P_j} = f_j(P_j). \tag{26}$$

Diese Funktionen $f_j(P_j)$ sind bis auf eine zunächst noch nicht festgelegte Konstante μ_j bekannte Funktionen, denn $\partial/\partial P_j\left(L_j(P_j)\right)$ läßt sich aus dem Gesamtwirkungsgrad der Einheit Wasserkraftanlage und Generator ermitteln.

Zur Ermittlung der Konstanten μ_j, womit eine Bewertung des Wassers erreicht wird, kann man für die verschiedenen Speicherkraftwerke die μ_j zunächst annehmen. Nun wird man mit den fiktiven Kosten sämtliche Kraftwerke wie thermische Kraftwerke behandeln und die Tagesbelastungskurven abfahren. Hierbei wird sich i. allg. herausstellen, daß die Nebenbedingungen (22) nicht erfüllt sind. Wurde zuviel Wasser verbraucht, so hat man μ_j zu niedrig gewählt, d. h., das Wasser war zu billig, im umgekehrten Fall zu teuer. Dementsprechend sind die Konstanten μ_j so lange zu korrigieren, bis die Nebenbedingungen (22) erfüllt sind. Dieser Prozeß läßt sich natürlich noch verfeinern, worauf hier aber nicht eingegangen wird. Eine allzu große Genauigkeit für die Bestimmung der μ_j anzustreben hat nämlich keinen Sinn, da die aus Prognosen bestimmten Werte A_j ebenfalls nicht genau bekannt sind. Will man über längere Zeiträume optimieren, muß man dafür sorgen, daß dann für diese längeren Zeiträume die Größen μ_j möglichst wenig schwanken, denn das Minimum tritt dann ein, wenn diese Größen konstant bleiben.

14.3 Die Berechnung der Verlustkoeffizienten B_{ik} nach G. Kron

G. KRON [14.51] hat bereits 1951 ein ausschließlich auf Matrizentransformationen beruhendes Verfahren für die Berechnung der Verlustkoeffizienten der Verlustformel (4) angegeben. KRON ging damals davon aus, daß ein Netzmodell zur Verfügung steht und daß die benötigten Elemente einer Impedanzmatrix der Längsimpedanzen des gegebenen Netzes auf einem solchen Netzmodell meßtechnisch ermittelt werden können. Auf diesem Netzmodell kann auch der zugrunde gelegte Lastfall (base case)' eingestellt und die erforderlichen Ströme und Spannungen an den Einspeise- und Abnehmerstellen ebenfalls gemessen werden. Natürlich wird man heutzutage die Impedanzmatrix und auch den zugrunde gelegten Lastfall gleichfalls digital berechnen, vor allem da dann die bei großen Netzen recht mühsame Ermittlung der Elemente der Impedanzmatrix der Längsimpedanzen umgangen wird. Auch ein kleiner Digitalrechner kann diese Elemente schneller berechnen, als man sie auf einem Netzmodell ausmessen kann. Selbstverständlich sind die gerechneten Elemente auch erheblich genauer als die gemessenen.

Damit die Verlustleistung als eine Funktion der Einspeiseleistungen allein dargestellt werden kann, muß man hinsichtlich der Abnehmer gewisse Annahmen machen. Eine in den meisten Fällen zutreffende Annahme ist die, daß die Abnehmerleistungen untereinander ungefähr

proportional schwanken. Diese proportionale Schwankung der Wirk-
und Blindleistungen hat zur Folge, daß auch die Ströme etwa untereinander proportional schwanken. Ist dies für einige der Abnehmer
nicht hinreichend genau erfüllt und besteht die Möglichkeit, den Meß-
wert dieser Abnehmerleistung in jedem Augenblick zu übertragen, so
kann dieser wie ein Kraftwerk mit negativer Einspeiseleistung behandelt
werden. Ist für diesen Abnehmer die Leistung vorgegeben, so muß
dieser wie ein Laufwasserkraftwerk behandelt werden, ist jedoch eine
Kostenkurve vorgegeben und die Leistung in gewissen Grenzen frei
veränderlich, so muß man diesen Abnehmer wie ein thermisches Kraftwerk behandeln.

Wir nehmen nun an, daß sämtliche Querzweige des einphasigen
(Mitsystem-) Netzes, bestehend aus den Generatoren, den Lasten und
den Kapazitäten der Leitungen und Kabel entfernt sind. Die in den
Π-Gliedern der Leitungen enthaltenen Kapazitäten werden bei der
Festlegung der Generator- bzw. Lastleistungen zu den Generatoren oder
Lasten hinzugeschlagen. Das System der Längsimpedanzen, das nun
ausschließlich aus verlustbehafteten Leitungsreaktanzen und verlustbehafteten Transformatorstreureaktanzen besteht, ist bei n angenommenen Kraftwerken und r angenommenen Abnehmern ein $(n + r)$-Pol
bezüglich der nicht mit der Rückleitung verbundenen Klemmen. Wir
nehmen nun weiter an, daß diese Klemmen, beginnend mit den n Kraftwerken und endend mit den r Abnehmern durchnumeriert sind. Die
1. Kraftwerksklemme und damit auch die 1. Klemme überhaupt wählen
wir als Bezugsklemme.[1] Mit dieser Bezugsklemme kann ein $(n + r - 1)$-
Port gebildet werden. Von diesem $(n + r - 1)$-Port sei die Impedanzmatrix Z_1 bekannt.

Nach G. KRON führen wir nun die folgenden *5 Transformationen* für
die Ströme und Spannungen ein. Wir betrachten zunächst nur die *Ströme*.
In der *1. Transformation* werden die $n - 1$ Generatorströme identisch
transformiert

$$
\begin{aligned}
I_2^{(1)} &= I_2^{(2)} \\
I_3^{(1)} &= I_3^{(2)} \\
&\vdots \\
I_n^{(1)} &= I_n^{(2)}.
\end{aligned}
\tag{27α}
$$

Die r Lastströme sind proportional dem Summenlaststrom

$$
I_L^{\prime(2)} = \sum_{\varrho=1}^{r} I_\varrho^{\prime(1)} = - \sum_{\nu=1}^{n} I_\nu
$$

---

[1] Bei G. KRON [*14.51*] ist die Bezugsklemme die letzte (d. h. die n-te) Kraftwerksklemme.

mit den Faktoren $l_1 \ldots l_r$. Es ist ferner $\overset{r}{\underset{\varrho=1}{\Sigma}} l_\varrho = 1$. Für die Lastströme gelten dann folgende Gleichungen

$$
\begin{aligned}
I_1'^{(1)} &= l_1\, I_L'^{(2)} \\
I_2'^{(1)} &= l_2\, I_L'^{(2)} \\
&\;\cdot \quad\cdot \\
&\;\cdot \quad\cdot \\
&\;\cdot \quad\cdot \\
I_r'^{(1)} &= l_r\, I_L'^{(2)}.
\end{aligned}
\tag{27β}
$$

In der 2. *Transformation* gehen wir aus von den Identitäten

$$
\begin{aligned}
I_2^{(2)} &= I_2^{(3)} \\
I_3^{(2)} &= I_3^{(3)} \\
&\;\cdot \qquad\qquad \cdot \\
&\;\cdot \qquad\qquad\quad \cdot \\
&\;\cdot \qquad\qquad\qquad \cdot \\
I_n^{(2)} &= I_n^{(3)}
\end{aligned}
\tag{28α}
$$

Die folgende letzte Gleichung bringt die Tatsache zum Ausdruck, daß der Summenlaststrom gleich der negativen Summe aller Generatorströme ist.

$$
I_L'^{(2)} = -\; I_1^{(3)} - I_2^{(3)} - {}_3^{(3)} \ldots - I_n^{(3)}.
\tag{28β}
$$

KRON benutzt die *drei folgenden Transformationen* um die komplexen Generatorstromzeiger auf reelle Stromzeiger zu transformieren, deren Längen gleich den Wirkleistungen der Kraftwerke sind, gemäß den folgenden Gleichungen

$$
I_i^{(3)} = e^{j\alpha_i} I_i^{(4)}, \qquad\qquad i = 1 \ldots n
\tag{29}
$$

$$
I_i^{(4)} = (1 + j\, s_i)\, I_i^{(5)}, \qquad i = 1 \ldots n
\tag{30}
$$

$$
I_i^{(5)} = |\, U_i\,|^{-1} I_i^{(6)} \qquad\qquad i = 1 \ldots n.
\tag{31}
$$

Hierbei ist

U_i die Klemmenspannung des i-ten Kraftwerkes ($i = 1 \ldots n$),
α_i der Winkel des Spannungszeigers der Klemmenspannung U_i, so daß gilt
$\quad U_i = |\, U_i\,|\, e^{j\,\alpha_i}$,
β_i Winkel des Stromzeigers der $I_i^{(3)}$ des i-ten Kraftwerks, gemäß $I_i^{(3)} = |\, I_i^{(3)}\,|\, e^{j\beta_i}$,
$s \quad \tan(\beta_i - \alpha_i) = -\tan\varphi_i$.

Es ist jedoch einfacher, die drei letzten Transformationen in eine einzige zusammenzufassen entsprechend der Gleichung

$$
I_i^{(3)} = e^{j\beta_i} (|\, U_i\,|\cos\varphi_i)^{-1} I_i^{(6)}.
\tag{32}
$$

Wegen $I_i^{(3)} = |\, I_i^{(3)}\,|\, e^{j\beta_i}$ erhält man aus Gl. (32) auch die Beziehung

$$
|\, I_i^{(3)}\,|\, |\, U_i\,|\cos\varphi_i = I_i^{(6)} = P_i,
\tag{33}
$$

womit gezeigt ist, daß die Transformation (32) tatsächlich den Übergang von Kraftwerksströmen auf Kraftwerkswirkleistungen leistet. Die Gleichungssysteme (27), (28) und (32) können folgendermaßen durch Matrizen dargestellt werden

$$i^1 = \begin{pmatrix} \mathbf{1}_{n-1,\,n-1} & \boldsymbol{o}_{n-1} \\ \boldsymbol{O}_{r,\,n-1} & l_r \end{pmatrix} i^2 = C_2^1\, i^2, \qquad (\overline{27})$$

$$i^2 = \begin{pmatrix} \boldsymbol{o}_{n-1} & \mathbf{1}_{n-1,\,n-1} \\ -\mathbf{1} & (-\boldsymbol{d}_{n-1})_t \end{pmatrix} i^3 = C_3^2\, i^3, \qquad (\overline{28})$$

$$i^3 \operatorname{diag}\left(e^{j\beta_i}(|\,U_i|\cos\varphi_i)^{-1}\right) i^6 = C_6^3\, i^6. \qquad (\overline{32})$$

Hierbei ist

$$i^1 = \begin{pmatrix} i_G^1 \\ i_L^1 \end{pmatrix} = \begin{Bmatrix} I_2^{(1)} \\ \vdots \\ I_n^{(1)} \\ I_1'^{(1)} \\ \vdots \\ I_r'^{(1)} \end{Bmatrix}, \quad (34\,\mathrm{a}) \qquad\qquad i^2 = \begin{pmatrix} i_G^2 \\ I_L' \end{pmatrix} = \begin{pmatrix} I_2^{(2)} \\ \vdots \\ I_n^{(2)} \\ I_L' \end{pmatrix}, \quad (34\,\mathrm{b})$$

$$i^3 = \begin{pmatrix} I_1^{(3)} \\ \vdots \\ I_n^{(3)} \end{pmatrix}; \quad i^4 = \begin{pmatrix} I_2^{(4)} \\ \vdots \\ I_n^{(4)} \end{pmatrix} \dots, \qquad (34\,\mathrm{c})$$

$$l_r = \begin{pmatrix} l_1 \\ \vdots \\ l_r \end{pmatrix} \quad \text{und} \quad (\boldsymbol{d}_{n-1})_t = \underbrace{(1,\,1,\,\dots 1)}_{n-1\,\mathrm{mal}}. \qquad (34\,\mathrm{d})$$

Die an die Untermatrizen und -vektoren angehängten Indizes kennzeichnen die Anzahlen der Zeilen und Spalten der Untermatrizen bzw. der Vektoren.

Die *Spannungstransformationen* sind hierzu *transponiert-konjugiert*. Die Ausgangsimpedanzmatrix $\mathbf{Z}_1$ wird also durch die folgenden *leistungsinvarianten Transformationen* auf eine Matrix $\mathbf{Z}_6$ transformiert gemäß

$$\mathbf{Z}_6 = C_6^{3*} C_{3_t}^2 C_{2_t}^{1*} \mathbf{Z}_1 C_2^1 C_3^2 C_6^3 \text{[1]} \qquad (35)$$

oder mit

$$C_6^1 = C_2^1 C_3^2 C_6^3, \qquad (36)$$

kürzer

$$\mathbf{Z}_6 = C_{6_t}^{1*} \mathbf{Z}_1 C_6^1. \qquad (37)$$

---

[1] Bei der *symmetrischen* C-Matrix C_6^3 wurde *links* das *Transponiertzeichen* weggelassen bei der *reellen* C-Matrix C_3^2 das *Konjugiertzeichen*.

Die 5 KRONschen Transformationen lassen sich in eine Übertragerschaltung übersetzen, die in Abb. 14.3 wiedergegeben ist. Mit Hilfe der

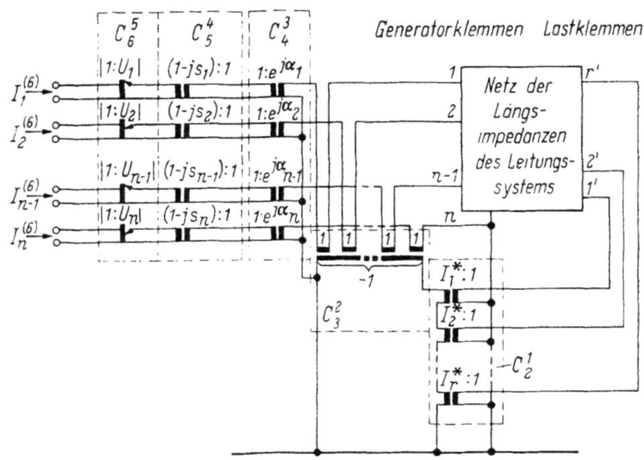

Abb. 14.3. Übertragerschaltung zur Darstellung der 5 KRONschen Transformationen[1]

Matrix Z_6 ist es möglich, die Verlustleistung als quadratische Form darzustellen. Die Netzverluste sind nämlich gegeben durch die folgende quadratische Form

$$P_V = \operatorname{Re} i_t^6 Z_6 i^6 = \operatorname{Re} p_t Z_6 p. \tag{38}$$

Da $i^6 = p$ reell ist, kann das Transpositionszeichen (*) entfallen. Aus dem gleichen Grund bleibt der Imaginärteil von Z_6 unwirksam. Es ist nämlich

$$P_V = p_t (\operatorname{Re} Z_6) p = p_t \frac{Z_6 + Z_6^*}{2} p. \tag{39}$$

Die zunächst noch *unsymmetrische*, jedoch reelle Matrix

$$B' = \frac{Z_6 + Z_6^*}{2} \tag{40}$$

liefert bereits die Verlustkoeffizienten. Da wir diese Verlustkoeffizienten immer, sei es direkt oder zur Bildung des Ausdrucks $\partial P_V/\partial P_i$ in einer quadratischen Form anwenden, ist der asymmetrische Teil dieser Matrix unwirksam. Es ist daher besser direkt den *symmetrischen Teil*, nämlich

$$B = \frac{B' + B'_t}{2}, \tag{41}$$

zu berechnen. Geht man davon aus, daß Z_1 (sofern keine nichteliminierbare phasendrehende Transformatoren vorkommen) selbst zwar komplex ist, jedoch *symmetrisch*, so kann gezeigt werden, daß unter dieser Voraussetzung bei *Unterdrückung des Imaginärteils* jX_1 von Z_1

---

[1] In Abb. 14.3 wurde wie bei G. KRON die n-te untere Kraftwerksklemme als Bezugsklemme gewählt.

sofort die gewünschte *symmetrische Matrix* **B** herauskommt, d. h., der
Imaginärteil von $\boldsymbol{Z}_1$ würde die Matrix **B′** nur unsymmetrisch machen,
ihr Einfluß würde aber nach Symmetrierung dann doch wieder beseitigt.
Es ist daher ein erheblicher rechentechnischer Gewinn, wenn man die
Imaginärteile von vornherein unterdrückt, denn es ist nach den Gln. (37),
(40) und (41)

$$\boldsymbol{B} = \frac{1}{4}\left(\boldsymbol{C}_{6_t}^{1*}\boldsymbol{Z}_1\boldsymbol{C}_6^1 + \boldsymbol{C}_{6_t}^1\boldsymbol{Z}_1^*\boldsymbol{C}_{6_t}^{1*} + \boldsymbol{C}_{6_t}^1\boldsymbol{Z}_1\boldsymbol{C}_6^{1*} + \boldsymbol{C}_6^{1*}\boldsymbol{Z}_1^*\boldsymbol{C}_6^1\right)$$
$$= \operatorname{Re}\left(\boldsymbol{C}_{6_t}^{1*}\left(\operatorname{Re}\boldsymbol{Z}_1\right)\boldsymbol{C}_6^1\right). \tag{42}$$

Weitere Vereinfachungen besonders im Hinblick auf die Messung der
Elemente der $\boldsymbol{Z}_1$-Matrix erzielte G. Kron dadurch, daß er herausfand,
daß der ausschließlich den *Lastklemmenpaaren zugeordnete quadratische
Teil* $\boldsymbol{Z}_{LL}$ der Matrix $\boldsymbol{Z}_1$ schon nach der 2. *Transformation* nur als *skalare
Größe* w erscheint, wodurch es möglich ist, falls die Gesamtverluste
für den zugrunde gelegten Lastfall durch Summenbildung aus den
Verlusten in den einzelnen Leitungen bereits ermittelt wurden, diese
skalare Größe w zu errechnen. Wir nehmen an, $\boldsymbol{Z}_1$ sei nach den $n - 1$
Generatorklemmen und den *Lastklemmen partitioniert* gemäß

$$\boldsymbol{Z}_1 = \begin{pmatrix} \boldsymbol{Z}_{GG} & \boldsymbol{Z}_{GL} \\ \boldsymbol{Z}_{LG} & \boldsymbol{Z}_{LL} \end{pmatrix}. \tag{43}$$

Dann ist

$$\boldsymbol{Z}_2 = \begin{pmatrix} \boldsymbol{Z}_{GG} & \boldsymbol{Z}_{GL}\,l \\ l_t^*\boldsymbol{Z}_{LG} & l_t^*\boldsymbol{Z}_{LL}\,l \end{pmatrix}. \tag{44}$$

Die skalare Größe ist gegeben durch die folgende hermitesche Form

$$w = l_t^*\boldsymbol{Z}_{LL}\,l.$$

Die gesamten Netzverluste für den zugrunde gelegten Lastfall sind hiernach gegeben durch die Gleichung

$$P_V = i_{G_t}^{2*}\boldsymbol{R}_{GG}i_G^2 + i_{G_t}^{2*}\boldsymbol{R}_{GL}i_L^1,$$
$$(i_L^{1*})_t\boldsymbol{R}_{LG}i_G^2 + w\,|I_L'|^2. \tag{45}$$

Die Größe w kann nun aus P_V folgendermaßen berechnet werden:

$$w = \frac{1}{|I_L'|^2}\left(P_V - (i_G^2)_t^*\boldsymbol{R}_{GG}i_G^2 - (i_G^{2*})_t\boldsymbol{R}_{GL}i_L^1 - (i_L^{1*})_t\boldsymbol{R}_{LG}i_G^2\right). \tag{46}$$

Hier können alle vorkommenden Größen entweder direkt gemessen
oder berechnet werden. Nun kann w in $\boldsymbol{Z}_2$ eingesetzt und auch alle
übrigen Größen berechnet werden und schließlich durch Ausführung
der weiteren Transformationen die Matrix **B**.

　　　Es soll hier nicht verschwiegen werden, daß die Anwendung der
B_{ik}-Formel nur eine gewisse *Näherung* darstellen kann, die gegenüber
der Nichtberücksichtigung der Verluste allerdings einen erheblichen

Fortschritt bedeutet. Sie setzt voraus, daß nicht nur die Faktoren $l_1 \ldots l_r$, sondern auch die Spannungsbeträge $|U_i|$ und die Leistungsfaktoren $\cos\varphi_i$ konstant sind. Man stellt allerdings durch Vergleichsrechnungen fest, daß in den meisten Fällen die Fehler infolge der nicht ganz richtigen Verlustformel in Geld gemessen gering sind, da die Minimalfläche *parabolischen* Charakter hat, wirken sich *kleine* Abweichungen vom Optimum nur geringfügig aus. Es ist vor allem wichtig, zunächst überhaupt nach einem einwandfreien mathematisch fundierten Verfahren die Leistungen der Kraftwerke zu steuern, was leider noch nicht bei allen Elektrizitätsversorgungsunternehmen geschieht. Optimierungsverfahren, in denen die Kostenkurven der thermischen Kraftwerke nicht berücksichtigt werden, kann man nicht als echte Optimierungsverfahren betrachten und sind daher wertlos.

Andere Verfahren zur Ermittlung der Verlustkoeffizienten sind besonders im amerikanischen Schrifttum eingehend behandelt. Verfahren zur direkten Messung oder genauer gesagt zur Messung von Koeffizienten die durch eine geringfügige zusätzliche Rechnung auf die Koeffizienten B_{ik} umgerechnet werden können, sind vom Verfasser eingehend beschrieben worden [*14.7, 14.52, 14.30*], ferner auch ein Optimierungsrechner, der unter Umgehung der Verlustkoeffizienten mit einem Modellnetz arbeitet [*14.26*].

Aufgaben

1. Man zeige, daß es zur Lösung der Variationsaufgabe für den hydrothermischen Speicherverbundbetrieb bei uneingeschränktem Speichervermögen unter der Voraussetzung, daß sowohl in den Kostenfunktionen wie auch in den Nebenbedingungen die zeitlichen Ableitungen der P_i nicht vorkommen, zulässig ist, anstelle der Tagesbelastungskurve die geordnete Tagesbelastungskurve zu verwenden (die einen glatteren Verlauf hat und keine so feine Unterteilung der Intervalle bei der numerischen Integration zur Nachprüfung der Nebenbedingungen für die Größen A_i nach den Gln. (22) erfordert).

2. Man erweitere die Gleichungen für den hydrothermischen Speicherverbundbetrieb, indem man in den Nebenbedingungen auch eine Abhängigkeit von der 1. zeitlichen Ableitung der P_i unter dem Integralzeichen in Gl. (22) zuläßt.

Anhang 1

Determinanten und Matrizen

1. Grundlegende Definitionen

Eine *Matrix* ist ein in einem rechteckigen Schema von m Zeilen und n Spalten angeordnetes System ($m \times n$-Matrix) von reellen oder komplexen Zahlen folgender Art

$$A = \begin{pmatrix} a_{11} & a_{12} & a_{13} & \cdots & a_{1n} \\ a_{21} & a_{22} & a_{23} & \cdots & a_{2n} \\ a_{31} & a_{32} & a_{33} & \cdots & a_{3n} \\ \vdots & \vdots & \vdots & \vdots & \vdots \\ a_{m1} & a_{m2} & a_{m3} & \cdots & a_{mn} \end{pmatrix} = [a_{ik}]_{mn}. \tag{1}$$

Diese Zahlen a_{ik}, *Elemente* der Matrix A genannt, werden, wenn es sich um eine einheitliche Matrix handelt, durch Doppelindizes gekennzeichnet. Wie man sieht, ist der erste Index i der Zeilenindex, der zweite Index k der Spaltenindex. Aus einer solchen Matrix läßt sich ein Spaltenvektor herausgreifen, z. B.

$$\boldsymbol{a}_{.k} = \begin{pmatrix} a_{1k} \\ \vdots \\ a_{mk} \end{pmatrix} = k\text{-ter Spaltenvektor von } A \tag{2}$$

oder ein *Zeilenvektor*

$$\boldsymbol{a}_{i.} = (a_{i1}, a_{i2}, \cdots, a_{in}) = i\text{-ter Zeilenvektor von } \boldsymbol{A}. \tag{3}$$

Matrizen und Vektoren werden durch *Fettdruck* gekennzeichnet, und zwar *Matrizen* durch *große* Buchstaben und *Vektoren* durch *kleine* Buchstaben. Ist ein Vektor nicht aus einer Matrix herausgegriffen, so soll dies immer ein Spaltenvektor sein, also

$$\boldsymbol{a} = \begin{pmatrix} a_1 \\ a_2 \\ \vdots \\ a_n \end{pmatrix}. \tag{4}$$

Ein Zeilenvektor wird dann durch das Transpositionszeichen (tiefgestelltes „t") gekennzeichnet

$$\boldsymbol{a}_t = (a_1, a_2, \cdots, a_n).$$

Die *Transposition* auf eine Matrix angewandt, bedeutet auch hier, daß Zeilen in Spalten übergehen (und umgekehrt), d. h., daß eine Spiegelung der Elemente an der Hauptdiagonalen stattfindet, also

$$A_t = \begin{pmatrix} a_{11} & a_{21} & a_{31} & \cdots & a_{m1} \\ a_{12} & a_{22} & a_{32} & \cdots & a_{m2} \\ \vdots & \vdots & \vdots & \vdots & \\ a_{1n} & a_{2n} & a_{3n} & \cdots & a_{mn} \end{pmatrix}. \tag{5}$$

Zwei Matrizen sind dann und nur dann *gleich*, wenn sie

1. die *gleiche Zeilen-* und *Spaltenzahl* besitzen,
2. wenn *jedes Element* der einen Matrix gleich dem gleich liegenden (homologen) Element der anderen Matrix ist.

2. Additon und Subtraktion zweier Matrizen

Die *Summe (Differenz)* zweier gegebener Matrizen von je m Zeilen und n Spalten ist eine $m \times n$-Matrix, deren Elemente gleich den Summen (Differenzen) der gleichliegenden Elemente der gegebenen Matrizen sind. Es ist also mit

$$C = A \pm B, \tag{6}$$

$$c_{ik} = a_{ik} \pm b_{ik} \quad \text{für alle} \quad i = 1 \cdots m \quad \text{und} \quad k = 1 \cdots n.$$

Es gilt das *kommutative Gesetz:* $A + B = B + A.$ $\tag{7}$

Ferner gilt auch das *assoziative Gesetz:* $(A + B) + C = A + (B + C).$ $\tag{8}$

Die Differenz zweier gleicher Matrizen liefert eine Matrix, deren sämtliche Elemente gleich Null sind. Eine solche Matrix heißt *Nullmatrix*

$$A - A = O.$$

3. Multiplikation einer Matrix mit einer Zahl (Skalar)

Eine Matrix wird mit einer *reellen* oder *komplexen Zahl (Skalar)* k dadurch *multipliziert,* daß *jedes Element* mit dieser Zahl multipliziert wird, also

$$kA = Ak = \begin{pmatrix} k\,a_{11} & k\,a_{12} & \cdots & k\,a_{1n} \\ k\,a_{21} & k\,a_{22} & \cdots & k\,a_{2n} \\ \vdots & \vdots & & \vdots \\ k\,a_{m1} & k\,a_{m2} & \cdots & k\,a_{mn} \end{pmatrix}. \tag{9}$$

4. Multiplikation zweier Matrizen

Zwei gegebene Matrizen, nämlich eine $l \times m$-*Matrix* A und eine $m \times n$-*Matrix* B können miteinander *multipliziert* werden; das Ergebnis ist eine $l \times n$-Matrix C, geschrieben

$$C = AB. \tag{10}$$

Die Elemente der Ergebnismatrix errechnen sich durch die folgende Rechenvorschrift

$$c_{ik} = \sum_{r=1}^{m} a_{ir} b_{rk} \quad \text{für alle} \quad i = 1 \cdots m \quad \text{und} \quad k = 1 \cdots n. \quad (11)$$

Das in der i-ten Zeile und k-ten Spalte stehende Element ist also gleich dem *inneren Produkt* des i-ten *Zeilenvektors* der ersten Matrix mit dem k-ten *Spaltenvektor* der zweiten Matrix. Die Summation erstreckt sich über sämtliche Spalten der ersten Matrix und gleichzeitig über sämtliche Zeilen der 2. Matrix. Aus diesem Grund muß die *Spaltenzahl* der *ersten* Matrix mit der *Zeilenzahl* der *zweiten* Matrix *übereinstimmen.* Zum rechnerischen Ausmultiplizieren bedient man sich zweckmäßigerweise des *Falkschen Schemas* (Abb. A 1.1).

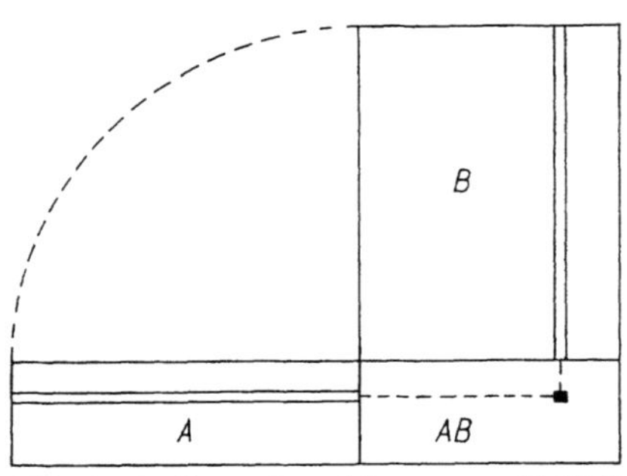

Abb. A 1.1. FALKsches Schema zur Multiplikation zweier Matrizen

Um das *Skalarprodukt* zweier Vektoren in der Matrizenrechnung darzustellen, ist jeweils der 1. Faktor zu transponieren (sofern beide Vektoren Spaltenvektoren sind), also

$$\boldsymbol{x}_t \boldsymbol{y} \equiv \boldsymbol{y}_t \boldsymbol{x} = x_1 y_1 + x_2 y_2 + \cdots + x_n y_n. \quad (12)$$

Das Ergebnis ist ein *Skalar*.

Im umgekehrten Fall erhält man das sog. *dyadische Produkt*

$$\boldsymbol{x} \boldsymbol{y}_t = (\boldsymbol{y} \boldsymbol{x}_t)_t = \begin{pmatrix} x_1 y_1 & x_1 y_2 & \cdots & x_1 y_n \\ x_2 y_1 & x_2 y_2 & \cdots & x_2 y_n \\ \vdots & \vdots & & \\ x_n y_1 & x_n y_2 & \cdots & x_n y_n \end{pmatrix}. \quad (13)$$

Das Ergebnis ist eine *Matrix*. Die Anzahl der Elemente der Vektoren (Länge der Vektoren) kann hier auch verschieden sein.

Die *Einheitsmatrix* ist eine quadratische Matrix, deren Hauptdiagonalelemente sämtlich gleich $+1$ sind, also

$$\boldsymbol{1} = \begin{pmatrix} 1 & 0 & 0 & \cdots & 0 \\ 0 & 1 & 0 & \cdots & 0 \\ 0 & 0 & 1 & \cdots & 0 \\ \vdots & \vdots & \vdots & \ddots & \vdots \\ 0 & 0 & 0 & \cdots & 1 \end{pmatrix}. \quad (14)$$

Man findet leicht, daß $\boldsymbol{A} \boldsymbol{1} = \boldsymbol{1} \boldsymbol{A} = \boldsymbol{A}$. $\quad (15)$

Im allgemeinen gilt das *kommutative Gesetz* für die Matrizenmultiplikation *nicht*, d. h., es ist

$$\boldsymbol{A}\,\boldsymbol{B} \text{ i. allg.} \neq \boldsymbol{B}\,\boldsymbol{A}. \tag{16}$$

In besonderen Fällen kann es möglich sein, daß $\boldsymbol{AB} = \boldsymbol{BA}$, dann heißen die beiden Matrizen vertauschbar. Beispielsweise sind *Diagonalmatrizen* (das sind quadratische Matrizen, in welchen nur die Diagonalelemente von Null verschieden sind) immer untereinander *vertauschbar*, also

$$\boldsymbol{D}'\,\boldsymbol{D}'' = \begin{pmatrix} d'_{11} & 0 & 0 \\ 0 & d'_{22} & 0 \\ 0 & 0 & d'_{33} \end{pmatrix} \begin{pmatrix} d''_{11} & 0 & 0 \\ 0 & d''_{22} & 0 \\ 0 & 0 & d''_{33} \end{pmatrix} = \begin{pmatrix} d'_{11}d''_{11} & 0 & 0 \\ 0 & d'_{22}d''_{22} & 0 \\ 0 & 0 & d'_{33}d''_{33} \end{pmatrix}$$

$$= \begin{pmatrix} d''_{11} & 0 & 0 \\ 0 & d''_{22} & 0 \\ 0 & 0 & d''_{33} \end{pmatrix} \begin{pmatrix} d'_{11} & 0 & 0 \\ 0 & d'_{22} & 0 \\ 0 & 0 & d'_{33} \end{pmatrix} = \boldsymbol{D}''\,\boldsymbol{D}'. \tag{17}$$

Die Matrizenmultiplikation ist *assoziativ*. Es gilt also

$$(\boldsymbol{A}\,\boldsymbol{B})\,\boldsymbol{C} = \boldsymbol{A}\,(\boldsymbol{B}\,\boldsymbol{C}) = \boldsymbol{A}\,\boldsymbol{B}\,\boldsymbol{C}. \tag{18}$$

Die Klammern haben hier keine Wirkung und können somit weggelassen werden. Anhand der Summendefinition für die Matrizenmultiplikation (11) läßt sich dieses Gesetz leicht nachweisen.

Ferner gilt in der Matrizenrechnung das *distributive Gesetz*, d. h., es ist

$$(\boldsymbol{A} + \boldsymbol{B})\,\boldsymbol{C} = \boldsymbol{A}\,\boldsymbol{C} + \boldsymbol{B}\,\boldsymbol{C} \tag{19}$$

und ebenso

$$\boldsymbol{A}\,(\boldsymbol{B} + \boldsymbol{C}) = \boldsymbol{A}\,\boldsymbol{B} + \boldsymbol{A}\,\boldsymbol{C}, \tag{20}$$

was man anhand der Summendefinition für die Matrizenmultiplikation (11) leicht nachweisen kann.

Die *Transponierte eines Produkts* ist gleich dem Produkt der transponierten Faktoren in *umgekehrter Reihenfolge*

$$(\boldsymbol{A}\,\boldsymbol{B})_t = \boldsymbol{B}_t\,\boldsymbol{A}_t, \tag{21}$$

was man wohl am einfachsten anhand des FALKschen Schemas erkennt.

5. Das Rechnen mit Untermatrizen

Zuweilen ist es zweckmäßig, eine Matrix aufzuteilen (zu partitionieren) und diese dann als eine Matrix von Matrizen zu behandeln — die letzteren werden dann *Untermatrizen* genannt — z. B.

$$\boldsymbol{A} = \left\{ \begin{array}{cccc|cccc} a_{11.} & \cdots & a_{1r} & & a_{1,\,r+1.} & \cdots & a_{1n} \\ \vdots & & \vdots & & \vdots & & \vdots \\ a_{s1.} & \cdots & a_{sr} & & a_{s,\,r+1.} & \cdots & a_{sn} \\ \hline a_{s+1,1} & \cdots & a_{s+1,r} & & a_{s+1,r+1} & \cdots & a_{s+1,n} \\ \vdots & & \vdots & & \vdots & & \vdots \\ a_{m1} & \cdots & a_{mr} & & a_{m,\,r+1} & \cdots & a_{mn} \end{array} \right\} = \begin{pmatrix} \boldsymbol{A}_{11} & \boldsymbol{A}_{12} \\ \boldsymbol{A}_{21} & \boldsymbol{A}_{22} \end{pmatrix}. \tag{22}$$

Voraussetzung bei der Addition (Subtraktion) zweier partitionierter Matrizen ist, daß diese nicht nur gleiche Zeilen und Spaltenzahl haben, sondern auch bezüglich der Zeilen und Spalten in gleicher Weise aufgeteilt sind. Dann folgt aus

$$C = A \pm B \quad \text{die Vorschrift} \quad C_{ik} = A_{ik} \pm B_{ik}. \tag{23}$$

Für die *Multiplikation* $C = AB$ müssen wir folgende Voraussetzung machen. Es müssen

1. die Zeilenzahl und die Zeilenpartitionierung von A übereinstimmen mit denjenigen von C,
2. die Spaltenzahl und die Spaltenpartitionierung von B übereinstimmen mit denjenigen von C,
3. die Spaltenzahl und die Spaltenpartitionierung von A übereinstimmen mit der Zeilenzahl und der Zeilenpartitionierung von B.

Dann gilt für die Untermatrizen

$$C_{ik} = \sum_{\varrho = 1}^{r} A_{i\varrho} B_{\varrho k}, \tag{24}$$

wenn A in jeder Untermatrizenzeile und B in jeder Untermatrizenspalte je r Blöcke hat. Beispiel:

$$\begin{pmatrix} A_{11} & A_{12} \\ A_{21} & A_{22} \\ A_{31} & A_{32} \end{pmatrix} \begin{pmatrix} B_{11} & B_{12} \\ B_{21} & B_{22} \end{pmatrix} = \begin{pmatrix} A_{11} B_{11} + A_{12} B_{21} & A_{11} B_{12} + A_{12} B_{22} \\ A_{21} B_{11} + A_{22} B_{21} & A_{21} B_{12} + A_{22} B_{22} \\ A_{31} B_{11} + A_{32} B_{21} & A_{31} B_{12} + A_{32} B_{22} \end{pmatrix}.$$

$$\tag{25}$$

Da die Untermatrizen selbst wie Matrizen zu behandeln sind, ist besonders darauf zu achten, daß die Faktoren hier i. allg. nicht vertauscht werden dürfen.

6. Determinanten

Zwar läßt sich die lineare Algebra vollkommen determinantenfrei aufbauen, für die *formelmäßige* Darstellung der Lösungen eines linearen Gleichungssystems hingegen sind *Determinanten* unerläßlich (*Cramersche Regel*). Auch sind zahlreiche mit dem Determinantenbegriff zusammenhängende Begriffe (Rang, adjungierte Matrix, charakteristische Gleichung) von solcher Wichtigkeit, daß man auf sie nicht verzichten kann. Zur *numerischen* Auflösung von linearen Gleichungen, wie auch zur numerischen Auswertung der Determinanten selbst, wird man besser auf eine der Varianten des *Gaußschen Algorithmus* zurückgreifen.

Nach LEIBNIZ ist die *Determinante* einer quadratischen Matrix A definiert durch folgende Gleichung

$$\det A = \begin{vmatrix} a_{11} & a_{12} & \cdots & a_{1n} \\ a_{21} & a_{22} & \cdots & a_{2n} \\ \vdots & \vdots & & \vdots \\ a_{n1} & a_{n2} & \cdots & a_{nn} \end{vmatrix} \tag{26}$$

$$= \sum (-1)^{I_k} a_{1k_1} a_{2k_2} \cdots a_{nk_n}. \tag{27}$$

Die Summation ist über alle n! *Permutationen* der *Spaltenindizes* k_σ zu erstrecken; I_k ist die Spalteninversionenzahl, d. i. die Anzahl der Platzvertauschungen von je 2 Spaltenindizes k_σ, die notwendig sind, um die betreffende Permutation in die natürliche (aufsteigende) Reihenfolge zu bringen. Die Determinante ist also ein reeller oder komplexer Zahlenwert. Die obige Definition ist übrigens gleichwertig mit der folgenden

$$\det A = \sum (-1)^{I_i} a_{i_1 1} a_{i_2 2} \cdots a_{i_n n}. \tag{28}$$

Hier ist die Summation über alle n! *Permutationen* der *Zeilenindizes* i_ζ zu erstrecken; I_i ist die Zeileninversionenzahl, d. i. die Anzahl der Platzvertauschungen von je 2 Zeilenindizes i_ζ, die notwendig sind, um die betreffende Permutation in die natürliche (aufsteigende) Reihenfolge zu bringen. Wegen der Symmetrie des Bildungsgesetzes der Determinante bezüglich der Zeilen und Spalten gilt

$$\det A = \det A_t. \tag{29}$$

Ferner gelten folgende Sätze

1. *Vertauscht* man in einer Determinante 2 *Zeilen* (*Spalten*), so *kehrt* sich ihr *Vorzeichen um*.
2. *Stimmen* in einer Determinante *2 Zeilen* (*Spalten*) überein, so hat sie den Wert *Null*.
3. Die Determinante ist eine *homogene lineare Funktion* der Elemente jeder *Zeile* (*Spalte*).
4. *Multipliziert* man alle Elemente einer *Zeile* (*Spalte*) mit dem *gleichen Faktor*, so *multipliziert* sich die Determinante mit diesem *Faktor*.
5. *Addiert* man zu den *Elementen* einer *Zeile* (*Spalte*) die mit einem beliebigen *Faktor multiplizierten homologen Elemente* einer *anderen Zeile* (*Spalte*), so *ändert sich* der Wert der *Determinante nicht*.

6.1 Zeilen- (Spalten-)Entwicklungssatz

Der obige Satz 3 erlaubt eine gegebene Determinante nach den Elementen einer *Zeile* (*Spalte*) zu entwickeln. Die *Koeffizienten*, die sich für Elemente der betreffenden Zeile (Spalte) ergeben, erweisen sich als

Unterdeterminanten, die dadurch entstehen, daß man die dem betreffenden Element zugehörige i-te Zeile und k-te Spalte streicht, ferner ist dieser Koeffizient noch mit $(-1)^{i+k}$ zu multiplizieren. Bezeichnet man die dem Element a_{ik} auf diese Weise zugeordnete Unterdeterminante multipliziert mit dem Schachbrettvorzeichen $(-1)^{i+k}$ mit A_{ik}, die *Adjunkten* genannt werden, so kann der *Entwicklungssatz* folgendermaßen geschrieben werden:

a) für die Entwicklung nach der i-ten Zeile

$$\det A = a_{i1} A_{i1} + a_{i2} A_{i2} + \cdots + a_{in} A_{in} = \sum_{k=1}^{n} a_{ik} A_{ik} \qquad (30)$$

b) für die Entwicklung nach der k-ten Zeile

$$\det A = a_{1k} A_{1k} + a_{2k} A_{2k} + \cdots + a_{kn} A_{kn} = \sum_{i=1}^{n} a_{ik} A_{ik}. \qquad (31)$$

Kombiniert man auf diese Weise die *Elemente* einer *Zeile* (*Spalte*) mit den *Adjunkten* einer *anderen Zeile* (Spalte), so ergibt sich nach Satz 2 der Wert *Null*, d. h. es ist

$$\sum_{k=1}^{n} a_{ik} A_{rk} = 0 \quad \text{für} \quad r \neq i \qquad (32)$$

und

$$\sum_{i=1}^{n} a_{ik} A_{ir} = 0 \quad \text{für} \quad r \neq k. \qquad (33)$$

Wir wollen noch den Begriff der *adjungierten Matrix* einführen. Sie besteht einfach aus den Adjunkten jedoch in transponierter Anordnung der gegebenen Matrix. Diese Matrix kann also folgendermaßen geschrieben werden

$$A_{\text{adj}} = \begin{pmatrix} A_{11} & A_{21} & \cdots & A_{n1} \\ A_{12} & A_{22} & \cdots & A_{n2} \\ \vdots & \vdots & & \vdots \\ A_{1n} & A_{2n} & \cdots & A_{nn} \end{pmatrix}. \qquad (34)$$

Multipliziert man die *adjungierte Matrix* mit der *gegebenen Matrix*, so erhält man eine *Diagonalmatrix*, deren Diagonalelemente gemäß (30) und (31) sämtlich gleich der Determinante der gegebenen Matrix sind, und zwar auch bei Umkehrung der Reihenfolge, was man auch folgendermaßen schreiben kann:

$$A_{\text{adj}} A = A A_{\text{adj}} = (\det A) \mathbf{1}. \qquad (35)$$

6.2 Laplacescher Entwicklungssatz

Der oben angegebene Entwicklungssatz läßt sich noch verallgemeinern, indem man nicht nach den Elementen einer Zeile entwickelt, sondern nach Unterdeterminanten, die man dadurch erhält, daß man aus der gegebenen Matrix m Zeilen (Spalten) $(m < n)$ auswählt und aus der so erhaltenen rechteckigen Matrix alle möglichen $\binom{n}{m}$ Kombinationen von Spalten (Zeilen) zusammenstellt. Diese $\binom{n}{m}$ Unterdeterminanten m-ter Ordnung sind mit ihren komplementären Unterdeterminanten $(n-m)$-ter Ordnung zu multiplizieren, mit einem Vorzeichen

$$(-1)^{\alpha_1 + \alpha_2 + \cdots + \alpha_m + \beta_1 + \beta_2 + \cdots \beta_m}$$

zu versehen und aufzusummieren. Hierbei sind $\alpha_1 \ldots \alpha_m$ die ausgewählten Zeilen und $\beta_1 \ldots \beta_m$ die ausgewählten Spalten.

6.3 Determinantenmultiplikationssätze

Die folgenden Sätze seien hier ohne Beweis mitgeteilt (man vergleiche hierzu die angegebenen Bücher über Matrizen), für *quadratische Matrizen* gleicher Ordnung gilt der folgende besonders einfache

Satz: Die *Determinante* des *Produktes* zweier *quadratischer Matrizen* ist gleich dem Produkt der Determinanten der beiden Matrizen; d. h., es ist

$$\det A B = \det A \det B. \tag{36}$$

Hieraus folgt, daß, falls eine der beiden Matrizen singulär ist, das Produkt auch singulär ist.

Für den Fall der Determinante des Produktes zweier *rechteckiger* Matrizen ist zu beachten, daß 1. die beiden Matrizen multiplizierbar sein müssen, 2. das Ergebnis eine quadratische Matrix sein muß, damit eine Determinante gebildet werden kann. Somit ist also nur ein Satz über das Produkt einer $n \times m$-Matrix mit einer $m \times n$-Matrix sinnvoll. Es gilt der folgende von CAUCHY und BINET stammende

Satz: Die *Determinante* des *Produktes* einer *Matrix* mit n Zeilen und m Spalten A_{nm} und einer *Matrix* mit m Zeilen und n Spalten B_{mn} *verschwindet*, falls $m < n$, und ist, falls $m \geqq n$, gleich der *Summe von Produkten* aller möglichen $\binom{m}{n}$ *quadratischen* $n \times n$-*Untermatrizen*, gebildet aus je n Spalten von A_{nm} einerseits und je n korrespondierenden Zeilen von B_{mn} andererseits, d. h., es ist

$$\det A_{nm} B_{mn} = \begin{cases} 0 & \text{für} \quad m < n \\ \sum_{\substack{\text{über alle Kombinationen} \\ \mu_1 \ldots \mu_n \text{ aus } 1 \ldots n}} (\det_{\sigma(\mu_1 \ldots \mu_n)} A_{nm}) (\det_{\zeta(\mu_1 \ldots \mu_n)} B_{mn}) & \text{für} \quad m \geqq n. \end{cases} \tag{37}$$

7. Die Inverse einer Matrix

Wegen der Ungültigkeit des kommutativen Gesetzes für die Matrizenmultiplikation im allgemeinen muß man auch unterscheiden zwischen einer *Links-* und *Rechtsdivision*. Am einfachsten läßt sich dies in der Schreibweise dadurch bewältigen, daß man den Begriff der *inversen*

Matrix zu einer gegebenen Matrix einführt und dann mit dieser Inversen von links bzw. rechts multipliziert. Ein Unterschied zwischen Rechts- und Linksinverse gibt es allerdings nicht, denn die Multiplikation mit der Einheitsmatrix ist immer kommutativ. Die Inverse einer Matrix ist definiert durch folgende Gleichung

$$A X = X A = 1. \tag{38}$$

Aus Gl. (35) entnimmt man, wenn man noch durch den skalaren Faktor $\det A$ dividiert, die Lösung dieser Aufgabe. Wir schreiben die Inverse als negative Potenz und erhalten

$$X = A^{-1} = \frac{1}{\det A} A_{\mathrm{adj}}. \tag{39}$$

Dieser Ausdruck ist nur dann sinnvoll, wenn $\det A \neq 0$ ist[1]. Nur dann existiert die Inverse. Im Gegensatz zur normalen Division, die nur dann nicht möglich ist, wenn der *Divisor* verschwindet, ist eine *Matrizendivision* schon nicht möglich, wenn die *Determinante* der Matrix verschwindet; letzteres kann auch der Fall sein, wenn *keines* der Elemente der betreffenden Matrix verschwindet.

8. Auflösung eines linearen Gleichungssystems

8.1 Das inhomogene Gleichungssystem

Mit Hilfe der Inversen läßt sich ein lineares Gleichungssystem

$$\begin{aligned}
a_{11} x_1 + a_{12} x_2 + \cdots + a_{m} x_n &= y_1 \\
a_{21} x_1 + a_{22} x_2 + \cdots + a_{2n} x_n &= y_2 \\
\vdots \qquad \vdots \qquad\qquad \vdots \qquad \vdots & \\
a_{n1} x_1 + a_{n1} x_2 + \cdots + a_{nn} x_n &= y_3,
\end{aligned} \tag{40}$$

das in Matrizenschreibweise folgendermaßen geschrieben werden kann:

$$A x = y, \tag{40a}$$

auflösen. Wir multiplizieren unter der Voraussetzung $\det A \neq 0$ mit A^{-1} von links und erhalten

$$A^{-1} A x = A^{-1} y. \tag{41}$$

Nun dürfen wir beliebige Klammern setzen und erhalten bei Zusammenfassung der ersten beiden Faktoren der linken Seite die Einheitsmatrix und damit die Lösung der Aufgabe

$$1 x = x = A^{-1} y \tag{42}$$

$$= \frac{1}{\det A} A_{\mathrm{adj}} y. \tag{43}$$

---

[1] Ist $\det A = 0$, so heißt die Matrix A singulär, andernfalls regulär. Nur reguläre Matrizen besitzen eine Inverse.

Die Vorschrift für die Berechnung der einzelnen Unbekannten nach dieser Gleichung entspricht genau der bekannten *Cramerschen* Regel, nach der eine Unbekannte eines linearen Gleichungssystems (40) berechnet werden kann durch die Formel

$$x_r = \frac{1}{\det A} \begin{vmatrix} a_{11} \cdots a_{1,r-1} & y_1 & a_{1,r+1} \cdots a_{1n} \\ a_{21} \cdots a_{2,r-1} & y_2 & a_{2,r+1} \cdots a_{2n} \\ \vdots & \vdots & \vdots \\ a_{n1} \cdots a_{n,r-1} & y_n & a_{n,r+1} \cdots a_{nn} \end{vmatrix}. \tag{44}$$

8.2 Das homogene Gleichungssystem

Ist $y = o$, so spricht man von einem *homogenen Gleichungssystem*. Auf Grund der CRAMERschen Regel verschwinden sämtliche Lösungen des homogenen Gleichungssystems sofern $\det A \neq 0$ ist. Damit nicht sämtliche Lösungen verschwinden, ist es also notwendig, daß $\det A = 0$ ist. Die CRAMERsche Regel liefert zunächst die Lösungen in der unbestimmten Form $0/0$. Um zu einer wirklichen Lösung zu gelangen, müssen wir also andere Wege gehen. Hierzu machen wir zunächst eine *Rangbetrachtung*. Wir definieren:

Der *Rang* $r \leqq m$, n einer Matrix ist die *Ordnung* der *höchsten nichtverschwindenden Unterdeterminante*.

Hierzu ist also notwendig, daß wenigstens eine Determinante der Ordnung r nicht verschwindet; alle Determinanten der Ordnung $>r$ (soweit vorhanden) verschwinden. $\mathrm{Min}(m,n) - r = d$ nennt man den Rangabfall (Defekt)[1]. Ein homogenes Gleichungssystem muß also, damit von Null verschiedene Lösungen möglich sind, einen Rangabfall $d \geqq 1$ haben. Wir nehmen nun an, daß die von Null verschiedene quadratische Untermatrix der Ordnung $r = n - d$ in A links oben steht (notfalls sind die Gleichungen und Unbekannten umzunumerieren), so daß das homogene *Gleichungssystem* in Untermatrizen aufgespalten folgendermaßen geschrieben werden kann:

$$A x = \begin{pmatrix} A_{11} & A_{12} \\ A_{21} & A_{22} \end{pmatrix} \begin{pmatrix} x_1 \\ x_2 \end{pmatrix} = \begin{pmatrix} o \\ o \end{pmatrix} \tag{45}$$

$$\text{mit} \quad \det A_{11} \neq 0 : x_1 = \begin{pmatrix} x_1 \\ \vdots \\ x_r \end{pmatrix}; \quad x_2 = \begin{pmatrix} x_{r+1} \\ \vdots \\ x_n \end{pmatrix}.$$

Die letzten $d = n - r$-Gleichungen sind von den ersten r Gleichungen linear abhängig und somit entbehrlich, dann lassen sich die ersten

---

[1] $\mathrm{Min}(m,n)$ ist die kleinere der beiden Zahlen m und n.

r Unbekannten als lineare Funktionen der übrigen (sog. freien) Unbekannten darstellen, denn die aufzulösende Gleichung lautet

$$A_{11}\,x_1 + A_{12}\,x_2 = 0.\tag{46}$$

Wir dürfen wegen $\det A_{11} \neq 0$ mit A_{11}^{-1} von links multiplizieren und erhalten

$$x_1 = -A_{11}^{-1} A_{12}\,x_2.\tag{47}$$

Jede der r Unbekannten $x_1 \ldots x_r$ ist also darstellbar als eine lineare Funktion der d *freien* Unbekannten $x_{r+1} \ldots x_n$. Daß dann auch die übrigen Gleichungen erfüllt sind, erkennt man folgendermaßen: Jeder Zeilenvektor der übrigen nicht berücksichtigten Gleichungen ist eine homogene lineare Funktion der ersten r Zeilenvektoren, d. h., es besteht eine Beziehung der folgenden Art (man schreibe die folgende Gleichung ausführlich, d. h. mit unbestimmten Elementen in der Matrix):

$$B\,(A_{11},\,A_{12}) = (A_{21},\,A_{22}).\tag{48}$$

Hieraus ergeben sich 2 Matrizengleichungen, aus denen man B eliminieren kann:

$$B\,A_{11} = A_{21},\tag{49}$$

$$B\,A_{12} = A_{22},\tag{50}$$

$$A_{21}\,A_{11}^{-1}\,A_{12} = A_{22},\tag{51}$$

$$A_{21}\,A_{11}^{-1}\,A_{12} - A_{22} = O.\tag{52}$$

Die nicht berücksichtigten $d = n - r$-Gleichungen, die also von den ersten r-Gleichungen linear abhängig sind, lauten in Matrizen geschrieben:

$$A_{21}\,x_1 + A_{22}\,x_2 = o.\tag{53}$$

Setzen wir die Lösung nach Gl. (47) ein, so muß die folgende Matrizengleichung erfüllt sein:

$$-A_{21}\,(A_{11}^{-1}\,A_{12}\,x_2) + A_{22}\,x_2 = o,\tag{54}$$

$$(-A_{21}\,A_{11}^{-1}\,A_{12} + A_{22})\,x_2 = o.\tag{55}$$

Wegen Gl. (52) ist die linke Seite tatsächlich gleich o und somit (55) erfüllt.

Wir haben hier nur den Normalfall, daß die Anzahl der Unbekannten gleich der Anzahl der Gleichungen ist, betrachtet. Ist die Anzahl der Unbekannten größer oder kleiner als die Anzahl der Gleichungen, so sind besondere Überlegungen erforderlich, die in den angegebenen Lehrbüchern über lineare Algebra und Matrizen näher beschrieben sind (siehe Abschn. 2 der Buchliteratur).

9. Besondere Matrizen

9.1.1 Diagonalmatrix

Die Elemente *außerhalb* der Hauptdiagonale sind gleich Null:

$$D = \begin{pmatrix} a_{11} & 0 & 0 \\ 0 & a_{22} & 0 \\ 0 & 0 & a_{33} \end{pmatrix} = \operatorname{diag}(a_{11}, a_{22}, a_{33}) = \operatorname{diag} \boldsymbol{a}.$$

Der Diagonalisierungsoperator „diag" kann auf Zeilen- und Spaltenvektoren angewandt werden. Es ist $\det \boldsymbol{D} = a_{11} a_{22} a_{33}$.

9.1.2 Obere Dreiecksmatrix

Die Elemente *unterhalb* der Hauptdiagonale sind gleich *Null*:

$$V = \begin{pmatrix} a_{11} & a_{12} & a_{13} \\ 0 & a_{22} & a_{23} \\ 0 & 0 & a_{33} \end{pmatrix}; \quad \text{es ist } \det V = a_{11} a_{22} a_{33}.$$

9.1.3 Untere Dreiecksmatrix

Die Elemente *oberhalb* der Hauptdiagonale sind gleich Null:

$$\Delta = \begin{pmatrix} a_{11} & 0 & 0 \\ a_{21} & a_{22} & 0 \\ a_{31} & a_{32} & a_{33} \end{pmatrix}; \quad \text{es ist } \det \Delta = a_{11} a_{22} a_{33}.$$

9.2.1 Symmetrische Matrix

$$A_t = A; \quad \text{d. h.} \quad a_{ki} = a_{ik}.$$

9.2.2 Schiefsymmetrische (antisymmetrische) Matrix

$$A_t = -A; \quad \text{d. h.} \quad a_{ki} = -a_{ik}; \quad a_{ii} = 0.$$

9.2.3 Orthogonale Matrix

$$A_t = A^{-1} \quad \text{oder} \quad A_t A = A A_t = 1; \text{ es ist } \det A = \pm 1.$$

Die nachfolgenden besonderen Matrizen sind *Verallgemeinerungen*, die nur für *komplexe Matrizen* sinnvoll sind. Für reelle Matrizen fallen sie mit den entsprechenden besonderen Matrizen nach 9.21 bis 9.23 zusammen (* = konjugiert-komplex).

9.3.1 Hermitesche Matrix

$$A_t^* = A; \quad \text{d. h.} \quad a_{ki}^* = a_{ik}; \quad a_{ii} = \text{reell}.$$

9.3.2 Schiefhermitesche (antihermitesche) Matrix

$$A_t^* = -A; \quad a_{ki}^* = -a_{ik}; \quad a_{ii} = \text{imaginär}.$$

9.3.3 Unitäre Matrix

$$A_t^* = A^{-1} \quad \text{oder} \quad A\,A_t^* = A^*\,A_t =$$
$$= A_t^*\,A = A_t\,A^* = 1\,;$$
$$\text{es ist} \quad |\det A| = 1\,.$$

9.4 Hermitesche und schiefhermitesche Komponenten einer Matrix

Jede Matrix läßt sich zerlegen in eine hermitesche und eine schiefhermitesche Matrix, gemäß

$$A = A_H + A_A\,, \tag{56}$$

die *hemitesche* Komponente (auch hermitescher Teil genannt) ist

$$A_H = \frac{1}{2}\,(A + A_t^*) \tag{57}$$

und die *schiefhermitesche* Komponente (der hermitesche Teil) ist

$$A_A = \frac{1}{2}\,(A - A_t^*)\,. \tag{58}$$

Man zeige, daß die Zerlegungen die Bedingungen von 9.31 und 9.32 erfüllen. Die entsprechenden Zerlegungen in einen symmetrischen und schiefsymmetrischen Teil erhält man durch Weglassen des Konjugiertsterns (*).

10. Quadratische und hermitesche Formen

Quadratische und *hermitesche Formen* treten im Bereich dieses Buches ausschließlich bei Betrachtungen der *Leistung* bzw. der *Energie* auf. Wir betrachten zunächst *Wechselstromleistungen* und die damit verbundenen hermiteschen Formen. Die quadratischen Formen sind ein Sonderfall für reelle Veränderliche (dies entspricht einem Übergang von Wechsel- auf Gleichstrom). Die an n Klemmenpaaren eingespeiste komplexe Scheinleistung $S = P + jQ$ ist gegeben durch den folgenden Ausdruck, der als *hermitesches Skalarprodukt*[1] geschrieben werden kann:

$$S = P + jQ = U_1 I_1^* + U_2 I_2^* + \cdots + U_n I_n^* = \sum_{i=1}^{n} U_i I_i^* = \boldsymbol{u}_t\,\boldsymbol{i}^* = \boldsymbol{i}_t^*\,\boldsymbol{u}.\text{[2]} \tag{59}$$

Mit Hilfe der Impedanz- oder Admittanzmatrix läßt sich jeweils eine der Veränderlichen eliminieren, so daß man einmal mit

$$\boldsymbol{u} = \boldsymbol{Z}\,\boldsymbol{i}$$

erhält

$$S = \boldsymbol{i}_t^*\,\boldsymbol{Z}\,\boldsymbol{i} = \boldsymbol{i}_t\,\boldsymbol{Z}_t\,\boldsymbol{i}^{*\ 2} \tag{60}$$

---

[1] Beim *hermiteschen Skalarprodukt* ist in matrizieller Schreibweise ebenfalls der erste Spaltenvektor zu transponieren, gegenüber dem gewöhnlichen Skalarprodukt ist aber außerdem einer der beiden Vektoren auch noch zu konjugieren.

[2] Diese Identität kann auch rein formal dadurch hergeleitet werden, daß man die Gleichung der Transposition unterwirft [vgl. Gl. (21)]. Da das Ergebnis ein Skalar (1×1-Matrix), ändert sich der Wert durch diese Transposition nicht.

oder mit

$$i = Y u$$

$$S = u_t Y^* u^* = u_t^* Y u . \qquad (61)$$

Beide Ausdrücke für die komplexe Scheinleistung haben die gemeinsame Form

$$S = x_t^* A x = x_t A_t x^* . \qquad (62)$$

Nach den Gln. (56) bis (58) läßt sich A zerlegen in einen hermiteschen und einen schiefhermiteschen Bestandteil. Diese Zerlegung bedeutet für S eine Zerlegung in Real- und Imaginärteil. Es ist nämlich

$$P = \mathrm{Re}\, S = x_t^* A_H x = x_t A_H^* x^* , \qquad (63)$$

$$j Q = j \,\mathrm{Im}\, S = x_t^* A_A x = - x_t A_A^* x^* , \qquad (64)$$

so daß also für die Wirkleistung grundsätzlich immer nur der hermitesche Anteil der Impedanz- bzw. Admittanzmatrix maßgebend ist, für die Blindleistung der schiefhermitesche Anteil. Der Beweis ergibt sich dadurch, daß man von Gl. (62) den Realteil bzw. den Imaginärteil bildet. Man nennt einen Ausdruck nach Gl. (63) *hermitesche Form*, ein Ausdruck nach Gl. (64) *schiefhermitesche Form*. Bei fest vorgegebener Matrix A_H und veränderlichem Vektor x variiert P nur im reellen Bereich; für $x = o$ ist $P = 0$. Diesen letzteren trivialen Fall ausgeschlossen, unterscheidet man folgende Fälle und Bezeichnungsweisen:

1) $-\infty < P < +\infty$, indefinit;
2a) $P > 0$; positiv-definit;
2b) $P < 0$; negativ-definit;
3a) $P \geqq 0$; positiv-semidefinit;
3b) $P \leqq 0$ negativ-semidefinit.

11. Eigenwerttheorie der Matrizen

Die Theorie der homogenen linearen Vektordifferentialgleichung

$$A \tilde{x} = \frac{d}{dt} \tilde{x} , \qquad A = n \times n\text{-Matrix} \qquad (65)$$

führt über den Exponentialansatz

$$\tilde{x} = x e^{\lambda t} \quad \text{mit} \quad \frac{d}{dt} \tilde{x} = \lambda x e^{\lambda t} , \qquad (66)$$

und da $e^{\lambda t}$ nicht verschwindet zu dem folgenden linearen homogenen Gleichungssystem in Matrizen

$$(A x - \lambda x) e^{\lambda t} = o ,$$
$$A x - \lambda x = o , \qquad (67)$$
$$(A - \lambda 1) x = o .$$

Damit dieses homogene Gleichungssystem nichtverschwindende Lösungen hat, muß die Determinante verschwinden, d. h., es muß sein

$$\det(A - \lambda\,\mathbf{1}) = 0$$

$$\begin{vmatrix} a_{11} - \lambda & a_{12} & a_{13} & \cdots & a_{1n} \\ a_{21} & a_{22} - \lambda & a_{23} & \cdots & a_{2n} \\ \vdots & \vdots & \vdots & & \vdots \\ a_{n1} & a_{n2} & a_{n3} & \cdots & a_{nn} - \lambda \end{vmatrix} = 0. \tag{68}$$

Ein Ausrechnen der Determinante ergibt ein Polynom n-ten Grades in λ, die *charakteristische Gleichung*. Die n Wurzeln sind die Eigenwerte der Matrix A. Wir wollen uns nun jedoch auf den Fall beschränken, daß die n Wurzeln sämtlich voneinander verschieden sind (was man übrigens durch eine geeignete infinitesimale Störung der Matrix immer erreichen kann)[1]. Für jedes λ_i erhält man einen bis auf eine willkürliche Konstante bestimmten Lösungsvektor x_i. Diese Vektoren, Eigenvektoren genannt, sind linear unabhängig. Die Gleichungen mit den eingesetzten Eigenwerten und Eigenvektoren

$$\begin{aligned} A\,x_{1.} &= \lambda_1\,x_{1.} \\ A\,x_{2.} &= \lambda_2\,x_{2.} \\ &\vdots \\ A\,x_{n.} &= \lambda_n\,x_{n.} \end{aligned} \tag{69}$$

lassen sich zu einer einzigen Matrizengleichung zusammenfassen, wenn man die $x_{i.}$, wie schon in ihrer Bezeichnungsweise zum Ausdruck gebracht wurde, die einer einzigen quadratischen Matrix X zusammenfaßt. Man erhält dann

$$A\,(x_{1.}, x_{2.}, \ldots, x_{n.}) = (x_{1.}, x_{2.}, \ldots, x_{n.}) \begin{pmatrix} \lambda_1 & & \cdots & 0 \\ 0 & \lambda_2 & \cdots & 0 \\ \vdots & \vdots & \ddots & \vdots \\ 0 & 0 & & \lambda_n \end{pmatrix}$$

$$A\,X = X\,\Lambda. \tag{70}$$

Da die *Eigenvektoren* $x_{1.}, \ldots x_{n.}$ *linear unabhängig* sind, ist die aus ihnen gebildete Matrix X regulär und man kann mit X^{-1} von links multiplizieren und erhält

$$X^{-1} A X = \Lambda. \tag{71}$$

Die linke Seite dieser Gleichung nennt man eine *Ähnlichkeitstransformation* der Matrix A mittels der (transformierenden) Matrix X. Die

---

[1] Der Fall der Gleichheit gewisser Wurzeln der charakteristischen Gleichung ist nicht so einfach, insbesondere ist dann eine Transformation auf Diagonalform nicht immer möglich, wohl aber eine unitäre Transformation auf Dreiecksform.

Matrizen A und Λ heißen zueinander *ähnlich*. Matrizen, die man durch eine Ähnlichkeitstransformation auf Diagonalgestalt bringen kann, heißen *diagonalähnlich*.

11.1 Unitäre Ähnlichkeitstransformation einer hermiteschen Matrix auf Diagonalgestalt

Ist die gegebene Matrix eine *hermitesche* Matrix, d. h. gilt

$$A_t^* = A, \tag{72}$$

dann kann man zunächst zeigen, daß die Eigenwerte sämtlich reell sind. Hierzu multiplizieren wir eine der Gln. (69) mit dem zugehörigen transponiert-konjugierten Eigenvektor $x_{i\cdot_t}^*$ von links, damit eine hermitesche Form entsteht. Da wir wissen, daß eine hermitesche Form nur reelle Werte annehmen kann, und da $x_{i\cdot_t}^* x_{i\cdot}$ ebenfalls reell (und zwar positiv) ist, folgt aus

$$x_{i\cdot_t}^* A\, x_{i\cdot} = \lambda_i\, x_{i\cdot_t}^* x_{i\cdot}\,, \tag{73}$$

daß λ_i ebenfalls reell ist. Wir greifen nun aus den Gln. (69) zwei verschiedene Gleichungen heraus und konjugieren die zweite Gleichung. Dabei soll angenommen werden, daß die zugehörigen Eigenwerte verschieden sind ($\lambda_i \neq \lambda_k$). Diese beiden Gleichungen

$$\begin{aligned} A\, x_{i\cdot} &= \lambda_i\, x_{i\cdot}\,, \\ A^*\, x_{k\cdot}^* &= \lambda_k^*\, x_{k\cdot}^* = \lambda_k\, x_{k\cdot}^* \end{aligned} \tag{74}$$

werden links mit solchen transponierten (erforderlichenfalls auch konjugierten) Eigenvektoren multipliziert, daß links die gleiche hermitesche Bilinearform[1] entsteht. Die Differenz beider Bilinearformen ist dann Null, und es ist

$$(\lambda_i - \lambda_k)\, x_{k\cdot_t}^* x_{i\cdot} = 0 \tag{75}$$

und damit auch wegen $\lambda_i \neq \lambda_k$

$$x_{k\cdot_t}^* x_{i\cdot} = 0\,, \quad i \neq k\,. \tag{76}$$

2 Eigenvektoren, die diese Gleichung erfüllen, nennt man zueinander orthogonal. Da sie bis auf eine willkürliche multiplikative Konstante bestimmt sind, kann jeder der Eigenvektoren der folgenden Normierungsbedingung unterworfen werden:

$$x_{i\cdot_t}^* x_{i\cdot} = 1\,. \tag{77}$$

---

[1] Ein skalarer Ausdruck der Form $y_t^* A\, x$ (mit i. allg. verschiedenen Vektoren y und x) wird *hermitesche Bilinearform* genannt. Die Bilinearform ist eine lineare Funktion sowohl der Elemente des einen als auch des anderen Vektors.

Ist dies der Fall, dann gilt für die Gesamtmatrix der Eigenvektoren

$$X_t^* X = 1; \qquad \text{d. h. } X^{-1} = X_t^*, \tag{78}$$

d. h. X ist unitär. Für hermitesche Matrizen kann somit eine unitäre Transformationsmatrix X angegeben werden, die die gleiche Transformation wie in Gl. (71) leistet. Wegen der besonderen Eigenschaft (78) für unitäre Matrizen kann (71) auch geschrieben werden

$$X^{-1} A X = X_t^* A X = \Lambda. \tag{79}$$

In diesem Fall geht die Ähnlichkeitstransformation in eine Kongruenztransformation über. Es sei noch bemerkt, daß sich die hergeleiteten Ergebnisse nicht nur auf den Fall verschiedener Eigenwerte beschränkt. Auch im Fall teilweise zusammenfallender Eigenwerte einer hermiteschen Matrix können die Eigenvektoren für die Mehrfachwurzeln zueinander orthogonal ausgewählt werden, so daß auch in diesem Fall eine unitäre Transformationsmatrix X ermittelt werden kann, die die Transformation auf Diagonalgestalt leistet.

12. Potenzen von Matrizen und der Satz von Cayley-Hamilton

Wir betrachten hier nur quadratische $n \times n$-Matrizen. Analog zur Potenzbildung mit gewöhnlichen Zahlen (Skalaren) kann man auch Potenzen von Matrizen bilden. Es ist

$$A_n = \underbrace{A \cdot A \cdot \cdots \cdot A}_{n\text{mal}}; \qquad A^0 = 1. \tag{80}$$

Aus der Gültigkeit des assoziativen Gesetzes der Multiplikation folgt die Gültigkeit des kommutativen Gesetzes für die Potenzen mit ganzzahligen Exponenten. Es ist

$$A^m A^n = \underbrace{A \cdot \cdots \cdot A}_{m\text{mal}} \cdot \underbrace{A \cdot \cdots \cdot A}_{n\text{mal}}$$

$$= \underbrace{A \cdot \cdots \cdot A}_{(n+m)\text{mal}} = A^{n+m} = A^n A^m. \tag{81}$$

Das gleiche kann auch für negative ($\det A \neq 0$) und teils positive und negative Potenzen der gleichen Matrix bewiesen werden. Aber es sind nicht nur positive und negative Potenzen der gleichen Matrix miteinander vertauschbar, sondern ganz allgemein: Funktionen der gleichen Matrix, insbesondere Polynome, ferner auch Funktionen, die durch Potenzreihen der gleichen Matrix definiert sind. Voraussetzung ist allerdings, daß die beteiligten Matrizenpotenzreihen einen gemeinsamen Konvergenzbereich besitzen. Schließlich läßt sich nach der Eigenwerttheorie der Funktionsbegriff auch allgemeiner fassen, so daß eine konvergente Potenzreihe gar nicht existieren muß. Insbesondere läßt sich eine aus der Eigenwerttheorie definierte Matrizenfunktion auch immer darstellen durch ein Matrizenpolynom vom Grade $\leq n - 1$. Wir beweisen zu diesem Zwecke den

Satz von Cayley-Hamilton: Jede quadratische Matrix A genügt ihrer eigenen charakteristischen Gleichung, d. h., es ist

$$p(A) = A^n + a_{n-1}A^{n-1} + \cdots + a_2 A^2 + a_1 A + a_0 \mathbf{1} = O, \tag{82}$$

wenn das charakteristische Polynom von A lautet

$$p(\lambda) = \det(\lambda\mathbf{1} - A) = \lambda^n + a_{n-1}\lambda^{n-1} + \cdots + a_2 \lambda^2 + a_1 \lambda + a_0. \tag{83}$$

Hiernach läßt sich zunächst A^n durch Potenzen von A mit einem Grad $= n - 1$ ausdrücken, aber nach Multiplikation der CAYLEY-HAMILTONschen Gleichung mit A auch A^{n+1}, indem man das darin vorkommende A^n wieder durch das Polynom vom Grade $= n - 1$ ausdrückt usf. Damit läßt sich jedes Polynom auch vom Grad $> n - 1$ durch ein Polynom vom Grade $= n - 1$ ausdrücken. Zum Beweis dieses Satzes gehen wir davon aus, daß die Elemente der adjungierten Matrix C_{adj} zur charakteristischen Matrix

$$C = C(\lambda) = \lambda\mathbf{1} - A \tag{84}$$

auf Grund ihrer Definition nur Polynome in λ vom Grade $= n - 1$ sein kann. Es kann also die Adjungierte C_{adj} durch konstante Matrizen $C_0 \ldots C_{n-1}$ folgendermaßen dargestellt werden

$$C_{\text{adj}} = C_0 + \lambda C_1 + \lambda^2 C_2 + \cdots + \lambda^{n-1} C_{n-1}. \tag{85}$$

Andererseits gilt

$$C\,C_{\text{adj}} = C_{\text{adj}}\,C = (\det C)\mathbf{1} = p(\lambda)\mathbf{1} \tag{86}$$

oder

$$(\lambda\mathbf{1} - A)(C_0 + \lambda C_1 + \lambda^2 C_2 + \cdots + \lambda^{n-1} C_{n-1})$$
$$= (\lambda^n + a_{n-1}\lambda^{n-1} + \cdots a_2 \lambda^2 + a_1 \lambda + a_0)\mathbf{1}. \tag{87}$$

Ein Koeffizientenvergleich der λ-Potenzen liefert folgende Matrizengleichungen

$$
\begin{array}{rcl|l}
& -A\,C_0 = a_0\mathbf{1} & & \mathbf{1} \\
C_0 & -A\,C_1 = a_1\mathbf{1} & & A \\
C_1 & -A\,C_2 = a_2\mathbf{1} & & A^2 \\
\vdots & \vdots & \vdots & \vdots \\
C_{n-2} & -A\,C = a_{n-1}\mathbf{1} & & A^{n-1} \\
C_{n-1} & = \mathbf{1} & & A^n
\end{array}
$$

Multipliziert man diese Gleichungen der Reihe nach mit den angegebenen wachsenden Potenzen von A und summiert sie auf, so erhält man, wie man sofort sieht, auf der linken Seite die Nullmatrix und rechts das Matrizenpolynom nach Gl. (82), womit die CAYLEY-HAMILTONsche Gleichung bewiesen ist.

Anhang 2

Die Formel von M. Woodbury für die Inverse einer geänderten Matrix

a) Die allgemeine Formel

Es soll zunächst eine recht allgemeine Formel bewiesen werden. Sonderfälle lassen sich dann leicht herleiten. Die Formel von M. Woodbury[1] lautet

$$(A + U S V_t)^{-1} = A^{-1} - A^{-1} U (S^{-1} + V_t A^{-1} U)^{-1} V_t A^{-1}.$$

Die Matrizen A und S seien quadratische nichtsinguläre Matrizen, ferner U und V rechteckige Matrizen, derart, daß die auftretenden Multiplikationen möglich sind. Außerdem soll auch die Inverse der Klammer auf der rechten Seite der obigen Gleichung existieren. Um die Formel zu beweisen, kann man die Gleichung mit $A + U S V_t$ von links multiplizieren (oder von rechts), dann muß sich die Einheitsmatrix ergeben. Unter Beachtung der Tatsache, daß $A^{-1} B^{-1} = (B A)^{-1}$ ist und durch Ausklammern erhält man

$$1 + U S V_t A^{-1} - (A + U S V_t) A^{-1} U (S^{-1} + V_t A^{-1} U)^{-1} V_t A^{-1}$$
$$= 1 + [U S - (1 + U S V_t A^{-1}) U (S^{-1} + V_t A^{-1} U)^{-1}] V_t A^{-1}.$$

Es kann jetzt gezeigt werden, daß der Inhalt der eckigen Klammer eine Nullmatrix ergibt. Hierzu braucht man nur den Faktor $(S^{-1} + V_t A^{-1} U)^{-1}$ auszuklammern, und, damit dies möglich ist, den 1. Term geeignet zu erweitern; alsdann heben sich die Glieder in der verbleibenden Klammer zur Nullmatrix O auf.

b) Die Formel für den Fall, daß $S = s$ (eine skalare Größe) ist

Ist $S = s$ eine skalare Größe, dann sind $U = u$ und $V = v$ Spaltenvektoren, und die zu invertierende Klammer in der Woodbury-Formel ist in diesem Fall ebenfalls eine skalare Größe. Die Formel hat unter diesen Bedingungen die einfache Gestalt

$$(A + u s v_t)^{-1} = A^{-1} + \frac{(A^{-1} u)(v_t A^{-1})}{s^{-1} + v_t A^{-1} u}.$$

Hierbei ist es zweckmäßig, die Klammern im Zähler des 2. Terms zu beachten, da z. B. eine vorherige Berechnung des dyadischen Produktes

---

[1] Zur Formel von M. Woodbury vgl. A. S. Householder [15] S. 79 und 83, wo auch einige rechentechnische Bemerkungen zu finden sind. Die Formel ist dort ohne Beweis mitgeteilt. Weitere Formeln zur Ermittlung einer abgeänderten Inversen von Sherman-Morrison und Bartlett findet man bei E. Bodewig [32] S. 32—34. Die Woodbury-Formel wurde auch von R. Baumann [12.3] zur Änderung von Inversen bei Netzberechnungen angewandt.

$u\,v_t$ erheblich mehr Multiplikationen erfordert. In einigen Anwendungsfällen ist es außerdem auch zweckmäßig $s = 1$ zu setzen und einen etwa auftretenden skalaren Faktor in u oder v mit einzubeziehen.

Ein interessanter Sonderfall ist derjenige, daß in A nur das in der i-ten Zeile und k-ten Spalte stehende Element a_{ik} *geändert* wird. In diesem Fall ist zu setzen:

$$s = \Delta a_{ik},$$
$$u = e_i$$

und
$$v = e_k.$$

Hierbei sind e_i und e_k Spaltenvektoren, die ausschließlich aus Nullen bestehen, mit Ausnahme des i-ten bzw. k-ten Elementes, das gleich Eins zu setzen ist. Im Nenner der vereinfachten WOODBURY-Formel wird durch den Ausdruck $e_{i_t}\,A^{-1}\,e_k$ das in der i-ten Zeile und k-ten Spalte stehende Element der Inversen A^{-1} *ausgeblendet*. Wenn wir dieses Element mit α_{ik} bezeichnen, ergibt sich hieraus der Satz, daß die Inverse der abgeänderten Matrix singulär wird, wenn

$$\Delta a_{ik} = -1/\alpha_{ik}$$

gesetzt wird.

Anhang 3

1. Tabelle einiger häufig vorkommender 2-Port-Matrizen

Für die Benutzung der nachstehenden Tabellen ist folgendes zu beachten: Zur Vermeidung von Bruchstrichen (bzw. von negativen Potenzen) ist an entsprechenden Stellen $y = 1/z$ bzw. $y_i = 1/z_i$ gesetzt worden. Nicht existierende Matrizen sind durch das Symbol ∞ gekennzeichnet (da bei der formellen Berechnung der betreffenden Matrix zumindest eines dieser Elemente den Wert ∞ ergibt). In den Gleichungen, welche Schaltungen mit Transformatoren beschreiben, sind grundsätzlich ideale Transformatoren mit *komplexem* Übersetzungsverhältnis angenommen (mit Rücksicht auf Mit- und Gegensystemersatzschaltungen von phasendrehenden Transformatoren).

2. Tabelle der C-Admittanzmatrizen von einigen Dreiphasen-6-Port-Netzwerken

Wird ein Dreiphasensystem (R, S, T, n) unsymmetrisch belastet durch einen 3-Port (der in diesem Fall ein Vierpol ist), so können dessen Eigenschaften zweckmäßig durch die Y-Matrix des 3-Ports beschrieben werden (Abb. A 3.1). Die gleiche Matrix tritt in der für das $RSTn$-System (das man als 6-Port auffassen kann) gültigen Kettenmatrix L als Untermatrix C auf. In diesem Fall, wenn also die *Längsimpedanzen*

	Z	Y	L
1. z	∞	$\begin{pmatrix} y & -y \\ -y & y \end{pmatrix}$	$\begin{pmatrix} 1 & z \\ 0 & 1 \end{pmatrix}$
2. z	$\begin{pmatrix} z & z \\ z & z \end{pmatrix}$	∞	$\begin{pmatrix} 1 & 0 \\ y & 1 \end{pmatrix}$
3. $z_1,\ z_2$	$\begin{pmatrix} z_1 + z_2 & z_2 \\ z_2 & z_2 \end{pmatrix}$	$\begin{pmatrix} y_1 & -y_1 \\ -y_1 & y_1 + y_2 \end{pmatrix}$	$\begin{pmatrix} 1 + z_1 y_2 & z_1 \\ y_2 & 1 \end{pmatrix}$
4. $z_1,\ z_2$	$\begin{pmatrix} z_2 & z_2 \\ z_2 & z_1 + z_2 \end{pmatrix}$	$\begin{pmatrix} y_1 + y_2 & -y_1 \\ -y_1 & y_1 \end{pmatrix}$	$\begin{pmatrix} 1 & z_1 \\ y_2 & 1 + z_1 y_2 \end{pmatrix}$
5. $z_1,\ z_2,\ z_3$	$\hat{z}\begin{pmatrix} 1 + z_1 y_3 & 1 \\ 1 & 1 + z_1 y_2 \end{pmatrix}$ $\hat{z} = (y_2 + y_3 + z_1 y_2 y_3)^{-1}$	$y_1\begin{pmatrix} 1 + z_1 y_2 & -1 \\ -1 & 1 + z_1 y_3 \end{pmatrix}$	$\begin{pmatrix} 1 + z_1 y_3 & z_1 \\ y_2 + y_3 + z_1 y_2 y_3 & 1 + z_1 y_2 \end{pmatrix}$
6. $z_1,\ z_2,\ z_3$	$z_3\begin{pmatrix} 1 + z_1 y_3 & 1 \\ 1 & 1 + z_2 y_3 \end{pmatrix}$	$\hat{y}\begin{pmatrix} 1 + z_2 y_3 & -1 \\ -1 & 1 + z_1 y_3 \end{pmatrix}$ $\hat{y} = (z_1 + z_2 + z_1 z_2 y_3)^{-1}$	$\begin{pmatrix} 1 + z_1 y_3 & z_1 + z_2 + z_1 z_2 y_3 \\ y_3 & 1 + z_2 y_3 \end{pmatrix}$
7. *Idealer Transformator (mit komplexem Übersetzungsverhältnis)* $1:w$	∞	∞	$\begin{pmatrix} w^{-1} & 0 \\ 0 & w^* \end{pmatrix}$

	Schaltung			
8.	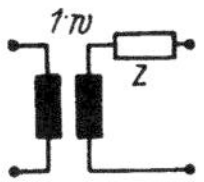 1:n, Z	∞	$y\begin{pmatrix} \lvert w\rvert^2 & -w^* \\ -w & 1 \end{pmatrix}$	$\begin{pmatrix} w^{-1} & z\,w^{-1} \\ 0 & w^* \end{pmatrix}$
9.	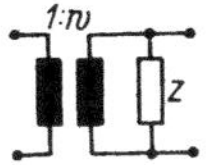 1:n, Z	$z\begin{pmatrix} \lvert w\rvert^{-2} & w^{-1} \\ w^{*-1} & 1 \end{pmatrix}$	∞	$\begin{pmatrix} w^{-1} & 0 \\ y\,w^* & w^* \end{pmatrix}$
10.	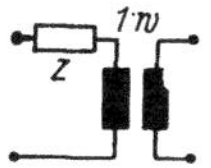 Z, 1:n	∞	$y\begin{pmatrix} 1 & -w^{-1} \\ -w^{*-1} & \lvert w\rvert^{-2} \end{pmatrix}$	$\begin{pmatrix} w^{-1} & z\,w^* \\ 0 & w^* \end{pmatrix}$
11.	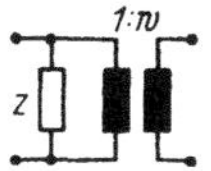 1:n, z	$z\begin{pmatrix} 1 & w^* \\ w & \lvert w\rvert^2 \end{pmatrix}$	∞	$\begin{pmatrix} w^{-1} & 0 \\ y\,w^{-1} & w^* \end{pmatrix}$
12.	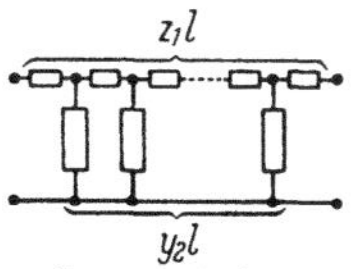 $z_1 l$, $y_2 l$ — Homogene Leitung	$Z\begin{pmatrix} \coth\gamma l & \dfrac{1}{\sinh\gamma l} \\[2mm] \dfrac{1}{\sinh\gamma l} & \coth\gamma l \end{pmatrix}$ $Z=\sqrt{\dfrac{z_1}{y_2}}=$ Wellenwiderstand	$Y\begin{pmatrix} \coth\gamma l & \dfrac{-1}{\sinh\gamma l} \\[2mm] \dfrac{-1}{\sinh\gamma l} & \coth\gamma l \end{pmatrix}$ $\gamma=\sqrt{z_1 y_2}$	$\begin{pmatrix} \cosh\gamma l & Z\sinh\gamma l \\[2mm] Y\sinh\gamma l & \cosh\gamma l \end{pmatrix}$
13.	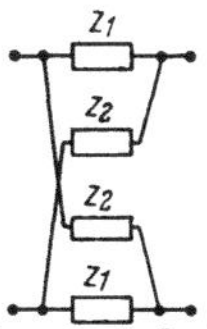 z_1, z_2, z_2, z_1 — Symmetrische Brücke	$\begin{pmatrix} \dfrac{z_1+z_2}{2} & \dfrac{z_2-z_1}{2} \\[2mm] \dfrac{z_2-z_1}{2} & \dfrac{z_1+z_2}{2} \end{pmatrix}$	$\begin{pmatrix} \dfrac{y_1+y_2}{2} & \dfrac{y_1-y_2}{2} \\[2mm] \dfrac{y_1-y_2}{2} & \dfrac{y_1+y_2}{2} \end{pmatrix}$	$\dfrac{1}{z_2-z_1}\begin{pmatrix} z_1+z_2 & 2z_1 z_2 \\[2mm] 2 & z_1+z_2 \end{pmatrix}$

	Z	Y	L
14. Allgemeine Brücke	$\hat{z}^{-1}\begin{pmatrix} (z_1+z_2)(z_3+z_4) & z_2 z_4 - z_1 z_3 \\ z_2 z_4 - z_1 z_3 & (z_1+z_4)(z_2+z_3) \end{pmatrix}$ $\hat{z} = z_1 + z_2 + z_3 + z_4$	$\hat{y}^{-1}\begin{pmatrix} (y_1+y_4)(y_2+y_3) & y_2 y_4 - y_1 y_3 \\ y_2 y_4 - y_1 y_3 & (y_1+y_2)(y_3+y_4) \end{pmatrix}$ $\hat{y} = y_1 + y_2 + y_3 + y_4$	$\begin{pmatrix} \dfrac{(z_1+z_2)(z_3+z_4)}{z_2 z_4 - z_1 z_3} & \dfrac{\hat{y}}{y_1 y_3 - y_2 y_1} \\ \dfrac{\hat{z}}{z_2 z_4 - z_1 z_3} & \dfrac{(y_1+y_4)(y_2+y_3)}{y_1 y_3 - y_2 y_4} \end{pmatrix}$
15. Idealer Spannungsverstärker [1]	∞	∞	$\begin{pmatrix} \dfrac{1}{\mu} & 0 \\ 0 & 0 \end{pmatrix}$
16. Idealer Stromverstärker [2]	∞	∞	$\begin{pmatrix} 0 & 0 \\ 0 & \dfrac{1}{\lambda} \end{pmatrix}$
17. Allgemeiner Spannungsverstärker [3]	$\begin{pmatrix} z_1 & 0 \\ \mu z_1 & z_2 \end{pmatrix}$	$\begin{pmatrix} y_1 & 0 \\ -\mu y_2 & y_2 \end{pmatrix}$	$\begin{pmatrix} \mu^{-1} & z_2 \mu^{-1} \\ y_1 \mu^{-1} & y_1 z_2 \mu^{-1} \end{pmatrix}$
18. Idealer Gyrator	$\begin{pmatrix} 0 & -s^* \\ s & 0 \end{pmatrix}$	$\begin{pmatrix} 0 & s^{-1} \\ -s^{*-1} & 0 \end{pmatrix}$	$\begin{pmatrix} 0 & s^* \\ s^{-1} & 0 \end{pmatrix}$

[1] $1:\mu$ [2] $1:\lambda$ [3] $1:\mu$

verschwinden, hat die Kettenmatrix die Struktur

$$L = \begin{pmatrix} 1 & O \\ C & 1 \end{pmatrix}.$$

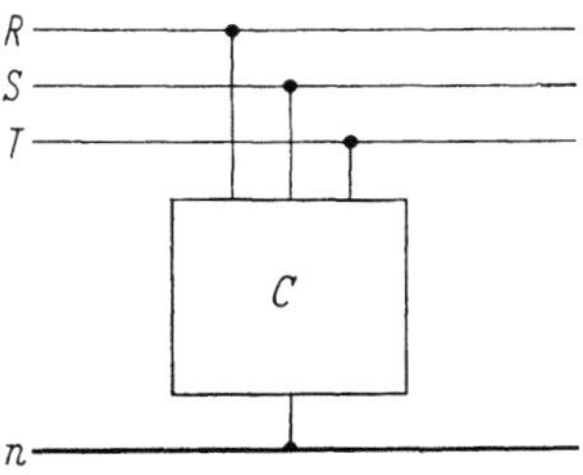

Es genügt dann also, die Matrix C zu kennen, um die zugehörige Kettenmatrix bilden zu können. Kettenmatrizen für komplizierte Gebilde in einem Drehstromsystem können dann auch leicht multiplikativ zusammengesetzt werden. In den Fällen, wo nur Längsimpedanzen (auch mit gegenseitigen Kopplungen) auftreten, aber keine *Queradmittanzen* vorhanden sind, hat die Kettenmatrix die Struktur

Abb. A 3.1. Die Admittanzmatrix eines 3-Portes ist gleichzeitig eine C-Untermatrix der L-Matrix des entsprechenden 6-Portes des Dreiphasensystems

$$L = \begin{pmatrix} 1 & B \\ O & 1 \end{pmatrix}.$$

B ist dann eine Impedanzmatrix für den zugeordneten 3-Port. Im trivialen Fall dreier entkoppelter Längsimpedanzen ist B eine Diagonalmatrix mit den drei Impedanzen in der Hauptdiagonale.

In der nachstehenden Tabelle sind Y- bzw. C-Matrizen für einige häufig vorkommende Dreiphasenbelastungen wiedergegeben.

		Y bzw. C
19.		$\begin{pmatrix} y_R & 0 & 0 \\ 0 & y_S & 0 \\ 0 & 0 & y_T \end{pmatrix}$
20.		$\begin{pmatrix} y_{TR} + y_{RS} & -y_{RS} & -y_{TR} \\ -y_{RS} & y_{RS} + y_{ST} & -y_{ST} \\ -y_{TR} & -y_{ST} & y_{ST} + y_{TR} \end{pmatrix}$
21.		$\hat{y}^{-1}\begin{pmatrix} (y_T y_R + y_R y_S) & -y_R y_S & -y_T y_R \\ -y_R y_S & y_R y_S + y_S y_T & -y_S y_T \\ -y_T y_R & -y_S y_T & y_S y_T + y_T y_R \end{pmatrix}$ $\hat{y} = y_R + y_S + y_T$
22.		$\hat{y}^{-1}\begin{pmatrix} y_R(y_0 + y_S + y_T) & -y_R y_S & -y_T y_R \\ -y_R y_S & y_S(y_0 + y_T + y_R) & -y_S y_T \\ -y_T y_R & y_S y_T & y_T(y_0 + y_R + y_S) \end{pmatrix}$ $\hat{y} = y_0 + y_R + y_S + y_T$

Anhang 4

Ersatzschaltung zur Darstellung von Kurzschlüssen, Erdschlüssen, Unterbrechungen und Lasten in Zwei- und Dreiphasensystemen in normierten symmetrischen und $\alpha\beta$ 0-Komponenten

Bei Benutzung der Ersatzschaltungen ist folgendes zu beachten:

1. Bezüglich der Spannungs- und Strompfeile gelten einheitlich für die Darstellung im Originalsystem (RST) wie auch in den normierten symmetrischen und $\alpha\beta$0-Komponenten folgende Definitionen:

a) Die Spannungspfeile am Kurzschluß- bzw. Erdschlußort weisen vom betrachteten Leiter zum Nulleiter bzw. zur Rückleitung (vgl. hierzu U_R in Abb. A 4.1).

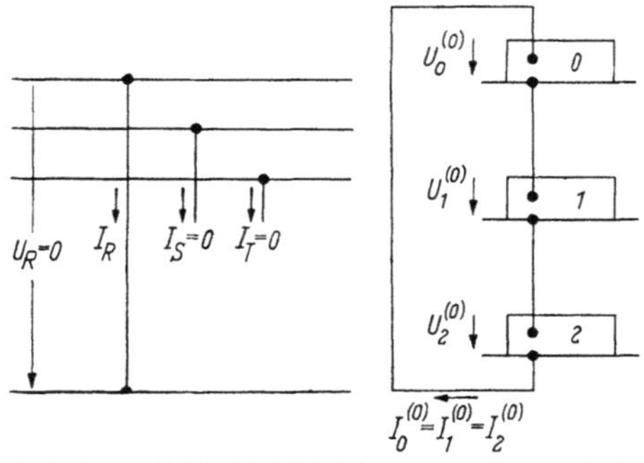

Abb. A 4.1. Fehlerschaltung für einen Erdschluß in der Phase R und dazugehörige Ersatzschaltung in (normierten) symmetrischen Komponenten

b) Die Strompfeile zur Definition der Kurzschluß- (Erdschluß-) Ströme sind so definiert, daß die aus dem betrachteten Leiter herausfließenden Ströme positiv gezählt werden. Bei Erdschlüssen sind diese Pfeile parallel den Spannungspfeilen (vgl. hierzu I_R, I_S, I_T, Abb. A 4.1).

c) Die Spannungspfeile zur Definition der Spannungsabfälle bei Unterbrechungen weisen immer nach rechts.

d) Die Strompfeile zur Definition der Leiterströme bei Unterbrechungen weisen ebenfalls immer nach rechts.

Da *normierte* Komponenten benutzt wurden, konnte erreicht werden, daß in den Komponentennetzen bei Originalspannungen Originalströme fließen (d. h., diese sind nicht mit einem Faktor multipliziert), im Gegensatz zu E. CLARKE, wo im Nullsystemnetzwerk mit $Z_0/2$ bei U_0 die Ströme $2I_0$ fließen.

2. Bei Nachbildung von *Simultanfehlern in symmetrischen* Komponenten ist zu beachten, daß zur galvanisch unabhängigen Darstellung der zweiten und weiteren Fehler ideale Übertrager eingeführt werden müssen (vgl. hierzu Abb. A 4.2).

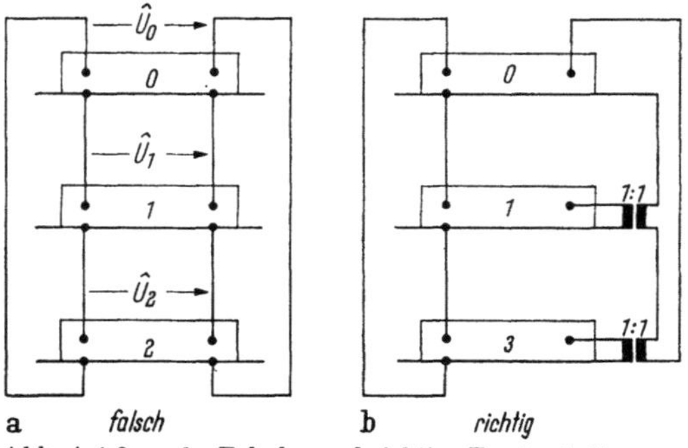

Abb. A 4.2a u. b. Falsche und richtige Ersatzschaltungen für gleichzeitige Erdschlüsse in der Phase R an verschiedenen Orten

3. Die *Gleichungen* gelten nur für *normierte* Komponentensysteme, während die *Ersatzschaltungen* auch für *nichtnormierte Systeme* Gültigkeit haben.

 4. Die treibenden Spannungen in normierten Komponenten in den Generatoren der Komponentennetzwerke erhält man dadurch, daß man die (in UV und RST) symmetrischen Spannungen

$$E_U = E_U, \qquad E_R = E_R,$$
$$E_V = -E_U, \qquad E_S = a^2 E_R,$$
$$E_T = a E_R$$

in die inversen Gln. (1 b) und (16 b), Kap. 11.2, einsetzt. Dann erhält man

a) Für das Zweiphasensystem

$$U_0^{(0)} = 0$$
$$U_1^{(0)} = \sqrt{2}\, E_U$$

b) Für das Dreiphasensystem in normierten symmetrischen Komponenten

$$U_0^{(0)} = 0$$
$$U_1^{(0)} = \sqrt{3}\, E_R$$
$$U_2^{(0)} = 0$$

c) Für das Dreiphasensystem in normierten $\alpha\beta 0$-Komponenten

$$U_0^{(0)} = 0$$
$$U_\alpha^{(0)} = \sqrt{\frac{3}{2}}\, E_R$$
$$U_\beta^{(0)} = -j \sqrt{\frac{3}{2}}\, E_R$$

Für die Berechnung und Messung der von Generatoren abgegebenen Wirk- (Blind-) Leistung[1] gilt folgendes:

Es brauchen nur diejenigen Wirk- (Blind-) Leistungen in den Systemnetzwerken berücksichtigt zu werden, in welchen die treibenden Spannungen nicht verschwinden, also unter Voraussetzung symmetrischer Einspeisungen

im Zweiphasensystem: nur im Hauptsystem,

im Dreiphasensystem: bei symmetrischen Komponenten nur im Mitsystem, bei $\alpha\beta 0$-Komponenten nur im α- und β-System.

Die (in RST) abgegebene Leistung ist dann gleich der Summe dieser Leistungen [vgl. Gl. (2), Kap. 11.2.1]. Das gleiche gilt auch für die Klemmen der Generatoren, sofern die Reaktanzen als verlustfrei angenommen werden können.

---

[1] Zum Beispiel bei Untersuchungen der dynamischen Stabilität nach der Methode der schrittweisen Integration (Kap. 13.1).

1. Kurzschlüsse, Erdschlüsse und Unterbrechungen im Zweiphasensystem

	Kurz-bezeich-nung	Fehlerschaltung in UV	Bedingungen an der Fehlerstelle in UV für		Bedingungen an der Fehlerstelle in 01 für		Fehlerschaltung in 01
			U	I	U	I	
1.	$E(U)$	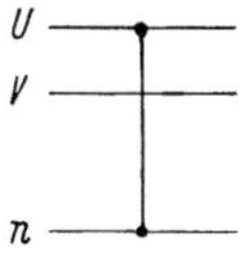	$U_U = 0$	$I_V = 0$	$U_0 = U_1$	$I_0 = I_1$	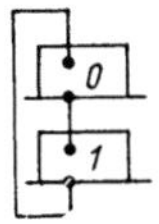
2.	$E(V)$	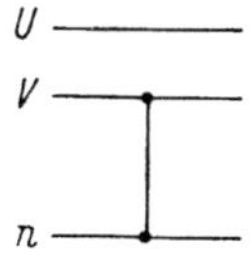	$U_V = 0$	$I_U = 0$	$U_0 = U_1$	$I_0 = -I_1$	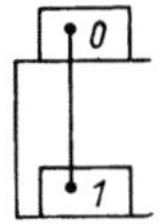
3.	$K(UV)$	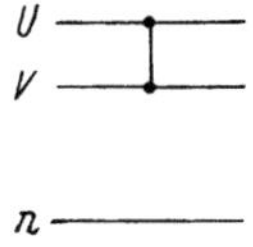	$U_U = U_V$	$I_U = I_V$	$U_1 = 0$	$I_0 = 0$	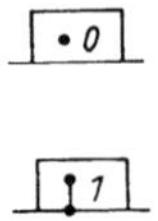
4.	$E(UV)$	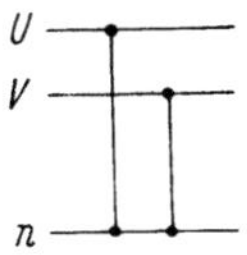	$U_U = U_V = 0$	—	$U_0 = U_1 = 0$	—	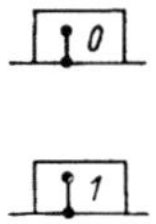

5.	$U(U)$	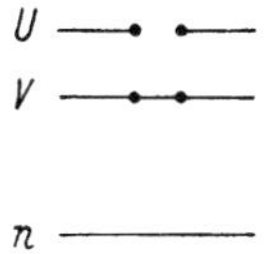 U, V, n	$U_V = 0$	$I_U = 0$	$U_0 = U_1$	$I_0 = -I_1$ 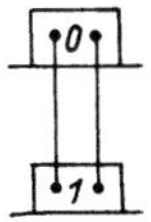
6.	$U(V)$	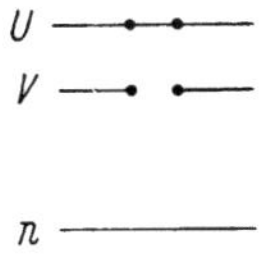 U, V, n	$U_U = 0$	$I_V = 0$	$U_0 = -U_1$	$I_0 = I_1$ 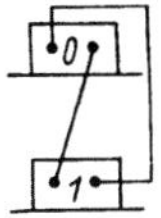
7.	$U(UV)$	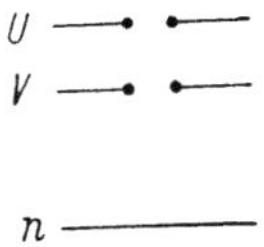 U, V, n	—	$I_U = I_V = 0$	—	$I_0 = I_1 = 0$ 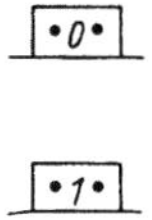

2. Kurzschlüsse, Erdschlüsse und Unterbrechung im Dreiphasensystem. Darstellung in symmetrischen Komponenten

Kurz-bezeich-nung	Fehlerschaltung in RST	Bedingungen an der Fehlerstelle in RST für		Bedingungen an der Fehlerstelle in 012 für		Fehlerschaltung in 012
		U	I	U	I	
8. $E(R)$	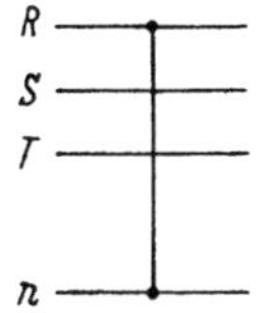	$U_R = 0$	$I_S = I_T = 0$	$U_0 + U_1 + U_2 = 0$	$I_0 = I_1 = I_2$	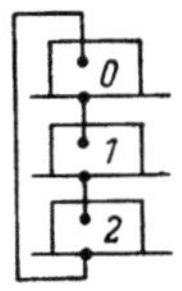
9. $E(ST)$	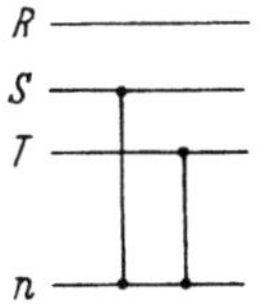	$U_S = U_T = 0$	$I_R = 0$	$U_0 = U_1 = U_2$	$I_0 + I_1 + I_2 = 0$	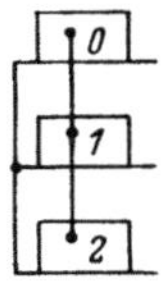
10. $K(ST)$	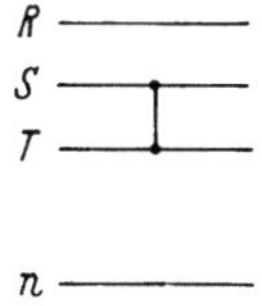	$U_S = U_T$	$I_S + I_T = 0$ $I_R = 0$	$U_1 = U_2$	$I_0 = 0$ $I_1 + I_2 = 0$	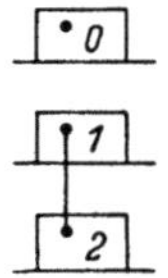
11. $E(RST)$	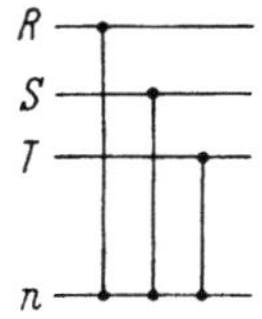	$U_R = U_S = U_T = 0$	—	$U_0 = U_1 = U_3 = 0$	—	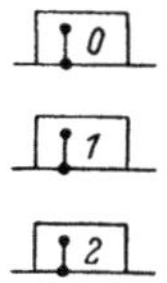

12.	$K(RST)$	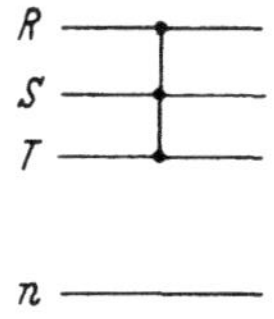	$U_R = U_S = U_T$	$I_R + I_S + I_T = 0$	$U_1 = U_2 = 0$	$I_0 = 0$ 
13.	$U(R)$	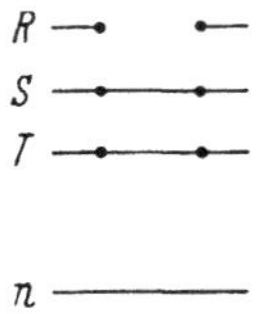	$U_S = U_T = 0$	$I_R = 0$	$U_0 = U_1 = U_2$	$I_0 + I_1 + I_2 = 0$ 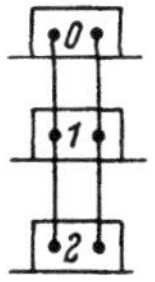
14.	$U(ST)$	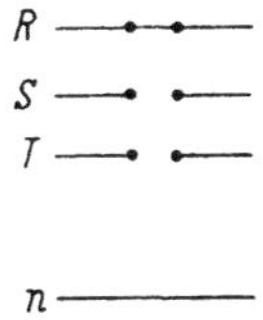	$U_R = 0$	$I_S = I_T = 0$	$U_0 + U_1 + U_2 = 0$	$I_0 = I_1 = I_2$ 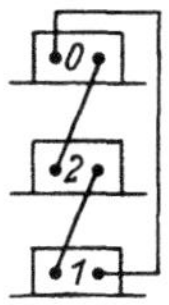
15.	$U(RST)$	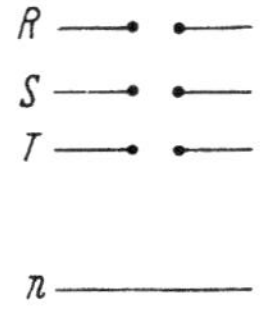	$-$	$I_R = I_S = I_T = 0$	$-$	$I_0 = I_1 = I_2 = 0$ 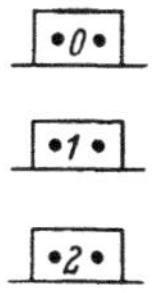

16*

3. Kurzschlüsse, Erdschlüsse und Unterbrechungen im Dreiphasensystem. Darstellung in $\alpha\beta$ 0-Komponenten.

	Kurz-bezeich-nung	Fehlerschaltung in RST	Bedingungen an der Fehlerstelle in RST für		Bedingungen an der Fehlerstelle in $0\alpha\beta$ für		Fehlerschaltung in $0\alpha\beta$
			U	I	U	I	
16.	$E(R)$	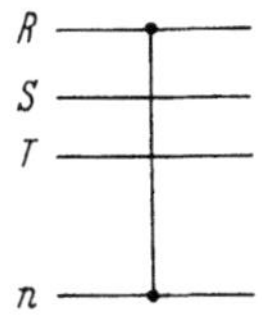	$U_R = 0$	$I_S = I_T = 0$	$\dfrac{U_\alpha}{U_0} = -\dfrac{1}{\sqrt{2}}$	$\dfrac{I_\alpha}{I_0} = \dfrac{\sqrt{2}}{1}$	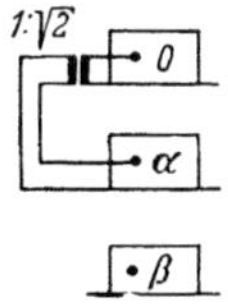
17.	$E(S)$	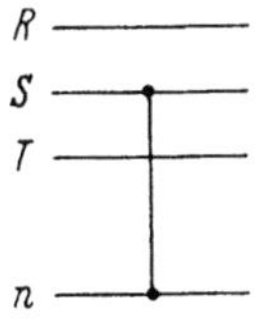	$U_S = 0$	$I_R = I_T = 0$	$\sqrt{2}\,U_0 = U_\alpha + \sqrt{3}\,U_\beta = 0$	$\sqrt{3}\,I_\alpha + I_\beta = 0$ $\sqrt{2}\,I_\alpha + I_0 = 0$	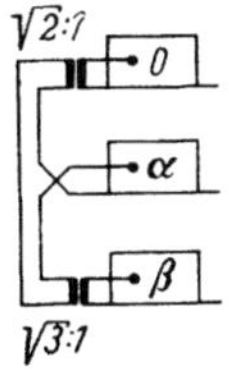
18.	$E(T)$	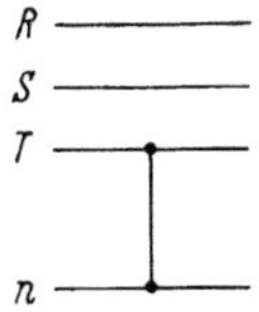	$U_T = 0$	$I_R = I_S = 0$	$\sqrt{2}\,U_0 = U_\alpha - \sqrt{3}\,U_\beta = 0$	$\sqrt{3}\,I_\alpha - I_\beta = 0$ $\sqrt{2}\,I_\alpha + I_0 = 0$	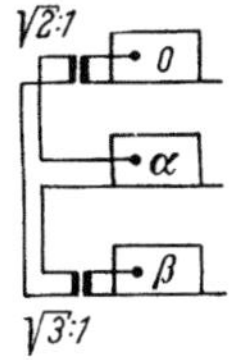

19.	$E(RS)$	R S T n	$U_R = U_S = 0$	$I_T = 0$	$\sqrt{3}\,U_\alpha - U_\beta = 0$ $\sqrt{2}\,U_\alpha + U_0 = 0$	$\sqrt{2}\,I_0 - I_\alpha - \sqrt{3}\,I_\beta = 0$	$1{:}\sqrt{2}$, 0, α, β, $1{:}\sqrt{3}$
20.	$E(ST)$	R S T n	$U_S = U_T = 0$	$I_R = 0$	$\dfrac{U_\alpha}{U_0} = \dfrac{\sqrt{2}}{1}$ $U_\beta = 0$	$\dfrac{I_\alpha}{I_0} = -\dfrac{1}{\sqrt{2}}$	$\sqrt{2}{:}1$, 0, α, β
21.	$E(TR)$	R S T n	$U_T = U_R = 0$	$I_S = 0$	$\sqrt{3}\,U_\alpha + U_\beta = 0$ $\sqrt{2}\,U_\alpha + U_0 = 0$	$\sqrt{2}\,I_0 - I_\alpha + \sqrt{3}\,I_\beta = 0$	$1{:}\sqrt{2}$, 0, α, β, $1{:}\sqrt{3}$
22.	$K(RS)$	R S T n	$U_R = U_S$	$I_R + I_S = 0$ $I_T = 0$	$\dfrac{U_\alpha}{U_\beta} = \dfrac{1}{\sqrt{3}}$	$-\dfrac{I_\alpha}{I_\beta} = -\sqrt{3}$	0, α, β, $1{:}\sqrt{3}$

3. Kurzschlüsse, Erdschlüsse und Unterbrechungen im Dreiphasensystem. Darstellung in $\alpha\,\beta$ 0-Komponenten. (*Fortsetzung*)

	Kurz-bezeich-nung	Fehlerschaltung in RST	Bedingungen an der Fehlerstelle in RST für		Bedingungen an der Fehlerstelle in $0\,\alpha\,\beta$ für		Fehlerschaltung in $0\,\alpha\,\beta$
			U	I	U	I	
23.	$K(ST)$	R, S, T, n	$U_S = U_T$	$I_S + I_T = 0$ $I_R = 0$	$U_\beta = 0$	$I_\alpha = 0$ $I_0 = 0$	
24.	$K(TR)$	R, S, T, n	$U_T = U_R$	$I_T + I_R = 0$ $I_S = 0$	$\dfrac{U_\alpha}{U_\beta} = -\dfrac{1}{\sqrt{3}}$	$\dfrac{I_\alpha}{I_\beta} = \sqrt{3}$	$1{:}\sqrt{3}$
25.	$E(RST)$	R, S, T, n	$U_R = U_S = U_T = 0$	—	$U_\alpha = U_\beta = U_0 = 0$	—	
26.	$K(RST)$	R, S, T, n	$U_R = U_S = U_T$	$I_R + I_S + I_T = 0$	$U_\alpha = U_\beta = 0$	$I_0 = 0$	

		R S T n					Schaltung
27.	$U(R)$	R, S, T, n	$U_S = U_T = 0$	$I_R = 0$	$\dfrac{U_\alpha}{U_0} = \dfrac{\sqrt{2}}{1}$; $U_\beta = 0$	$\dfrac{I_\alpha}{I_0} = -\dfrac{1}{\sqrt{2}}$	$\sqrt{2}:1$
28.	$U(S)$	R, S, T, n	$U_T = U_R = 0$	$I_S = 0$	$\dfrac{U_\alpha}{U_\beta} = -\dfrac{1}{\sqrt{3}}$; $\dfrac{U_\alpha}{U_0} = -\dfrac{1}{\sqrt{2}}$	$\sqrt{2}\,I_0 - I_\alpha + \sqrt{3}\,I_\beta = 0$	$\sqrt{3}:1 \quad 1:\sqrt{2}$
29.	$U(T)$	R, S, T, n	$U_R = U_S = 0$	$I_T = 0$	$\dfrac{U_\alpha}{U_\beta} = +\dfrac{1}{\sqrt{3}}$; $\dfrac{U_\alpha}{U_0} = -\dfrac{1}{\sqrt{2}}$	$\sqrt{2}\,I_0 - I_\alpha - \sqrt{3}\,I_\beta = 0$	$\sqrt{3}:1 \quad 1:\sqrt{2}$
30.	$U(RS)$	R, S, T, n	$U_T = 0$	$I_R = I_S = 0$	$\sqrt{2}\,U_0 - U_\alpha - \sqrt{3}\,U_\beta = 0$	$\dfrac{I_\alpha}{I_\beta} = \dfrac{1}{\sqrt{3}}$; $\dfrac{I_\alpha}{I_0} = -\dfrac{1}{\sqrt{2}}$	$1:\sqrt{3} \quad \sqrt{2}:1$

3. Kurzschlüsse, Erdschlüsse und Unterbrechungen im Dreiphasensystem. Darstellung in $0\,\alpha\,\beta$-Komponenten (*Fortsetzung*)

	Kurz-bezeich-nung	Fehlerschaltung in RST	Bedingungen an der Fehlerstelle in RST für		Bedingungen an der Fehlerstelle in $0\,\alpha\,\beta$ für		Fehlerschaltung in $0\,\alpha\,\beta$
			U	I	U	I	
31.	$U(ST)$	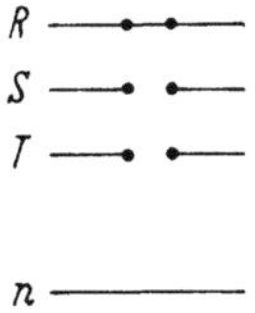 R —•—•— S —•—•— T —•—•— n ——	$U_R = 0$	$I_S = I_T = 0$	$\dfrac{U_\alpha}{U_0} = -\dfrac{1}{\sqrt{2}}$	$\dfrac{I_\alpha}{I_0} = \dfrac{\sqrt{2}}{1}$	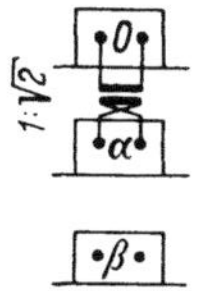 $1:\sqrt{2}$
32.	$U(TR)$	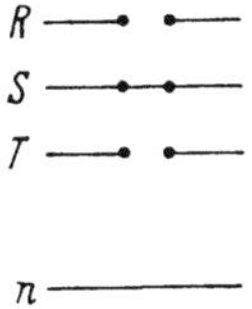 R —•—•— S —•—•— T —•—•— n ——	$U_S = 0$	$I_T = I_R = 0$	$\sqrt{2}\,U_0 - U_\alpha + \sqrt{3}\,U_\beta = 0$	$\sqrt{3}\,I_\alpha + I_\beta = 0$ $\sqrt{2}\,I_\alpha + I_0 = 0$	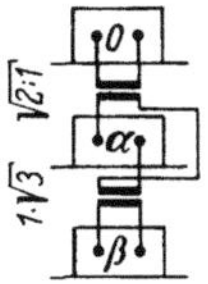 $1:\sqrt{3}$ $\sqrt{2}:1$
33.	$U(RST)$	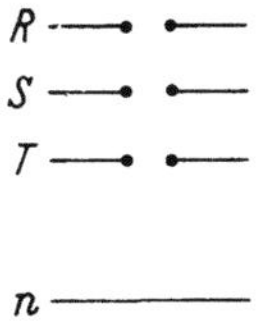 R —•—•— S —•—•— T —•—•— n ——	—	$I_R = I_S = I_T = 0$	—	$I_\alpha = I_\beta = I_0 = 0$	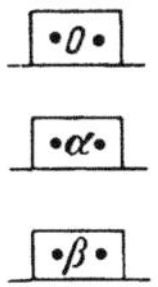

Unsymmetrische Lasten im Zweiphasensystem

	Kurzbezeichnung	Lastschaltung in $U\ V$	Bedingungen an der Laststelle in $U\ V$	Bedingungen an der Laststelle in 01	Lastschaltung in 01
34.	$L(U)$	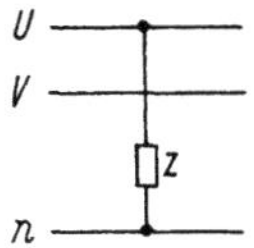	$U_U = z\,I_U$ $I_V = 0$	$U_0 + U_1 = 2z\,I_0$ $= 2z\,I_1$ $I_0 = I_1$	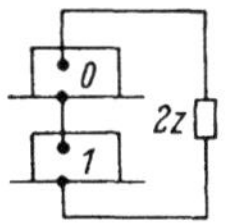
35.	$L(V)$	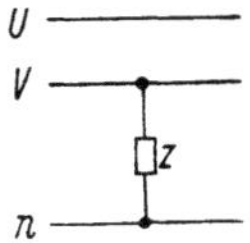	$U_V = z\,I_V$ $I_U = 0$	$U_0 - U_1 = 2z\,I_0$ $= -2z\,I_1$ $I_0 = -I_1$	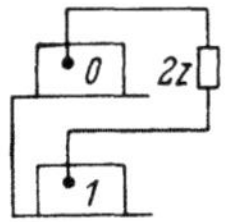
36.	$L(U\ V)$	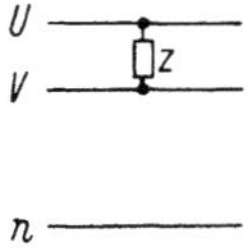	$U_U - U_V = z\,I_U$ $= -z\,I_V$ $I_U = -I_V$	$U_1 = \frac{z}{2}\,I_1$ $I_0 = 0$	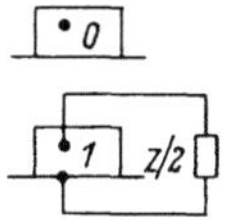
37.	$L(U)$, $L(V)$	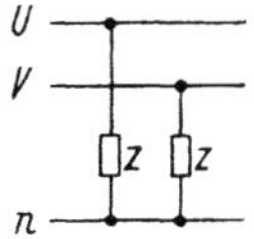	$U_U = z\,I_U$ $U_V = z\,I_V$	$U_0 = z\,I_0$ $U_1 = z\,I_1$	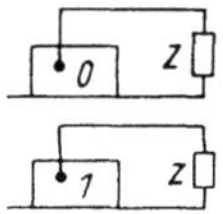

Unsymmetrische Lasten im Dreiphasensystem. Darstellung in symmetrischen Komponenten.

	Kurz-bezeich-nung	Lastschaltung in RST	Bedingungen an der Belastungsstelle in RST	Bedingungen an der Belastungsstelle in 012	Lastschaltung in 012
38.	$L(R)$	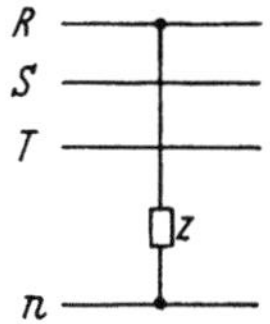	$\begin{aligned} I_S &= I_T = 0 \\ U_R &= z\,I_R \end{aligned}$	$\begin{aligned} I_0 &= I_1 = I_2 \\ U_0 + U_1 + U_2 &= 3z\,I_0 \\ &= 3z\,I_1 \\ &= 3z\,I_2 \end{aligned}$	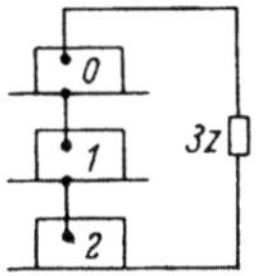
39.	$\begin{aligned} &L(S), \\ &L(T) \end{aligned}$	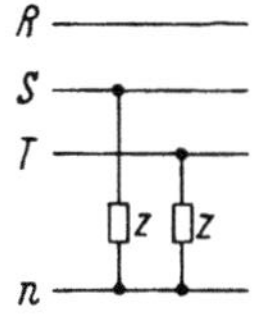	$\begin{aligned} I_R &= 0 \\ U_S &= z\,I_S \\ U_T &= z\,I_T \end{aligned}$	$\begin{aligned} I_0 + I_1 + I_2 &= 0 \\ 2U_0 - U_1 - U_2 &= 3z\,I_0 \\ -U_1 + 2U_1 - U_2 &= 3z\,I_1 \\ -U_1 - U_2 + 2U_2 &= 3z\,I_2 \end{aligned}$	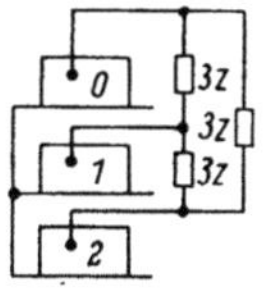
40.	$L(ST)$	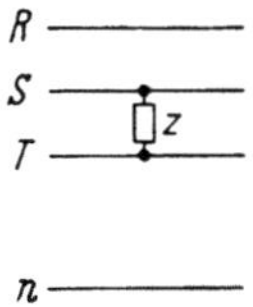	$\begin{aligned} I_R &= 0 \\ I_S + I_T &= 0 \\ U_S - U_T &= z\,I_S \\ &= -z\,I_T \end{aligned}$	$\begin{aligned} I_0 &= 0 \\ I_1 + I_2 &= 0 \\ U_1 - U_2 &= z\,I_1 \\ &= -z\,I_2 \end{aligned}$	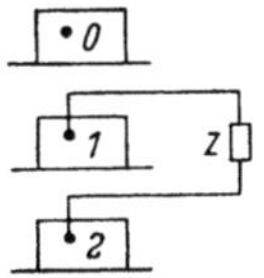
41.	$\begin{aligned} &L(R), \\ &L(S), \\ &L(T) \end{aligned}$	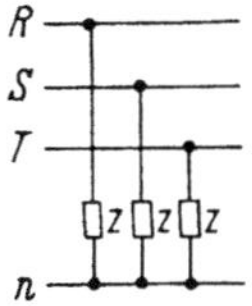	$\begin{aligned} U_R &= z\,I_R \\ U_S &= z\,I_S \\ U_T &= z\,I_T \end{aligned}$	$\begin{aligned} U_0 &= z\,I_0 \\ U_1 &= z\,I_1 \\ U_2 &= z\,I_2 \end{aligned}$	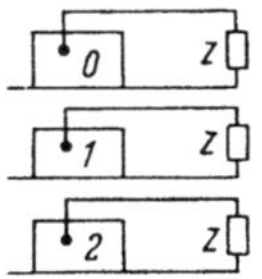

Lasten im Dreiphasensystem. Darstellung in symmetrischen Komponenten.

	Kurz-bezeich-nung	Lastschaltung in RST	Bedingungen an der Belastungsstelle in RST	Bedingungen an der Belastungsstelle in 012	Lastschaltung in 012
42.	$L(Rm)$ $L(Sm)$ $L(Tm)$		$U_R - U_S = z(I_R - I_S)$ $U_S - U_T = z(I_S - I_T)$ $U_T - U_R = z(I_T - I_R)$ $I_R + I_S + I_T = 0$	$U_1 = z\,I_1$ $U_2 = z\,I_2$ $I_0 = 0$	
43.	$L(RS)$ $L(ST)$ $L(TR)$		$U_R - U_S = \dfrac{z}{3}(I_R - I_S)$ $U_S - U_T = \dfrac{z}{3}(I_S - I_T)$ $U_T - U_R = \dfrac{z}{3}(I_T - I_R)$ $I_R + I_S + I_T = 0$	$U_1 = \dfrac{z}{3}\,I_1$ $U_2 = \dfrac{z}{3}\,I_2$ $I_0 = 0$	

Unsymmetrische Lasten im Dreiphasensystem. Darstellung in $\alpha\beta 0$-Komponenten.

	Kurz-bezeich-nung	Lastschaltung in RST	Bedingungen an der Belastungsstelle in RST	Bedingungen an der Belastungsstelle in $0\alpha\beta$	Lastschaltung in $0\alpha\beta$
44.	$L(R)$	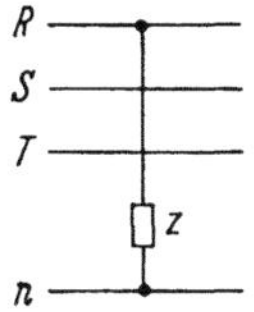	$I_S = I_T = 0$ $U_R = z\,I_R$	$\dfrac{I_\alpha}{I_0} = \dfrac{\sqrt{2}}{1}$ $2U_\alpha + U_0 = 3z\,I_0$ $= \dfrac{3}{\sqrt{2}}\,I_\alpha$	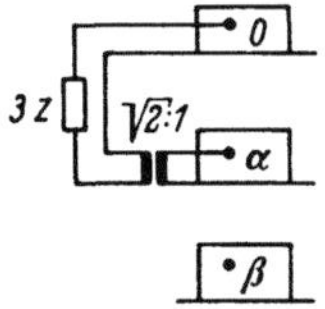
45.	$L(S)$	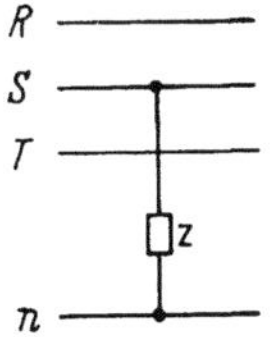	$I_R = I_T = 0$ $U_S = z\,I_S$	$\sqrt{3}\,I_\alpha + I_\beta = 0$ $\sqrt{2}\,I_\alpha + I_0 = 0$ $\sqrt{2}\,U_0 - U_\alpha + \sqrt{3}\,U_\beta = -6z\,I_\alpha$ $= 2\sqrt{3}\,z\,I_\beta$ $= 3\sqrt{2}\,z\,I_0$	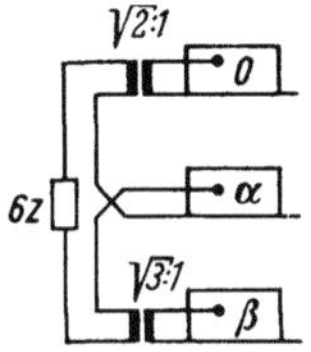
46.	$L(T)$	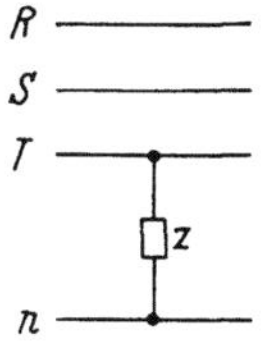	$I_R = I_S = 0$ $U_T = z\,I_T$	$3I_\alpha - I = 0$ $2I_\alpha + I_0 = 0$ $\sqrt{2}\,U_0 - U_\alpha - \sqrt{3}\,U_\beta = -6z\,I_\alpha$ $= -2\sqrt{3}\,z\,I_\beta$ $= 3\sqrt{2}\,z\,I_0$	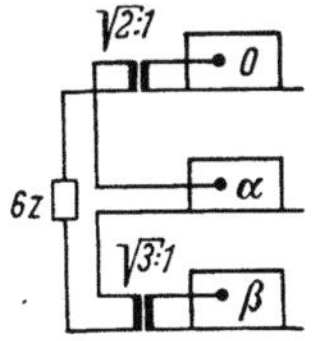

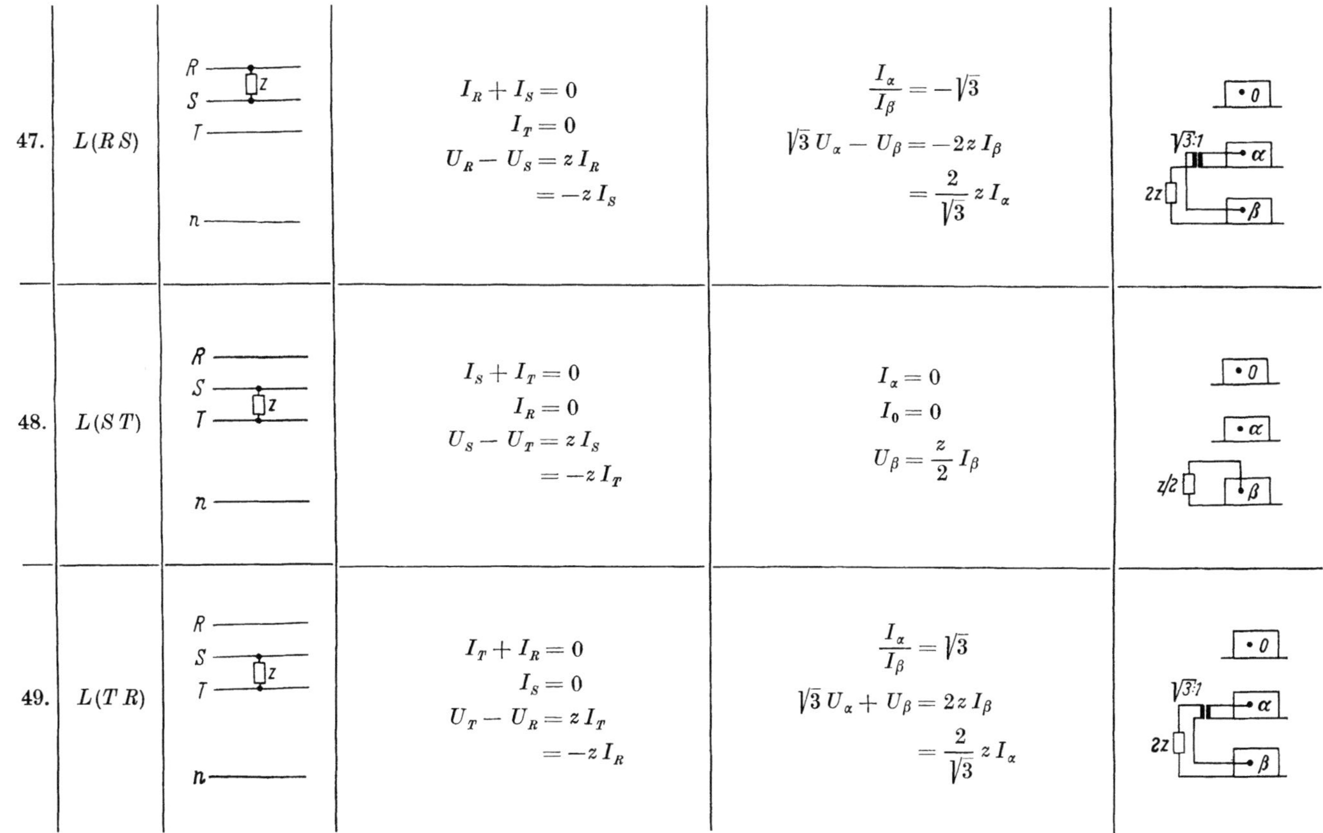

47.	$L(RS)$	$\begin{aligned} I_R + I_S &= 0 \\ I_T &= 0 \\ U_R - U_S &= z I_R \\ &= -z I_S \end{aligned}$	$\begin{aligned} \frac{I_\alpha}{I_\beta} &= -\sqrt{3} \\ \sqrt{3}\,U_\alpha - U_\beta &= -2z I_\beta \\ &= \frac{2}{\sqrt{3}} z I_\alpha \end{aligned}$	
48.	$L(ST)$	$\begin{aligned} I_S + I_T &= 0 \\ I_R &= 0 \\ U_S - U_T &= z I_S \\ &= -z I_T \end{aligned}$	$\begin{aligned} I_\alpha &= 0 \\ I_0 &= 0 \\ U_\beta &= \frac{z}{2} I_\beta \end{aligned}$	
49.	$L(TR)$	$\begin{aligned} I_T + I_R &= 0 \\ I_S &= 0 \\ U_T - U_R &= z I_T \\ &= -z I_R \end{aligned}$	$\begin{aligned} \frac{I_\alpha}{I_\beta} &= \sqrt{3} \\ \sqrt{3}\,U_\alpha + U_\beta &= 2z I_\beta \\ &= \frac{2}{\sqrt{3}} z I_\alpha \end{aligned}$	

Lasten im Dreiphasensystem. Darstellung in $\alpha\beta0$-Komponenten.

	Kurz-bezeich-nung	Lastschaltung in RST	Bedingungen an der Belastungsstelle in RST	Bedingungen an der Belastungsstelle in $0\alpha\beta$	Lastschaltung in $0\alpha\beta$
50.	$L(R)$, $L(S)$, $L(T)$	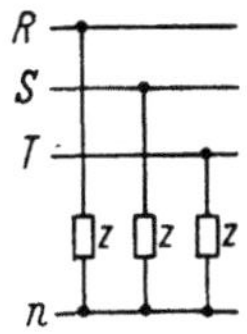	$U_R = z\,I_R$ $U_S = z\,I_S$ $U_T = z\,I_T$	$U_0 = z\,I_0$ $U_\alpha = z\,I_\alpha$ $U_\beta = z\,I_\beta$	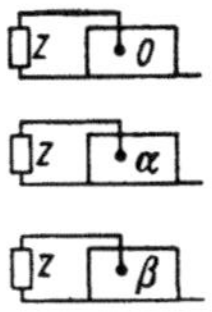
51.	$L(Rm)$, $L(Sm)$, $L(Tm)$	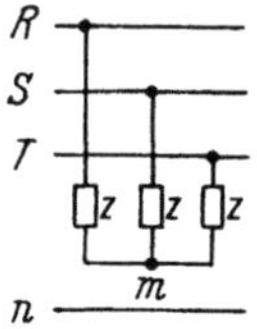	$U_R - U_S = z(I_R - I_S)$ $U_S - U_T = z(I_S - I_T)$ $U_T - U_R = z(I_T - I_R)$ $I_R + I_S + I_T = 0$	$I_0 = 0$ $U_0 = I_\alpha$ $U_0 = z\,I_\beta$	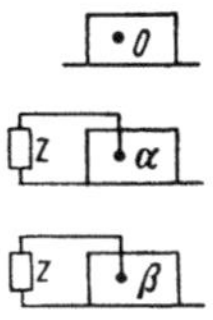
52.	$L(RS)$, $L(ST)$, $L(TR)$	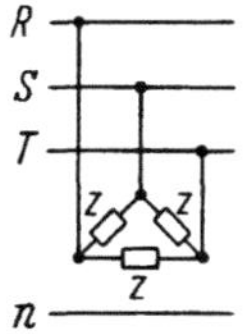	$U_R - U_S = \dfrac{z}{3}(I_R - I_S)$ $U_S - U_T = \dfrac{z}{3}(I_S - I_T)$ $U_T - U_R = \dfrac{z}{3}(I_T - I_R)$	$I_0 = 0$ $U_\alpha = \dfrac{z}{3}\,I_\alpha$ $U_\beta = \dfrac{z}{3}\,I_\beta$	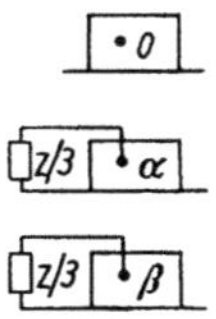

Literaturverzeichnis

I. Bücher

1. Praktische (numerische) Mathematik

a) *in deutscher Sprache*

[1] COLLATZ, L.: Handbuch der Physik. Bd. II, S. 369—470, Abschnitt „Numerische und graphische Methoden". Berlin/Göttingen/Heidelberg: Springer 1955.

[2] KÜNZI, H. P., W. KRELLE u. W. OETTLI: Nichtlineare Programmierung. Berlin/Göttingen/Heidelberg: Springer 1962.

[3] PERRON, O.: Die Lehre von den Kettenbrüchen. 3. Aufl. Bd. I, Elementare Kettenbrüche (1954); Bd. II, Analytisch-funktionentheoretische Kettenbrüche (1957). Stuttgart: B. G. Teubner.

[4] SCHULZ, G.: Formelsammlung zur praktischen Mathematik. Sammlung Göschen Bd. 1110. Berlin: W. de Gruyter u. Co. 1945.

[5] STIEFEL, E.: Einführung in die numerische Mathematik. Stuttgart: B. G. Teubner 1961.

[6] WILLERS, F. A.: Methoden der praktischen Analysis. 3. Aufl. Berlin: W. de Gruyter u. Co. 1957.

[7] ZURMÜHL, R.: Praktische Mathematik. 4. Aufl. Berlin/Göttingen/Heidelberg: Springer 1963.

b) *in englischer und französischer Sprache*

BATEMAN, H.: s. A. A. BENNETT.

[8] BECKENBACH, E. F. (ed.): Modern Mathematics for the Engineer. New York: McGraw Book Comp., Inc., First Series 1956, Second Series 1961.

[9] BELLMAN, R.: Dynamic Programming. Princeton, N. J.: Princeton University Press 1957.

[10] BENNETT, A. A., W. E. MILNE u. H. BATEMAN: Numerical integration of differential equations. New York: Dover Publications, Inc. 1956.

[11] CRANDALL, S. H.: Engineering Analysis. New York: McGraw-Hill Book Comp., Inc. 1956.

[12] HARTREE, D. R.: Numerical Analysis. Oxford: Clarendon Press 1958.

[13] HASTINGS, C. JR.: Approximations for Digital Computers. Princeton, N.J.: Princeton University Press 1955.

[14] HILDEBRAND, F. B.: Introduction to Numerical Analysis. New York: McGraw-Hill Book Comp., Inc. 1956.

[15] HOUSEHOLDER, A. S.: Principles of Numerical Analysis. New York: McGraw-Hill Book Comp., Inc. 1953.

[16] KOPAL, Z.: Numerical Analysis. New York: J. Wiley and Sons, Inc. 1955.

[17] KUNTZMANN, J.: Méthodes numériques: Interpolation, derivées. Paris: Dunod 1959.

[18] KUNZ, K. S.: Numerical Analysis. New York: McGraw-Hill Book Comp., Inc. 1957.

[19] LANCZOS, C.: Applied Analysis. Englewood Cliffs, N.J.: Prentice-Hall, Inc. 1956.

MILNE, W. E.: s. A. A. BENNETT.

[20] (PHILOSOPHICAL LIBRARY): Modern Computing Methods. New York: Philosophical Library 1958.

[*21*] RALSTON, A., u. H. S. WILF (eds.): Mathematical Methods for Digital Computers. New York: John Wiley and Sons, Inc. 1960.

[*22*] TODD, J. (ed.): Survey of Numerical Analysis. New York: McGraw-Hill Book Comp., Inc. 1962.

WILF, H. S.: s. A. RALSTON.

2. Matrizenrechnung

a) in deutscher Sprache

[*23*] GANTMACHER, F. R.: Matrizenrechnung. Teil I und Teil II. Berlin: VEB Verlag Deutscher Wissenschaften 1958/1959. (Deutsche Übersetzung des russischen Originals „Teorija matriz" Moskau 1954.)

[*24*] GRÖBNER, W.: Matrizenrechnung. München: R. Oldenbourg 1956.

[*25*] NEISS, F.: Determinanten und Matrizen. 5. Aufl., Berlin/Göttingen/Heidelberg: Springer 1959.

[*26*] SCHMEIDLER, W.: Vorträge über Determinanten und Matrizen. Berlin: Akademie-Verlag 1949.

[*27*] SPERNER, E.: Einführung in die analytische Geometrie und Algebra. Bd. 1 und 2. Göttingen: Vandenhoeck u. Rupprecht 1948/1951.

[*28*] WEISS, A. v.: Einführung in die Matrizenrechnung zur Anwendung in der Elektrotechnik. München: R. Oldenbourg 1961.

[*29*] ZURMÜHL, R.: Matrizen. 3. Aufl. Berlin/Göttingen/Heidelberg: Springer 1961

b) in englischer und französischer Sprache

[*30*] AITKEN, A. C.: Determinants and Matrices. 8th ed. New York/London: Interscience Publishers 1954.

—: s. H. W. TURNBULL.

[*31*] BELLMAN, R.: Introduction to Matrix Analysis. New York/Toronto/London: McGraw-Hill Book Col., Inc. 1960.

[*32*] BODEWIG, E.: Matrix Calcules. Amsterdam: North Holland Publishing Co. 1956.

[*32a*] CAHEN, F. Électrotechnique, tome 1: Circuits et réseaux en régime permanent. Paris: Gauthier Villars et Cie. 1962.

[*33*] CAHEN, G.: Élements de calcul matriciel. Paris: Dunod 1955.

EAVES, J. C.: s. W. V. PARKER.

[*34*] FADDEEVA, V. N.: Computational Methods of Linear Algebra. New York: Dover Publ., Inc. 1959.

[*35*] DENIS-PAPIN, M., u. A. KAUFMANN: Cours de Calcul matriciel appliqué. Paris: Albin Michel 1951.

[*36*] DWYER, P. S.: Linear computations. New York: J. Wiley and Sons, Inc. 1951.

[*37*] HADLEY, G.: Linear Algebra. Reading, Mass.: Addison-Wesley Publishing Comp., Inc. 1961.

[*38*] HOHN, F.: Elementary Matrix Theory. New York: The Macmillan Co. 1958.

KAUFMANN, A.: s. M. DENIS-PAPIN.

[*39*] PARKER, W. V., u. J. C. EAVES: Matrices. New York: The Ronald Press Co. 1960.

[*39a*] PIPES, L. A.: Matriz Methods for Engineering. Englewood Cliffs, N. J.: Prentice-Hall, Inc. 1963.

[*40*] STOLL, R. R.: Linear Algebra and Matrix Theory. New York/Toronto/London: McGraw-Hill Book Co., Inc. 1952.

[*41*] TURNBULL, H. W., u. A. C. AITKEN: An Introduction to the Theory of Canonical Matrices. (Reprint) New York: Dover Publications, Inc. 1932.

[*42*] TURNBULL, H. W.: The Theory of Determinants, Matrices, and Invariants. 3rd. ed. New York: Dover Publications, Inc. 1960.

3. Elektrotechnische Grundlagen

a) in deutscher Sprache

[43] BECKER, R., u. F. SAUTER: Theorie der Elektrizität. Bd. 1. 16. Aufl., Stuttgart: B. G. Teubner 1957.

[44] BÖDEFELD, TH., u. H. SEQUENZ: Elektrische Maschinen. 6. Aufl. Berlin/Göttingen/Heidelberg: Springer 1962.

[45] BRÜDERLINK, R.: Induktivität und Kapazität der Starkstromfreileitungen. Karlsruhe: G. Braun 1954.

[46] KÜPFMÜLLER, K.: Einführung in die theoretische Elektrotechnik. 7. Aufl., Berlin/Göttingen/Heidelberg: Springer 1962.

[47] MÖLLER, H. G.: Die physikalischen Grundlagen der Hochfrequenztechnik. 3. Aufl., Berlin/Göttingen/Heidelberg: Springer 1955.

[48] OBERDORFER, G.: Die wissenschaftlichen Grundlagen der Elektrotechnik. München: R. Oldenbourg. Bd. 1, 6. Aufl. 1961, Bd. 2, 5. Aufl. 1949.

SAUTER, F.: s. R. BECKER.

[49] RICHTER, R.: Elektrische Maschinen. Bd. 1—5. Basel/Stuttgart: Birkhäuser 1950—1954.

[50] RICHTER, R.: Kurzes Lehrbuch der elektrischen Maschinen. Berlin/Göttingen/Heidelberg: Springer 1949.

[51] RÜDENBERG, R.: Elektrische Schaltvorgänge. 4. Aufl. Berlin/Göttingen/Heidelberg: Springer 1953.

SEQUENZ, H.: s. TH. BÖDEFELD.

[52] SIMONYI, K.: Theoretische Elektrotechnik. Berlin: Verlag der Deutschen Wissenschaften 1956.

[53] SOMMERFELD, A.: Elektrodynamik. 3. Aufl. Leipzig: Akademische Verlagsgesellschaft Geest und Portig K. G. 1961.

b) in englischer Sprache

[54] SMYTHE, W. R.: Static and Dynamic Electricity. New York: McGraw Hill Book Co. 1950.

[55] STRATTON, J. A.: Electromagnetic Theory. New York: McGraw Hill Book Co. 1941.

[56] WEBER, E.: Elektromagnetic Fields: Theory and Application. Vol. I: Mapping of Fields. New York: John Wiley and Sons 1950.

4. Theorie elektrischer Netze

a) in deutscher Sprache

[57] CAUER, W.: Theorie der linearen Wechselstromschaltungen. Bd. 1. 2. Aufl. Berlin: Akademie-Verlag 1954.

[58] FELDTKELLER, R.: Duale Schaltungen der Nachrichtentechnik. Berlin: G. Siemens Verlagsbuchh. 1948.

[59] —: Einführung in die Vierpoltheorie der elektrischen Nachrichtentechnik. 6. Aufl. Stuttgart: S. Hirzel 1953.

[60] —: Theorie der Spulen und Übertrager. 3. Aufl. Stuttgart: S. Hirzel 1958.

[61] HOCHRAINER, A.: Symmetrische Komponenten in Drehstromsystemen. Berlin/Göttingen/Heidelberg: Springer 1957.

[62] KLEIN, W.: Grundlagen der Theorie elektrischer Schaltungen. Berlin: Akademie-Verlag 1961.

[63] MEINKE, H. H.: Die komplexe Berechnung von Wechselstromschaltungen. Berlin: W. de Gruyter u. Co. 1949. Sammlung Göschen Bd. 1156.

[*64*] PROMBERGER, M.: Anwendung von Matrizen und Tensoren in der theoretischen Elektrotechnik. Berlin: Akademie-Verlag 1961.

[*65*] SCHWENKHAGEN, H. F.: Allgemeine Wechselstromlehre Bd. 1 und 2. Berlin/Göttingen/Heidelberg: Springer 1951 und 1959.

[*66*] STEWART, J. L.: Theorie und Entwurf elektrischer Netzwerke. Stuttgart: Berliner Union 1958. (Deutsche Übersetzung des englischen Originals "Circuit Theory and Design". New York: J. Wiley and Sons, Inc. 1956.)

b) in englischer Sprache

BALABANIAN, N.: s. S. SESHU.

[*67*] BEWLEY, L. V.: Tensor Analysis of Electric Circuits and Machines. New York: The Ronald Press Comp. 1961.

[*68*] CALABRESE, G. O.: Symmetrical Components. Applied to Electric Power Networks. New York: The Ronald Press Comp. 1959.

[*69*] CLARKE, E.: Circuit Analysis of A-C-Power Systems. Vol. 1 u. 2. New York: J. Wiley and Sons, Inc. 1943 und 1950.

[*70*] GUILLEMIN, E. A.: The Mathematics of Circuit Analysis. New York: J. Wiley and Sons, Inc. 1949.

[*71*] — : Introductory Circuit Theory. New York: J. Wiley and Sons, Inc. 1953.

[*72*] KRON: Tensor Analysis of Networks. 2nd ed. New York: J. Wiley and Sons, Inc. 1949.

[*73*] — : Tensors for Circuits. New York: John Wiley and Sons 1942. Reprint. New York: Dover Publications, Inc. 1959.

[*74*] CORBEILLER, P. LE: Matrix Analysis of Electrical Networks. Cambridge, Mass.: Harvard University Press 1950.

[*75*] LEY, B. J., S. G. LUTZ u. CH. F. REHBERG: Linear Circuit Analysis. New York/Toronto/London: McGraw-Hill Book Comp., Inc. 1959.

[*76*] SESHU, S., u. N. BALABANIAN: Linear Network Analysis. New York: J. Wiley and Sons, Inc. 1959.

5. Kombinatorische Topologie der Graphen

a) in deutscher Sprache

[*77*] KÖNIG, D.: Theorie der endlichen und unendlichen Graphen. Leipzig: Akademische Verlagsgesellschaft 1936. Neudruck. New York: Chelsea Publishing Co. New York: 1950.

[*78*] LIETZMANN, W.: Anschauliche Topologie. München: R. Oldenbourg 1955.

[*79*] REIDEMEISTER, K.: Einführung in die kombinatorische Topologie. Braunschweig: (Die Wissenschaft, Bd. 86) Fr. Vieweg u. Sohn 1932, Neudruck 1950.

b) in französischer und englischer Sprache

[*80*] BERGE, CL.: Théorie des graphes et ses applications. Paris: Dunod 1958.

[*80a*] — : The Theory of Graphs and its Applications. New York: John Wiley and Sons 1962.

[*80b*] KIM, W. H. u. R. T.-W. CHIEN: Topological Analysis and Synthesis of Communication Networks. New York/London: Columbia University Press 1962.

[*80c*] ORE, O.: Theory of Graphs. Providence, Rhode Island: Amer. Mathematical Society 1962.

[*81*] SESHU, S., u. M. B. REED: Linear Graphs and Electrical Networks. Reading, Mass./London: Addison-Wesley Publishing Com., Inc. 1961.

6. Verbundbetrieb in Hochspannungsnetzen einschließlich Synchronmaschinenstabilität

a) in deutscher Sprache

[82] BAUER, H., u. H. DORSCH: Die Auswirkung der Behandlung von Problemen des Energieverbundbetriebs auf die Gestalt eines 150 Hz-Wechselstromnetzmodells. Erlangen: Siemens-Schuckertwerke A. G. 1958.

[83] BIERMANNS, J.: Hochspannung und Hochleitung. München: C. Hanser 1949.
DORSCH, H.: s. H. BAUER.

[84] EDELMANN, H.: Beiträge zur Lösung des Lastverteilerproblems. Habilitationsschrift T. H. Darmstadt 1959.

[84a] ERCHE, M.: Schaltungen für den Übergang zwischen den Komponentensystemen für Drehstromnetze. Diss. T.H. Stuttgart 1962.

[85] FREY, W.: Die Stabilitätsprobleme des Parallelbetriebs. Dissertation ETH Zürich Nr. 2477. Zürich: Ed. Truninger 1957.

[86] FUNK, G.: Der Kurzschluß im Drehstromnetz. München: R. Oldenbourg 1962.

[87] KAMIŃSKI, A.: Stabilität des elektrischen Verbundbetriebs. Berlin: VEB Verlag Technik 1959.

[88] KOVÁCS, K. P.: Symmetrische Komponenten in Wechselstrommaschinen. Basel/Stuttgart: Birkhäuser 1962.

[89] KOVÁCS, K. P., u. I. RÁCZ: Transiente Vorgänge in Wechselstrommaschinen. Budapest: Verlag der Ungarischen Akademie der Wissenschaften. Bd. I 1959, Bd. II 1959.

[90] LAIBLE, TH.: Die Theorie der Synchronmaschine im nichtstationären Betrieb. Berlin/Göttingen/Heidelberg: Springer 1952.
RÁCZ, I.: s. K. P. KOVÁCS.

[91] ROEPER, R.: Kurzschlußströme in Drehstromnetzen. 3. Aufl. Erlangen: Siemens-Schuckertwerke AG. 1962.

[92] THEILSIEFJE, K.: Automatischer und wirtschaftlich-optimaler Verbundbetrieb mit Speicherkraftwerken. Diss. Techn. Universität Berlin 1960.
SHUKOW, L. A.: s. W. A. WENIKOW.

[93] WENIKOW, W. A., u. L. A. SHUKOW: Ausgleichsvorgänge in elektrischen Systemen. Berlin: VEB Verlag Technik 1956.

b) in englischer Sprache

[94] ADKINS, B.: The General Theory of Electrical Machines. New York: J. Wiley and Sons, Inc. 1957.

[95] CHARD, C. F. DE LA: Power System Engineering. London: Cleaver-Hume Press Ltd. 1962.

[96] CONCORDIA, CH.: Synchronous Machines. Theory and Performance. New York: J. Wiley and Sons, Inc. 1951.

[97] CRARY, S. B.: Power System Stability, Vol. I/II. New York: John Wiley and Sons, Inc. 1947.
DAVIES, W. M. H.: s. J. R. MORTLOCK.

[98] KIMBARK, E. W.: Power System Stability. New York: John Wiley and Sons, Inc. Vol. I 1948, Vol. II 1950, Vol. III 1956.

[99] KIRCHMAYER, L. K.: Economic Operation of Power Systems. New York: J. Wiley and Sons 1958.

[100] —: Economic Control of Interconnected Systems. New York: J. Wiley and Sons 1959.

[*101*] MORTLOCK, S. R., u. W. M. H. DAVIES: Power System Analysis. London: Chapman and Hall, Ltd. 1952.

RITTENHOUSE, J. W.: s. J. ZABORSZKY.

[*102*] ROTHE, F. S.: An Introduction to Power System Analysis. New York: J. Wiley and Sons, Inc. 1953.

[*103*] STEVENSON, W. D.: Elements of Power System Analysis. 1 sted. New York: McGraw-Hill Book Comp. 1955.

[*104*] WESTINGHOUSE EL. CORP. (ed.): Electrical Transmission and Distributions Reference Book. Central Station Engineers. East Pittsburgh, Pa.: Westinghouse Electric Corp. 1950.

[*105*] ZABORSZKY, J., u. J. W. RITTENHOUSE: Electric Power Transmission. The Power System in the Steady State. New York: The Ronald Press Comp. 1954.

II. Zeitschriftenaufsätze

Zu Kap. 1. Vorzeichenregeln, u. Kap. 2. Zweipole und allgemeine Arbeiten

[*1.1*] AMERICAN INSTITUTE OF ELECTRICAL ENGINEERS, New York: Second Power Industry Computer Application Conference, St. Louis, Missouri, Nov. 9-11, 1960. Third Power Industry Computer Application Conference, Phoenix, Arizona, April 24-26, 1933.

[*1.2*] BADER, W.: Die Umwandlung der Einphasenlast in symmetrische Drehstromlast. ETZ 71 (1950) 302—305.

[*1.3*] BAUMANN, R.: ALGOL-Manual der ALCOR-Gruppe Teil I—III. Elektron. Rechenanlagen 3. (1961) 206—212, 259—265; 4. (1962) 71—85.

[*1.4*] BECKER, G.: Elektronische Rechengeräte im Kraftwerksverbundbetrieb. Bull. SEV 52 (1961) 878—882.

[*1.5*] EDELMANN, H.: Grundlagen einer allgemeinen Theorie elektrischer Netze. ETZ-A 82 (1961) H. 25, 814—816.

[*1.6*] —: Der Digitalrechner in der Netzplanung und -beratung. ETZ-A 82 (1961) H. 26, 838—841.

[*1.7*] BAUER, H.: Tensorielle Behandlung elektrotechnischer Probleme. Öst. Ing.-Arch. 4 (1951) H. 1, 1—11.

[*1.8*] CARLETON, J. T., N. CHACKAN, u. T. W. MARTIN: The Use of Automatic Programming Techniques for Solving Engineering Problems. Trans. AIEE I, 78 (1959) 596—601.

[*1.9*] FREY, W.: Betrachtungen über den Einsatz elektronischer Rechenmaschinen zur Behandlung von Fragen der Energieerzeugung und -übertragung. BBC-Mitt. 47 (1960) 284—291.

[*1.10*] HAUS, H. A.: Studienreform in der elektrotechnischen Abteilung des Massachusetts Institute of Technology. Elektrotechn. u. Masch.-Bau 78 (1961) H. 5, 205—213.

[*1.11*] HOCHRAINER, A.: Die komplexe Darstellung der Leistung in Wechselstromkreisen. ETZ-A 81 (1960) 531/32.

[*1.12*] MOHR, O., u. G. HUTSCHENREUTHER: Die Leistungsdarstellung in Ein- und Mehrphasensystemen durch Zeigerdiagramme. ETZ-A 83 (1962) 253—263.

[*1.13*] SCHNEIDER, W.: Die Elektronik in der Elektrizitätswirtschaft. Öst. Z. Elektrizitätswirtschaft 14 (1961) 2—14.

[*1.14*] ZEMANEK, H.: Die algorithmische Formelsprache ALGOL. Elektron. Rechenanlagen 1 (1959) H. 2; 72—79, H. 3, 140—143.

Zu Kap. 3. Topologie der Zweipolnetze

[3.1] ARSOVE, M. G.: Note on Network Postulates. J. Math. Phys. 32 (1953) 203—206.

[3.2] ASH, R. B., u. W. H. KIM: On the Realisibility of a Circuit Matrix. Trans. IRE CT-6 (June 1959) 219—223.

[3.3] CAUER, W.: Topologische Dualitätssätze und Reziprozitätstheoreme der Schaltungstheorie. Z. angew. Math. Mech. 14 (1934) 349/50.

[3.4] DASHER, B. J.: Semantics and Kirchhoffs Current Law. Proc. IRE 47 (1959) No. 6, 1158/59.

[3.5] FOSTER, R. M.: Geometric Circuits of Electrical Networks. Trans. AIEE 51 (1932) 309—317.

[3.6] FUJISAWA, T.: On a Problem of Network Topology IRE Trans. on Circuit Theory CT-6 (Sept. 1959) 261—265.

[3.7] GOULD, R.: Graphs and Vector Spaces. J. Math. Phys. 37, Nr. 3 (Oct. 1958) 193—214.

[3.8] HAKIMI, S. L.: On the Realizability of a Set of Trees. IRE Trans. on Circuit Theory. CT-8 (March 1961) 11—17.

[3.9] HARARY, F.: Graph Theory of Electrical Networks. Trans. IRE CT-6 (special supplement, May 1959) 95—109.

[3.10] KOENIG, H. E., u. W. A. BLACKWELL: Linear Graph Theory — A Fundamental Engineering Discipline. IRE Trans. on Education E-3 42—49.

[3.11] KURATOWSKY, C.: Sur le problème des courbes gauches en topologie. Fund. Math. 15 (1930) 271—283.

[3.12] MASON, S. J.: Topological Analysis of Linear Nonreciprocal Networks. Proc. IRE 45 (June 1957) 829—838.

[3.13] MAYEDA, W.: Necessary and Sufficient Conditions for Realizability of Cut-Set Matrices. IRE Trans. on Circuit Theory CT-7 (March 1960) 79—81.

[3.14] OKADA, S.: Algebraic and Topological Foundations of Network Synthesis. Proc. of the Symposium on Modern Network Synthesis II. Polytechn. Inst. Brooklyn. April 13—15 (1955) 283—322.

[3.15] POINCARÉ, H.: Analysis Situs. J. Ecole Polytechn. 1 (2ième série) (1895) 1—121

[3.16] REED, M. B.: The Seg: A New Class of Subgraphs. IRE Trans. on Circuit Theory CT-8 (March 1961) 17—22.

[3.17] REED, M. B., u. S. SESHU: On Topology and Network Theory. Proc. of the University of Illinois Symposium on Circuit Analysis, May 1955, s. 2.1 bis 2.16.

[3.18] REED, M. B., u. S. SESHU: The Rôle of the Tree in Electrical Network Theory. Proc. Nat. Electron. Conf., Chicago, Ill. 12 (1956) 522—531.

[3.19] TUTTE, W. T.: A Homotopy Theorem for Matroids I, II. Trans. Amer. Math. Soc. 88 (May 1958) 144—174.

[3.20] — : Matroids and Graphs. Trans. Amer. Math. Soc. 90 (May 1959) 527—552.

[3.21] — : A Theorem on Planar Graphs. Trans. Amer. Math. Soc. 82 (1956) 99—116.

[3.22] WHITNEY, H.: Non-separable and Planar Graphs. Trans. Amer. Math. Soc. 34 (1932) 339—362.

[3.23] — : On the classification of graphs. Amer. J. Math. 55 (1933) 236—244.

[3.24] — : Planar Graphs. Fund. Math. 21 (1933) 73—84.

[3.25] — : One Abstract Properties of Linear Dependence. Amer. J. Math. 57 (1935) 509—533.

Zu Kap. 3.6. Ermittlung von Transformator-Ersatzschaltbildern durch duale Zuordnung

[3.6.1] BLOCH, A.: On Methods for the Construction of Networks Dual to Non-Planar Networks. Proc. phys. Soc., Lond. 58 (1946) 677—694.

[3.6.2] BOYAJIAN, A.: Theory of Three-Circuit Transformers. Trans. AIEE 43 (Febr. 1924) 508—529.

[3.6.3] CHERRY, E. C.: The Duality between Electric and Magnetic Circuits and the Formation of Transformer Equivalent Circuits. Proc. phys. Soc., Lond., 62 (1949) 101—111. sect. B.

[3.6.4] —: Duality. Partial Duality and Contact-Transformations. Symposium on Modern Networks Synthesis. Polytechn. Inst. Brooklyn April 13—15 (1955) 323—347.

[3.6.5] EDELMANN, H.: Anschauliche Ermittlung von Transformatorersatz-schaltbildern. Arch. elektr. Übertragung. 13 (1959) H. 6, 253—261.

[3.6.6] HALLO, H. S.: Selbst-, gegenseitige und Streuinduktion. Elektrotechn. u. Masch.-Bau 32 (1914) 1—6.

[3.6.7] SCHÖNBACHER, K.: Entwicklung und Auswertung der Ersatzschaltbilder elektromagnetischer Verkettungen. Jb. der AEG-Forschung 7 (1940) 112—136.

[3.6.8] TIMASCHEFF, A.: Über die Ersatzschaltungen des Dreiwicklungstransformators. Elektrotechn. u. Masch.-Bau (1951) 277—280.

[3.6.9] VIOLET, P. G.: Der Transformator und seine Ersatzschaltbilder. Frequenz 3 (1949) 1—12.

[3.6.10] —: Die Ersatzschaltbilder des verlustlosen Transformators. Scientia Electrica 1 (1954) 63—82.

Zu Kap. 4. Berechnung elektrischer Zweipolnetze bei gegebenen Spannungen und Strömen

[4.1] AHRENS, W.: Über das Gleichungssystem einer Kirchhoffschen galvanischen Stromverzweigung. Math. Ann. 49 (1897) 311—324.

[4.2] BAYARD, M.: Théorie des réseaux de Kirchhoff. Rev. Opt. 33 (1954).

[4.3] BOTT, R., u. R. DUFFIN: On the Algebra of Networks. Trans. Amer. Math. Soc. 74 (1953) 99—109.

[4.4] BRYANT, P. R.: A Topological Investigation of Network Determinants. Proc. IEE C, 106, No. 9 (March 1959) 16—22.

[4.5] —: The Order of Complexity of Electrical Networks. Proc. IEE C, 106 (June 1959) 174—188.

[4.6] —: The Algebra and Topology of Electrical Networks. Proc. IEE C, 108 (1961) 215—229.

[4.7] BYERLY, R. T., R. W. LONG u. C. W. KING: Logic for Applying Topological Methods to Electric Networks. Trans. AIEE I, 77, (Nov. 1958) 657—667.

[4.8] CEDERBAUM, I.: Invariance and Mutual Relations of Network Determinants. J. Math. Phys. 34 (1956) 236—244.

[4.9] —: Matrices all of whose Elements and Subdeterminants are 1, —1 or 0. J. Math. Phys. 36 (Jan. 1958) S. 353—361.

[4.10] —: Conditions for the Impedance and Admittance Matrices of n-Ports without Ideal Transformers. Proc. IEE C, 105 (Jan. 1958) 245—251.

[4.11] —: Applications of Matrix Algebra to Network Theory. Trans. IRE CT-6 (special supplement, May 1959) 152—157.

[4.12] —: Voltage and Current Transformation Matrices. Proc. IEE C, 107 (1960) 145—149.

[*4.13*] COATES, C. L.: General Topological Formulas for Linear Network Functions. IRE Trans. on Circuit Theory, PGCT-1 (March 1958) 42—54.

[*4.14*] EDELMANN, H.: Allgemeine Grundlagen der Netzberechnung mit Inzidenzmatrizen. Arch. Elektrotechn. 44 (1959) H. 7, 419—440.

[*4.15*] —: Die Inzidenzmatrizen der Schnittmengen eines Netzes. Arch. Elektrotechn. 45 (1960) H. 5, 347—356.

[*4.16*] —: Eine mengentheoretische Erzeugung der Maschenimpedanz- und Schnittmengenadmittanzmatrix von Zweipolnetzen. Arch. elektr. Übertragung 16 (1962) H. 9, 423—427.

[*4.17*] ERBACHER, W.: Die rechnerische Behandlung elektrischer Netze unter besonderer Berücksichtigung der Matrizen. Teil I: Öst. Z. Elektrizitätswirtschaft 10. (Dez. 1957) 435—441; Teil II 11. (Febr. 1958) 29—36.

[*4.18*] FEUSSNER, W.: Über die Stromverzweigung in netzförmigen Leitern. Ann. Phys. Lpz. 9, 4. Reihe (1902) 1304—1329.

[*4.19*] —: Zur Berechnung der Stromstärke in netzförmigen Leitern. Ann. Phys. Lpz. 15, 4. Reihe (1904) 385—394.

[*4.20*] FOSTER, R. M.: Topologic and Algebraic Considerations in Network Synthesis. Proc. of the Symp. on Modern Network Synthesis I. Polytechn. Inst. Brooklyn. April 16—18 (1952) 8—18.

[*4.21*] HALE, H. W.: A Logic for Identifying the Trees of a Graph. Trans. AIEE III, 80 (June 1961) 195—198.

[*4.22*] INGRAM, W. H., u. C. M. CRAMLET: On the Foundations of Electrical Network Theory. J. Math. Phys. 23 (August 1944) 134—155.

[*4.23*] KIRCHHOFF, G.: Über die Auflösung der Gleichungen, auf welche man bei der Untersuchung der linearen Verteilung galvanischer Ströme geführt wird. (Gesammelte Abhandlungen 22—23), Ann. Phys. Chem. 72 (1847) 497—508.

[*4.24*] KRON, G.: A Set of Principles to Interconnect the Solutions of Physical Systems. J. appl. Phys. 24 (Aug. 1953).

[*4.25*] —: Diakoptics — The piecewise Solution of Large-scale Systems. Electr. J. 159 (1957) 27—34, 101—105, 385—394, 745—753, 1041—1049, 1409—1416, 1713—1721.

[*4.26*] —: Camouflaging Electrical 1-Networks as Graphs. Quart. Appl. Math. 20 (July 1962) 161—174.

[*4.27*] KU, Y. H.: Resumé of Maxwell's and Kirchhoff's Rules for Network Analysis. J. Franklin Inst. 253 (1952) 211—224.

[*4.28*] —: Extension of Maxwells Rule for Analyzing Electrical Networks. Sc. Rep. Nat. Tsing Hua Univ., Ser. A, 1, No. 6 (Dec. 1932).

[*4.29*] LANTIÉRI, J.: Méthode de Détermination des Arbres d'un Réseau. Ann. Télécomm. 5 (Mai 1950) 204—208.

[*4.30*] MASON, S. J.: Feedback Theory — Some Properties of Signal Flow Graphs. Proc. IRE 41 (Sept. 1953) 1144—1156.

[*4.31*] —: Feedback Theory — Further Properties of Signal Flow Graphs. Proc. IRE 44 (July 1956) 290—296.

[*4.32*] NAKAGAWA, N.: On the Evaluation of Graph Trees and Driving Point Admittance. Trans. IRE CT-5 (June 1958) 122—127.

[*4.33*] NATHAN, A.: Matrix Analysis of Constrained Networks. Proc. IEE C, 108 (March 1961) 98—106.

[*4.34*] NETTER, Z. (Winter): Graphs and Direct Sum Matrices. IRE Trans. on Circuit Theory CT-8 (March 1961) 77/78.

[*4.35*] OKADA, S.: On Node and Mesh Determinants. Proc. IRE 43 (Oct. 1955) 1527.

[*4.36*] ONODERA, R.: A New Approach to Kron's Method of Analysing Large Systems. Proc. IEE pt. C, 108 (March 1961) 122—129.

[4.37] — : Topological Synthesis of Non-Reciprocal Resistance Networks. Proc. IEE C, 108 (March 1961) 325—334.

[4.38] OTTERMAN, J.: On the Order of the Differential Equation Describing an Electrical Network. Proc. IRE 45 (1957) No. 7, 1024/25.

[4.39] PERCIVAL, W. S.: The Solution of Passive Electrical Networks by Means of Mathematical Trees. Proc. IEE, III, 100 (May 1953) 143—150.

[4.40] — : Improved Matrix and Determinant Methods for Solving Networks. Proc. IEE IV, 101 (1954) 258—265.

[4.41] — : The Graphs of Active Networks. Proc. IEE C, 102 (April 1955) 270—285.

[4.42] PRIHAR, Z.: Topological Properties of Telecommunication Networks. Proc. IRE, 44 (July 1956) 927—933.

[4.43] PULLEN, K. A.: On the Number of Trees for a Network. IRE Trans. on Circuit Theory, CT-7 (June 1960) 175/76.

[4.44] QUADE, W.: Matrizenrechnung und elektrische Netze. Arch. Elektrotechn. 34 (1940) 545—567.

[4.45] REED, M. B.: Generalized Mesh and Node Systems of Equations. IRE Trans. on Circuit Theory CT-2, No. 2 (June 1955) 162—169.

[4.46] REZA, F. M.: Order of Complexity and Minimal Structures in Network Analysis (Proc. Sympos. Circuit Analysis, University of Illinois 1955).

[4.47] — : Some Topological Considerations in Network Theory. IRE Trans. on Circuit Theory. PGCT-1 (March 1958) S. 30—42.

[4.48] RINDT, L. J., R. W. LONG, u. C. W. KING: Load Flow Using Mesh Analysis. Conference Paper AIEE, CP-60-1393. (Power Industry Computer Application Conference, St. Louis, Mo., Nov. 9—11, 1960.)

[4.49] ROTH, J. P.: An Application of Algebraic Topology to Numerical Analysis: On the Existence of a Solution to Network Problem. Proc. nat. Acad. Sci., Wash. 41 (1955) 518—521.

[4.50] — : The Validity of Kron's Method of Tearing. Proc. nat. Acad. Sci., Wash. 41 (1955) 599—600.

[4.51] — : An Application of Algebraic Topology: Kron's Method of Tearing. Quart. Appl. Math. 17 (1959) 1—24.

[4.52] SALTZER, C.: The Second Fundamental Theorem of Electrical Networks. Quart. Appl. Math. 11 (1953) 119—123.

[4.53] SATO, N.: Digital Calculation of Network and Mesh Transformation Matrices. Trans. AIEE III, 79 (Oct. 1960) 719—726.

[4.54] SESHU, S.: Topological Considerations in the Desing of Driving-Point Functions. IRE Trans. on Circuit Theory CT-2, No. 4 (Dec. 1955) 356—367.

[4.55] — : The Mesh Counterpart of Shekel's Theorem. Proc. IRE 43 (March 1955) 342.

[4.56] SHEKEL, J.: Two Network Theorems Concerning Change of Voltage Reference Terminal. Proc. IRE 42 (Aug. 1954) 1125.

[4.57] SYNGE, J. L.: The Fundamental Theorem of Electrical Networks. Quart. Appl. Math. 9, No. 2 (July 1951) 113—127.

[4.58] TALBOT, A.: Some Fundamental Properties of Networks without Mutual Inductance. Proc. IEE C, 102 (Jan. 1955) 168—175.

[4.59] TINNEY, F. W., u. C. M. McINTYRE: A Digital Method for Obtaining a Loop Connection Matrix. Trans. AIEE III, 79 (Oct. 1960) 740—746.

[4.60] TRENT, H. M.: An Note on the Enumeration and Listing of all Possible Trees in a Connected Linear Graph. Proc. nat. Acad. Sci. Wash. 40 (Oct. 1954) 1004—1007.

[4.61] — : Isomorphismus between Oriented Linear Graphs and Lumped Physical Systems. J. acoust. Soc. Amer. 27 (May 1955) 500—527.

[*4.62*] TSANG, N. F.: On Electrical Network Determinants J. Math. Phys. 33 (July 1954) 185—193.

[*4.63*] VEBLEN, O., u. P. FRANKLIN: On Matrices whose Elements are Integers. Ann. Math. 23 (1921) 1.

[*4.64*] WATANABE, H.: A Computational Method for Network Topology. IRE Trans. on Circuit Theory CT-7 (Sept. 1960) 296—302.

[*4.65*] —: A Method of Trees Expansion in Network Topology. IRE Trans. on Circuit Theory CT-8 (March 1961) 4—10.

[*4.66*] WEINBERG, L.: Kirchhoff's "Third and Fourth Laws". IRE Trans. on Circuit Theory PGCT-1 (March 1958) 8—30.

[*4.67*] —: Number of Trees in a Graph. Proc. IRE 46 (Dec. 1958) 1954/55.

[*4.68*] WEYL, H.: Reparticion de corriente en una red conductora. Rev. mat. Hispano-Amer. 5 (1923) 153—164. Analysis situs combinatorio. Rev. mat. Hispano—Amer. 5 (1923) 209—218, 241—249, 273—279; 6 (1924) 1—9, 33—41.

[*4.69*] WINTER, Z.: The Maximum Possible Number of Columns in a Circuit Matrix. IRE Trans. on Circuit Theory CT-7 (Sept. 1960) 349—351.

[*4.70*] ZIMMERMANN, F.: Berechnung knotenpunktsbelasteter Maschennetze mit Matrizen. ETZ-A 74 (1953) 45—50.

Zu Kap. 5. Berücksichtigung von Transformatoren in Netzen

[*5.1*] BOISVERT, M: Les matrices de connexion et l'algèbre des Réseaux. Ann. Télécomm. 16 (1961) 268—287.

[*5.2*] EDELMANN, H.: Transformatoren und andere Vierpole in der Netzberechnung mit Inzidenzmatrizen. Arch. Elektrotechn. 45 (1960) H. 7, 479—500.

[*5.3*] HAIER, U.: Das Vierpolnetz. Ein Beitrag zur Berechnung von vermaschten Drehstromnetzen. Arch. elektr. Übertragung 6 (1952) 431—433.

[*5.4*] HOSEMANN, G.: Stern-Vieleck-Umwandlung in Zweipol- und Vierpolnetzen. Arch. Elektrotechn. 47 (1962) 61—79.

[*5.5*] NEES, G.: Zur digitalen Berechnung der transformierten Matrizen von Vierpolnetzen. Arch. Elektrotechn. 45 (1960) 329—342.

Zu Kap. 6. Berechnung der Matrizen für besondere Klemmenpaare eines Netzes

[*6.1*] BAUER, F. L., u. R. BAUMANN: Mathematische Behandlung von Netzwerksaufgaben mit Hilfe elektronischer Ziffernrechenanlagen. Elektrizitätswirtsch. 57 (1958) 181—187.

[*6.2*] BAUMANN, R., G. BOLL, u. W. SCHNEIDER: Anwendung von programmgesteuerten Rechenmaschinen zur Berechnung elektrischer Netze. Elektrizitätswirtsch. 60 (1961) 36—43, 96—101.

[*6.3*] BAUMANN, R., G. BOLL, W. SCHNEIDER u. A. VORBACH: Erfahrungen bei der Verwendung elektronischer Rechenanlagen zur Planung und optimalen Betriebsführung elektrischer Netze. CIGRE-Bericht Nr. 309. Paris 1962.

[*6.4*] BAUMANN, R.: Automatisierte digitale Netzberechnung. Elektron. Rechenanlagen 2 (1960) H. 2, 75—84.

[*6.5*] EDELMANN, H.: Die Berechnung von Impedanz-, Admittanz- und gemischten Matrizen für besondere Klemmenpaare eines Netzes. Arch. Elektrotechn. 46, H. 5 (1961) 325—336.

[*6.6*] HALE, H. W., u. R. W. GOODRICH: Digital Computation of Power Flow — Some New Aspects. Trans. AIEE III, 78 (Oct. 1959) 919—924.

[6.7] NESS, J. E. VAN, u. J. H. GRIFFIN: Elimination Methods for Load-Flow Studies. Trans. AIEE III, 80 (June 1961) 299—304.

[6.8] RUTISHAUSER, H.: Zur Matrizeninversion nach Gauss-Jordan. Z. angew. Math. Phys. 10 (1959) 281—290.

[6.9] SHIPLEY, R. B., u. D. COLEMAN: A New Direct Matrix Inversion Method. Trans. AIEE I, 78 (Nov. 1959) 568—572.

Zu Kap. 7. Berücksichtigung nachträglicher Änderungen in den Systemmatrizen eines Netzes

[7.1] KLEIN, G.: Koeffiziententausch linearer Gleichungssysteme. Vortrag, gehalten auf der Jahrestagung der Gesellschaft für Angew. Math. u. Mechanik Bonn 1962.

[7.2] SHERMAN, J., u. W. J. MORRISON: Adjustment of an Inverse Matrix Corresponding to Change in One Element of a Given Matrix. Ann. Math. Statistics 21 (1950) 124—127.

[7.3] —: Adjustment of an Inverse Matrix Corresponding to a Change in One Element of a Given Matrix. Ann. Math. Statistics 20 (1949) 317.

[7.4] WOODBURY, M.: Inverting Modified Matrices. Memorandum Report 42. Statistical Research Group Princeton 1950.

[7.5] —: On Inverting a Matrix via the Gram-Schmidt Orthogonalisation Process. Ann. Math. Statistics 20 (1949) 142.

Zu Kap. 8. Bedingungen für besondere Klassen von Netzmatrizen

[8.1] CARLIN, H. J.: On the Physical Realizability of Linear Nonreciprocal Networks. Proc. IRE 43 (1955) 608—616.

[8.2] EDELMANN, H.: Zur Kettendeterminante portzahlsymmetrischer Netze mehrerer Klemmenpaare. Arch. elektr. Übertragung 16 (1962) H. 8, 419 bis 421.

[8.3] HAUS, H. A.: Equivalent Circuit for a Passive Nonreciprocal Network. J. appl. Phys. 25 (1954) 1500—1502.

[8.4] MEIXNER, J.: Impedanz und Lagrange-Funktion linearer dissipativer Systeme. Z. Phys. 156 (1959) 200—210.

[8.5] NEWCOMB, R. W.: On Network Realizability Conditions. Proc. IRE 50 (Sept. 1962) 1995.

[8.6] RAISBECK, G.: A Definition of Passive Linear Networks in Terms of Time and Energy. J. appl. Phys. 25 (1954) 1510—1514.

Zu Kap. 10. Theorie der homogenen Leitungen

[10.1] ARSOVE, M. G.: The Algebraic Theory of Linear Transmission Networks. J. Franklin Inst. I (April 1953) 301—318; II (May 1953) 427—444.

[10.2] KLEIN, W.: Der klemmenzahlsymmetrische Mehrpol. Arch. elektr. Übertragung 12 (1958) 533—539.

[10.3] KOIZUMI, SH.: Mehrpolleitungstheorie. Arch. Elektrotechn. 33 (1939) 171—188.

[10.4] PÉRICART, J.: Étude des lignes polyphasées dyssymétriques a l'aide du calcul matriciel. Rev. gén. Electr. 68, No. 2 (Février 1959) 163—176.

[10.5] PÉRICART, J., u. P. AUGÈS: Étude du déséquilibre électrique engendré sur un réseau de transport d'énergie par les lignes aériennes. Rev. gén. Électr. 68, No. 6 (Juni 1959) 415—427.

[*10.6*] ZWAHLEN, R.: Die Entkopplung der Leitungsgleichungen in mehrphasigen Netzen und Anwendung auf das Problem des Abstandskurzschlusses. Arch. Elektrotechn. 47 (1963) 318—332.

Zu Kap. 11. Theorie Komponentensysteme

[*11.1*] AMCHIN, H. K., u. E. T. B. GROSS: Analysis of Subsequent Faults. Trans. AIEE, 70, II (1951) 1817—1823.

[*11.2*] BAJCSAY, P., u. V. LOVASS-NAGY: A New Method of Applying Hypermatrices in the Theory of Multiphase Systems. Acta techn. Acad. sci. Hungaricae. 21 (1958) Fasc. 3—4, 363—386.

[*11.3*] BÉRES, E., V. LOVASS-NAGY u. J. SZABÓ: Die Berechnung räumlicher Rahmen von zyklischer Symmetrie. Stahlbau 27 (1958) H. 11, 281—284.

[*11.4*] BROWN, H. E., u. C. E. PERSON: Digital Calculation of Single-Phase-to Ground Faults. Trans. AIEE III (Oct. 1960) 657—660.

[*11.5*] CALVAER, A.: Introduction à la théorie des couplages antisymétriques. Revue É (Bruxelles) 1957, No. 4.

[*11.6*] —: Extension of the Field of Application of Network Analysers by a General Method of Rotating Electrical Vectors. CIGRE 1958, Report 311.

[*11.7*] COGBILL, B. A.: Sequence Impedances of Symmetrical 3-phase Transformer Connections. Trans AIEE III, 74 (Febr. 1956), 1313—1323.

[*11.8*] CONCORDIA, C.: Relations Among Transformations Used in Electrical Engineering Problems. General Electric Rev. 41 (July 1938) 323—325.

[*11.9*] EDELMANN, H.: Normierte Komponentensysteme zur Behandlung von Unsymmetrieaufgaben in Drehstrom- und Zweiphasennetzen (mit besonderer Berücksichtigung der Erfordernisse des Netzmodells). Arch. Elektrotechn. 42 (1956) H. 6, 317—331.

[*11.10*] —: Vorteile beim Arbeiten mit $\alpha\beta 0$-Komponenten und deren wichtige Eigenschaften. ETZ-A 78 (1957) H. 17, 600—606.

[*11.11*] —: Ein Übertrager mit komplexem Übersetzungsverhältnis. Frequenz 11 (1957) 33—38.

[*11.12*] —: Über die Anwendung von Übertragermatrizen in Untersuchungen auf dem Netzmodell. Arch. elektr. Übertragung 11 (April 1957) 149—158.

[*11.13*] ENDER, R. C., G. G. AUER u. R. A. WYLIE: Digital Calculation of Sequence Impedances and Fault Currents for Radial Primary Distribution Circuits. Trans. AIEE III, 79 (Febr. 1961) 1264—1277.

[*11.14*] ENRICO, A.: Trasformazioni lineari per sistemi trifasi sinusoidali. Energia elettr. 38 (1961) No. 1 und 2.

[*11.15*] FORTESCUE, C. L.: Method of Symmetrical Coordinates Applied to the Solution of Polyphase Networks. Trans. AIEE II, 37 (1918) 1027—1140.

[*11.16*] GROSS, E. T. B.: Unbalances of Untransposed Overhead Lines. J. Franklin Inst. 254 (Dec. 1952) No. 6, 487—497.

[*11.17*] HOMMEL, G.: Über das Verhalten des asynchronen Drehstrommotors bei unsymmetrischen Klemmspannungen. Diss. TH München 1910.

[*11.18*] KIMBARK, E. W.: Network-Analyzer Solution of Multiple Unbalances. Trans. AIEE 56 (1937) 1476—1482.

[*11.19*] LOVASS-NAGY, V., u. K. SZENDY: Mathematische Untersuchung der stationären und transienten Vorgänge in elektrischen Dreiphasenmaschinen mit Hilfe von Hypermatrizen. Periodica polytechnica 2 (1958) No. 3, 229—261.

[*11.20*] NEUPAUER, J. C.: Simultaneous Single-Line-to-Ground Faults on Opposite Sides of Delta-Wye Transformer Banks. Trans. AIEE III, 73 (1954) 1360—1366.

[*11.21*] MANN, L.: Über zyklische Symmetrie in der Statik mit Anwendungen auf das räumliche Fachwerk, Eisenbau II, Nr. 1 (1911) 18.

[*11.22*] PETERSON, H. A., J. J. SKILES u. I. J. NAGRATH: A New Approach to the Study of Simultaneous Unbalances. Trans. AIEE III, 75 (Febr. 1957) 1445—1450.

[*11.23*] RABINS, L., u. E. T. B. GROSS: Transient Analysis of Three-phase Power Systems. J. Franklin Inst., I, 251 (March 1951) No. 3; II, 251 (May 1951) No. 5.

[*11.24*] SAH, A. P.-T.: Representation of Stokvis-Fortescue Transformation by a Dyadic and the Invariants of a Polyphase Impedance. Sci. Rep. Nat., Tsing Hua Univ., China series A, 3 (April 1935) 27.

[*11.25*] STOKVIS, L. G.: Der Spannungsabfall des synchronen Drehstromgenerators bei symmetrischer Belastung. München: Oldenbourg 1912.

[*11.26*] WANGER, W.: Symmetrische Komponenten für Mehrphasensystem. Arch. Elektrotechn. 29 (1935) 683—688.

Zu Kap. 12. Lastflußrechnung bei Vorgabe von Leistungswerten

[*12.1*] ABIAD, EL-, H. H.: Digital Calculation of Line-to-Ground Short Circuits by Matrix Method. Trans. AIEE III, 79 (June 1960) 323—332.

[*12.1a*] ARKÉUS, S., u. J. A. BUBENKO: Berechnung der Lastverteilung in Energieversorgungsnetzen. Elektronische Datenverarbeitung. (1961) H. 3 (Folge 11) 123—130.

[*12.2*] BAUER, F. L., u. R. BAUMANN: Mathematische Behandlung von Netzwerkaufgaben mit Hilfe elektronischer Ziffernrechenanlagen. Elektrizitätswirtsch. 56 (1958) 181—187.

[*12.3*] BAUMANN, R.: Automatisierte digitale Netzberechnung. Elektron. Rechenanlagen 2. (1960) 75—84.

[*12.4*] BAUMANN, R., G. BOLL u. W. SCHNEIDER: Anwendung von programmgesteuerten Rechenmaschinen zur Berechnung elektrischer Netze. Elektrizitätswirtsch. 60 (1961) 36—43, 96—101.

[*12.4a*] BAUMANN, R., G. BOLL, W. SCHNEIDER u. A. VORBACH: Experiences with the Use of Electronic Computers in the Planning and Optimal Operation of Electric Power Systems. CIGRE (Paris 1962) Report No. 309.

[*12.5*] BAUMANN, R., u. K. ZOLLENKOPF: Lastflußberechnung in mehrstufigen Netzen bei variablen Übersetzungsverhältnissen der Kupplungstransformatoren. ETZ-A 83 (1962) 303—307.

[*12.6*] BENNETT, J. M.: Digital Computers and the Load-Flow Problem. Proc. IEE p. B, 103 (Supplement) (1956) 16—25.

[*12.6a*] BRAMELLER, A., u. J. K. DENMEAD: Some Improved Methods for Digital Network Analysis. Proc. I, EEp. A, 109 (1962) 109—116.

[*12.7*] BROWN, H. E., C. E. PERSON, L. K. KIRCHMAYER u. G. W. STAGG: Digital Calculation of 3-Phase Short Circuits by Matrix Method. Trans. AIEE III, 79 (Febr. 1961) 1277—1282.

[*12.8*] BROWN, R. J., u. W. F. TINNEY: Digital Solutions for Large Power Networks. Trans. AIEE III, 76 (June 1957) 347—355.

[*12.8a*] BUBENKO, J. A.: Matrix Method for Digital Network Analysis. Elteknik (Stockholm) 5 (1962) No. 8, 129—133.

[*12.8b*] BYERLY, R. T., R. W. LONG, C. J. BALDWIN JR. u. C. W. KING: Digital Calculation of Power System Networks Under Faulted Conditions. Trans. AIEE III, 77 (Febr. 1959) 1296—1297.

[*12.9*] CARTERON, H. J.: Calcul arithmétique des réseaux maillés et de leurs pertes. Bull. Soc. franç. Électr. 6, No. 67 (1956) 465—472.

[*12.10*] CLAIR, H. P. ST., u. G. W. STAGG: Experience in Computation of Load-Flow Studies Using High-Speed Computers. Trans. AIEE III, 77 (Febr. 1959) 1275—1282.

[*12.11*] COOMBE, L. W., u. D. G. LEWIS: Digital Calculation of Short-Circuit Currents in Large Complex-Impedance Networks. Trans. AIEE III, 75 (Febr. 1957) 1394—1397.

[*12.12*] DOMMEL, H.: Die Darstellung des Transformators in der elektronischen Netzberechnung. Elektrizitätswirtsch. 59 (1960) 271—275.

[*12.13*] DOMMEL, H., u. H.-R. WIEHLE: Lastfluß- und Kurzschlußberechnung für Verteilungsnetze mit Hilfe eines Digitalrechners. Elektrizitätswirtsch. 60 (1961) 351—356 und 432—438.

[*12.14*] DUNSTAN, L. A.: Machine Computation of Power Network Performance. Trans. AIEE 60 (1947) 610—624.

[*12.15*] —: The General Solution Method of Power Network Analysis. Trans. AIEE I, 67 (1948) 631—639.

[*12.16*] —: Digital Load Flow Studies. Trans. AIEE 73 (1954) 825—832.

[*12.17*] DYRKACZ, M. S., u. F. J. MAGINISS: A New Automatic Programm for Load-Flow Studies on the IBM 704. Trans. AIEE III 78 (April 1959) 52—62.

[*12.18*] FURKERT, W.: Einige Beispiele fürdie Anwendung von Matrizen in der Energietechnik. Wiss. Z. Hochsch. Elektrotechn. Ilmenau 4 (1958) H. 1, 57—67.

[*12.19*] GAUSSENS, P., J. PARDIGON, P. AUGÈS u. J. AUGÉ: L'évolution des méthodes de calcul des réseaux maillés liée à l'utilisation des machines arithmétiques. Bull. Soc. franç. Électr. 8e série, II, No. 16, 227—247.

[*12.20*] GLIMM, A. F., R. HABERMANN JR., J. M. HENDERSON u. L. K. KIRCHMAYER: Digital Calculation of Network Impedances. Trans. AIEE III, 74 (Dec. 1955) 1285—1927.

[*12.21*] GLIMN, A. F., u. G. W. STAGG: Automatic Calculation of Load Flows. Trans. AIEE III, 76 (Oct. 1957) 817—828.

[*12.22*] GUPTA, P. P., u. M. W. H. DAVIES: Digital computers in power system analysis. Proc. IEE A, 108 (1961) 383—404.

[*12.23*] HALE, H. W., u. R. W. GOODRICH: Digital Computation of Power Flow—Some New Aspects. Trans. AIEE III, 78 (Oct. 1959) 919—924.

[*12.24*] JOHN, M. N.: A general method of digital network analysis particulary suitable for use with low-speed computers. Proc. IEE A, 108 (1961) 369 bis 382.

[*12.25*] JORDAN, R. H.: Rapidly Converging Digital Load Flow. Trans. AIEE III, 76 (Febr. 1958) 1433—1438.

[*12.26*] LANTZ, M. J.: Digital Short-Circuit Solution of Power System Networks Including Mutual Impedance. Trans. AIEE III, 76 (Febr. 1958) 1230—1235.

[*12.26a*] MEELE, R. VAN, C. MARIQUE, C. H. MARCHAL, u. L. NEELEMANS: The Present Stage of Progess in Belgium in the Field of Network Studies. CIGRE. (Paris 1962) Report No. 316.

[*12.27*] MILJANIĆ, P., J. OBRADOVIĆ, u. V. VUĆKOVIĆ: Analyseur de réseaux à c. a., avec représentation des générateurs et des charges par des sources de courant. CIGRÉ, Paris 1956, Report No. 322.

[*12.28*] MOLLWITZ, M.: Planung in Mittelspannungsnetzen mit Hilfe des Digitalrechners. Elektrizitätswirtsch. 59 (1960) 188—195.

[*12.29*] NESS, J. E. VAN: Iteration Methods for Digital Load Flow Studies. Trans. AIEE III, 78 (Aug. 1959) 583—588.

[*12.30*] —: Convergence of Iterative Load-Flow Studies. Trans. AIEE III, 78 (Febr. 1960) 1590—1597.

[12.31] PRINZ, H.: Das komplexe N_{sw}-Potentialverfahren. Elektrizitätswirtsch. 55 (1956) 751—757.

[12.32] —: Anwendung des N_{sw}-Potentialverfahrens auf die Berechnung des Dauerkurzschlußstromes vermaschter Netze. Elektrizitätswirtsch. 56 (1957) 663—669.

[12.33] —: Elektronische Netzberechnung. Elektrizitätswirtsch. 57 (1958) 524—534.

[12.34] —: Das N_{sw}-Potentialverfahren mit symmetrischen Komponenten. Elektrizitätswirtsch. 60 (1961) 309—319.

[12.35] PRINZ, H., u. W. MÜLLER: Kurzschlußberechnung vermaschter Netze mit Hilfe des N_{sw}-Potentialverfahrens. Elektrizitätswirtsch. 55 (1956) 321—326.

[12.36] PRINZ, H., u. E. RIX: Das N_{sw}-Potentialverfahren zur Kurzschlußberechnung von Bahnstromnetzen. Elektrische Bahnen 28 (1957) 228—235.

[12.37] REED, M. B., G. B. REED, J. L. McKINLEY, H. K. POLD, R. V. HUGO u. W. J. MARTIN: A Digital Approach to Power-System Engineering. Part I bis IV, Trans. AIEE, III, 80, 198—226.

[12.37 a] RENZ, H.: Netzmodelle und programmgesteuerte Rechenmaschinen als Hilfsmittel der Netzplanung. AEG-Mitteilungen 49 (1959) 220—228.

[12.38] ROBINSON, C., u. D. H. TOMPSETT: Power System Engineering Problems with the Reference to the Use of Digital Computers. Proc. IEE, B (Supplement) 103 (1956) S. 26—34.

[12.39] ROECK, J.: Über digitale Methoden zur Ermittlung von Leistungen und Spannungen in Drehstromverbundnetzen. Anwendung elektrischer Rechenanlagen in der Starkstromtechnik. VDE-Buchreihe Bd. 3, 172—179, Berlin: VDE-Verlag 1958.

[12.40] SAVAGE, N.: Digital Programs for Calculation of Transmission-Line Impedances. Trans. AIEE, III, 79 (Febr. 1961) 1229—1235.

[12.41] SCHNEIDER, W.: Der Einsatz elektronischer Rechenanlagen für die Ermittlung der Energieverteilung in einem vermaschten Netz. Elektrizitätswirtsch. 57 (1958) 9—11.

[12.42] —: Ermittlung der Übertragungsverluste von Hochspannungsnetzen mit Hilfe von Lochkarten. Elektrizitätswirtsch. 53 (1954) 323—329.

[12.43] SIEGEL, J. C., u. C. W. BILLS: Nodal Representation of Large Complex-Element Networks Including Mutual Reactances. Trans. AIEE III, 77 (Febr. 1959) 1226—1229.

[12.44] SHIPLEY, R. B., D. COLEMAN u. W. L. NASON: Short-Circuit Comparison Study. Trans. AIEE III, 80 (Febr. 1962) 1162—1166.

[12.45] TAYLOR, G. E., G. K. CARTER, u. E. H. MacDONALD: New Digital Computer Short-Circuit. Programm for Relay Studies. Trans. AIEE III, 79 (Febr. 1961) 1257—1264.

[12.46] WARD, J. B.: Equivalent Circuits for Power-Flow Studies. Trans. AIEE 68 (1949) 373—382.

[12.47] WARD, J. B., u. H. W. HALE: Digital Computer Solution for Power-Flow Problems. Trans. AIEE III, 75 (June 1956) 398—404.

[12.48] —: Digital Computation of Driving Point and Transfer Impedances. Trans. AIEE III, 76 (Aug. 1957) 476—481.

[12.49] WONG, S. Y., u. M. KOCHEN: Automatic Network Analysis with a Digital Computation System. Trans. AIEE I, 75 (May 1956), 172—176.

[12.50] WYNN, P.: On a device for computing the $e_m(S_n)$ transformation. Mathematical Tables and other Aids for Computation 10 (1956) 91—96.

[12.51] —: The rational approximation of functions which are formally defined by a power series expansion. Mathematics of Computation 14 (1960) 147—186.

[*12.52*] —: Acceleration Techniques for Iterated Vector and Matrix Problems. Mathematics of Computation 16 (July 1962) 301—322.

Zu Kap. 13. Stabilität im Drehstromverbundsystem

[*13.1*] ADAMSON, C., u. A. M. S. EL-SERAFI: Representation of saliency on a.-c. network analysers. Proc. IEE C, 104 (1956) 108—115.

[*13.2*] BAUER, H.: Die Stabilität von Phasenschiebern in Verbundsystemen. ETZ-A 74 (1953) 441—445.

[*13.3*] —: Stabilität von Drehstromverbundsystemen. Siemens-Z. 27 (1953) 295—311.

[*13.4*] DYRKACZ, M. S., u. D. G. LEWIS: A New Digital Transient Stability Program. Trans. AIEE III, 78 (Oct. 1959) 913—919.

[*13.5*] EDELMANN, H.: Ein Kriterium für die aperiodische bzw. rein oszillatorische Stabilität und der Zusammenhang mit Reaktanztheoremen. Regelungstechn. 2, 264—267.

[*13.6*] —: Die statische Stabilität von Schenkelpolmaschinen im Verbundbetrieb. Arch. Elektrotechn. 43 (1957) 289—303.

[*13.7*] FALK, S.: Neue Verfahren zur direkten Lösung algebraischer Eigenwertprobleme. Abh. Braunschweig. Wiss. Ges. VI (1954) 166—194.

[*13.8*] FREY, W.: Die statische Stabilität eines Netzes mit mehreren Synchronmaschinen. BBC-Mitt. 31 (Mai 1944) 166—172.

[*13.9*] HAAS, H.-L.: Bestimmung der Eigenwerte des allgemeinen Eigenwertproblems. Numerische Mathematik 2 (1960) 341—343.

[*13.10*] JOHNSON, D. L., u. J. B. WARD: The Solution of Power System Stability Problems by Means of Digital Computers. Trans. AIEE III (Febr. 1957), 1321—1327.

[*13.11*] LAIBLE, TH.: Moderne Methoden zur Behandlung nichtstationärer Vorgänge in elektrischen Maschinen. Bull SEV 41 (1950) 525—536.

[*13.12*] —: Verhalten der Synchronmaschine bei Störungen der Stabilität. Bull. SEV 45 (1954) 660—664.

[*13.13*] LANE, C. M., R. W. LONG u. J. N. POWERS: Transient Stability Studies II — Automatic Digital Computation. Trans. AIEE III 77 (Febr. 1959) 1291—1296.

[*13.14*] MÜLLER-STROBEL, J.: Die statische und dynamische Stabilität von Synchronmaschinen in vermaschten Netzen. Arch. Elektrotechn. 36 (1942) 573—584.

[*13.14a*] —: Beweis eines Stabilitätskriteriums. Arch. Elektrotechn. 37 (1943) 509—517.

[*13.15*] —: Störungstheorie u. Stabilität. Anwendung der Störungstheorie zur näherungsweisen Bestimmung der statischen Stabilitätsgrenzen von Synchronmaschinen in vermaschten Netzen. Arch. Elektrotechn. 37 (1943) 555—570.

[*13.16*] ROBERT, R.: Micromachines and Micronetwork Study of the Problems of the Transient Stability by the Use of Models SimilarElectromechanically to Existing Machines and Systems. CIGRE, Paris 1950, Paper No. 338.

[*13.17*] RINDT, L. J., R. W. LONG u. R. T. BYERLY: Transient Stability Studies III — Improved Computational Techniques. Trans. AIEE III, 78 (Febr. 1960) 1673—1677.

[*13.18*] SHANKLE, D. F., C. M. MURPHY, R. W. LONG u. E. L. HARDER: Transient-Stability Studies I — Synchronous and Induction Machines. Trans. AIEE III—B 73 (Febr. 1955) 1563—1580.

[*13.19*] STAGG, G. W., A. F. GABRIELLE, D. R. MOORE u. J. F. HOHENSTEIN: Calculation of Transient Stability Problems Using a High-Speed Digital Computer. Trans. AIEE III, 78 (Aug. 1959) 566—574.

Zu Kap. 14. Der wirtschaftlich günstigste Verbundbetrieb

[14.1] BAUER, H.: Optimaler Verbundbetrieb. Arch. Elektrotechn. 42 (1955) 13—25.

[14.2] —: Verbundbetrieb mit geringsten Verlustkosten. ETZ-A 76 (1955) 389 bis 391.

[14.3] —: Günstigste Lastverteilung und Verluste in Drehstromnetzen. Elektrizitätswirtsch. 55 (1956) H. 17, 600—605.

[14.4] —: Die Ermittlung der Verluste in Drehstromnetzen und das Optimierungsproblem des Lastverteilers. Elektrizitätswirtsch. 55 (1956) H. 7, 180—183.

[14.5] —: Verbundbetrieb mit geringsten Verlustkosten. ETZ-A 76 (1955) H. 11, 389—391.

[14.6] —: Der SIELOMAT, ein neues Rechengerät für den Lastverteiler. (Vortrag, gehalten auf der VDE-Fachtagung „Anwendung elektrischer Rechenanlagen in der Starkstromtechnik", Nov. 1957 in Stuttgart.) Erschienen im VDE-Verlag, Berlin 1958.

[14.7] BAUER, H., u. H. EDELMANN: Der SIELOMAT, ein Hilfsmittel des Lastverteilers für optimalen Kraftwerkseinsatz. Elektrizitätswirtsch. 57 (1958) H. 7, 173—180; H. 10, 301—307; H. 13, 389—392.

[14.8] BAUER, H., u. K. THEILSIEFJE: Zur Planung eines optimalen Speicherkraftwerkes für wirtschaftlichen hydrothermischen Verbundbetrieb. Elektrizitätswirtsch. 61 (1962) 292—299.

[14.9] BERNHOLTZ, B., u. L. J. GRAHAM: Hydrothermal Economic Scheduling. Part I: Solution by Incremental Dynamic Programming. Trans. AIEE III, 79 (Dec. 1960) 921—932; Part II: Extension of the Basic Theory; Part III: Scheduling the Thermal Subsystem Using Constramed Steepest Descent; Part IV: A Continous Procedure for Maximizing the Weighted Output of a Hydroelectric Generating Station. Trans. AIEE III, 80 (Febr. 1962) 1089—1107.

[14.10] BROWNLEE, W. R.: Co-ordinating of Incremental Fuel Costs and Incremental Transmission Losses by Functions of Voltage Phase Angles. Trans. AIEE III, 73 (June 1954) 529—541.

[14.11] CAHN, C. R.: The Determination of Incremental and Total Loss Formulas from Functions of Voltage Phase Angles. Trans. AIEE III, 74 (April 1955) 161—176.

[14.12] CAREY, J. J.: Short-Range Load Allocational Hydro-Thermal Electric System. Trans. AIEE III, 73 (1954) 1105—1112.

[14.13] CARPENTIER, J.: Nouvelle méthode de calcul du dispatching économique d'un réseau de transport d'énergie. IFIP Congress 1962 (27. 8.—1. 9. 1962) München. North Holland Publishing Company, Amsterdam. Session 7: Real-time Information Processing.

[14.14] —: Contribution à l'étude du dispatching économique. Bull. Soc. franç. Électr. 8e Série, III (Août 1962) No. 32, 431—447.

[14.14a] CARPENTIER, J., u. J. SIROUX: L'optimisation de la production à l'Électricité de France. Nouvelle méthodes de calcul et implantation d'un calculateur numérique au dispatching central. Bull. Soc. franç. Électr. 8e Série, IV (Mars 1963) No. 39, 121—129.

[14.15] ČESAČENKO, V. F.: Die Anwendung elektronischer Digitalrechner für die Untersuchung der Wiedersynchronisierung von Generatoren in einem komplizierten Energiesystem. Električestvo No. 3 (1962) 15—20.

[14.16] CHANDLER, W. G., P. L. DANDENO, A. F. GLIMN u. L. K. KIRCHMAYER: Short-Range Economic Operation of a Combined Thermal and Hydro-electric Power System, Trans. AIEE III, 72 (1953) 1057—1065.

[14.17] COWGILL, L. B.: Northwest Power Pool Interchange. Trans. AIEE II 70 (1951) 1531—1535.

[14.18] CYPSER, R. J.: Computer Search for Economical Operation of a Hydro-thermal Electric System. Trans. AIEE III, 73 (1954) 1260—1267.

[14.19] DESPOTOVIĆ, S. T.: A Quick Method for Developing a Transmission Loss Formula. Trans. AIEE, III, 79 (Oct. 1960) 707—711.

[14.20] DOMMEL, H.: Ermittlung der Netzverluste und deren Minimalisierung mit Hilfe des komplexen N_{SW}-Potentialverfahrens. Elektrizitätswirtsch. 58 (1959) 428—431.

[14.21] EARLY, E. D., W. E. PHILLIPS u. W. T. SHREVE: An Incremental Cost of Power Delivered Computer. Trans. AIEE III, 74 (June 1955) 529—535.

[14.22] EARLY, E. D., G. L. SMITH u. R. E. WATSON: A General Transmission Loss Equation. Trans. AIEE III, 74 (1955) 510—520.

[14.23] EARLY, E. D., u. R. E. WATSON: A New Method of Determining Constants for the General Transmission Loss Equation. Trans. AIEE, III, 75 (1956) 1417—1423.

[14.24] EARLY, E. D.: Early Bird to Assign Generation. Electr. Wld. 147 (April 8, 1957) 84—86.

[14.25] EDELMANN, H.: Verlustformel für ein Verbundnetz und Ausmessung der Verlustkoeffizienten. ETZ-A 79 (1958) 561—567.

[14.26] —: Ein Analoggerät zur Ermittlung und Steuerung eines Verbundbetriebs geringster Erzeugungskosten für die zu liefernde elektrische Energie, welches das zugehörige Modellnetz enthält. VDE-Fachberichte, 20, VDE-Verlag: Berlin 1958.

[14.27] —: Berechnung des optimalen Verbundbetriebs in Energieübertragungs-netzen. Siemens-Z. 35 (1961) H. 1, 57/58.

[14.28] —: Optimaler Verbundbetrieb unter besonderen Nebenbedingungen. Elektrizitätswirtsch. 60 (1961) H. 3, 61—64.

[14.29] —: Digitale Berechnung von Lastverteilerkurven für optimalen Verbund-betrieb auf der Siemens-Datenverarbeitungsanlage 2002. Elektron. Rechen-anlagen 3 (1961) H. 1, 13—20.

[14.30] —: Direkte Messung der Verlustkoeffizienten auf dem Netzmodell. Arch. Elektrotechn. 47 (1962) H. 2, 106—122.

[14.31] —: Existenz und Eindeutigkeit der Lösungen der Minimalaufgabe „Wirt-schaftlichster Verbundbetrieb." Teil I: Der rein thermische Verbundbetrieb. Teil II: Der hydrothermische Verbundbetrieb. Arch. Elektrotechn. 47 (1962) H. 3, 161—183.

[14.32] GEORGE, E. E., H. W. PAGE u. J. B. WARD: Co-ordination of Fuel Cost and Transmission Loss by the Use of the Network Analyzer to Determine Plant Loading Schedules. Trans. AIEE II, 68 (1949) 1152—1168.

[14.33] GEORGE, E. E.: Intrasystem Transmission Losses. Trans. AIEE 62 (March 1943) 153—158.

[14.34] —: A New Method of Making Transmission Loss Formulas Directly from Digital Power Flow Studies. Trans. AIEE III, 78 (Febr. 1960) 1567—1573.

[14.35] GLIMN, A. F., L. K. KIRCHMAYER u. G. W. STAGG: Analysis of Losses in Interconnected Systems. Trans. AIEE III, 71 (1952) 796—808.

[14.36] GLIMN, A. F., L. K. KIRCHMAYER, R. HABERMANN u. R. W. THOMAS: Automatic Digital Computer Applied to Generation Scheduling. Trans. AIEE III, 73 (Oct. 1954) 1267—1275.

[*14.37*] GLIMN, A. F., L. K. KIRCHMAYER, u. G. W. STAGG: Analysis of Losses in Loop-Interconnected Systems. Trans. AIEE III, 72 (1953) 944—953.

[*14.38*] GORNŠTEIN, W. M.: Über die Auswahl eines Betriebs, der die geringsten Selbstkosten für die elektrische Energie in einem Elektro-Versorgungssystem gewährleistet (russ.). Električestkije Stanzii No. 7 (1957) 48—52.

[*14.39*] —: Über die Bestimmung des wirtschaftlich optimalen Energieverbundbetriebs (russ.). Električestvo (1961) No. 8, 19—24.

[*14.40*] HABERMANN, R., L. K. KIRCHMAYER u. G. W. STAGG: Loss Formulas made easy. Trans. AIEE, III, 72 (Aug. 1953) 730—737.

[*14.41*] HALE, H. W.: Power Losses in Interconnected Transmission Networks. Trans. AIEE III, 71 (Dec. 1952) 993—998.

[*14.42*] HARKER, D. C.: A Primer on Loss Formulas. Trans. AIEE III, 77 (Febr. 1959) 1434—1436.

[*14.43*] HANO, J., T. OKAZAWA K. AOKI, u. K. NAKANIWA: Transmission-Losses Equation. Joint Meeting of the Institute of Electrical Engineers of Japan, May 1955, Paper No. 369.

[*14.44*] HANO, J., T. YAMADA u. Y. MURATA: Study of Transmission Loss Formula for Economic Operation of Power Systems. Joint Meeting of the Institute of Electrical Engineers of Japan, May 1955, Paper No. 371.

[*14.45*] HARKER, D. C., W. E. JACOBS, R. W. FERGUSON u. E. L. HARDER: Loss Evaluation — pt. I. Loss Associated with Sale Power-In-Phase Method. Trans. AIEE III, 73 (June 1954) 709—716.

[*14.46*] HARDER, E. L., R. W. FERGUSON, W. E. JACOBS u. D. C. HARKER: Loss Evaluation — pt. II. Current- and Power-Form Loss Formulas. Trans. AIEE III-A, 73 (June 1954) 716—731.

[*14.47*] IMBURGIA, C. A., L. K. KIRCHMAYER u. G. W. STAGG: A Transmission Loss Penalty Factor Computer. Trans. AIEE III, 73 (June 1954) 567—571.

[*14.48*] KIRCHMAYER, L. K., u. G. H. McDANIEL: Transmission Losses and Economic Loading of Power Systems. General Electric Rev. Oct. 1951, 39—46.

[*14.49*] KIRCHMAYER, L. K., u. G. W. STAGG: Analysis of Total and Incremental Losses in Transmission Systems. Trans. AIEE II, 70 (1951) 1197—1204.

[*14.50*] —: Evaluation of Methods of Coordinating the Incremental Fuel Costs Incremental Transmission Losses. Trans. AIEE III, 71 (1952) 513—521.

[*14.51*] KRON, G.: Tensorial Analysis of Integrated Transmission Systems. pt. I: The Six Basic Reference Frames. Trans. AIEE, II, 70 (1951) 1239—1248.

[*14.52*] —: Tensorial Analysis of Integrated Transmission Systems, pt. II: Off Nominal Turn Ratios. Trans. AIEE III, 71 (1952) 505—512.

[*14.53*] —: Tensorial Analysis of Integrated Transmission Systems, pt. III: The Primitive Division. Trans. AIEE III, 71 (1952) 814—821.

[*14.54*] —: Tensorial Analysis of Integrated Transmission Systems, pt. IV: The Interconnection of Transmission Systems. Trans. AIEE III, 72 (1953) 827—839.

[*14.55*] LINDQVIST, J.: Operation of a Hydrothermal Electric System: A Multistage Decision Process. Trans. AIEE III, 81 (April 1962) 1—7.

[*14.56*] MARKOVIČ, I. M., V. A. TAFT, S. A. SOVALOV, V. A. VENIKOV u. L. V. ZUKERNIK: Die Anwendung von Rechengeräten in der Energieverteilung und -planung (russ.) Električestvo No. 12 (1960) 9—15.

[*14.57*] MARKOVIČ, I. M., u. V. N. TEITEL'BAUM: Über eine Methode der wirtschaftlichen Verteilung der Wirkleistung in einem gemischten Energiesystem (russ.). Električestvo No. 1 (1962) S. 10—11.

[*14.58*] MORRILL, C. D., u. J. A. BLAKE: A Computer for Economic Scheduling and Control of Power Systems. Trans. AIEE III, 74 (Dec. 1955) 1136—1142.

[14.59] OSTERLE, W. H., u. E. L. HARDER: Loss Evaluation — pt. IV. Economic Dispatch Computer Principles and Application. Trans. AIEE III, 75 (June 1956) 387—394.

[14.60] PÉLISSIER, R., J. CARTERON u. J. CARPENTIER: La simulation de la gestion d'un unsemble de centrales hydrauliques et thermiques. Revue générale de l'Électricité. 46 année, 71, No. 4 (Avril 1962) 215—224.

[14.61] ŠACHANOV, V. S.: Über eine Methode für die Berechnung optimaler Betriebszustände für kombinierte Energiesysteme mit Hilfe von Digitalrechnern (russ.). Električestvo No. 3 (1962) 9—14.

[14.62] SCHNEIDER, W.: Rechnerische Ermittlung von Verlusten in elektrischen Netzen zur Erzielung einer optimalen Lastverteilung. Elektrizitätswirtsch. 55 (1956) H. 7, 184—190.

[14.63] —: Ein neues Analogrechengerät für Netzoptimierungs-Aufgaben. Elektrizitätswirtsch. 58 (1959) 524—531.

[14.64] —: Analoge Rechengeräte für eine exakte wirtschaftliche Lastverteilung in elektrischen Netzen. Öst. Z. Elektrizitätswirtschaft. 14 (1961) 15—16.

[14.65] STEINBERG, M. J., u. J. H. SMITH: Economic Loading of Steam Power Plants and Electric Systems (book). New York, N.Y.: John Wiley and Sons. Inc. 1935 and 1943.

[14.66) SQUIRES, R. B., R. T. BYERLY, H. W. COLBORN u. W. H. HAMILTON: Loss Evaluation — pt. V. Economic Dispatch Computer-Design. Trans. AIEE, III, 75 (Aug. 1956) 719—727.

[14.67] SZENDY, CH.: Simple and Generalized Method for Developing the Incremental Transmission Losses. Acta techn. Acad. Sci. Hungaricae. 34 (1961).

[14.68] THEILSIEFJE, K.: Berechnung der Zuwachskostenkurven von Dampfkraftwerken und Einfluß ihrer Unstetigkeiten auf die optimale Lastverteilung. Elektrizitätswirtsch. 57 (1958), 694—700.

[14.69] —: Was kosten Netzverluste? Elektrizitätswirtsch. 59 (1960) 179—184.

[14.70] —: Über hinreichende Bedingungen für ein Minimum der Brennstoffkosten im optimalen Verbundbetrieb. ETZ-A 82 (1961) 175—179.

[14.71] —: Ein Beitrag zur Theorie der wirtschaftlichen Ausnutzung großer Speicherseen zur Energieerzeugung. ETZ-A 82 (1961) 538—545.

[14.72] TRAVERS, R. H., D. C. HARKER, R. W. LONG u. D. C. HARKER: Loss Evaluation — pt. III. Economic Dispatch Studies of Steam-Electric Generating Systems. Trans. AIEE III-B, 73 (Oct. 1954) 1091—1104.

[14.73] USOV, S. W., G. M. PAVLOV, u. V. A. SLABIKOV: Ein Rechner für die Lastverteilung in einem Energiesystem mit Wasserkraftwerken (russ.) Električestvo No. 3 (1962) 24—28.

[14.74] WARD, J. B.: Economy Loading Simplified. Trans. AIEE III, 72 (Dec. 1953) 1306—1316.

[14.75] WARD, J. B., J. R. EATON u. H. W. HALE: Total and Incremental Losses in Power Transmission Networks. Trans. AIEE I, 69 (1950) 626—632.

[14.76] WATCHORN, C. W.: Co-ordination of Hydro and Steam Generation. Trans. AIEE III, 74 142—150.

[14.77] WATSON, R. E., u. W. O. STADLIN: The Calculation of Incremental Transmission Losses and the General Transmission Loss Equation. Trans. AIEE III, 78 (1959) 12—18.

[14.78] ZELENKA, D. B., u. R. H. TRAVERS: Fundamental Concepts of Incremental Maintenance Costs as Used by Ohio Edison Company. Trans. AIEE III, 78 (1959) 163—165.

Namenverzeichnis

Bauer, H. 201
Baumann, R. 184
Bodewig, E. 99, 183
Brameller, A. 184
Cauer, W. 96
Cederbaum, I. 44
Clarke, E. 154ff., 163ff.
Concordia, Ch. 163
Denmead, J. K. 184
Edelmann, H. 195, 197, 199, 201
Falk, S. 100, 104, 216
Fortescue, C. L. 150
Gantmacher, F. R. 35
Gröbner, W. 35
Haier, U. 70
Hale, H. W. 182

Hommel, G. 150
Hosemann, G. 70
Householder, A. S. 183
Jensen, J. L. 129
Kimbark, E. W. 176
Kirchhoff, G. 59
Klein, W. 67, 141
Kron, G. 38, 55, 163, 207ff.
Küpfmüller, K. 95
Kuratowski, C. 21
Laible, Th. 189
Nagrath, I. J. 176
Nees, G. 70
Neiss, F. 35
Perron, O. 129
Peterson, H. A. 176

Reed, M. B. 44
Robert, R. 149
Sah, A. P.-T. 16
Schmeidler, W. 35
Seshu, S. 44
Skiles, J. J. 176
Stokvis, L. G. 150
Todd, J. 183
Veblen, O. 44
Vleck, E. B. van 129
Ward, J. B. 182
Woodbury, M. 101ff., 232ff.
Zollenkopf, K. 184
Zurmühl, R. 35

Sachverzeichnis

Absolutkostensumme 200, 262
Additionstheorem für homogene Leitungen 133, 139
additive Verknüpfungen 124ff.
Adjunkte 220
Admittanzen 8
Admittanz-größen, Änderungen 98ff.
— -matrix 82, 116, 120, 122, 125
Ähnlichkeitstransformation einer Matrix 228
AITKENS δ^2-Prozeß 183ff., 186
Analogrechner 115
analytische Funktion 10
Anfangspunkt 11
Anlaufzeitkonstante 188
Anode 1

Anzahl der Ecken 16
— — Endpunkte 14
— — Flächen 16
— — Kanten 16
— — Knotenpunkte 15
— — Maschen 15
— — Verbindungszweige 15
— — Verzweigungen 14
antihermitesche Matrix 225
antisymmetrische Matrix 225
approximierende Ersatzschaltungen 128
assoziatives Gesetz der Addition und Subtraktion 215
— — — Multiplikation 217
asynchrones Dämpfungsmoment 189

aufsteigende Differenzen 191
$\alpha\beta$0-Komponenten 148, 154ff., 187
— —, Ersatzschaltungen für Drei-
    phasensystem 244ff., 252ff.

base case 207
Baum 11
Baumanalyse, -suche, -auswahl 34, 39ff.,
    45
Betriebsimpedanzen 148
Bewegungsgleichungen der transienten
    Polradwinkel 187
Binärsuche 262
Blindleistung 9

C-Admittanzmatrizen 233ff.
CAUCHY-BINET, Satz von 65, 221
charakteristische Gleichung 228
CRAMERsche Regel 132, 218, 223

Dämpfungskonstante 131
—, absolute synchrone 187
Definitionspfeil 2
Determinanten 218
— -Multiplikationssätze 221
Determinantenkriterium für die Definit-
    heit 116
Diagonalmatrix 217, 225
Differenzenverfahren 187, 190 ff.
Digitalrechner 82, 207
distributives Gesetz 217
Division, Links-, Rechts- 221
Drehstrommehrphasensystem 149ff.
Drehstromnetz 22
Drehstromverbundnetze 187
Dreiecksmatrix, obere, untere 225
Dreiphasen-6-Port-Matrizen 233ff.
— -belastungen 237
— -längsimpedanz 151
— -querimpedanz 151
— -system, Ersatzschaltungen 242ff.
Dreiwicklungstransformator 32
Drossel 28
Duale Netzwerke 26
Dualisierung 58, 61
Dualität 6, 14, 59
— ebener Graphen 16ff.
— von Polyedern 18
Dualitätsgesetze einer magnetischen
    Schaltung 28
dynamic programming 19
dynamische Stabilität 186ff., 239

E-Matrizen 44
ebener Graph 14
Ecken 15
Effektivwert 4
Eigenlösungen der statischen Stabilität
    196
Eigenwerttheorie der Matrizen 227ff.
Einheitsmatrix 216
Einzelschrittverfahren 201
elektrische Wirkleistung 189
Elimination von Knotenpunkten 92
Endpunkt 11
Energiegraph 22
Entkopplung 24, 151
Entwicklungssatz für Determinanten
    219.
Erdschlüsse, Ersatzschaltungen für
    Komponentensysteme 238ff.
Ersatzschaltungen für Kurzschlüsse,
    Unterbrechungen 166ff., 172
EULERsche Differentialgleichungen 206
EULERscher Polyedersatz 15ff.
Exponentialfunktion einer Matrix
    137
Exponentialfunktionen bei kleinen
    Schwingungen 194

FALKsches Schema 100, 104, 216
Fenster 17, 26
fiktive Kosten für Wasserkraftwerke
    206
Formel von WOODBURY 232ff.
Fortpflanzungskonstante 131
freie Unbekannte 224
Frequenzabhängigkeit 114
Fünfschenkel-Transformator 33
Funktionalmatrix $\partial P_{ei}/\partial \vartheta_k$ 197ff.

galvanisch unabhängige Darstellung 238
galvanische Verbindungen 168
GAUSS-JORDAN-Algorithmus nach
    RUTISHAUSER 86
GAUSSscher Algorithmus 218
— — für Untermatrizen 121
Gegenüberstellung Maschenmethode—
    Schnittmengenmethode 59
gemischte Matrizen 95ff.
Geschlecht eines Graphen 17
Gleichspannungsquelle 1
Graph eines Polyeders 15
Graphen 10
—, elektrische Zweipolnetze 21ff.

Graphen, orientierte 21, 23
Gyrator 118

Hauptabschnittsdeterminanten 117
Herausnahme eines Zweiges 113
hermitesche Formen 226
— (r) Komponenten (Teil) einer Matrix
    115, 226
— Matrix 225
homogene Leitung, einphasige 128ff.
— —, mehrphasige 136ff.
— lineare Funktion (Determinante) 219
hydrothermischer Verbundbetrieb
    203ff.
Hyperbelfunktionen einer Matrix 139

Impedanzen 8
Impedanz-größen, Änderungen 98ff.
— -matrizen 82
— -matrix 115, 116, 120, 122, 124
indefinit 227
Induktivität 5
inertia constant 188
Invarianz der Summenleistung 163
Inverse einer Matrix 221
Inverse, Links-, Rechts- 222

Kanten 15
Kapazität 6
Kathode 1
Ketten-bruch 128ff.
— -determinante 121, 123
— -leiter, gleichmäßiger 128ff.
— -matrizen 82, 96
Kettenmatrix 117, 120, 122, 126, 233
— der einphasigen Leitung 130ff.
— — mehrphasigen Leitung 139ff.
— — — —, numerische Berechnung
    140
KIMBARKsche Dreifachdarstellung
    176ff.
kleine Schwingungen 194ff.
— —, Eigenwertproblem 195ff.
Knotenpunkte 10
Knotenpunktinzidenzmatrix 35
Knotenpunkts-Zweig-Inzidenzmatrix
    74
— — -Quasiinzidenzmatrix 76
Knotenpunktsadmittanzmatrix 38, 9,3
    100
—, volle, verkürzte 38

Knotenpunkts-gleichungen 7
— -methode 34ff., 109, 112
— -regel 37
kombinatorische Verknüpfungen von
    Matrizen 124
kommutatives Gesetz der Addition und
    Subtraktion 215
komplexe Drehzeigermethode
— (Schein-) Leistung 9, 189, 227
— Schwingungen in der statischen
    Stabilität 196
komplexes Übersetzungsverhältnis in
    der Lastflußrechnung 185
Komponenten-methoden 82
— -systeme, normierte 147ff.
Kongruenztransformation, komplexe
    152
Konstantspannungsquellen 33
Konstantstromquellen 33
Konvergenzfaktor 183
Kopplungen 153
Korrekturformel für den Spannungs-
    winkel 181
— — — Strom 182
Kostenintegral 262
Kraftmaschinenregler 189
Kreis 12
— -frequenz des Generators 188
KURATOWSKI-Graphen, nichtebene 1
Kurzschlüsse 153
—, Ersatzschaltungen für Kompo-
    nentensysteme 238ff.
— in der dynamischen Stabilität 193

Längsreaktanz 134ff.
Längssymmetrie 122ff.
LAGRANGE-Faktoren μ_i 206
LAGRANGEscher Multiplikator (Faktor) λ
    201, 203, 204
LAIBLEsche Dämpfungskonstante 189
LAPLACEscher Entwicklungssatz 122,
    220
Lasten, Ersatzschaltungen 249ff.
—, Ersatzschaltungen für Kompo-
    nentensysteme 238ff.
Lastfall 192
Lastflußrechnung 179
Laufwasserkraftwerke im hydrothermi-
    schen Verbundbetrieb 203ff.
Leistungsbegriffe der Wechselstrom-
    technik 8ff.
Leistungsflüsse, tatsächliche 2

leistungsinvariante Transformation 38, 55, 62, 72, 210
Leistungsinvarianz 148, 150, 169
lineare Gleichungssysteme, Auflösung 222ff.
— —, homogene 223
— —, inhomogene 222
Liste der Knotenpunktsnummern 46
— — Zweige 40

magnetisch-elektrische Dualität 30
magnetische Knotenpunktsregel 27, 29
— Maschenregel 28, 29
magnetischer Kreis 27
Magnetisierungsstrom des Transformators 77
Masche 13
Maschen-Impedanzmatrix 99, 101, 105
— -Maschen-Inzidenzmatrix 57, 65
— -gleichungen 7
— -impedanzmatrix 55
— -methode 50ff., 59, 99ff., 102ff.
— -regel 37
Matrizen 214ff.
—, Addition, Subtraktion 214
—, Multiplikation 214
—, Transposition 214, 217
— -rechnung 35, 136
— -reihe 137
— -transformation 207
Maximal-zahl von Knotenpunkten 14
— -wert 4
mechanische Leistung 188
mengentheoretische Konstruktion 65
Methode von LAGRANGE 201
Minimalaufgabe 201
Mitsystemnetz 187
multiplikative Verknüpfungen 126

nachträgliche Änderungen 98
natürliche Leistung 133ff.
Nebenbedingungen in Integral- und Gleichungsform 206
negativ-definit, -semidefinit 227
negative Kraftwerke 199
Netzmodell 149, 160ff., 189, 191, 193, 207
—, Darstellbarkeit im 114
Netzverluste 82, 98
Netzwerksynthese 114
NEWTONsche Interpolationsformel 191

nichtnormierte Komponentensysteme 162ff.
Normal-numerierung 43
— -orientierung 43
normierte Komponenten 150ff., 169
— symmetrische und $\alpha\beta 0$-Komponenten, Ersatzschaltungen 238ff.
Normierung von Vektoren 229
Nullmatrix 214
numerische Berechnung des optimalen Verbundbetriebs 201

OHMsches Gesetz 2, 3ff., 37, 54, 72, 77
OHMscher Widerstand 1, 2, 3
optimaler Verbundbetrieb 199ff.
Optimierungsrechner (SIELOMAT) 201, 213
orientierbare Oberflächen 17
Orientierung 23
— dualer Graphen 23
orthogonale Matrix 155, 157
— Matrix 225
— Vektoren 229

Parallel-schaltung 26
— -zweige 40
Passivität 114
partitionierte Matrizen 217
Pendelreaktanzen 195
Permutationen der Spalten- bzw. Zeilen-Indizes 219
phasendrehende Transformatoren, ideale um den Winkel α 177
Phasengeschwindigkeit 134ff.
Phasenkonstante 131
Polradwinkel 195
Polpaarzahl 187
Polyeder auf einer Kugel 16
Polygon 16, 17, 26
—, vollständig 19
polygonartige stückweise lineare Funktion 201
Port, n- 186
—, 2n- 114, 122ff., 124ff.
2-Port-Matrizen, Tabelle 233ff.
positiv-definit, -semidefinit 118, 227
Potentialgefällerichtung 2
programmgesteuerte Rechenmaschinen 193
Pumpspeicherwerk 205
Punkt, innerer 11
π-Glied 185, 208

quadratische Formen 226
Quadratwurzel einer Matrix 115, 137, 144
Quasi-Inzidenzmatrizen 69 ff.
— — in der Knotenpunktsmethode 70 ff.
— — in der Maschenmethode 76 ff.
— — in der Schnittmengenmethode 80 ff.
Queradmittanz 134 ff.
Quertransformatoren 160

Rang einer Matrix 223
Rangabfall 223
rangerhaltende Änderungen 108, 112
rangerhöhende Änderungen 107, 111
Re-, Im-Operator 4
Reelles Übersetzungsverhältnis in der Lastflußrechnung 185
Reihenparallelmatrizen 82, 96
Reziprozität 119 ff.
Reziprozitätsgesetz 153
rotierende Maschinen, Gegensystemreaktanzen 154
ROUTH-HURWITZ-Kriterium 197
ROUTH-HURWITZ-Kriterium, Erweiterung für aperiodische und rein oszillatorische Stabilität 197

Satz von CAUCHY und BINET 221
— — CAYLEY-HAMILTON 230 ff.
— — der Erhaltung der Energie 2
Schaltvorgänge in $\alpha\beta 0$-Komponenten 178
Schaltzeiten, Berücksichtigung in der Stabilität 193
Schenkelpolmaschinen 195, 198
schiefhermitesche Matrix 225
—(r) Komponente (Teil) einer Matrix 226
schiefsymmetrische Matrix 225
Schlingen 35
Schlupf 189
Schnittmenge 25 ff., 59
Schnittmengen-admittanzmatrix 62, 100
— -methode 58 ff., 59, 80, 113
— -Schnittmengen-Inzidenzmatrix 64, 65
— -spannungen 62
Schritt-für-Schritt-Rechnung 186
schwingende komplexe Leistung 9

Schwingkurven 186
separable Graphen 23 ff.
Serienschaltung 26
SIELOMAT 201
Simultanfehler 168, 176, 238
Singularität von $\partial P_{ei}/\partial \vartheta_k$ für Schenkelpolmaschinen 199
— — — — Vollpolmaschinen 198
slack generator 179
spaltenregulär 42
Spaltenvektor einer Matrix 214
Spannungen, tatsächliche Richtungen der 2
Spannungs-gefälle 1
— -quelle 1
— -richtung, positive 1
— -Fortpflanzungskonstanten-Matrix 137
— — —, numerische Berechnung 144 ff.
Speicherwasserkraftwerke im hydrothermischen Verbundbetrieb 205 ff.
Spiegelsymmetrie 162
Stabilität 82, 98
— in Drehstromverbundsystemen 186 ff.
— -sgrenze (Lastflußrechnung) 181
statische Stabilität 194 ff.
Stern-Polygon-Umwandlung 95
STIRLINGsche Interpolationsformel 190
Streckenkomplexe 10
Streukraftlinien 31
Strom-flüsse, tatsächliche 2
— -richtung, positive 1
— -Fortpflanzungskonstanten-Matrix 137
— — —, numerische Berechnung 144 ff.
Struktur des Netzes, Änderungen 98, 106 ff.
Symmetrie in Netzen 119
symmetrische Matrix 225
— Komponenten 147, 150 ff., 187
— — Ersatzschaltungen für Dreiphasensystem 242 ff., 250 ff.
synchrone Längsreaktanz X_d 195, 198
— Querreaktanz X_q 198
System-matrizen 82 ff.
— -netzwerke 153
— -Admittanzmatrizen 90 ff.
— -Impedanzmatrizen 86 ff.

Tarife 199
TAYLOR-Reihe 196
Teilelimination 82ff., 98
thermische Kraftwerke 205
thermischer Verbundbetrieb 199ff.
Topologie der Zweipolnetze 10ff.
Trägheitskonstante 188
—, moment (Polrad + Antriebs-
      maschine) 187
Transformationen nach G. KRON 208
Transformationsschema für Kompo-
      nentensysteme 178
-Transformatoren, halbideale 68, 71,
      77
— in der Lastflußrechnung 184ff.
— in Netzen 66ff.
— mit komplexem Übersetzungs-
      verhältnis 70, 233
—, π-Ersatzschaltung, T-Ersatzschal-
      tung 69
—, Zweipolersatzschaltungen 67ff.
Transformatorersatzschaltbilder 27ff.
transiente Hauptfeldspannung 189
— Längsreaktanz 190
transienter Anfangspolradwinkel 192
— Polradwinkel 189
Transientreaktanz 190
treibende Spannungen im Zwei- und
      Dreiphasensystem 239
Trennpunkte 24

Überlauf, Divisions-, Charakteristik- 34
Übersetzungsverhältnisse von Trans-
      formatoren, Änderungen 98, 104ff.
Übertragungsmatrizen 169ff.
Überträgermatrix 97, 118
Übertragerschaltung der KRONschen
      Transformation 211
unitäre Ähnlichkeitstransformation
      einer hermiteschen Matrix 229
— Matrix 152, 226, 230
Unsymmetrie 82
unsymmetrische Lasten 153
— —, Ersatzschaltungen 249ff.
Unterbrechungen 153
—, Ersatzschaltungen für Kompo-
      nentensysteme 238ff.
— in der dynamischen Stabilität 193
Untermatrizen 83, 102, 106, 217

Variablentausch 84ff., 96, 98
Variationsableitung 206

Variationsrechnung, Variationsproblem
      199, 205
Vektor 214
Vektordifferentialgleichung 136, 137,
      227
Verallgemeinerte Kongruenztransfor-
      mation 76
Verallgemeinerung der symmetrischen
      und $\alpha\beta0$-Komponenten 155ff.
Verbindungszweige 14, 15
Verbraucherzählpfeilsystem 3ff.
Verlustformel 200
Verlustkoeffizienten 98
—, Berechnung 207ff.
Vertauschung der Variablen, schritt-
      weise, blockweise 85ff.
Vertauschungsmatrix 122
vollständiger Baum, Ermittlung aus der
      Liste der Zweige 39ff.
vollständiges Basissystem der Zweig-
      ströme 50
Vorzeichenregeln 1ff.
transiente Polradwinkeldifferenzen
      189

wechselseitige Umwandlungen der Ma-
      trizen 127
Weg 12
—, geschlossener 12
Wellenimpedanz 128, 130, 133, 136
Wellenimpedanzmatrix 139, 141ff.
— als Grenzwert 143
—, iterative Definition 141
—, numerische Berechnung 144ff.
—, 4 Ausdrücke 143
WHEATSTONEsche Brücke 35, 55, 62,
      65
Winkelgeschwindigkeit des Generators
      188
Wirbelstromverluste 32
Wirkleistung 9, 188
wirtschaftlich günstigster Verbund-
      betrieb 199ff.
WOODBURY-Formel 103

zeilenregulär 42, 44
Zeilenvektor einer Matrix 214
zentrale Differenzen 190
Zerfällung 23
Zirkulanten 150
Zusammenhangszahl 15
zusammenhängen, einfach 14

Zusatzströme in der Lastflußrechnung 184

Zweig-Maschen-Inzidenzmatrix 51

— —-Quasiinzidenzmatrix 105

—-Admittanzmatrix 80

—-Impedanzmatrix 76, 78, 108

— —, Diagonalform 80

—, offener 13

—-Schnittmengen-Inzidenzmatrix 61

—-Schnittmengen-Quasiinzidenzmatrix 81

Zweige 10

Zweigimpedanz-, -admittanzmatrix, Speicherung 70

Zweiphasensystem, Ersatzschaltungen 240ff.

—, symmetrische und $\alpha\beta 0$-Komponenten 157

Zweipole 3ff.

Zweipolnetz, Änderungen 100

Zweipolnetze, Berechnung 33ff.

Zweiwicklungstransformator 30

zyklisch-symmetrische Impedanzmatrix 151ff.

— · — Leitung 137

zyklische Symmetrie 149, 150, 151 162